高等职业教育电子信息类专业创新教材

电子产品装配与调试
第3版

主　编　邱勇进　邱　桐　刘　丛
副主编　宋兆霞　杨　枫　冯　飞　张晓玉
参　编　邱伟杰　孙维强　吴兴华　王根生
　　　　姚　彬　陈莲莲　路红娟

机械工业出版社

本书是根据电子信息工程技术、应用电子技术专业的培养目标和“电子产品工艺开发与实施”课程的教学大纲要求编写而成的，以技能培养为主线来设计项目内容，结合全国职业院校技能大赛“电子产品装配与调试”赛项内容及相关知识点，选取典型的小型电子产品为载体，电路从简单到复杂，逐步涉及多种电子操作工艺，使学生获得电子产品装配与调试全过程的知识和技能。

全书共分五个模块，内容包括常用仪器仪表的使用与操作、电子元器件的识别与检测、分离元件电子产品的组装与调试、集成元件电子产品的组装与调试和电子产品装配与调试模拟考题。除模块五外，其余模块都包含若干个项目，每个项目都安排有知识目标、技能目标、工具与器材、操作步骤、相关知识等栏目，突出专业岗位的针对性与实用性、项目实操的适用性，着重培养学生电子电路装接与调试、故障的排查与处理、电路设计与选型等职业能力。

本书采用了“线上线下”结合的教学模式，配有教学PPT和微课视频等丰富的数字资源。选择本书作为教材的教师，可登录www.cmpedu.com机工教育服务网注册后免费下载。

本书可作为职业院校电子信息工程技术、应用电子技术、电子产品制造技术、机电一体化技术等专业的教材，也可作为相关职业技能培训用书和工程技术人员的参考用书。

图书在版编目（CIP）数据

电子产品装配与调试 / 邱勇进，邱桐，刘丛主编 .—3 版 . —北京：机械工业出版社，2023.8（2024.7 重印）

高等职业教育电子信息类专业创新教材

ISBN 978-7-111-73337-9

Ⅰ . ①电…　Ⅱ . ①邱…②邱…③刘…　Ⅲ . ①电子设备 – 装配（机械）– 高等职业教育 – 教材②电子设备 – 调试方法 – 高等职业教育 – 教材　Ⅳ . ① TN805

中国国家版本馆 CIP 数据核字（2023）第 107611 号

机械工业出版社（北京市百万庄大街 22 号　邮政编码 100037）

策划编辑：黎　艳　　责任编辑：黎　艳　赵文婕

责任校对：郑　婕　陈立辉　刘雅娜　　责任印制：单爱军

保定市中画美凯印刷有限公司印刷

2024 年 7 月第 3 版第 2 次印刷

184mm×260mm · 16 印张 · 425 千字

标准书号：ISBN 978-7-111-73337-9

定价：49.80 元

电话服务　　网络服务

客服电话：010-88361066　　机　工　官　网：www.cmpbook.com

010-88379833　　机　工　官　博：weibo.com/cmp1952

010-68326294　　金　书　网：www.golden-book.com

机工教育服务网：www.cmpedu.com

前言

党的二十大报告中指出“实施科教兴国战略，强化现代化建设人才支撑”，将“大国工匠”和“高技能人才”纳入国家战略人才行列，本书以技能培养为主线来设计项目内容，结合全国职业院校技能大赛“电子产品装配与调试”赛项内容及相关知识点，选取典型的小型电子产品为载体，电路从简单到复杂，逐步涉及多种电子操作工艺，使学生获得电子产品装配与调试全过程知识和技能。内容按照模块化教学法的教学形式组织编写，符合当前职业教育发展的需要。

本书以电子产品装配与调试为核心，电子技术基础技能为依托，融合安排了常用仪器仪表的使用与操作方法、电子元器件的识别与检测、典型电子产品的制作、整机电路装接与调试等技能训练，每个项目都是一个完整的工作过程，将各个电子产品装配与调试的工作任务设计为教学过程，针对电子技能的运用进行综合的能力训练，以进一步提高学生的电子技能水平，同时安排了电子产品装配与调试模拟考题。

本书的修订强调理论实践一体化，注重技能培养，并吸收行业发展的新知识、新方法，以工作过程为导向，以电子产品组装与调试工作任务为载体，对“电工技术”“模拟电子技术”“数字电子技术”进行了改革创新，坚持以“学生为中心、能力为本位”的职业指导思想，倡导以实际工作项目为导向、“做中学、学中做”的教学理念。本书主要有以下特点。

1. 强调知识、技能、职业素养的有机结合，淡化理论，够用为度，加强应用技能、专业素养的培养，培养学生的职业道德意识、安全操作规范意识。

2. 以实际工作任务为载体并贯穿全书，各项目采用“分析、实施、检查、评价”的方式，培养学生自学能力、探索能力和知识应用能力。

3. 模块内容注重现实社会发展、就业与升学需求，以培养职业岗位群的综合能力为目标，根据知识目标和技能要求来设计训练项目，培养学生练就扎实的职业技能以及具有追求卓越的工匠精神意识。

4. 根据全国职业院校技能大赛相应赛项内容及相关知识点，按照项目教学法的教学形式来组织教学内容，培养学生良好的人际沟通能力和团队合作精神。

5. 操作训练项目和理论训练项目中采用了一些以往职业技能鉴定的考试题目，兼顾学生考工考证，培养学生逻辑思维、分析问题和解决问题的能力。

6. 每个项目按工序列出了详尽的操作步骤，并做了要点提示，可操作性强。从传统讲授式教学走向行动导向教学，促进了学生电子技术水平的提高，打造特色课堂，传播“工匠精神”。

本书由具有丰富教学经验和生产实践经验的“双师型”教师团队合力编写，由邱勇进、邱桐和刘丛任主编，宋兆霞、杨枫、冯飞、张晓玉任副主编，参与编写的还有邱伟杰、孙维强、吴兴华、王根生、姚彬、陈莲莲、路红娟。同时邀请了行业企业内的专家和工程技术人员共同参与指导，他们结合企业的需求，为本书的编写提出了宝贵的意见和建议，保证了本书的适用性和实用性。

由于编者水平有限，书中疏漏之处在所难免，敬请使用本书的广大读者批评指正。

编　者

二维码索引

（续）

序号	名称	二维码	页码	序号	名称	二维码	页码
15	“欢迎光临”电路组装与调试		139	17	收音机的制作2		162
16	收音机的制作1		162	18	数字万年历电路组装与调试		175

目　录

模块一
常用仪器仪表的使用与操作

项目一　指针式万用表的使用

知识目标

（1）熟悉指针式万用表的结构。
（2）理解指针式万用表的工作原理。
（3）掌握指针式万用表的使用方法。
（4）培养学生自学能力，激发学生的求知欲。
（5）培养学生分析问题和解决问题的能力。

技能目标

（1）能够熟练使用指针式万用表。
（2）会使用指针式万用表对电子元器件进行检测。
（3）具有热爱科学、实事求是的学风和创新意识。
（4）培养学生的协作意识。
（5）培养学生追求卓越的工匠精神。

工具与器材

指针式万用表、螺钉旋具、尖嘴钳、电子元器件。

操作步骤

一、MF-47 型万用表的结构

1. 万用表面板

MF-47 型指针式万用表的面板如图 1-1 所示。

万用表由表头、测量电路和档位选择开关（功能旋钮）3 个主要部分组成。

（1）表头　万用表的主要性能指标基本上取决于表头的性能。表头的灵敏度是指表头指针满刻度偏转时流过表头的直流电流值，这个值越小，表头的灵敏度越高；测电压时的内阻越大，其

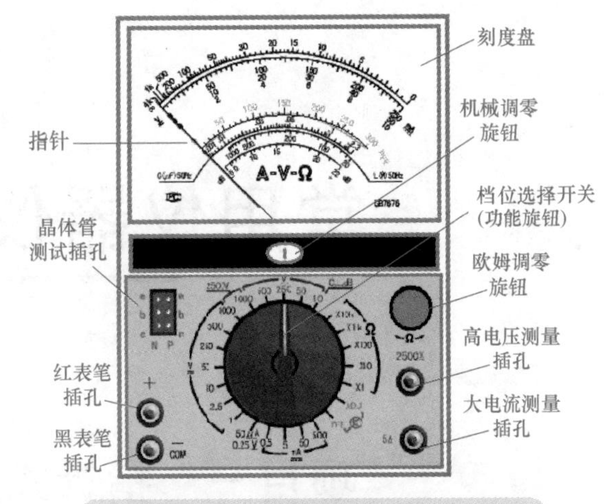

图 1-1　MF-47 型指针式万用表的面板

性能越好。表盘上印有多条刻度线，其中右端标有“Ω”的是电阻刻度线，其右端为零，左端为∞，刻度值分布是不均匀的。符号“–”或“DC”表示直流，“~”或“AC”表示交流，“≃”表示交流和直流共用的刻度线。刻度线下的几行数字是与选择开关的不同档位相对应的刻度值。另外，表盘上还有一些表示表头参数的符号，如 DC 20kΩ/V、AC 9kΩ/V 等。

（2）测量电路　测量电路是用来把各种被测量转换为适合表头测量的微小直流电流的电路，由电阻、半导体器件和电池组成。它能将各种不同的被测量（如电流、电压、电阻等）、不同的量程，经过一系列的处理（如整流、分流、分压等），统一变成一定量的微小直流电流，送入表头进行测量。

（3）档位选择开关　档位选择开关又称功能旋钮，其作用是用来选择各种不同的测量电路，以满足不同种类和不同量程的测量要求。

2. 万用表符号的含义

1）≃ 表示交直流。

2）V-2.5kV 4000Ω/V 表示对于交流电压及 2.5kV 的直流电压档，其灵敏度为 4000Ω/V。

3）A-V-Ω 表示可测量电流、电压及电阻。

4）2000Ω/V DC 表示直流档的灵敏度为 2000Ω/V。

二、MF-47 型万用表的使用方法

1. 测量电阻

将万用表的红、黑表笔分别接在电阻的两侧，根据万用表的电阻档位和指针在欧姆刻度线上的指示数确定电阻值。

（1）选择档位　将万用表的功能旋钮调整至欧姆档，如图 1-2 所示。

（2）欧姆调零　选好合适的欧姆档后，将红、黑表笔短接，指针自左向右偏转，这时表针应指向 0Ω（表盘的右侧，电阻刻度的 0 值）。如果表针不在 0Ω 处，就需要使用调零旋钮，使万用表指针指向 0Ω，如图 1-3 所示。如果调不到 0Ω 处，则说明表内的电池电压不足，需更换电池后再调。

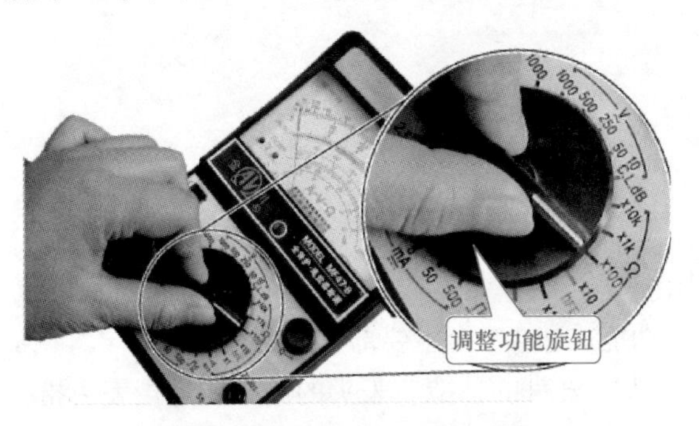

图 1-2　调整万用表的功能旋钮

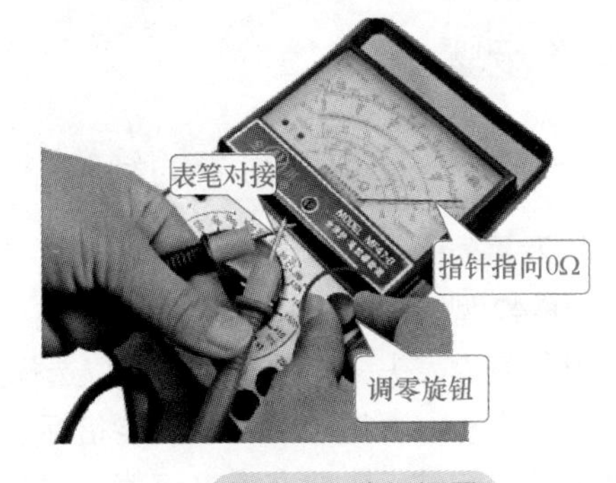

图 1-3　欧姆调零

注意：每次更换量程前，必须重新进行欧姆调零。

（3）测量　将红、黑表笔分别接在被测电阻的两端，表头指针在欧姆刻度线上的示数乘以该电阻档位的倍率即被测电阻值，如图 1-4 所示。

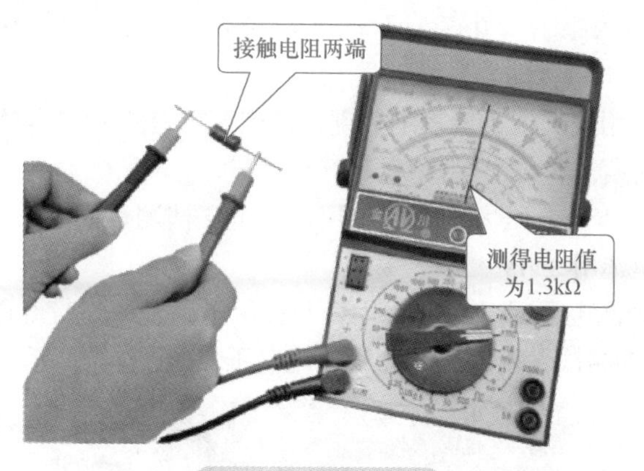

图 1-4　测量电阻

被测电阻的阻值为表盘的指针指示数乘以欧姆档位，被测电阻值=刻度示数 × 倍率（单位为 Ω），这里选用 $R\times100$ 档测量，万用表指针指示“13”，则被测电阻值为 $13\times100\Omega=1300\Omega=1.3\mathrm{k}\Omega$。

2. 测量直流电压

（1）选择档位　将万用表的红、黑表笔分别连接到万用表的 +、- 表笔插孔中，并将功能旋钮调整至直流电压最高档位，估算被测量电压大小，根据其选择量程，如图 1-5 所示。

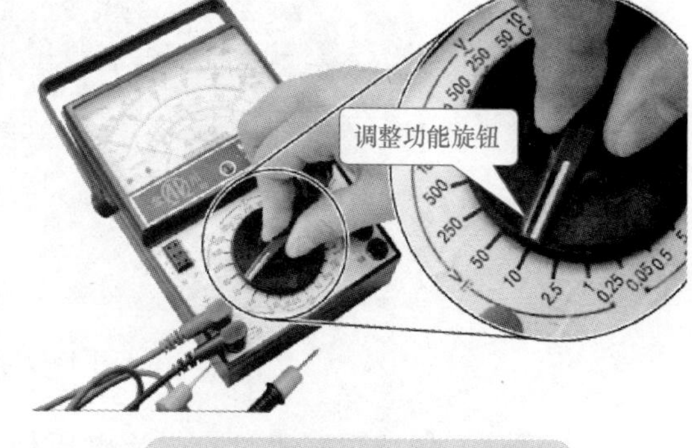

图 1-5　调整万用表功能旋钮

（2）选择量程　若不清楚电压大小，应先用最高电压档测量，逐渐换用低电压档。图 1-6 所示的电路中电源电压只有 9V，因此选用直流 10V 档。

（3）测量　万用表应与被测电路并联，闭合开关 S_1、S_2、S_3，红表笔接开关 S_3 左端，黑表笔接电阻 R_1 左端，测量电阻 R_1 两端电压，如图 1-6 所示。

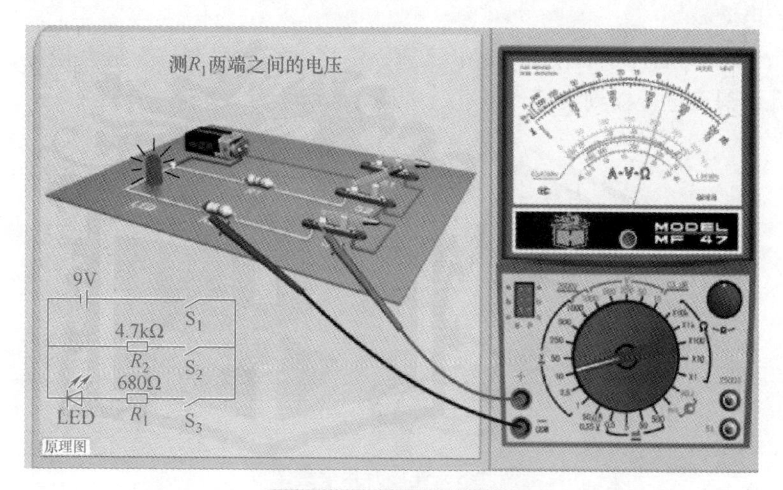

图 1-6　测量直流电压

（4）读数　仔细观察表盘，直流电压档的刻度线是第二条刻度线，用10V档时，可用刻度线下第三行数字直接读出被测电压值。

注意：读数时视线应正对指针，根据示数大小及所选量程读出所测电压值大小。本次测量所选量程是10V，示数是“6.8”（用“0～10”标尺），则所测电压值是（10/10）×6.8V＝6.8V。

3. 测量交流电压

（1）选择档位　将万用表的红、黑表笔分别连接到万用表的+、-表笔插孔中，将功能旋钮调整到对应的交流电压最高档。

（2）选择量程　若不清楚电压大小，应先用最高电压档测量。图1-7所示电路为测量变压器时输入市电电压，因此应选用250V档。

（3）测量　用万用表测电压时，应使万用表与被测电路并联，打开电源开关，将红、黑表笔分别与变压器输入端1、2测试点相连接，测量交流电压，如图1-7所示。

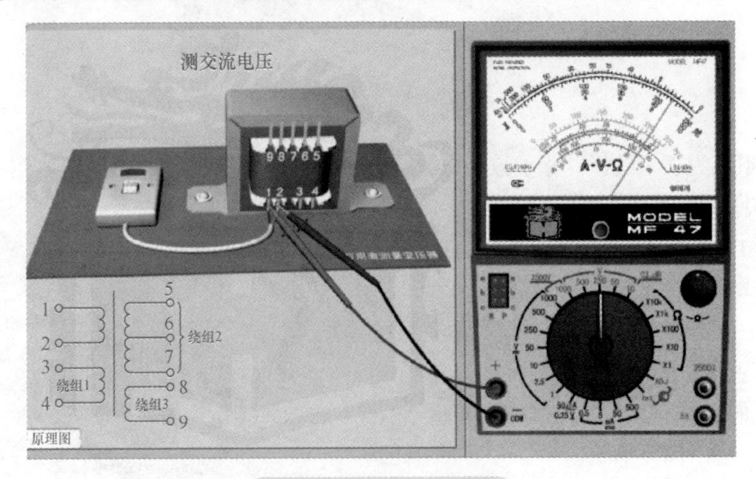

图1-7　测量交流电压

（4）读数　仔细观察表盘，交流电压档的刻度线是第二条刻度线，采用250V档时，可用刻度线下第一行数字直接读出被测电压值。根据示数大小及所选量程读出所测电压值大小。本次测量所选量程是交流250V，示数是“218”（用“0～250”标尺），则所测电压值是（250/250）×218V＝218V≈220V。

4. 测量直流电流

（1）选择档位　用指针式万用表检测电流前，要将电流量程调整至最大档位，即将红表笔连接到“5A”插孔，黑表笔连接到负极性插孔，如图1-8所示。

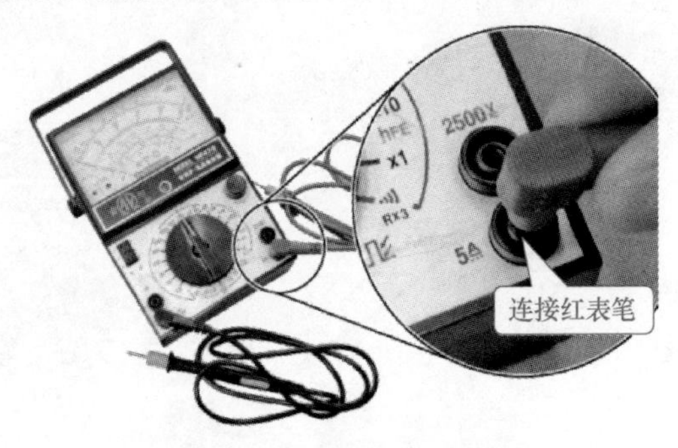

图1-8　连接万用表表笔

（2）选择量程　将功能旋钮调整至直流电流档，若不清楚电流的大小，应先用最高电流档（500mA 档）测量，然后逐渐换用低电流档，直至找到合适的档位，如图 1-9 所示。

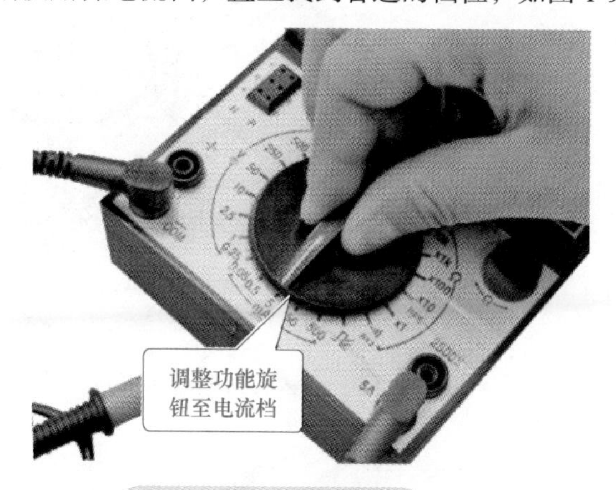

图 1-9　调整功能旋钮

（3）测量　将万用表串联在待测电路中进行电流的测量，在测量直流电流时，要注意正负极性的连接。测量时，应断开被测支路，将红表笔连接到电路的正极端，黑表笔连接到电路的负极端，如图 1-10 所示。

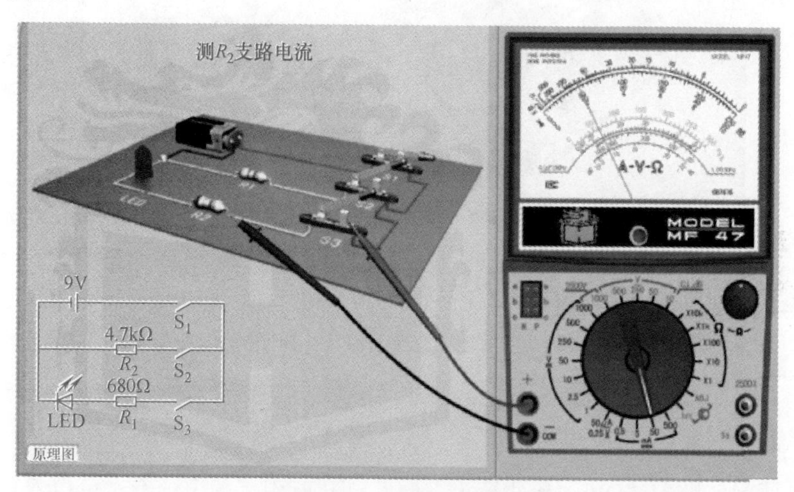

图 1-10　测量直流电流

（4）读数　仔细观察表盘，直流电流档的刻度线是第二条刻度线，用 50mA 档时，可用刻度线下第二行数字直接读出被测电流值。本次测量所选量程是直流 50mA，示数是“10”（用“0 ～ 50”标尺），则所测电流值是（50/50）× 10mA ＝ 10mA。

5. 测量晶体管

晶体管有 NPN 型和 PNP 型两种类型，晶体管的放大倍数可以用万用表进行测量。

（1）选择档位　先将万用表的功能旋钮调整至“hFE”档，如图 1-11 所示，然后调节欧姆校零旋钮，让指针指到标有“hFE”刻度线的最大刻度“300”处，实际上指针此时也指在欧姆刻度线“0”处。

（2）测量　根据晶体管的类型和引脚的极性将其插入相应的测量插孔，NPN 型晶体管插入标有“N”字样的插孔，PNP 型晶体管插入标有“P”字样的插孔，如图 1-12 所示，即可测量出该晶体管的放大倍数为30倍左右。

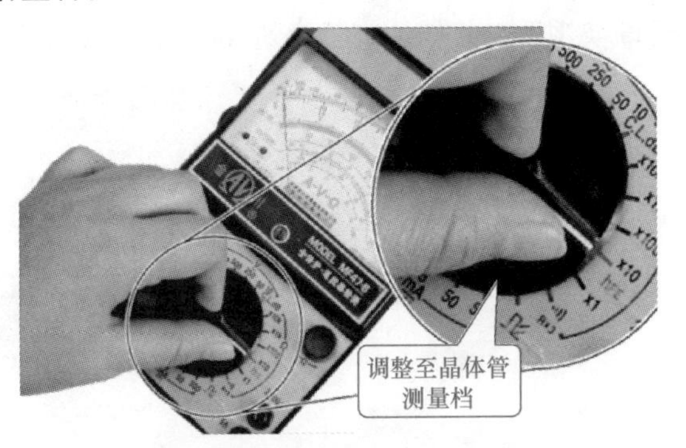

图1-11 调整万用表功能旋钮

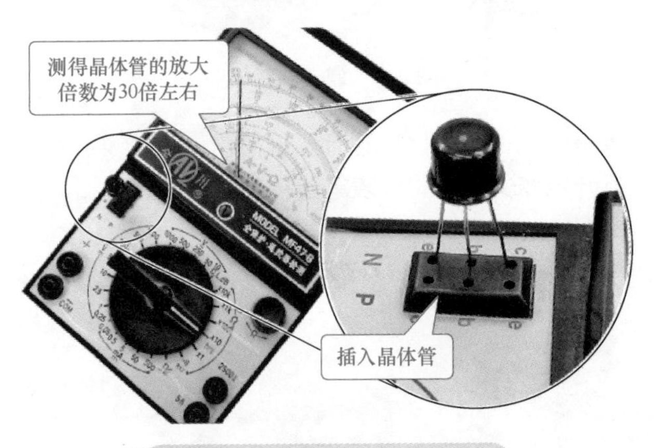

图1-12 测量晶体管放大倍数

三、MF-47型万用表的维护

1. 节能意识

使用完万用表之后要将功能旋钮调整到OFF档位。

2. 更换电池

如图1-13所示，顺着“OPEN”的箭头方向，打开万用表的电池盒，可以看到两块电池，一块是圆形的1.5V电池，另一块是方形的9V电池。

图1-13 万用表的电池

3. 更换熔丝

打开熔丝管盒，更换同一型号的熔丝即可，如图 1-14 所示。

图 1-14　更换万用表的熔丝

相关知识

万用表是一种应用广泛的测量仪器，是装配与调试电子产品不可缺少的工具。它可以用来测量电阻、直流电压、交流电压、直流电流和晶体管等。

一、万用表的工作原理

指针式万用表的基本原理是利用一只灵敏的磁电式直流电流表（微安表）做表头。当微小电流通过表头时，就会有电流指示，但表头不能通过大电流，因此必须在表头上并联与串联一些电阻进行分流或降压，从而测出电路中的电流、电压和电阻。MF-47 型万用表的电路原理图如图 1-15 所示。

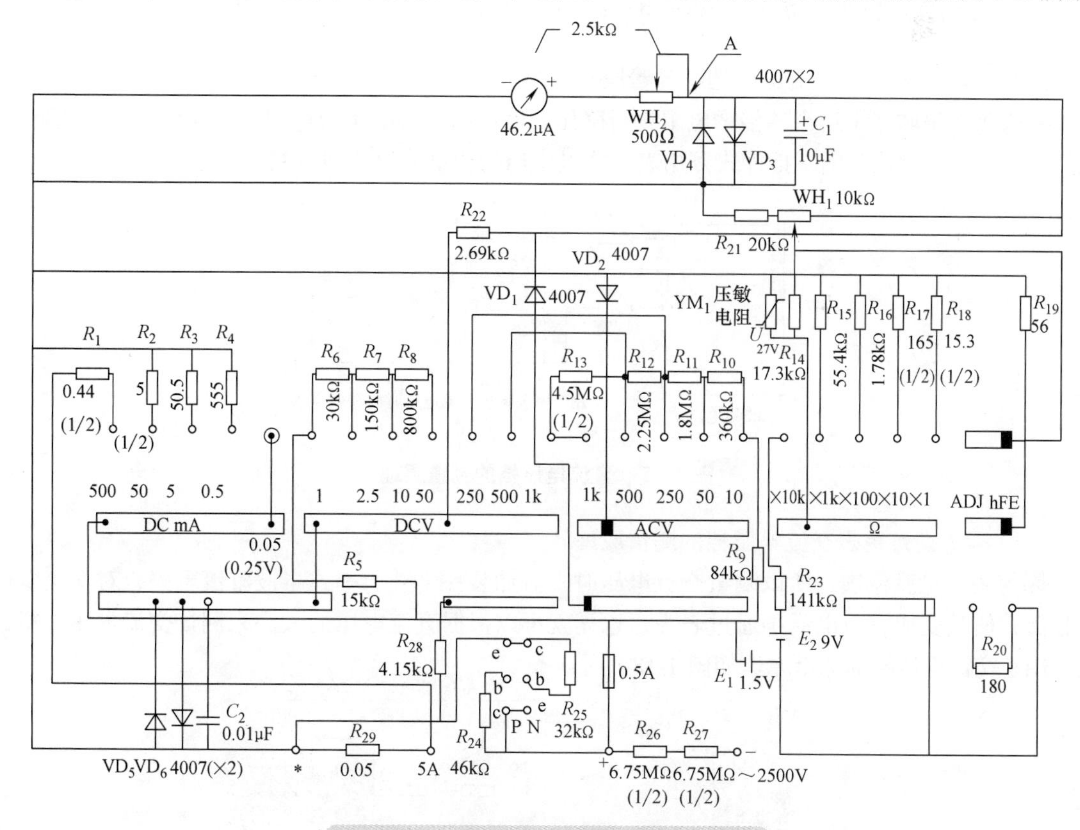

图 1-15　MF-47 型万用表的电路原理图

注：本图样中凡电阻阻值未注明单位者为 Ω，功率未注明单位者为 1/4W。

1. MF-47 型万用表欧姆档的工作原理

MF-47 型万用表欧姆档的工作原理如图 1-16 所示，欧姆档分为 ×1Ω、×10Ω、×100Ω、×1kΩ、×10kΩ 共 5 个量程。例如将功能旋钮调到 ×1Ω 档时，外接被测电阻通过“-COM”

端与公共显示部分相连；通过“+”端经过 0.5A 熔断器接到电池，再经过电刷旋钮与 R_{18} 相连，WH_1 为欧姆档公用调零电位器，最后与公共显示部分形成回路，使表头偏转，测出电阻值的大小。

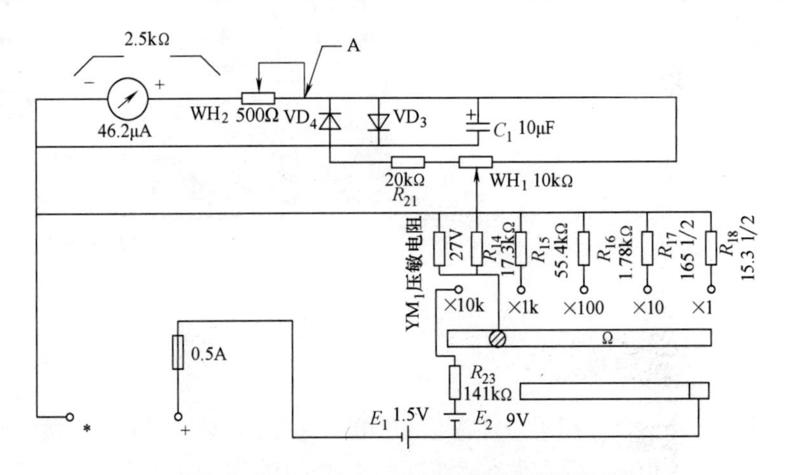

图 1-16　MF-47 型万用表欧姆档的工作原理

注：本图样中凡电阻阻值未注明单位者为 Ω，功率未注明单位者为 1/4W。

2. MF-47 型万用表直流电压档的测量原理

在表头上串联一个适当的倍增电阻进行降压，就可以扩展电压档量程。改变倍增电阻的阻值，就能改变电压的测量范围。指针式万用表直流电压档的测量原理如图 1-17 所示。

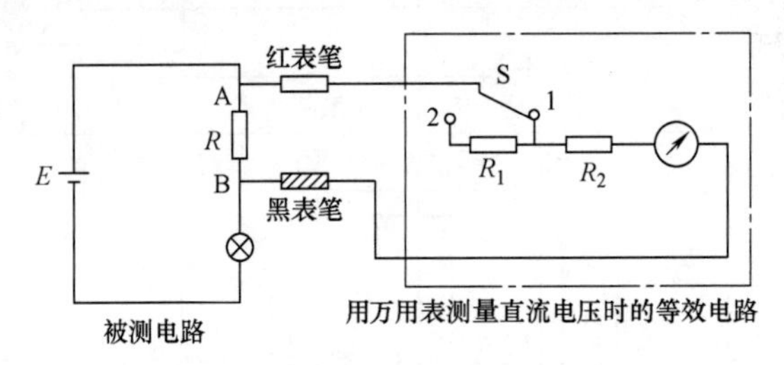

图 1-17　直流电压档的测量原理

3. MF-47 型万用表交流电压档的测量原理

因为表头是直流表，所以测量交流电压时，需加装一个并、串式半波整流电路，对交流电进行整流，使其变成直流电后再通过表头，这样就可以根据直流电压的大小来测量交流电压。指针式万用表交流电压档的测量原理如图 1-18 所示。

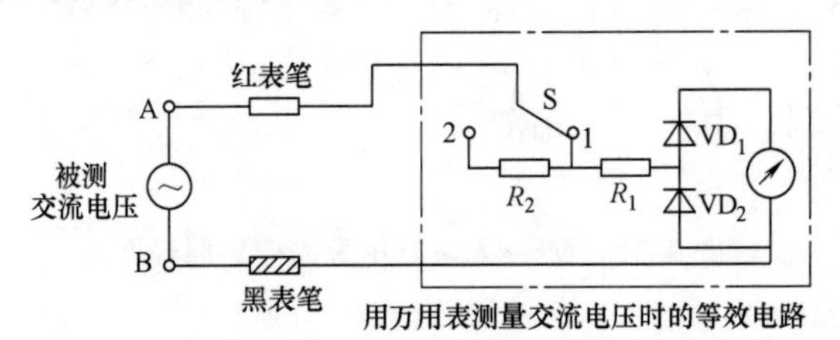

图 1-18　指针式万用表交流电压档的测量原理

4. MF-47 型万用表直流电流档的测量原理

在表头上并联一个适当的分流电阻进行分流，就可以扩展电流档量程。改变分流电阻的阻值，就能改变电流的测量范围。指针式万用表直流电流档的测量原理如图 1-19 所示。

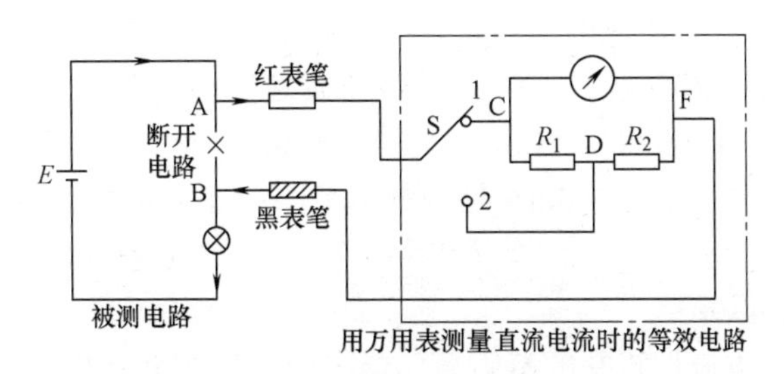

图 1-19　指针式万用表直流电流档的测量原理

二、万用表的使用注意事项

1）在测量电阻时，人的两只手不要同时和测试表笔一起搭在内阻的两端，以避免人体电阻的并入。

2）若使用“×1”档测量电阻时，应尽量缩短万用表的使用时间，以减少万用表内电池的电能消耗。

3）测量电阻时，每次换档后都要进行调零，若不能调零，则必须更换新电池，切勿用力再旋调零旋钮，以免损坏。此外，不要双手同时接触两支表笔的金属部分，测量高阻值电阻时更要注意。

4）在电路中测量某一电阻的阻值时，应切断电源，并将电阻的一端断开。若电路中有电容，应先放电。不能用万用表测电源内阻，也不能测额定电流很小的电阻（如灵敏电流计的内阻等）。

5）测量直流电流或直流电压时，红表笔应接入电路中高电位一端（或电流总是从红表笔流入电表）。

6）测量电流时，万用表必须与待测对象串联；测量电压时，万用表必须与待测对象并联。

7）测量电流或电压时，手不要接触表笔的金属部分，以免触电。

8）绝对不允许用电流档或欧姆档去测量电压。

9）试测时应用跃接法，即在表笔接触测试点的同时，注视指针偏转情况，并随时准备在发生意外（指针超过满刻度、指针反偏等）情况时迅速使表笔脱离测试点。

10）测量完毕，务必将功能旋钮旋离欧姆档，应旋至空档或最大交流电压档，以免他人误用，造成仪表损坏，也可避免由于将量程旋至欧姆档而把表笔碰在一起致使表内电池长时间放电。

三、MF-47 型万用表速修技巧

指针式万用表表头损坏、内部元器件烧毁、变值或霉断的故障率较高。下面以 MF-47 型万用表为例，介绍其速修技巧。

1. 检修前的初步鉴定

检修前，首先将一只符合要求的新电池放入表内，把万用表置于 $R\times1$、$R\times10$、$R\times100$ 或 $R\times1\text{k}$ 档，将两表笔短接，看指针有无指示。若无指示，一般是熔丝（0.5A）或表头线圈开路所致。判断动圈是否损坏的方法：用电烙铁焊开表头接线一端，另取一只良好的万用表置于 $R\times1\text{k}$ 档测其阻值，同时观察动圈是否偏转，若表头动圈内阻为 0Ω 或无穷大，动圈不偏转，则可判断表头有故障：内阻为 0Ω 表明动圈短路，无穷大为开路，表针不稳定为局部短路或接触不良，动圈不偏转说明其开路或被异物卡住，应做进一步检查。

2. 检修直流电压档、直流电流档

一般情况下，若万用表的直流电压档正常，则直流电流档大多也正常；若直流电压各档不正常，则直流电流档大多也有问题，其中以开路较为常见。比较合理的判断方法是从中间档开始检测，MF-47型万用表有50μA、0.5mA、5mA、50mA、500mA等档位，宜从5mA档开始。如果5mA档无指示，问题一定在0.5mA档或50μA档；如果读数偏大，则故障在50mA档或500mA档。

3. 检修交流电压档、欧姆档

在直流电压档、直流电流档正常的基础上，再进一步检查交流电压档和欧姆档。这两档的故障多表现为误差大、指针抖动、无读数和调不到零。检修时，应先打开万用表后盖，观察有无明显的元器件烧坏或导线脱焊等现象，然后根据原理图分析、判断：误差大及无读数，一般是对应档的元器件变值、局部短路、霉断；指针抖动，多为两只整流管之一开路或相应元器件开路；欧姆档调不到零，则多是电池耗尽或电池正、负极片氧化，接触电阻增大所致；若个别档调不到零（如$R\times1$档），检查后又无明显故障，则多是功能旋钮接触电阻增大所致，可用少量洁净的润滑油涂抹后再往复旋转几周，氧化严重的应用细砂纸打磨。

各档故障排除后，应做一次全面检查。看表内有无脱焊、漏焊、碰线，有无异物落入等；随后合起表盖拿在手中上下左右摇晃几下，再做基本档位的检测（如欧姆档能否调零等）。

检修万用表的故障时，应先选简单、明显的部分修理，再根据电路原理图维修较复杂的部分。此外，应先检查熔丝、电池容量或有无明显断线，注意是否存在隐患。只要能认真分析、理解万用表的基本原理与特点，就能做到有的放矢、得心应手地速修，达到事半功倍的效果。

练习与拓展

一、填空题

1. 用万用表测量直流电压时，两表笔应________接在被测电路两端，且________表笔接高电位端，________表笔接低电位端。

2. 指针式万用表由________、________、________、________、________等构成。

3. 用指针式万用表测量时，应先检查两表笔所在的__________是否正确，档位选择开关所在的位置是否正确，然后测量，使用者应养成良好习惯，以防止在操作过程中损坏仪表。

4. 万用表是应用广泛的测量仪器，可以用来______、______、________、________、________等。

5. 用指针式万用表欧姆档交换表笔测量二极管电阻两次，其中电阻小的一次，黑表笔接的是二极管的____________极。

6. 用电压测量法检查低压电气设备时，应把万用表置于交流电压__________档位上。

7. 使用指针式万用表时，发现指针不在零位。测量前必须________调零，使指针在电阻刻度线右端的零位上，这样测量读数才准确。

8. 万用表使用完毕，一般把开关旋至________最大量程或旋至__________档。

9. 使用万用表测量电容时，应该______后再进行测量。

10. 用指针式万用表测量直流电流时，表笔应与被测量对象__________联，高电位端应接________________表笔，低电位端应接____表笔。

二、判断题

1. 在使用万用表之前，应先进行“机械调零”，即在两表笔短接时，使万用表指针指在零电压或零电流的位置上。（　）

2. 在测量某一电量时，不能在测量的同时换档，尤其是在测量高电压或大电流时。（　）

3. 万用表使用完毕，应将档位选择开关置于交流电压的最大档或 OFF 位置上。（　）

4. 用万用表测量电阻时，指针越靠近欧姆中心值，测量读数越准确。（　）

5. 使用万用表电流档测量电流时，应将万用表并联在被测电路中，因为只有并联连接才能使流过电流表的电流与被测支路电流相同。（　）

6. 选择合适的量程档位，在不能确定被测量的电流时，可以选择任意量程去测量。（　）

7. 电路板上电阻有小电流流过时，可以用万用表欧姆档测量该电阻。（　）

8. 用指针式万用表测量电阻时，流过被测电阻的电流方向是由红表笔指向黑表笔的。（　）

9. 用指针式万用表测量电池电压时，误将交流电压档当成直流电压档，红表笔接正极、黑表笔接负极，指针是不会摆动的。（　）

10. 测量电阻时，指针偏转角度越大，待测电阻值越大。（　）

项目二　数字式万用表的使用

知识目标

（1）熟悉数字式万用表的结构。

（2）理解数字式万用表的工作原理。

（3）掌握数字式万用表的使用方法。

（4）培养学生逻辑思维、分析问题和解决问题能力。

（5）培养学生的质量意识和安全意识。

技能目标

（1）能够熟练使用数字式万用表。

（2）会使用数字式万用表对电子元器件进行检测。

（3）具备良好的人际沟通能力和团队合作精神。

（4）培养学生勤于思考、认真做事的职业习惯。

工具与器材

数字式万用表、螺钉旋具、尖嘴钳、电子元器件。

操作步骤

一、准备工作

用VC9805A型数字式万用表测量前应先做好如下准备工作。

1）将电源开关置于“ON”位置，检查9V电池，如果液晶显示“▭”符号，说明电池电压不足，应及时更换电池，以确保测量的准确度。

2）红、黑表笔应插在符合测量要求的插孔内，保证接触良好。

3）测试之前，档位选择开关应置于正确的测量位置。

二、数字式万用表的结构

数字式万用表的种类很多，但使用方法基本相同，常用的VC9805A型数字式万用表的面板如图1-20所示。

从图1-20可以看出，数字式万用表的面板主要由液晶显示屏、按键、档位选择开关和各种插孔组成。

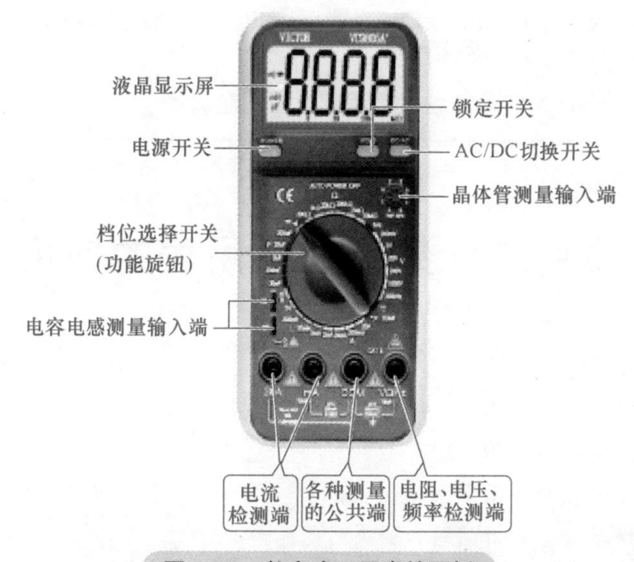

图1-20 数字式万用表的面板

（1）液晶显示屏 在测量时，数字式万用表是依靠液晶显示屏（简称显示屏）显示数字来表明被测对象的量值大小的。图1-20中的液晶显示屏可以显示4位数字和1个小数点，选择不同档位时，小数点的位置会改变。

（2）按键 VC9805A型数字式万用表面板上有3个按键，左边标“POWER”的为电源开关键，按下时内部电源启动，万用表可以开始测量；弹起时关闭电源，万用表无法进行测量；中间标“HOLD”的为锁定开关键，当显示屏显示的数字变化时，可以按下该键，显示的数字将保持稳定不变；右边标“AC/DC”的为AC/DC切换开关键。

（3）档位选择开关 在测量不同的量时，档位选择开关要置于相应的档位。档位选择开关如图1-21所示，有直流电压档、交流电压档、交流电流档、直流电流档、温度测量档、容量测量档、二极管测量档、欧姆档和晶体管测量档。

（4）插孔 面板上的插孔如图1-22所示。标“VΩHz”的为红表笔插孔，在测电压、电阻和频率时，应将红表笔插入该插孔；标“COM”的为黑表笔插孔；标“mA”的为小电流插孔，当测 0 ～ 200mA 的电流时，应将红表笔插入该插孔；标“20A”的为大电流插孔，当测 200mA ～ 20A 的电流时，应将红表笔插入该插孔。

图 1-21　档位选择开关及各种档位

三、数字式万用表的使用

1. 测量电压

1）将红、黑表笔分别插入数字式万用表的电压检测端“V/Ω”插孔与公共端“COM”插孔后，打开数字式万用表的电源开关，如图 1-23 所示。

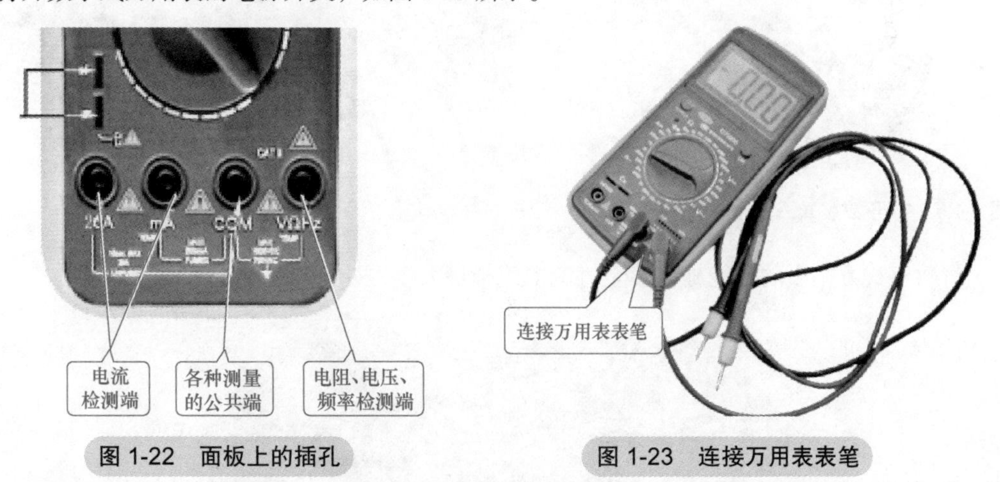

图 1-22　面板上的插孔

图 1-23　连接万用表表笔

2）旋转数字式万用表的功能旋钮，将其旋至直流电压检测区域的“20”档，如图 1-24 所示。

3）将数字式万用表的红表笔连接待测电路的正极，黑表笔连接待测电路的负极，如图 1-25 所示，即可检测出待测电路的电压值为 3V。

2. 测量电流

1）打开数字式万用表的电源开关，如图 1-26 所示。

2）将数字式万用表的红、黑表笔分别连接到数字式万用表的负极性表笔连接插孔和“10A MAX”表笔插孔，如图 1-27 所示，以防止电流过大无法检测数值。

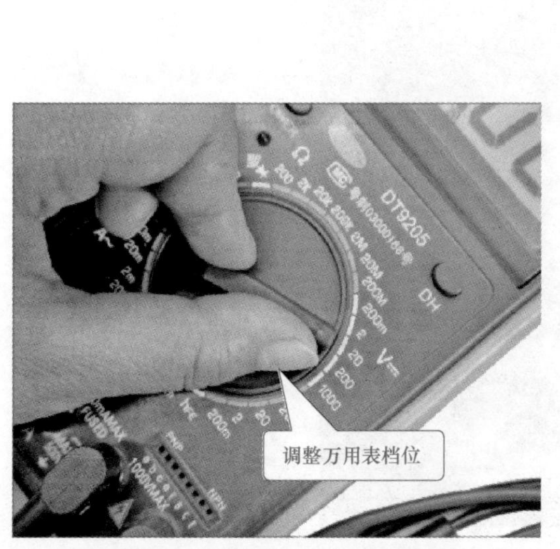

图 1-24　将功能旋钮旋至电压档

图 1-25　测量电压

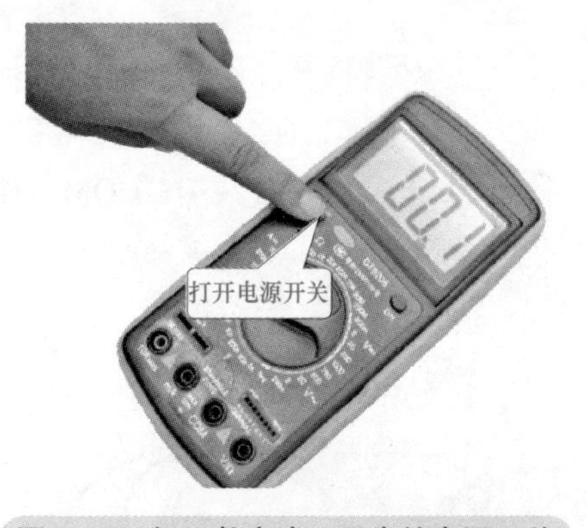

图 1-26　打开数字式万用表的电源开关

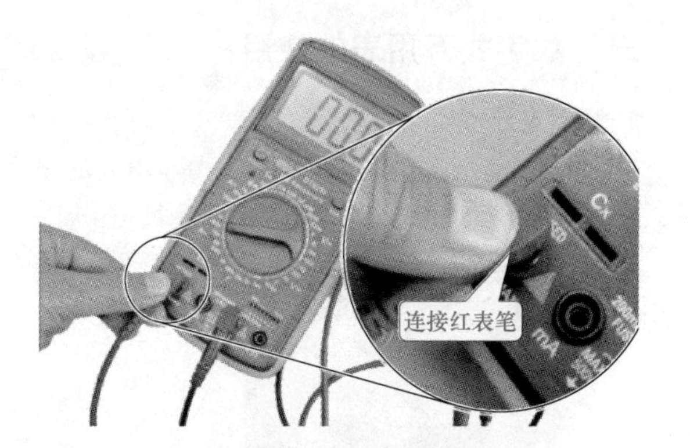

图 1-27　连接红表笔

3）将数字式万用表的功能旋钮旋至直流电流档最大量程处，如图 1-28 所示。

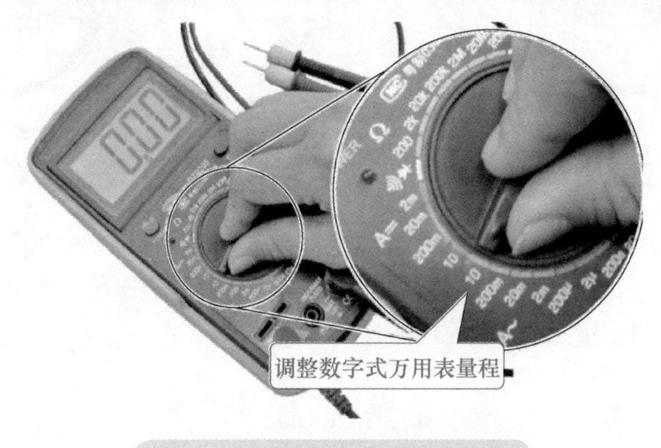

图 1-28　调整数字式万用表量程

4）将数字式万用表串联入待测电路中，红表笔连接待测电路的正极，黑表笔连接待测电路的负极，如图 1-29 所示，即可检测出待测电路的电流值为 0.15A。

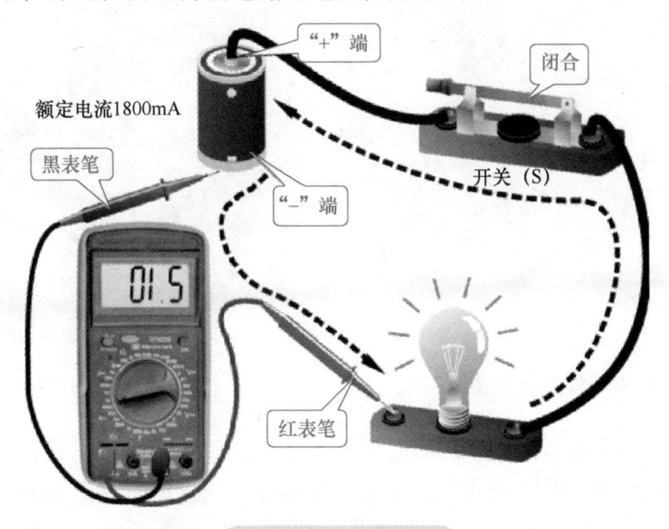

图 1-29　测量电流

3. 测量电容

1）打开数字式万用表的电源开关后，将数字式万用表的功能旋钮旋转至电容档，如图 1-30 所示。

2）将待测电容的两个引脚插入数字式万用表的电容检测插孔，如图 1-31 所示，即可检测出该电容的容量值。

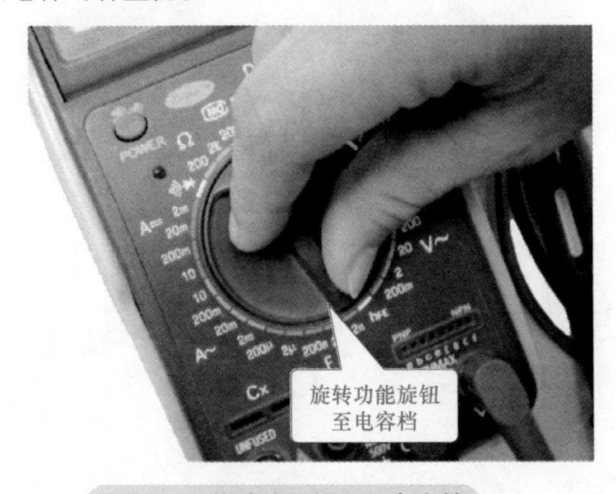

图 1-30　将功能旋钮旋至电容档

图 1-31　测量电容

4. 测量晶体管的放大倍数

1）将数字式万用表的电源开关打开，并将数字式万用表的功能旋钮旋转至晶体管档（hFE），如图 1-32 所示。

2）根据晶体管检测插孔的标识，将已知的待测晶体管插入到晶体管检测插孔中，如图 1-33 所示，即可检测出该晶体管的放大倍数。

5. 测量电阻

1）将黑表笔插入“COM”插孔，红表笔插入“V/Ω”插孔。

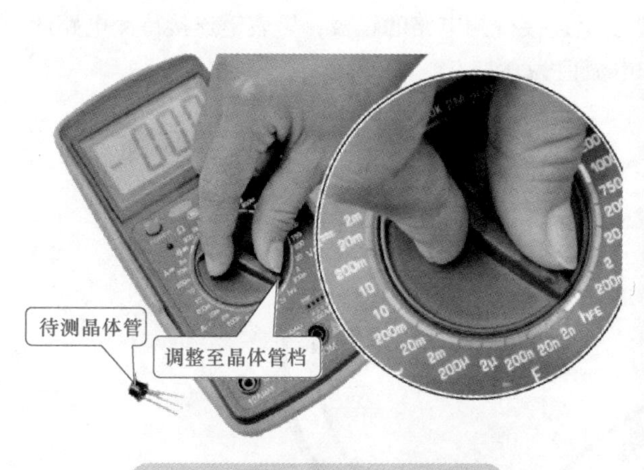

图 1-32　待测晶体管与晶体管档

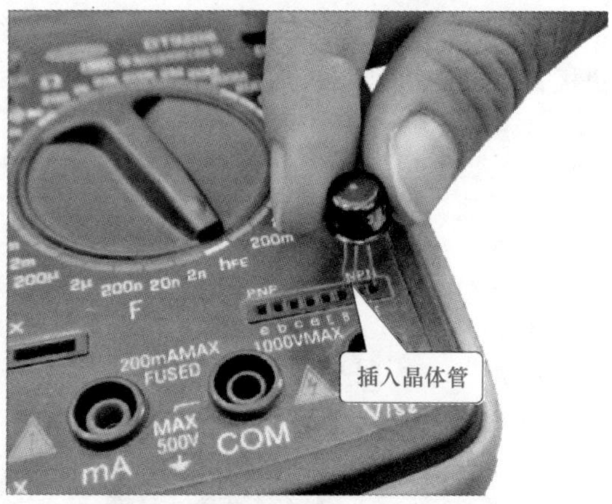

图 1-33　测量晶体管

2）将功能旋钮置于欧姆档，如果被测电阻阻值未知，应选择最大量程，再逐步减小。

3）将两表笔跨接在被测电阻两端，显示屏即显示被测电阻值，如图 1-34 所示。

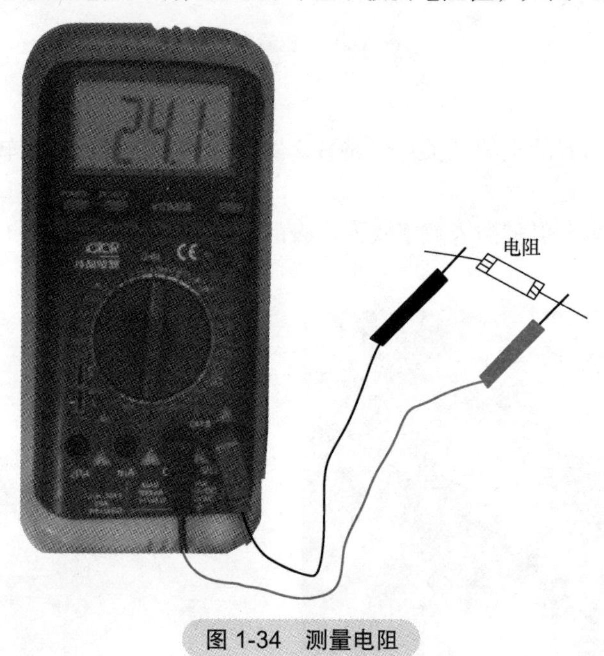

图 1-34　测量电阻

相关知识

一、数字式万用表的工作原理

1. 数字式万用表直流电压的测量原理

直流电压的测量原理示意图如图 1-35 所示。

被测电压通过表笔送入万用表，如果被测电压低，则直接送到电压表 IC 的 IN+（正极输入）端和 IN-（负极输入）端，经 IC 进行 AC/DC 转换和数据处理后在显示屏上显示出被测电压的大小。

如果被测电压很高，将档位选择开关 S 置于“2”位置，被测电压经电阻 R_1 降压后再通过档位选择开关 S 送到数字电压表的 IC 输入端。

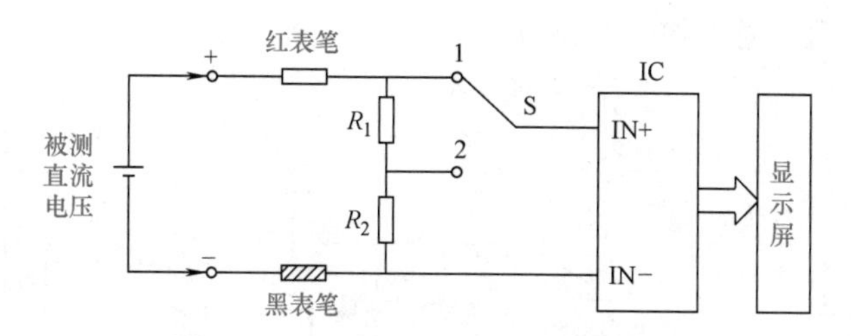

图 1-35　直流电压的测量原理示意图

2. 数字式万用表交流电压的测量原理

交流电压的测量原理示意图如图 1-36 所示。

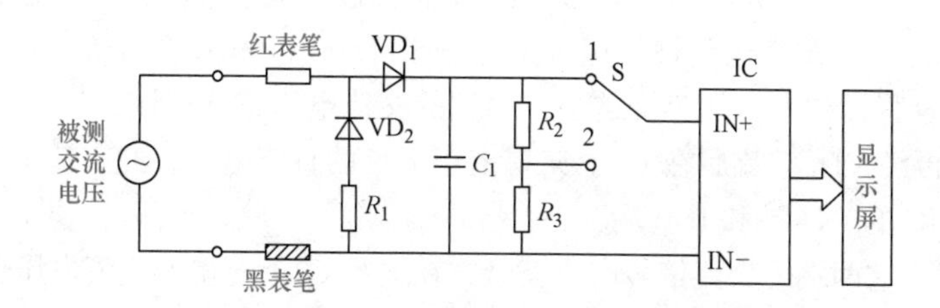

图 1-36　交流电压的测量原理示意图

被测交流电压通过表笔送入万用表，交流电压正半周经 VD_1 对电容 C_1 充得上正下负的电压，负半周则由 VD_2、R_1 旁路，C_1 上的电压经档位选择开关 S 直接送到 IC 的 IN+ 端和 IN− 端，经 IC 处理后在显示屏上显示出被测电压的数值。

如果被测交流电压很高，C_1 上被充得的电压很高，这时可将档位选择开关 S 置于“2”位置，C_1 上的电压经 R_2 降压，再通过档位选择开关 S 送到数字电压表的 IC 输入端。

3. 数字式万用表直流电流的测量原理

直流电流的测量原理示意图如图 1-37 所示。

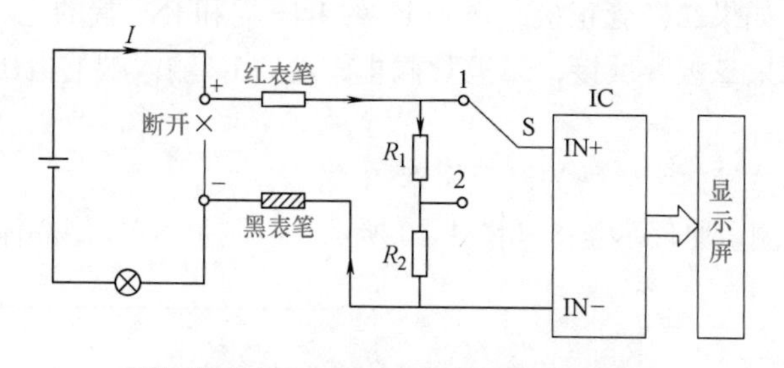

图 1-37　直流电流的测量原理示意图

被测电流通过表笔送入万用表，电流在流经电阻 R_1、R_2 时，在 R_1、R_2 上有直流电压，如果被测电流小，可将档位选择开关 S 置于“1”位置，取 R_1、R_2 上的电压送到 IC 的 IN+ 端和 IN− 端。被测电流越大，R_1、R_2 上的直流电压越高，送到 IC 输入端的电压就越高，显示屏显示的数值越大（因为档位选择的是电流档，故显示的数值读作电流值）。如果被测电流很大，将档位选择开关 S 置于“2”位置，只取 R_2 上的电压送到数字电压表的 IC 输入端，这样可以避免被测电流大时电压过高而超出电压表显示范围。

4. 数字式万用表电容容量的测量原理

电容容量的测量原理示意图如图1-38所示。

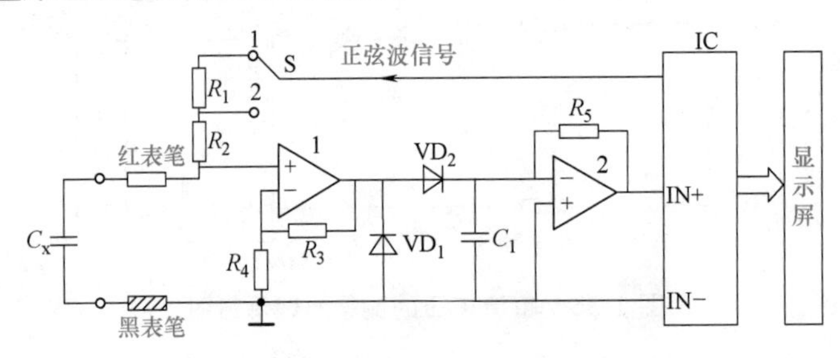

图1-38　电容容量的测量原理示意图

在测量电容容量时，万用表内部的IC提供一个正弦波交流信号电压。交流信号电压经档位选择开关S的“1”端、R_1、R_2，送到被测电容C_x。根据容抗$X_C = 1/(2\pi f_C)$可知，在交流信号f不变的情况下，电容容量越大，其容抗越小，两端的交流电压越低，该交流信号电压经运算放大器1放大后输出，再经VD_1整流后在C_1上充得上正下负的直流电压，此直流电压经运算放大器2倒相放大后再送到IC的IN+端和IN−端。

如果C_x容量大，它两端的交流信号电压就低，在电容C_1上充得的直流电压也低，该电压经倒相放大后送到IC输入端的电压越高，显示屏显示的容量越大。如果被测电容C_x容量很大，它两端的交流信号电压就会很低，经放大、整流和倒相放大后送到IC输入端的电压会很高，显示的数字会超出显示屏显示范围。这时可将档位选择开关S置于“2”，这样仅经R_2为C_x提供的交流电压仍较高，经放大、整流和倒相放大后送到IC输入端的电压不会很高，IC可以正常处理并显示出来。

5. 数字式万用表二极管的测量原理

二极管的测量原理示意图如图1-39所示。

万用表内部的+2.8V电源经VD_1、R为被测二极管VD_2提供电压，如果二极管是正接（即二极管的正、负极分别接万用表的红表笔和黑表笔），二极管会正向导通；如果二极管反接则不会导通。对于硅管，它的正向导通电压为0.6～0.7V；对于锗管，它的正向导通电压为0.2～0.3V。

在测量二极管时，如果二极管正接，送到IC的IN+端和IN−端的电压不大于0.7V，显示屏将该电压显示出来；如果二极管反接，二极管截止，送到IC输入端的电压为2V，显示屏显示溢出符号“1”。

6. 数字式万用表晶体管放大倍数的测量原理

晶体管放大倍数的测量原理示意图如图1-40所示（以测量NPN型晶体管为例）。

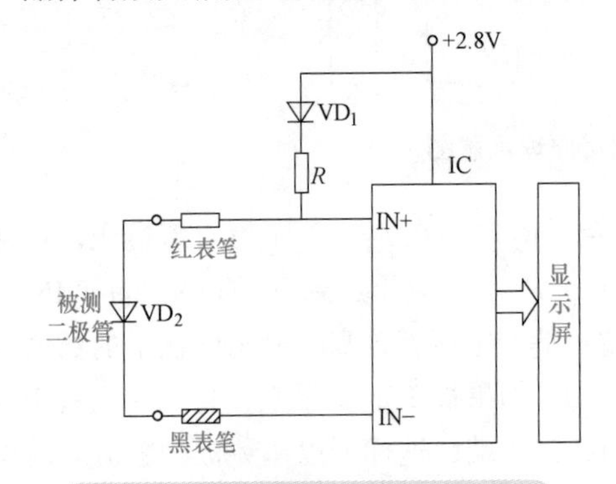

图1-39　二极管的测量原理示意图

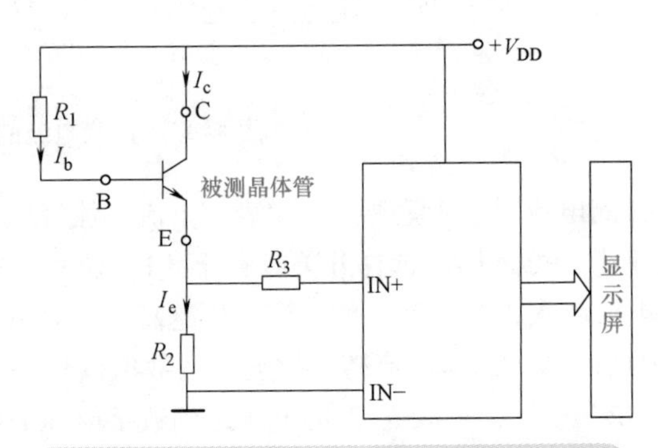

图1-40　晶体管放大倍数的测量原理示意图

在数字式万用表上标有“B”“C”“E”插孔，在测晶体管时，将三个极插入相应的插孔中，万用表内部的电源 V_{DD} 经 R_1 为晶体管提供 I_b 电流，晶体管导通，有 I_e 电流流过 R_2，在 R_2 上得到电压（$U_{R2}=I_eR_2$）。由于 R_1 阻值固定，所以 I_b 电流固定，根据 $I_c=I_b\beta\approx I_e$ 可知，晶体管的 β 值越大，I_e 也就越大，R_2 上的电压就越高，送到 IC 输入端的电压越高，最终在显示屏上显示的数值越大。

二、数字式万用表的使用注意事项

由于数字式万用表具有测量精确、取值方便、功能齐全等优点，所以深受使用者欢迎。最普通的数字式万用表一般具有电阻测量、通断声响检测、二极管正向导通电压测量、直流电压/电流测量、晶体管放大倍数及性能测量等功能，给实际检测工作带来了很大的方便。但是，数字式万用表如果使用不当，在实际检测时易造成表内元器件损坏，产生故障。

1）在大多数情况下，数字式万用表损坏是因测量档位选择错误而造成的，如在测量交流市电时，将功能旋钮置于欧姆档，这种情况下表笔一旦接触市电，可瞬间造成万用表内部元器件损坏。因此，在使用万用表测量前一定要先检查测量档位的选择是否正确。在使用完毕后，应将功能旋钮置于最大交流或直流电压档处，然后关闭电源。这样在下次测量时无论误测哪个参数，都不会引起数字式万用表损坏。

2）有些数字式万用表损坏是由于测量的电压、电流超过量程范围所造成的。如在交流 20V 档位测量市电，很容易引起数字式万用表交流放大电路损坏，使万用表失去交流测量功能。在测量直流电压时，所测电压超出测量量程，同样易造成表内电路故障。在测量电流时，如果实际电流值超过量程，一般仅引起万用表内的熔丝烧断，不会造成其他损坏。因此，在测量电压参数时，如果不知道所测电压的大致范围，应先把档位选择置于最高档，通过测量其值后再换档测量，以得到比较精确的数值。如果被测电压数值远超出万用表所能测量的最大量程，应另配高阻测量表笔。

3）大部分数字式万用表测量的直流电压上限值为 1000V，因此测量直流电压时，最高电压值在 1000V 以下，一般不会损坏万用表。如果超出 1000V，则很有可能造成万用表的损坏。但是，不同的数字式万用表的可测量电压上限值有所不同。如果测量的电压超出量程，可采取电阻降压的方法加以测量。另外，在测量 400～1000V 的直流高电压时，表笔与测量处一定要接触好，不能有任何抖动，否则，除了会造成万用表损坏而使测量不准确外，严重时还可使万用表无任何显示。

4）在测量电阻时，应注意一定不要带电测量。

5）严禁在测量的同时拨动档位选择开关，特别是在高电压、大电流的情况下，以防产生电弧烧坏档位选择开关。

6）在更换电池或熔丝前，将测试表笔从测试点移开，再关闭电源开关。

7）在电池没有装好和没安装电池后盖时，不要进行测试操作。

8）变换功能和量程时，表笔应离开测试点。

三、VC9208 型数字式万用表的检修

1. 检修要点

（1）注意积累检修资料　检修数字式万用表是一项细致的工作，要有耐心，有时要花费很多精力，付出辛勤的劳动，因此不断积累资料和总结经验十分重要。应当为每一块数字式万用表建

立技术档案，并进行统一编号。每块表都要认真填写验收检定卡片、修理卡片、定期校验卡片。这样做的好处有两点：第一，为每台仪表建立完整的技术档案；第二，有助于提高修理人员的技术水平。

修理过程也是实践—理论—再实践的循序过程。常见的故障修复率较高，查阅以往记录就可能迅速查明原因。某些故障与操作人员有关，需要把原因告知他们，避免再发生。有的特殊故障发生的机会少，排除时又颇费一番周折，记下来对日后工作有参考价值。记录内容应简明扼要，能说明问题即可。

另外，还应提倡修理人员整理笔记，重点记录如何根据现象去伪存真，分析判断，逐步确定故障原因。

（2）检修数字式万用表的一般步骤　检修数字式万用表，好比医生给病人看病，不妨借用中医诊断时常用的“望、闻、问、切”四字诀。

1）望：先对仪表进行外观检查，查看其有无机械损伤、电气损伤、零部件丢失等。

2）闻：听取使用人员介绍发生故障时所看到的异常现象等。

3）问：对疑点要多问几个为什么，例如操作人员是否有误操作，仪表的过电流及J—K保护电路是否发生断路或短路故障。

4）切：进行切合实际的分析，必要时画出检修流程图，为迅速排除故障创造条件。

修理数字式万用表需参照电路图进行。若有印制电路板和元器件装配图，就更为便利。数字式万用表的产品说明书一般不提供电路图，这给维修带来了很大困难。必要时应自己测绘整机电路或仅测绘涉及故障的部分电路，也可参考有关书籍提供的数字式万用表的整机电路和单元电路。

检修数字式万用表一般从电源开始。若接通电源后液晶显示屏无任何显示，应首先检查9V叠层电池的电压是否太低，电池引线断否，电源开关有无损坏。如电池电压正常，但从单片机转换器上却测不出电压，通常是电池引线开路或电源开关内部接触不良。

寻找故障应遵循“先外后里、先易后难、化整为零、重点突破”的规律。排除故障要力求彻底，不留隐患，不能存有侥幸心理。有的数字式万用表在修理后稍受振动或用手拍打一下外壳，就不能正常工作，多属接触不良故障。倘若放过此类故障，使用仪表过程中会时好时坏，影响工作。

修完仪表后先不要装外壳，应通电检查几次，确认修好后再装外壳。条件允许时应按原技术指标对仪表进行校验，最后填写修理卡片。

修理工作只有和日常维护保养、定期校验结合起来，才能确保仪表的各项技术指标正常，延长使用寿命。

2. 检修数字式万用表的11种方法

（1）直觉法　直觉法是不使用测量手段，仅凭人的感觉器官（眼、耳、鼻、手）对故障原因做出判断的方法。善于运用此法，常能迅速查明一些故障。这是因为故障大多是由短路、断路、元器件损坏所造成的，其中有一部分现象可通过外观检查来发现。

例如，用眼睛能发现断线、脱焊、搭锡短路、熔断器烧断、电解电容漏液、机械性损伤、印制导线的铜箔翘起等故障；用鼻子可以闻到电阻、印制电路板、电源变压器被烧毁时的焦糊味；用手可以摸出电池、电阻、晶体管、集成电路的温升过高，如果新装入的电池发热，说明存在短路现象，电源滤波电容严重漏电可导致电源短路；用手还可以检查元器件有无松动，集成电路的引脚是否插牢，量程转换开关是否卡滞等。

（2）测电压法　检查各级工作电压，并与正常值进行比较。为保证测量基准电压的准确度，建议采用4位数字式万用表进行测量，不能使用模拟式万用表。

（3）电流法 测量整机工作电流时，可将另一块数字式万用表的功能旋钮旋至DC 200mA档，然后串接在9V叠层电池上，这样就不必打开表壳。若预先测出电池的路端电压（不是开路电压），就能很容易计算出整机功耗。

（4）波形法 用电子示波器观察电路中各关键点的电压波形、幅度、周期（频率）等，观察时钟振荡器波形、观察相位驱动器输出波形与背电极波形、观察蜂鸣器驱动信号波形、观察电容档文氏电桥振荡器的输出波形。

（5）信号追踪法 检查AC/DC转换电路、F/V转换电路、C/V转换电路等。例如当不能测频率时，可由一台音频信号发生器向被检仪表注入幅度和频率都适宜的电压信号，然后从前往后逐级追踪输入信号的去向，同时用示波器观察波形的变化情况，即可迅速判定故障位置。

（6）断路法 在不影响其他部分正常工作的前提下，将可疑部分从单元电路中断开。只要故障消失，就能证明故障存于被断开部分。

（7）测量元器件法 当故障已经缩小到某个或某几个元器件时，可对其进行在线测量或脱离线路的测量。例如用另一块正常的万用表检查电阻是否短路、断路或阻值改变，电容是否击穿等。测量在线电阻时必须考虑与之并联的其他元器件的影响，必要时可焊下被测电阻的一端再测。

鉴于数字式万用表中的晶体管和二极管大多采用硅管，最好能使用数字式万用表的低功率档测量在线电阻，避免硅管导通后影响测量的准确性。

在检查分压电阻及分流电阻时，须采用准确度较高的数字式万用表或选用电桥来测量电阻值。

（8）干扰法 把数字式万用表的功能旋钮旋至低量程交流电压档（200mV或2V档），用手捏住表笔尖，利用人体感应电压作为干扰信号，此时液晶显示屏应出现跳数现象。

（9）应急修理法 在现场测试中，仪表突然发生故障而又不希望中断测量，可采用应急修理法。其前提条件是修理时间必须短，而且不能降低仪器的性能指标。在修理或处理方法上可灵活变通，以充分利用现场测试条件。例如，当电源开关接触不良时，可暂时将开关短接，使电源接通。

（10）替换法 对于可疑的元器件、部件及插件，均可用同类型质量良好的产品替换试用。替换的目的仅在于缩小故障范围，减少怀疑对象，不一定就能立即查明故障原因，但它为进一步确定故障根源创造了条件。

（11）软故障查询法 所谓软故障是相对硬故障而言的。硬故障是指容易查明的显性故障，例如元器件彻底损坏、断线、漏焊、搭锡、电池渗出电解液、液晶显示屏破裂或表面发黑等。软故障则属于隐性故障，现象时隐时现，仪表也时好时坏，带有随机性，难以发现其变化规律。此类故障最复杂，常见原因包括焊点松脱、虚焊，接插件松动，转换开关接触不良，元器件性能不稳定、将坏未坏，元器件的工作参数接近于临界值，引线将断未断或在内部断芯等。此外，软故障也可能是由外界因素造成的，例如环境温度过高、湿度太大，或是工作环境的温差过大，附近有间断性强干扰信号等。

对软故障有两种处理方法：第一种方法是检查疑似故障部位，例如检查是否有印制电路板松动、翘曲，插头不紧，元器件虚焊或固定不牢，量程转换开关接触不良；第二种方法是人为地促使软故障转化成硬故障，例如摇晃仪表，拍打机壳，拨动元器件及引线，同时观察故障有无变化，以确定故障位置，必要时还可连续开机，使将要坏的元器件及早损坏，把故障暴露出来。

练习与拓展

一、填空题

1. 数字式电压表由____________、____________和____________三大部分组成，直流数字式电压表的核心是____________________。

2. 用万用表测量直流电压时，两表笔应__________接在被测电路两端，且__________表笔接高电位端，____________表笔接低电位端。

3. 用数字式万用表测量电阻时，应将红表笔插入________插孔，黑表笔插入________插孔，将档位选择开关置于________的范围内，并选择所需的量程位置。

4. 测量电阻时，应将两表笔分别接______的两端。在测试时若显示屏显示溢出符号"1"，表明量程选得不合适，应改换更______的量程进行测量；若显示值为______，表明被测电阻已经短路；在量程选择合适的情况下，若显示值为"1"，表明被测电阻的阻值为______。

5. 当测量教室插座的电压时，档位选择开关置于"700"处，显示屏上显示"233"，则所测电压值为________。

6. 当把档位选择开关置于"hFE"时，将晶体管插入相应的插孔，显示屏上显示"320"，则该值为________。

7. 测电压时，将红表笔插入________插孔，黑表笔插入________插孔，档位选择开关置于________档的合适量程位置。

8. 使用电流档时应注意：应把数字式万用表________联到被测电路中，如果被测电流大于200mA时应将红表笔插入________插孔，黑表笔插入________插孔；如果被测电流小于200mA时应将红表笔插入________插孔；如显示屏显示溢出符号"1"，表示被测电流________所选量程，这时应改换更________的量程；在测量电流的过程中，不能拨动________。

9. 用数字式万用表测量电容时，应将红表笔插入________插孔，黑表笔插入________插孔；将档位选择开关置于________的范围内并选择所需的量程位置；测量电容容量时应将电容两引脚________，目的是________。如果显示屏上显示"2·45"，所用量程为20μF，说明被测电容容量为________。

10. 若测量一电阻，将档位选择开关置于"20k"处，显示屏上显示"12·54"，则所测电阻阻值为________。

二、判断题

1. 选择万用表的量程时，最好从高到低逐级进行选择。（ ）
2. 用万用表测量电流时，将万用表并联连接到测量部位。（ ）
3. 数字式万用表直流电压测量电路是利用分压电阻来扩大电压量程的。（ ）
4. 严禁在被测电路带电的情况下用数字式万用表测量电阻。（ ）
5. 数字式万用表中一般采用比例法测电阻。（ ）
6. 数字式直流电流表中分流电阻的作用是将电压转换为电流。（ ）
7. 数字式万用表中的快速熔丝管起过电流保护作用。（ ）
8. 在测量模拟信号时，数字式万用表通常比模拟式万用表测量准确度低。（ ）
9. 数字式万用表只能测量直流电压。（ ）
10. 数字式万用表的准确度比模拟式万用表高。（ ）

项目三　通用示波器的使用

知识目标

（1）熟悉通用示波器的结构。
（2）理解通用示波器的工作原理。
（3）掌握通用示波器的使用方法。
（4）培养学生逻辑思维、分析问题和解决问题能力。

技能目标

（1）能够熟练使用通用示波器。
（2）会使用通用示波器测试电路波形。
（3）培养良好的人际沟通能力和团队合作精神。
（4）培养学生创新思维的能力。

工具与器材

通用示波器、螺钉旋具、尖嘴钳、常用电子产品。

操作步骤

一、UC8040 双踪示波器的结构

1. 双踪示波器的面板

UC8040 双踪示波器的外形结构和面板如图 1-41 所示。

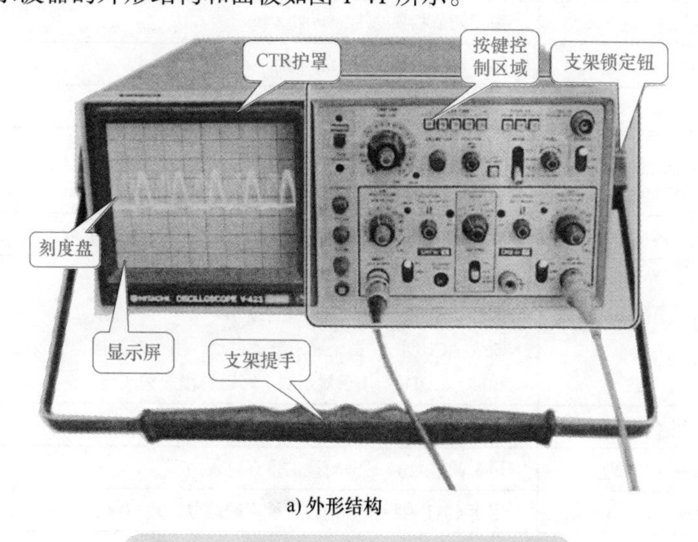

a) 外形结构

图 1-41　双踪示波器的外形结构和面板

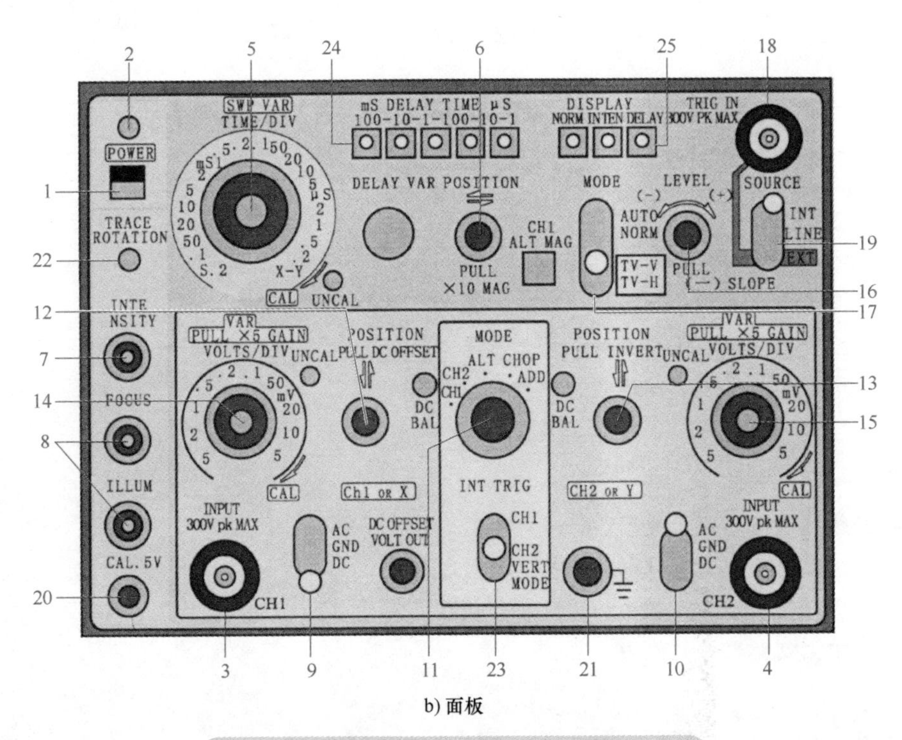

b) 面板

图 1-41　双踪示波器的外形结构和面板（续）

UC8040 双踪示波器各控制旋钮和按键的功能见表 1-1。

表 1-1　UC8040 双踪示波器各控制旋钮和按键的功能

序号	控制件名称	功　　能
1	电源开关	按下开关，电源接通；弹起开关，断电
2	指示灯	按下开关，指示灯亮；弹起开关，指示灯灭
3	CH1 信号输入端	被测信号的输入端口：左为 CH1 通道
4	CH2 信号输入端	被测信号的输入端口：右为 CH2 通道
5	扫描速度旋钮	用于调节扫描速度，共 20 档
6	水平移位旋钮	用于调节轨迹在显示屏中的水平位置
7	亮度旋钮	调节扫描轨迹亮度
8	聚焦旋钮	调节扫描轨迹清晰度
9	耦合方式选择键（CH1）	用于选择 CH1 通道被测信号馈入的耦合方式，有 AC、GND、DC 三种方式
10	耦合方式选择键（CH2）	用于选择 CH2 通道被测信号馈入的耦合方式，有 AC、GND、DC 三种方式
11	方式（垂直通道的工作方式选择键）	Y1 或 Y2：通道 Y1 或通道 Y2 单独显示 交替（ALT）：两个通道交替显示 断续（CHOP）：两个通道断续显示，用于在扫描速度较低时的双踪显示 相加（ADD）：用于显示两个通道的代数和或差
12	垂直移位旋钮（CH1）	用于调整 CH1 通道轨迹的垂直位置
13	垂直移位旋钮（CH2）	用于调整 CH2 通道轨迹的垂直位置
14	垂直偏转因数旋钮（CH1）	用于 CH1 通道垂直偏转灵敏度的调节，共 10 档

（续）

序号	控制件名称	功　能
15	垂直偏转因数旋钮（CH2）	用于 CH2 通道垂直偏转灵敏度的调节，共 10 档
16	触发电平旋钮	用于调节被测信号在某一电平触发扫描
17	电视场触发键	专用触发源按键，当测量电视场频信号时将其置于“TV-V”位置，可使观测的场信号波形比较稳定
18	外触发输入端	在选择外触发方式时触发信号输入插座
19	触发源选择键	用于选择触发的源信号，从上至下依次为“INT”“LINE”“EXT”
20	校准信号端	提供幅度为 0.5V、频率为 1kHz 的方波信号，用于检测垂直和水平电路的基本功能
21	接地端	安全接地，可用于信号的连接
22	轨迹旋转旋钮	当扫描线与水平刻度线不平行时，调节该处可使其与水平刻度线平行
23	内触发方式选择键	CH1、CH2 通道信号的极性转换，CH1、CH2 通道工作在“相加”方式时，选择“正常”或“倒相”可分别获得两个通道代数和或差的显示
24	延迟时间选择键	设置了 5 个延迟时间档位供选择使用
25	触发方式选择键	INTEN 自动：信号频率在 20Hz 以上时选用此种工作方式 NORM 常态：无触发信号时，显示屏无光迹显示，在被测信号频率较低时选用 DEAY 单次：只触发一次扫描，用于显示或拍摄非重复信号

2. 面板一般功能的检查和校准

1）将有关控制旋钮和按键置于表 1-2 所示的位置。

表 1-2　面板功能检查和校准

控制件名称	作用位置	控制件名称	作用位置
亮度	居中	输入耦合	DC
聚焦	居中	扫描方式	自动
移位（三只）	居中	极性	+
垂直方式	Y1	时间 /div	0.5ms
垂直偏转因数开关	0.1V	触发源	Y1
微调	顺时针方向旋足	耦合方式	常态

2）接通电源，电源指示灯亮，稍预热，屏幕中出现光迹，分别调节亮度和聚焦旋钮，使光迹的亮度适中、清晰；如果扫描光迹与水平刻度线不平行，可用螺钉旋具调整前面板“轨迹旋转”控制器，使光迹与水平刻度线平行。

3）通过连接电缆将本机校准信号输入至 Y1 通道。

4）调节触发电平旋钮使波形稳定，分别调节垂直移位和水平移位，使波形与图 1-42 所示波形相吻合，表明垂直系统和水平系统校准。

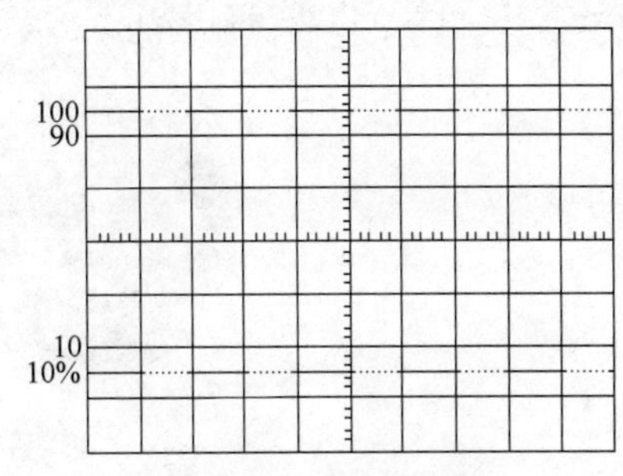

图 1-42　示波器校准

5）把连接电缆换至 Y2 通道插座，垂直方式置“Y2”，重复 4）操作。

二、UC8040 双踪示波器测量实例

1）首先将示波器的电源线接好，接通电源，其操作如图 1-43 所示。

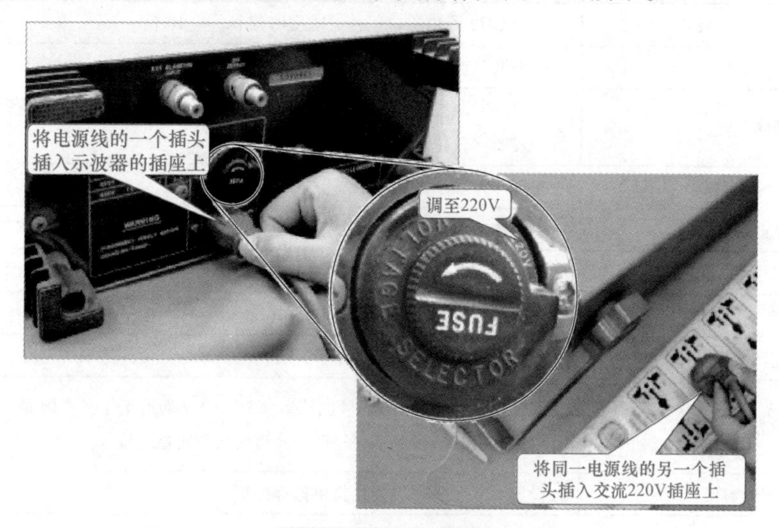

图 1-43　接通电源

2）开机前检查按键和旋钮，如图 1-44 所示。

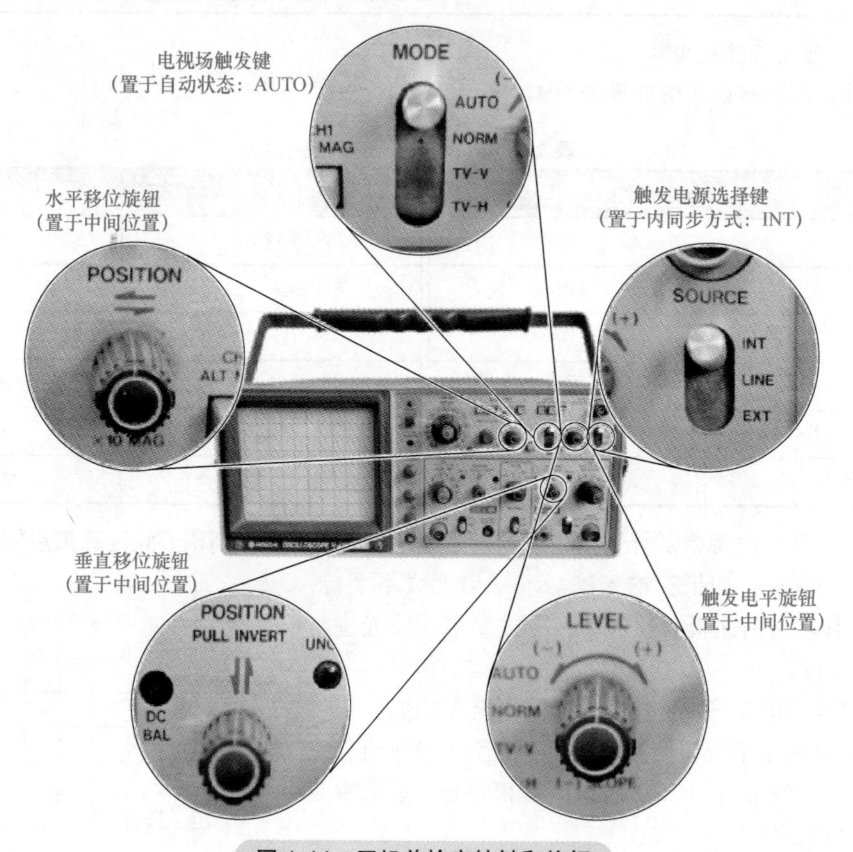

图 1-44　开机前检查按键和旋钮

3）按下示波器的电源开关（POWER），电源指示灯亮，表示电源接通，其操作如图 1-45 所示。

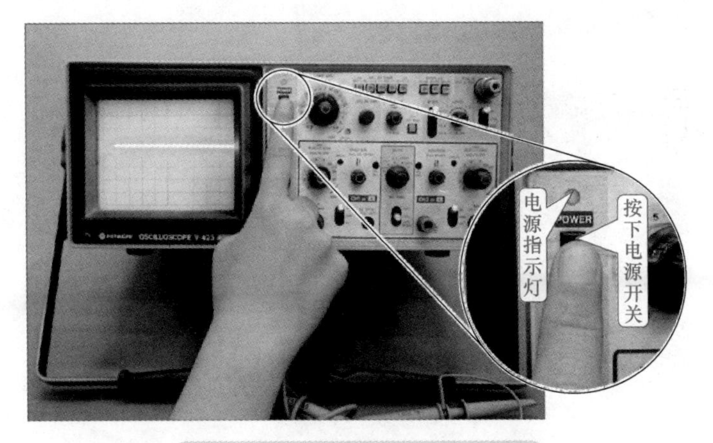

图 1-45　按下示波器的电源开关

4）调整扫描线的亮度，其操作如图 1-46 所示。

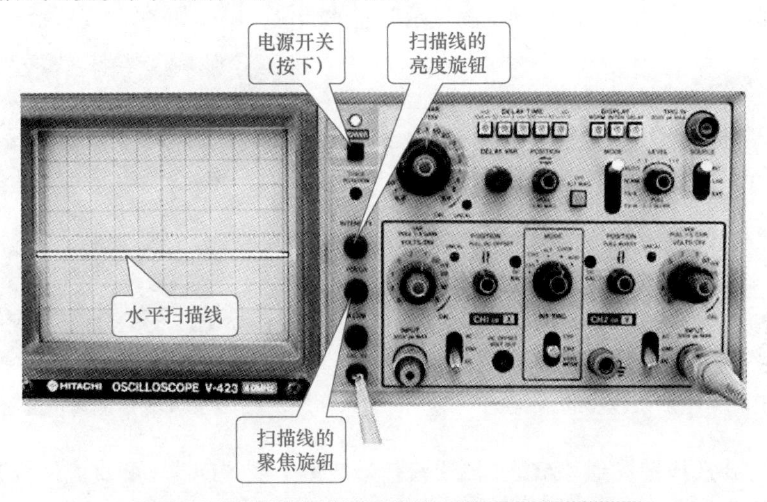

图 1-46　示波器各个按键和旋钮初始状态示意图

5）调整显示图像的水平移位旋钮，使示波器上显示的波形在水平方向，其操作如图 1-47 所示。

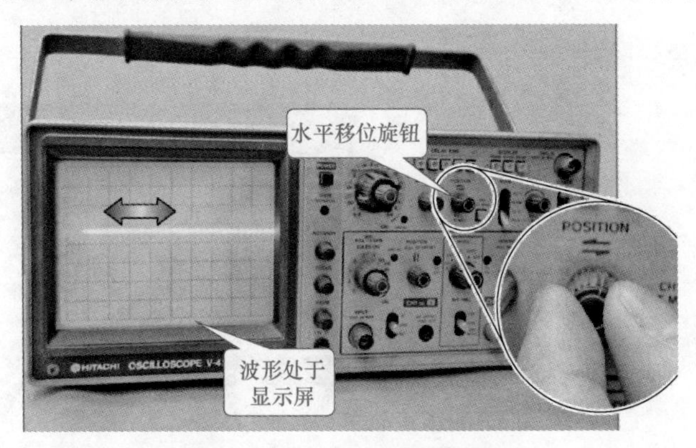

图 1-47　调整水平移位旋钮

6）调整垂直移位旋钮，使示波器上显示的波形在垂直方向，其操作如图 1-48 所示。

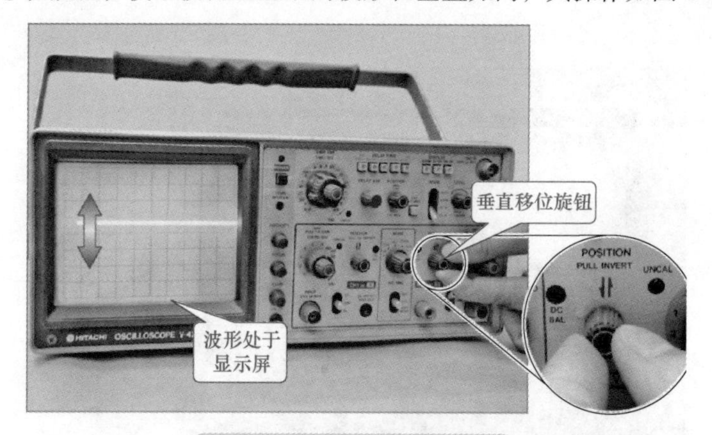

图 1-48　调整垂直移位旋钮

7）将示波器的探头（BNC 插头）连接到 CH1 或 CH2 信号输入端，另一端的探头接到示波器的标准信号端口，显示屏会显示方波信号波形，检测示波器的精确度，其操作如图 1-49 所示。

8）估计被测信号的大小，初步确定测量示波器的档位，操作如图 1-50 所示。

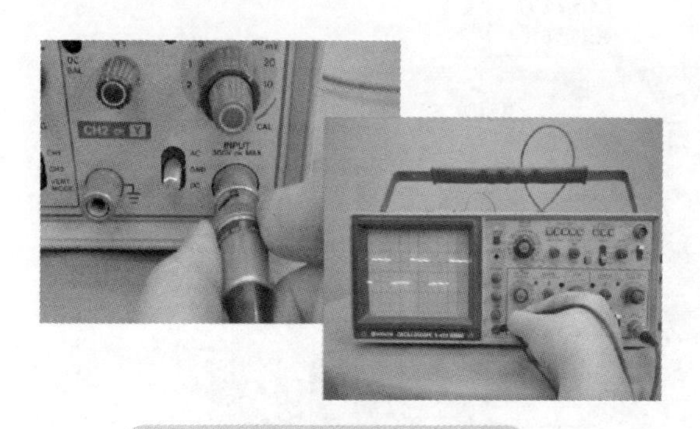

图 1-49　检测示波器的精确度

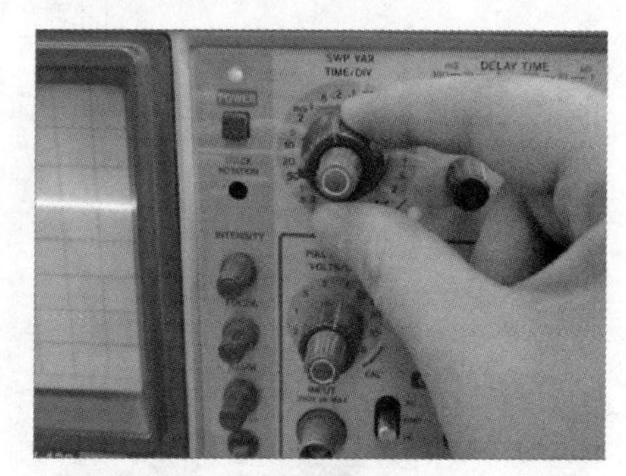

图 1-50　确定测量示波器的档位

9）将耦合方式选择键拨到“AC”（测交流信号波形）或“DC”（测直流信号波形）位置，其操作如图 1-51 所示。

10）测量电路的信号波形时，需要将示波器探头的接地夹接到被测信号发生器的地线上，其操作如图 1-52 所示。

图 1-51　选择耦合方式

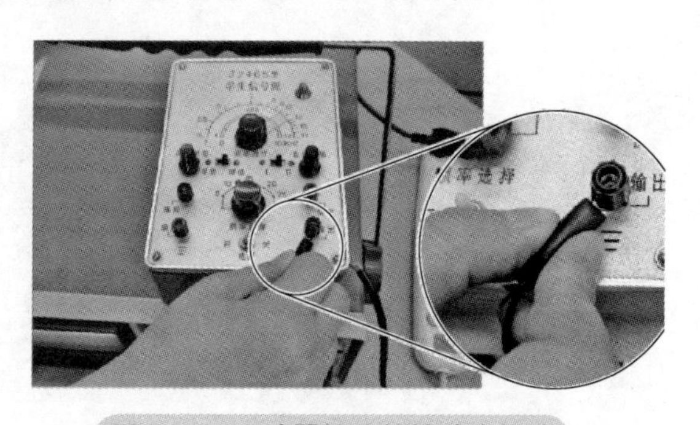

图 1-52　示波器探头的接地夹接地

11）将示波器的探头（带挂钩端）接到被测信号发生器的高频调幅信号的输出端，一边观察波形，一边调整幅度和频率，使波形大小适当，便于读数，其操作如图 1-53 所示。

12）若信号波形有些模糊，可以适当调节聚焦旋钮，通过幅度微调和频率微调，使波形清晰，其操作如图 1-54 所示。

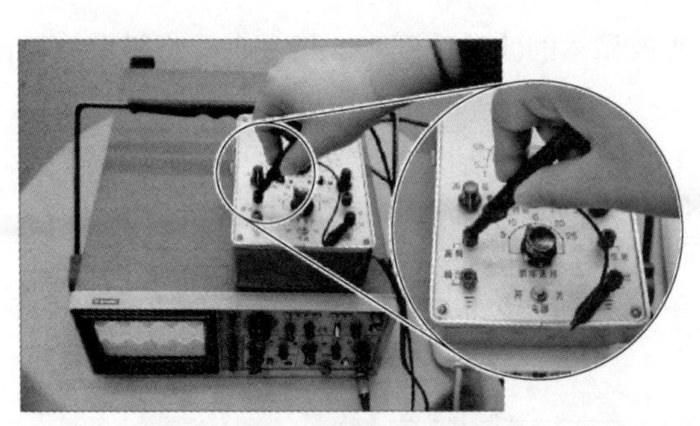

图 1-53　示波器的探头信号发生器接高频调幅

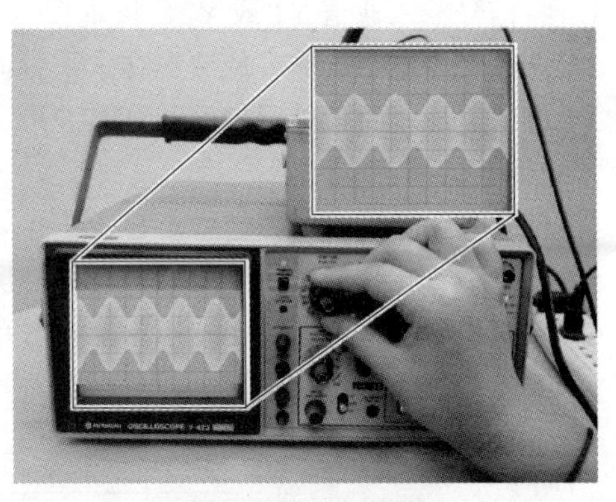

图 1-54　使波形清晰

13）若波形黯淡不清，可以适当调节亮度旋钮，使波形明亮清楚，其操作如图 1-55 所示。

14）若波形不同步，可微调触发电平旋钮，使波形稳定，其操作如图 1-56 所示。

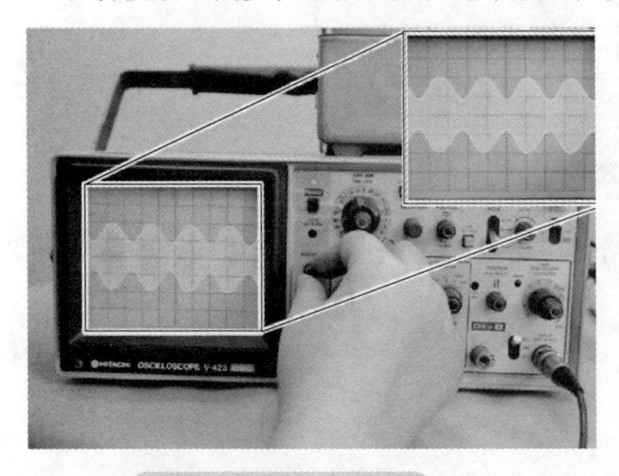

图 1-55　调节亮度旋钮

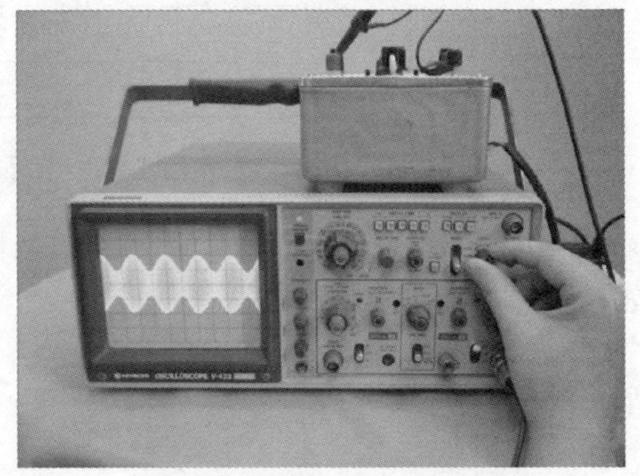

图 1-56　微调触发电平旋钮

15）观察波形，读取并记录波形相关参数。图 1-57 所示为利用示波器测量信号发生器高频调幅信号的波形。

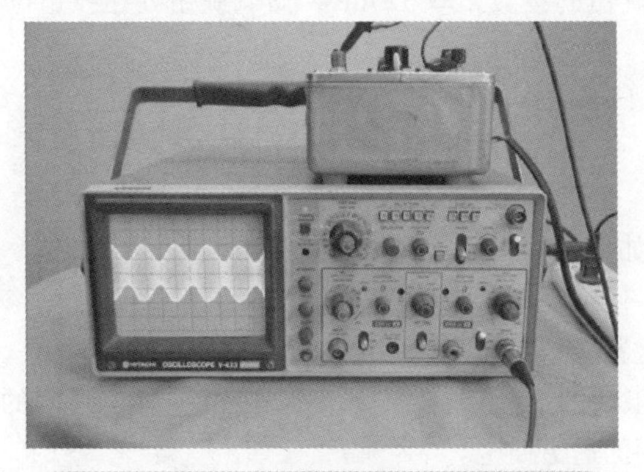

图 1-57　信号发生器高频调幅信号的波形

三、DF4326 双踪示波器测量实例

1. 信号幅值的测量

对被测信号波形峰 - 峰电压的测量，步骤如下：

1）将信号输入通道 Y1 或 Y2，将垂直通道的工作方式选择键置于相应的通道。

2）调整触发电平旋钮，使波形在水平方向稳定。

3）调节电压垂直偏转灵敏度并观察波形，使被显示的波形幅度为 5 格左右，将微调旋钮沿顺时针方向旋足至校正位置。

4）调节扫描速度旋钮，使屏幕显示 1 ～ 4 个周期波形。

5）调整垂直移位旋钮，使波形的底部在屏幕中某一水平坐标上，如图 1-58 所示的 A 点。

6）调整水平移位旋钮，使波形顶部在屏幕中央的垂直坐标上，如图 1-58 所示的 B 点。

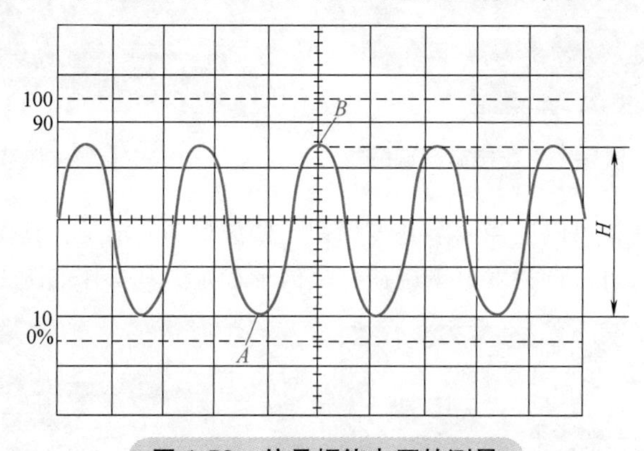

图 1-58 信号幅值电压的测量

7）读出信号波形垂直方向上 A、B 两点的格数，用 H 表示；再读取垂直偏转因数旋钮“电压 /div”的值 k。

8）如果垂直偏转因数旋钮的探极衰减拨在 1∶1 位置，按下面公式计算被测信号的峰 - 峰电压值：

$$U_{PP} = kH$$

如果探极衰减拨在 10∶1 位置，则按下式计算峰 – 峰电压值：

$$U_{PP} = 10kH$$

例如：在图 1-58 中，经过调节使被测的正弦信号波谷 A 点和波峰 B 点之间的垂直距离格数 $H = 3.5\text{div}$，垂直偏转因数旋钮的读数 $k = 5\text{V/div}$，微调旋钮处在校正位置，探极衰减拨在 1∶1 位置，则

正弦波的峰 – 峰电压 $U_{PP} = 5\text{V/div} \times 3.5\text{div} = 17.5\text{V}$

正弦波的幅值电压 $U_P = U_{PP} = 8.75\text{V}$

2. 直流电压的测量

直流电压的测量步骤如下：

1）设置面板控制器，使屏幕显示水平扫描基线。

2）将耦合方式选择键置于“GND”。

3）调节垂直移位旋钮，使扫描基线在某一水平坐标上，定义此时的电压为零（参考电压）。

4）将信号馈入被选用的通道插座。

5）将选择键置于“DC”，调整垂直偏转因数旋钮，使扫描基线偏移在屏幕中一个合适的位置

上，把电压微调旋钮沿顺时针方向旋足到校正位。

6）测量扫描线在垂直方向偏移基线的距离。

7）按下式计算被测直流电压值：

$$U = 垂直方向格数 \times 垂直偏转因数 \times 偏转方向（+或-）$$

例如：在图1-59中，测出扫描基线上移3.6格，垂直偏转因数为2V/div，则 U = 3.6div × 2V/div（+）= 7.2V

3. 幅值比较

在某些应用中，需要对两个信号之间幅值的偏差（百分比）进行测量，步骤如下。

1）将作为参考的信号馈入Y1（或Y2）端口，设置垂直通道的工作方式为通道Y1（或Y2）。

2）当调整垂直偏转因数旋钮进行微调后，使信号波形的幅度在垂直方向为5格，并且把参考波形底部移至0%线上。

3）在保持垂直偏转因数再进行微调后，在原有位置的情况下，把探头从参考信号换接至需要比较的信号，调整垂直移位旋钮，使波形底部在显示屏的0%刻度上。

4）调整水平移位旋钮，使波形顶部在显示屏中央的垂直刻度线上。

根据显示屏左侧的0%和100%的百分比标注，从显示屏中央的垂直坐标上读出百分比（针对5格计算，1小格等于4%）。例如：在图1-60中，信号 A（虚线）为参考波形，幅度为5，信号 B（实线）为被比较的信号波形，垂直幅度为1.5格，则该信号的幅值为参考信号的30%。

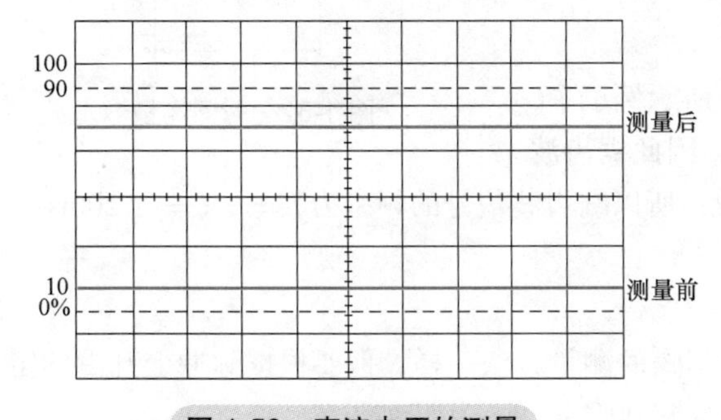

图1-59　直流电压的测量

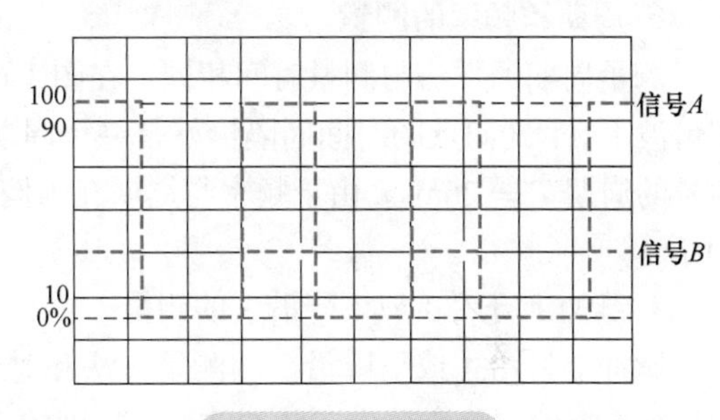

图1-60　幅值比较

4. 代数叠加

当需要测量两个信号的代数和或差时，可按下列步骤操作。

1）置垂直通道的工作方式选择键于“ALT（交替）”或“CHOP（断续）”（根据被测信号的频率而定）位置，Y2极性置“正常”。

2）将两个信号 A、B 分别馈入Y1和Y2端口，调整垂直偏转因数旋钮，使两个信号的显示幅度适中，调节垂直移位旋钮，使两个信号波形的垂直位置靠近屏幕中央，波形如图1-61a所示。

3）将垂直通道的工作方式选择键换至“ADD（相加）”位置，即得到两个信号的代数和显示，如图1-61b所示；若需要观察两个信号的代数差，则将Y2极性置“倒相”，叠加后的波形如图1-61c所示。如果要定量测量，在第2）步操作中将垂直偏转因数旋钮旋到校正位置。

5. 时间测量

时间间隔的测量可按下列步骤进行。

1）将被测信号馈入Y1（或Y2）端口，设置垂直通道的工作方式为选用的通道。

2）调整触发电平旋钮使波形稳定显示。

3）将扫描速度微调旋钮沿顺时针方向旋足，调整扫描速度选择开关，使屏幕显示1～2个周期信号波形。

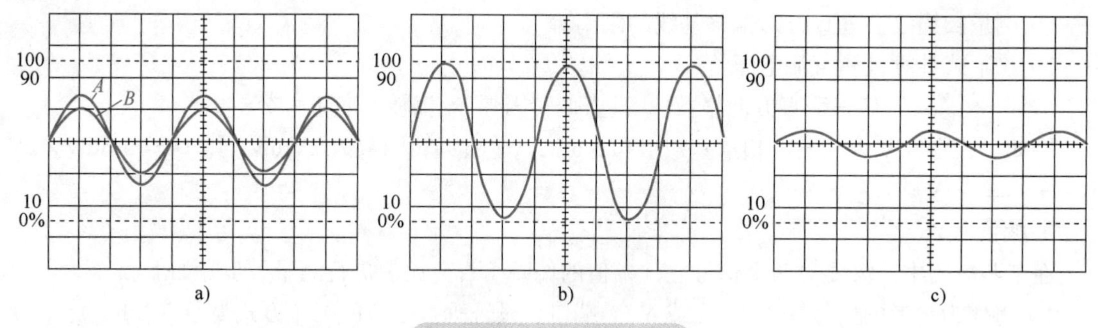

图 1-61 代数叠加显示

4）分别调整垂直移位旋钮和水平移位旋钮，使波形中需要测量的 A、B 两点位于显示屏中央的水平刻度线上，如图 1-62 所示。

5）读出 A、B 两点间的水平距离 d，按下式计算时间间隔：

时间间隔 t = 水平距离 × 扫描速度 / 水平扩展

例如：在图 1-62 中，测得锯齿波 A、B 两点的水平距离为 4div，扫描速度旋钮指向 5ms/div，水平扩展为 1，则 A、B 两点的时间间隔 $t = 4\text{div} \times 5\text{ms/div}/1 = 20\text{ms}$

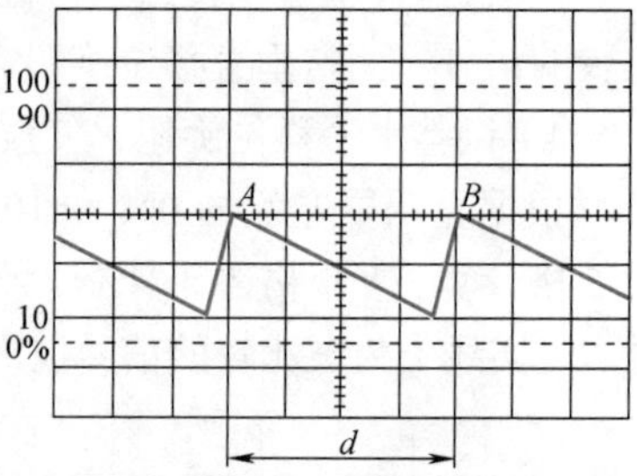

图 1-62 时间测量

6. 周期和频率的测量

测量周期的方法与测量时间相同，在图 1-62 所示例子中，锯齿波上 A、B 两点的时间间隔恰好是一个周期，因此锯齿波信号的周期 $T = 20\text{ms}$。由于频率与周期互为倒数，所以锯齿波信号的频率为 $f = 1/T = 1/20\text{ms} = 50\text{Hz}$。

7. 脉冲上升沿（或下降沿）的测量

脉冲上升沿（或下降沿）的测量方法和时间间隔的测量方法一样，但要根据脉冲上升沿的定义，被选择的测量点规定在脉冲波形满幅度的 10% 和 90% 两处，步骤如下。

1）设置垂直通道的工作方式为 Y1（或 Y2），将信号馈入被选中的通道。

2）调整垂直偏转因数旋钮和微调旋钮，使波形在垂直方向显示 5div。

3）调整垂直移位旋钮，使波形的顶部和底部分别位于 100% 和 0% 的刻度线上。

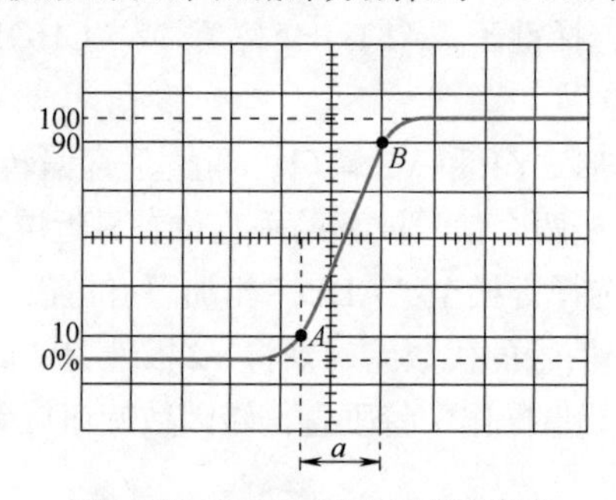

图 1-63 脉冲上升沿的测量

4）将扫描速度旋钮沿顺时针方向旋足至校正位，让显示屏上清楚地显示波形的上升（或下降）沿，如图 1-63 所示。

5）调整水平移位旋钮，使波形上升沿的10%处相交于某一垂直刻度线上。

6）测量10%～90%两点间的水平距离（图1-63中A、B两点）。对一些变化快的前沿（或后沿），为便于测量，需将扫描微调旋钮拉出，可使波形在水平方向扩展5倍。

按下列公式计算出波形的上升（或下降）时间：

上升（或下降）时间＝水平距离 × 扫描速度/扩展因数

例如：在图1-63中，波形上升沿的10%处（A点）至90%（B点）的水平距离为1.6格，扫描速度旋钮指向0.1μs/div，扫描微调旋钮旋到校正位且拉出，使扫速扩展因数为5，根据公式可计算出

$$脉冲上升时间 = 1.6\text{div} \times 0.1\mu\text{s/div}/5 = 0.032\mu\text{s}$$

8. 时间差的测量

对两个相关信号的时间差的测量，可按下列步骤进行。

1）根据被测信号频率将垂直通道的工作方式选择键置于“ALT（交替）”或“CHOP（断续）”位置。

2）将参考信号A和一个需要比较的信号B分别输入通道“Y1”和“Y2”。Y1通道信号设置为触发源，调整触发电平使波形稳定。

3）调整垂直偏转因数旋钮，使显示屏显示合适的观察幅度。

4）调整扫描速度旋钮，使两个波形的测量点之间有一个能方便观察的水平距离。

5）调整垂直移位旋钮，使两个波形的测量点A、B位于屏幕中央的刻度线上。

6）测出A、B两点之间的水平距离，计算出时间差。

例如：在图1-64中，两个信号测量点A、B之间的水平距离为0.6div，如果扫描时间因数设置为2ms/div（校准），水平扩展为1，则时间差$\Delta T = 0.6\text{div} \times 2\text{ms/div}/1 = 1.2\text{ms}$。

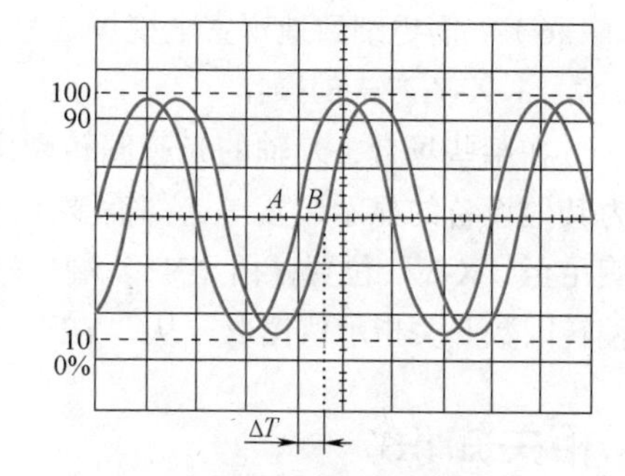

图1-64　时间差的测量

9. 相位差的测量

两个信号相位差的测量可参考时间差的测量方法进行，步骤如下。

1）按以上时间差测量方法的步骤1）～4）设置有关控制件。

2）调节垂直偏转因数旋钮微调，使波形的显示幅度一致。

3）调节扫描速度旋钮和微调旋钮，使波形的一个周期在屏幕上显示6格，这样水平刻度线上的每格对应为60°相位角（360°/6 = 60°）。

4）测量两个波形上升或下降到同一个幅度时的水平距离。

5）按下列公式计算出两个信号的相位差：

$$相位差\ \Delta\phi = 水平距离（\text{div}）\times 60°/\text{div}$$

例如：在图1-65中，测得两个正弦波A和B与时间轴的两个交点水平距离为1div，则根据公式计算它们的相位差为

$$\Delta\phi = 1\text{div} \times 60°/\text{div} = 60°$$

10. 电视场信号的测量

操作方法如下。

1）将垂直通道的工作方式选择键置于“Y1”（或“Y2”）位置，将电视信号输入至被选用的

通道。

2）将电视场触发键置于“TV-V”位置，并将扫描速度设置在 2ms/div。

3）对于正向电视信号，将“触发极性”设置到“+”；对于负向电视信号，则将“触发极性”设置到“−”。

4）调整垂直偏转因数旋钮，使显示屏显示合适的观察幅度。

5）调整触发电平旋钮，使波形稳定显示，图 1-66 所示为测得的场频锯齿波波形。

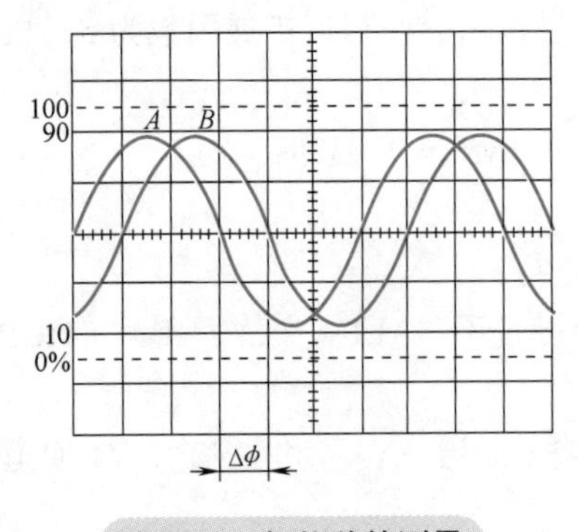

图 1-65　相位差的测量

图 1-66　场频锯齿波波形

6）如需更细致地观察电视场信号，可将水平扫描速度扩展 5 倍。

11. X-Y 方式的操作

在某些场合，X 轴的光迹偏转须由外来信号控制，如外接扫描信号、李沙育图形的观察或作为其他设备的显示装置等，都需要用到该方式。X-Y 方式的操作：将扫描速度旋钮沿顺时针方向旋足至“X-Y”位置，由“Y1”端口输入的信号就为 X 轴信号，其偏转灵敏度仍按该通道的垂直偏转因数开关指示值读取，从“Y2”端口输入 Y 轴信号，这时示波器就工作在 X-Y 显示方式。

相关知识

1. 双踪示波器的结构

双踪示波器主要有两种：一种是采用双束示波管的示波器；另一种是采用单束示波管的示波器。

双束示波管的双踪示波器采用一种双束示波管，如图 1-67 所示，内部有两个电子枪和偏转板，它们相互独立，但共用一个荧光屏，在测量时只要将两个信号送到各自的偏转板，两个电子枪发射出来的电子束就在显示屏不同的位置分别扫出两个信号波形。单束示波管的双踪示波器采用与单踪示波器一样的示波管。由于这种示波管只有一个电子枪，为了在显示屏上同时显示两个信号波形，需要通过转换的方式来实现。

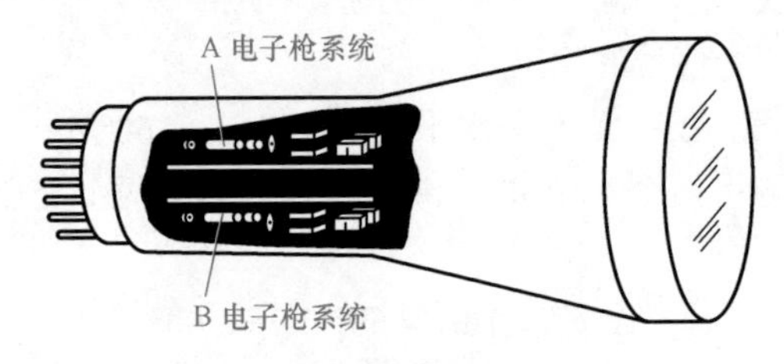

图 1-67　双束示波管的结构

由于双束示波管的双踪示波器采用了成本高的双束示波管，并且需要相应两套偏转电路和 Y

通道，所以测量时具有干扰少、信号调节方便、波形显示清晰明亮和测量误差小的优点，但因为它的价格贵、功耗大，所以普及率远远不如单束示波管的双踪示波器。

这里主要介绍广泛应用的单束示波管的双踪示波器。

2. 多波形显示原理

单束示波管只有一个电子枪，要实现在一个屏幕上显示两个波形，可以采用两种扫描方式：一种是交替转换扫描；另一种是断续转换扫描。

（1）交替转换扫描　交替转换扫描是在扫描信号（锯齿波电压）的一个周期内扫出一个通道的被测信号，而在下一个周期内扫出另一个通道的被测信号。下面以图 1-68 所示的示意图来说明交替转换扫描原理。

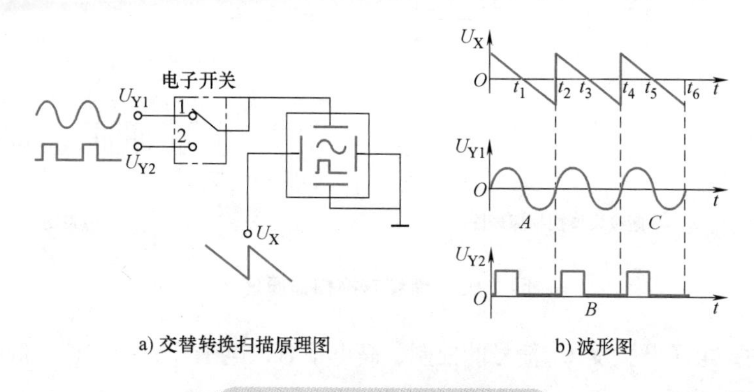

图 1-68　交替转换扫描原理

当 $O \sim t_2$ 期间的锯齿波电压送到 X 偏转板时，电子开关置于“1”位置，Y1 通道的 U_{Y1} 信号的 A 段经开关送到 Y 偏转板，在显示屏上扫出 U_{Y1} 信号的 A 段。

当 $t_2 \sim t_4$ 期间的锯齿波电压送到 X 偏转板时，电子开关切换到“2”位置，Y2 通道的 U_{Y2} 信号的 B 段经开关送到 Y 偏转板，在显示屏上扫出 U_{Y2} 信号的 B 段。

当 $t_4 \sim t_6$ 期间的锯齿波电压送到 X 偏转板时，电子开关又切换到“1”位置，Y1 通道的 U_{Y1} 信号的 C 段经开关送到 Y 偏转板，在显示屏上扫出 U_{Y1} 信号的 C 段。

如此反复，U_{Y1} 和 U_{Y2} 信号的波形在显示屏上被依次扫出，两个信号会先后显示出来，但由于荧光粉的余辉效应，U_{Y2} 信号波形扫出后 U_{Y1} 信号波形还在显示，故在显示屏上能同时看见两个通道的信号波形。

为了让显示屏上能同时稳定显示两个信号的波形，要满足以下几点。

1）要让两个信号能在显示屏不同的位置显示，要求两个通道的信号中直流成分不同。

2）要让两个信号能同时在显示屏上显示，要求电子开关切换频率不能低于人眼视觉暂留时间（约 0.04s），否则将会看到两个信号先后在显示屏上显示出来。因此这种方式不能测频率很低的信号。

3）为了保证两个信号都能同步，要求两个被测信号频率是锯齿波信号的整数倍。

交替转换扫描不是完整地将两个信号扫出来，而是间隔选取每个信号的一部分进行扫描显示，对于周期性信号，因为每个周期是相同的，这种方式是可行的；但对于非周期性信号，每个周期的波形可能不同，这样间隔会漏掉一部分信号。交替转换扫描不适合测量频率过低的信号和非周期信号。

（2）断续转换扫描　交替转换扫描不适合测量频率过低的信号和非周期信号，而采用断续转换扫描可以测这些信号。

断续转换扫描是先扫出一个通道信号的一部分（远小于一个周期），再扫出另一个通道信号的一部分，接着又扫出第一个通道信号的一部分，结果会在显示屏上扫出两个通道的断续信号波形。下面以图 1-69 所示的示意图来说明断续转换扫描原理。

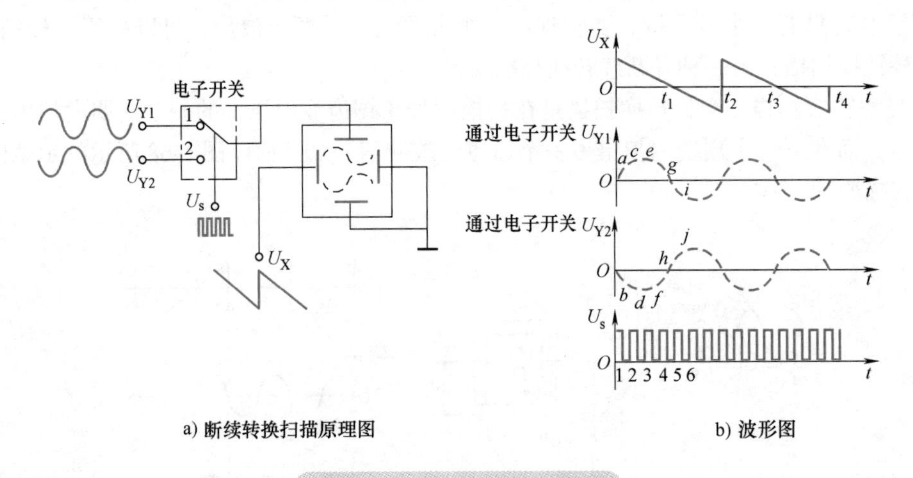

a) 断续转换扫描原理图　　b) 波形图

图 1-69　断续转换扫描原理

在图 1-69a 中，电子开关受 U_S 信号的控制，高电平时，电子开关接“1”，低电平时，电子开关接“2”。

当 U_S 信号的第一个脉冲来时，电子开关 S 置于“1”，U_{Y1} 信号的 a 段到来，它通过电子开关加到 Y 偏转板，在显示屏上扫出 U_{Y1} 信号的 a 段。

当 U_S 信号的第二个脉冲来时，电子开关 S 置于“2”，U_{Y2} 信号的 b 段到来，它通过电子开关加到 Y 偏转板，在显示屏上扫出 U_{Y2} 信号的 b 段。

当 U_S 信号的第三个脉冲来时，电子开关 S 置于“1”，U_{Y1} 信号的 c 段到来，它通过电子开关加到 Y 偏转板，在显示屏上扫出 U_{Y1} 信号的 c 段。

当 U_S 信号的第四个脉冲来时，电子开关 S 置于“2”，U_{Y2} 信号的 d 段到来，它通过电子开关加到 Y 偏转板，在显示屏上扫出 U_{Y2} 信号的 d 段。

如此反复，U_{Y1} 和 U_{Y2} 信号的波形在显示屏上同时显示出来，但由于两个信号不是连续而是断续扫描出来的，所以屏幕上显示的两个信号波形是断续的，如图 1-69b 所示。如果开关控制信号的频率很高，那么扫描出来的信号相邻段间隔小。如果间隔足够小，眼睛难以区分出来，信号波形看起来就是连续的。

断续转换扫描的优点是在整个扫描过程内，两个信号都能同时显示出来，可以比较容易地测出低频和非周期信号。但由于是断续扫描，故显示出来的波形是断续的，测量时可能会漏掉瞬变的信号。另外，为了防止显示的波形断续间隙大，要求电子开关的切换频率远大于被测信号的频率。

3. 双踪示波器的组成

双踪示波器的组成框图如图 1-70 所示。

双踪示波器的电子开关工作状态有“交替”“断续”“A”“B”“A+B”几种。

（1）交替状态　当示波器工作在交替状态时，在扫描信号的一个周期内，控制电路让电子开关将 Y_A 通道与末级放大电路接通，在扫描信号的下一个周期到来时，电子开关将 Y_B 通道与末级放大电路接通。在这种状态下，显示屏上先后显示两个通道被测信号，因为荧光粉的余辉效应，故会在显示屏上同时看见两个信号波形。

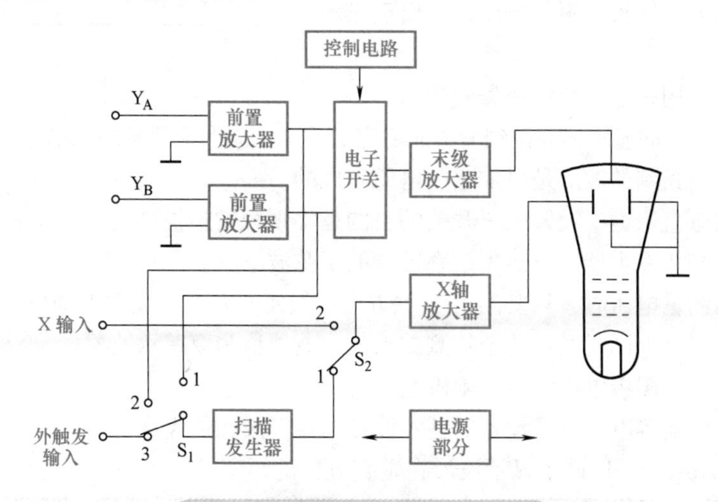

图 1-70　双踪示波器的组成框图

（2）断续状态　当示波器在断续状态工作时，在扫描信号的每个周期内，控制电路让电子开关反复将 Y_A、Y_B 通道交替与末级放大电路接通，Y_A、Y_B 通道断续的被测信号经放大后送到 Y 轴偏转板。在这种状态下，显示屏上同时显示两个通道断续的被测信号。

（3）“A”状态　当示波器在“A”状态工作时，控制电路让电子开关将 Y_A 通道一直与末级放大电路接通，Y_A 通道的被测信号经放大后送到 Y 轴偏转板。在这种状态下，显示屏上只显示 Y_A 通道的被测信号。

（4）“B”状态　当示波器在“B”状态工作时，控制电路让电子开关将 Y_B 通道一直与末级放大电路接通，Y_B 通道的被测信号经放大后送到 Y 轴偏转板。在这种状态下，显示屏上只显示 Y_B 通道的被测信号。

（5）“A+B”状态　当示波器在“A+B”状态工作时，控制电路让电子开关同时将 Y_A、Y_B 通道与末级放大电路接通，Y_A、Y_B 通道两个被测信号经叠加再放大后送到 Y 轴偏转板。在这种状态下，显示屏上显示 Y_A、Y_B 通道的两个被测信号的叠加波形。

练习与拓展

一、填空题

1. 示波管由____________、____________和____________三部分组成。

2. 示波器利用____________作为显示屏，是示波器的重要组成部分。

3. 通用示波器按其功能分为__________、__________、__________。

4. 示波器上观察到的波形是由__________完成的。

5. 为保证示波器输入信号波形不失真，在 Y 轴输入衰减器中采用__________电路。

6. 示波器的聚焦旋钮是调节示波器中__________极与__________极电压的。

7. 在没有信号输入时，仍有水平扫描线，这时示波器工作在__________，若工作在__________，则无信号输入时就没有扫描线。

8. 为得到最大的输出功率，应将低频信号发生器的输出衰减旋钮置于__________位置。

9. 如果示波器偏转板上不加电压，会出现显示屏________________。

二、判断题

1. 示波器可以用来测量交流信号的频率。（ ）
2. 为了在示波器的显示屏上得到清晰而稳定的波形，应保证信号的扫描电压同步。（ ）
3. 示波器上观察到的波形是由加速极电压完成的。（ ）
4. 在示波器垂直通道中设置电子开关的目的是实现触发扫描。（ ）
5. 示波器中扫描发生器可以产生频率可调的正弦波电压。（ ）
6. 用示波器测量电压时，只要测出 Y 轴方向波形距离并读出灵敏度即可。（ ）
7. 能在同一屏幕上同时显示两个被测波形的示波器称为双踪示波器。（ ）
8. 示波管的第一阳极电压比第二阳极电压高。（ ）
9. 电视、示波器等电子显示设备的基本波形为矩形波和锯齿波。（ ）
10. 调节“V/div”可以调节显示波形在垂直方向的幅度。（ ）

项目四　函数信号发生器的使用

知识目标

（1）熟悉函数信号发生器的结构。
（2）理解函数信号发生器的工作原理。
（3）掌握函数信号发生器的使用方法。
（4）培养学生逻辑思维、分析问题和解决问题能力。

技能目标

（1）能够熟练使用函数信号发生器。
（2）会使用函数信号发生器测试电路波形。
（3）培养学生的职业道德意识、质量保证意识、安全操作规范意识。
（4）培养学生“工匠精神”的意义，打造特色课堂，传播“工匠精神”。
（5）培养良好的人际沟通能力和团队合作精神。

工具与器材

函数信号发生器、螺钉旋具、尖嘴钳、常用电子产品。

操作步骤

一、函数信号发生器的结构

1. 信号发生器的前面板

VC1642E 函数信号发生器前面板如图 1-71 所示。

VC1642E 函数信号发生器各控制旋钮和按键的功能列于表 1-3 中。

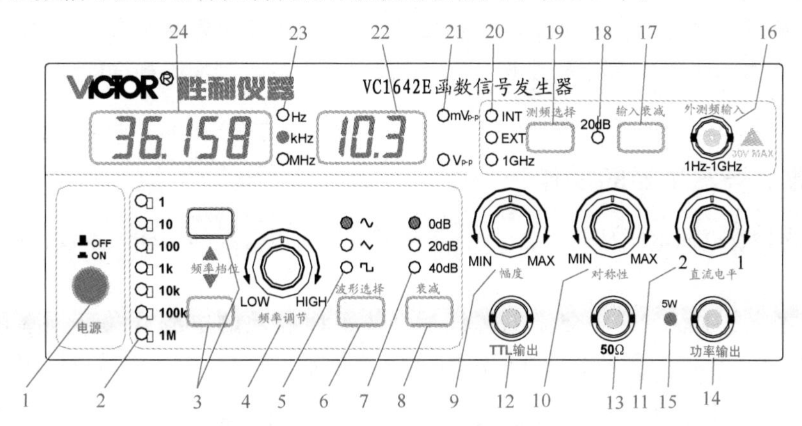

图 1-71　VC1642E 函数信号发生器前面板

表 1-3　VC1642E 函数信号发生器面板控制件及功能

序号	控制件名称	功　能
1	电源开关	按下开关，机内 220V 交流电接通，电路开始工作
2	频率档位指示灯	表示输出频率所在档位的倍率
3	频率档位换档键	此按键可将输出频率升高或降低 1 个倍频程
4	频率微调旋钮	调节电位器可在每个档位内微调频率
5	输出波形指示灯	表示函数输出的基本波形
6	波形选择键	此按键可用于选择依次输出信号的波形，同时与之对应的输出波形指示灯点亮
7	衰减量程指示灯	表示函数输出信号的衰减量
8	衰减选择键	此按键可使输出信号幅度衰减 0dB、20dB 或 40dB
9	输出幅度调节旋钮	调节此电位器可改变函数输出和功率输出的幅度
10	对称性（占空比）调节旋钮	调节此电位器可改变输出波形的对称度
11	直流偏置调节旋钮	调节此电位器可改变输出信号的直流分量
12	TTL 输出插座	此端口输出与函数输出同频率的 TTL 电平的同步方波信号
13	函数输出插座	函数信号的输出口，输出阻抗为 50Ω，具有过电压、回输保护
14	功率输出指示灯	当频率档位在 1 ～ 6 档有功率输出时，此灯点亮
15	功率输出插座	功率信号输出口，在 200kHz 以下输出功率最大可达 5W，具有过电压、回输保护
16	外测频输入插座	当仪器进入外测频状态时，该输入端口的信号频率将显示在频率显示窗口中
17	外测频输入衰减键	外测频信号输入衰减选择开关，对输入信号有 20dB 的衰减量
18	外测频输入衰减指示灯	指示灯亮起表示外测频输入信号被衰减 20dB，灯灭不衰减
19	频率显示窗口功能选择键	按动此键可依次选择内测频、外测频、外测高频功能
20	频率显示窗口功能指示灯	表示频率显示窗口功能所处状态
21	幅度单位指示灯	显示幅度单位 V_{p-p} 或 mV_{p-p}
22	幅度显示窗口	内置 3 位 LED 数码管用于显示输出幅度值
23	频率单位指示灯	显示频率单位 Hz、kHz 或 MHz
24	频率显示窗口	内置 5 位 LED 数码管用于显示频率值
	220V 电源插座	交流市电 220V 输入插座
	压控频率输入插座	用于外接电压信号控制输出频率的变化

2. 信号发生器的后面板

VC1642E 函数信号发生器后面板如图 1-72 所示。1 表示 220V 电源插座（盒内带熔丝，其容量为 500mA）。2 表示压控频率输入插座，用于外接电压信号控制输出频率的变化，可用于扫频和调频。

二、函数信号发生器的操作

使用前请先检查电源电压是否为 220V，正确后方可将电源线插头插入本仪器后面板的电源插座内。

（1）开机准备　插入 220V 交流电源线后，按下面板上的电源开关，频率显示窗口显示“1642”，整机开始工作。为了得到更好的使用效果，建议开机预热 30min 后再使用。

（2）函数信号输出设置

1）频率设置：通过频率档位换档键（RANGE）选定输出函数信号的频段，调节频率微调旋钮（FREQ）至所需频率。调节时可通过观察频率显示窗口确定输出频率，如图 1-73 所示。

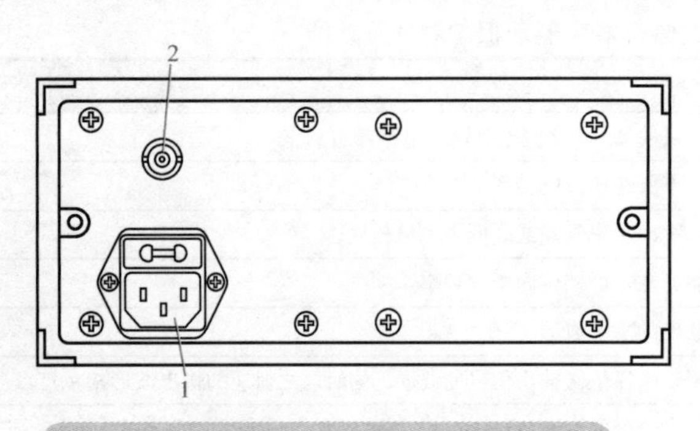

图 1-72　VC1642E 函数信号发生器后面板

1—220V 电源插座　2—压控频率输入插座

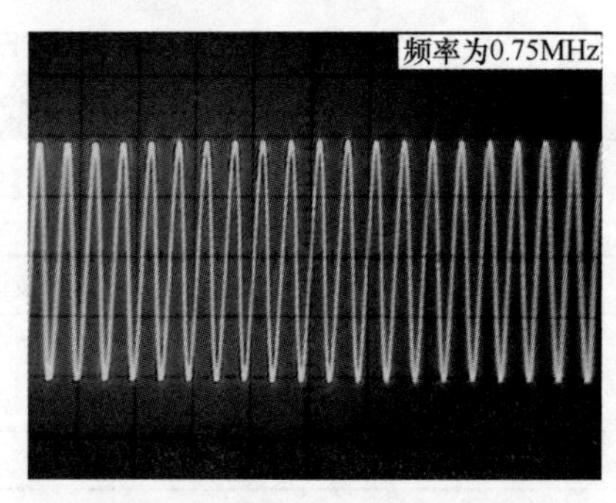

图 1-73　输出信号频率波形

2）波形设置：按动波形选择键（WAVE），可依次选择正弦波、矩形波，如图 1-74 所示。

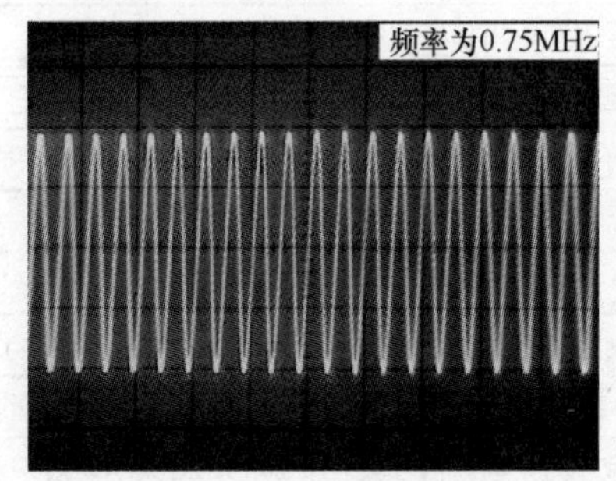

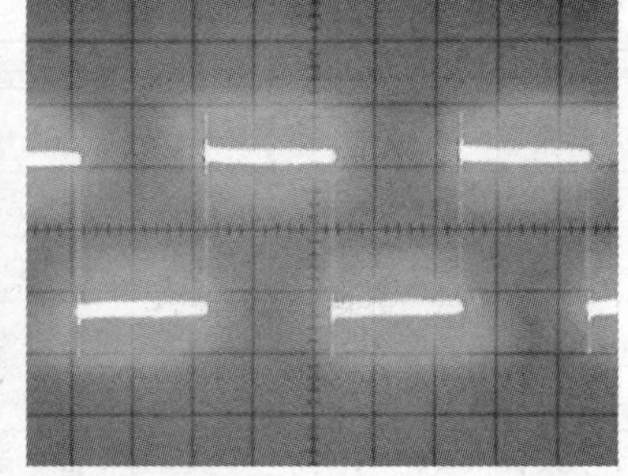

图 1-74　正弦波和矩形波波形

3）幅度设置：调节输出幅度调节旋钮（AMPL），通过观察幅度显示窗口，调节至所需信号幅度，如图 1-75 所示。若所需信号幅度较小，可按动衰减选择键（ATT）来衰减信号幅度，如图 1-76 所示。

4）对称性设置：调节对称性（占空比）调节旋钮（DUTY），可使输出的函数信号对称性发生改变。通过调节该旋钮可改善正弦波的失真度，使三角波调频变为锯齿波，改变矩形波的占空比等对称特性。

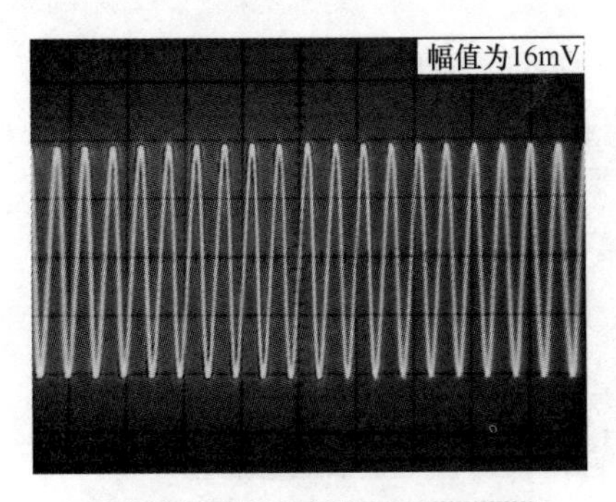

图 1-75　旋转幅度调节旋钮

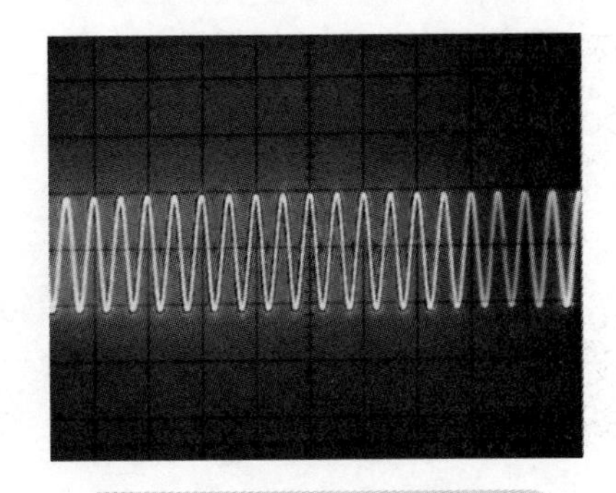

图 1-76　按下 20dB 衰减开关

5）直流偏置设置：通过调节直流偏置调节旋钮（DC OFFSET），可使输出信号中加入直流分量，改变输出信号的电平范围。

6）TTL 信号输出：由 TTL 输出插座（TTL）输出的信号是与函数信号输出频率一致的同步标准 TTL 电平信号。

7）功率信号输出：由功率输出插座（POW OUT）输出的信号是与函数信号输出完全一致的信号，当频率在 0.6Hz ～ 200kHz 范围内时，可提供 5W 的输出功率，如频率在第 7 档时，功率输出信号自动关断。

8）保护说明：当函数信号输出或功率信号输出接上负载后，出现无输出信号，说明负载上存在高压信号或负载短路，仪器自动保护，排除故障后仪器自动恢复正常工作。

（3）频率测量

1）内测量。按动计数器功能选择键（FUN），选择内测频状态，此时“INT”指示灯亮起，表示计数器进入内测频状态，此时频率显示窗口中显示的为本仪器函数信号输出的频率。

2）外测量。进行频率外测量时，分 1Hz ～ 10MHz 和 10 ～ 1000MHz 两个量程，按动计数器功能选择键，选择外测频状态，“EXT”指示灯亮起表示外测频，测量范围为 1Hz ～ 10MHz；“EXT”与“1GHz”指示灯同时亮起表示外测高频率，测量范围为 10 ～ 1000MHz，测量结果显示在频率显示窗口中。若输入的被测信号幅度大于 3V，应接通输入衰减电路，可用外测频输入衰减键（ATT）进行衰减电路的选通，外测频输入衰减指示灯亮起表示外测频输入信号被衰减 20dB。外测频为等精度测量方式，测频闸门自动切换，不用手动更改。

三、函数信号发生器的应用

1. 正弦波、方波、三角波的产生

1）将电源线插入后面板的电源插孔，按下电源开关，函数信号发生器默认 10kHz 档正弦波，频率显示窗显示本机输出信号频率，如图 1-77 所示。

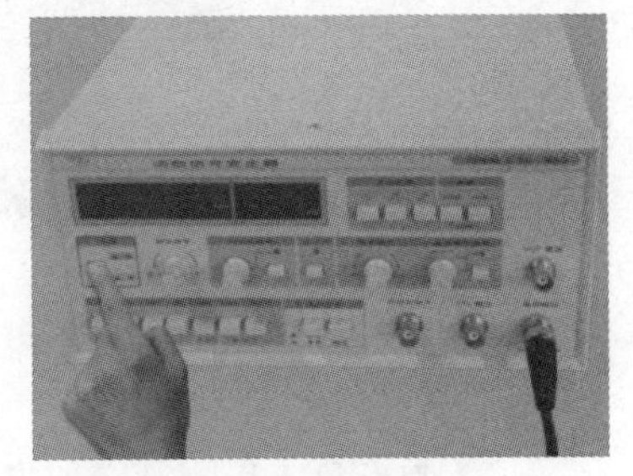

图 1-77　按下电源开关

2）分别按波形选择键（WAVE FORM）中的正弦波、方波、三角波按键，示波器显示屏上将分别显示正弦波、方波、三角波，如图 1-78 所示。

3）改变频率换档，示波器显示的波形以及频率显示窗口显示的频率将发生明显变化，如图 1-79 所示。

4）将输出幅度调节旋钮（AMPLITUDE）沿顺时针方向旋足，示波器显示的波形幅度将≥ $20V_{p-p}$，旋转输出幅度调节旋钮，示波器显示的波形以及频率显示窗口显示的频率将发生明显变化，

如图 1-80 所示。

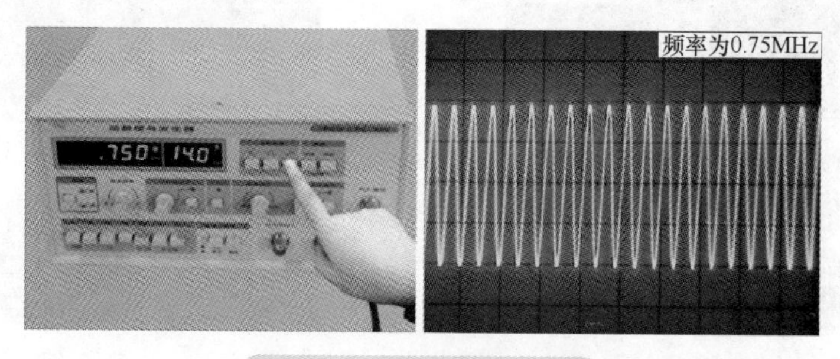

图 1-78　按下正弦波开关

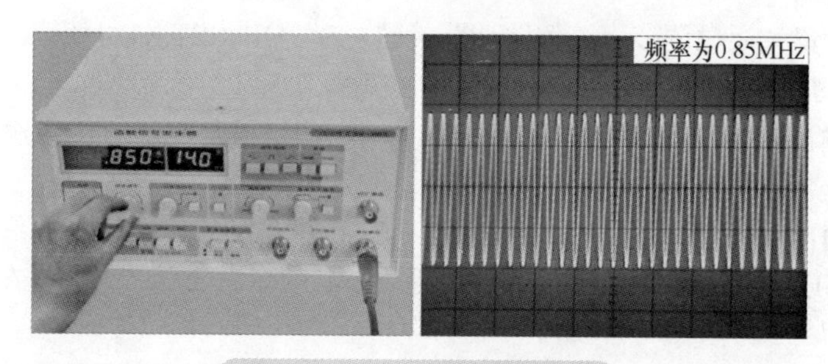

图 1-79　旋转频率微调旋钮

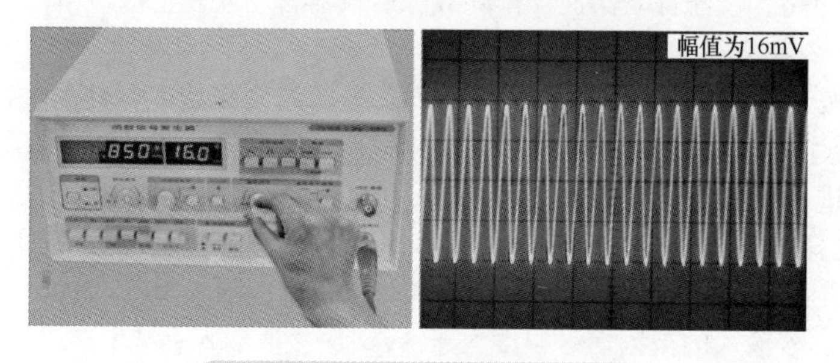

图 1-80　旋转输出幅度调节旋钮

5）按下衰减选择键，输出波形将被衰减，如图 1-81 所示。

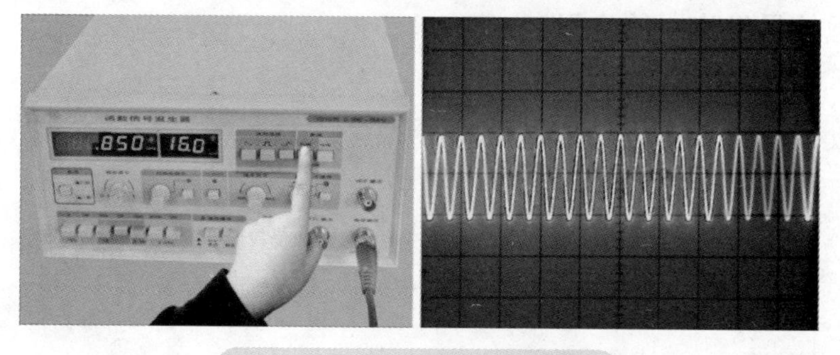

图 1-81　按下 20dB 衰减选择键

2. 单次波的产生

1）首先按下电源开关，将频率档位换档键置于“Hz”档，如图 1-82 所示。

2）将波形选择键（WAVE FORM）置于“方波”档，电压输入端口接入示波器，示波器显示屏将显示方波，如图 1-83 所示。

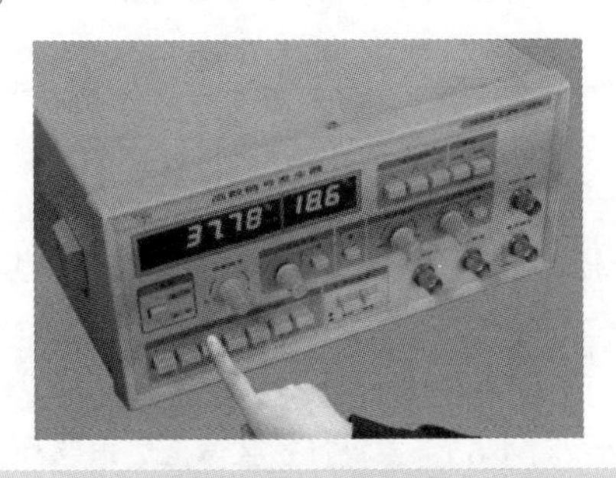

图 1-82　频率档位换档键置于“Hz”档

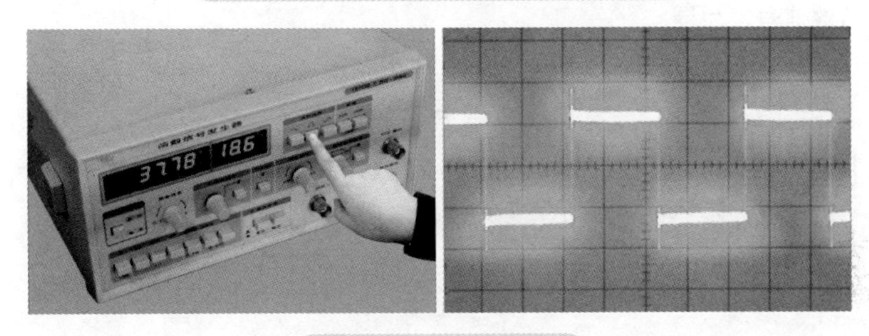

图 1-83　选择“方波”

3. 斜波产生

1）首先按下电源开关，将频率档位换档键置于其中某个需要的档位。

2）再将波形选择键置于“三角波”档位。

3）将电压输出端口接入示波器 Y 输入端。

4）转动对称性（占空比）调节旋钮，对称性指示灯变亮。

5）调节对称性（占空比）调节旋钮，使三角波变为斜波。

相关知识

函数信号发生器是一种多用途信号发生器，它可以连续输出正弦波、方波、矩形波、锯齿波和三角波 5 种基本函数信号和调变信号。这 5 种函数信号的频率和幅度均可连续调节，是电子实验室、生产线及教学需配备的理想设备。

一、函数信号发生器的基本组成与原理

1. 脉冲式函数信号发生器

脉冲式函数信号发生器的原理框图如图 1-84 所示。

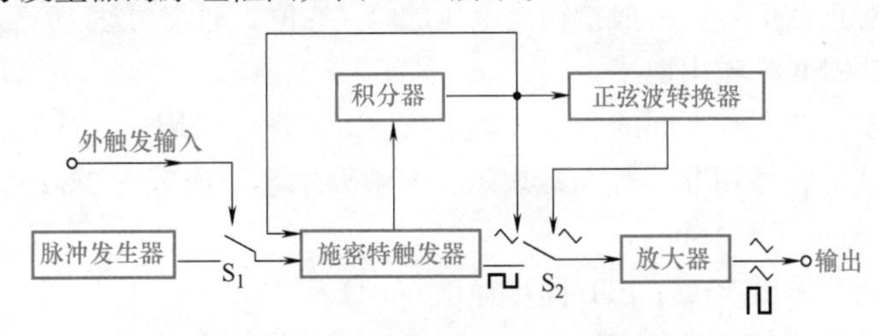

图 1-84　脉冲式函数信号发生器的原理框图

图 1-85 所示为典型的二极管网络变换电路，可将对称的三角波转换成正弦波。

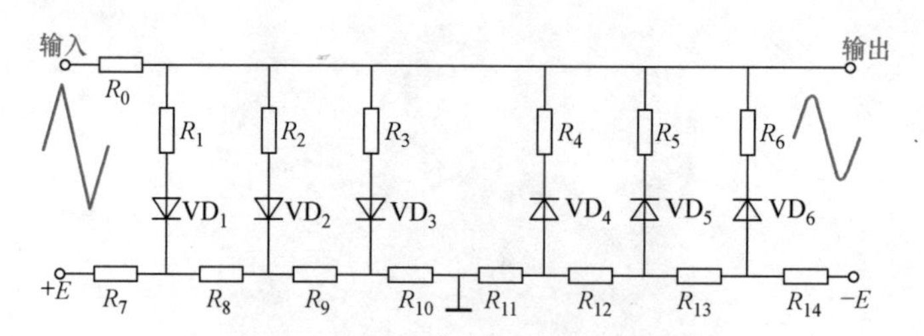

图 1-85　二极管正弦波形成电路

2. 正弦式函数信号发生器

正弦式函数信号发生器的组成框图如图 1-86 所示。

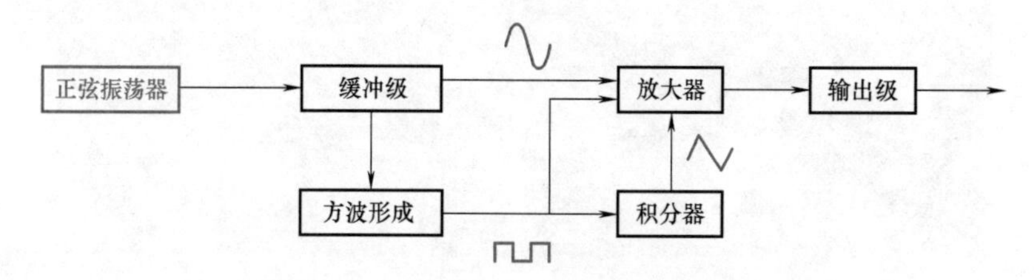

图 1-86　正弦式函数信号发生器的组成框图

3. 三角波式函数信号发生器

三角波式函数信号发生器的原理框图如图 1-87 所示。

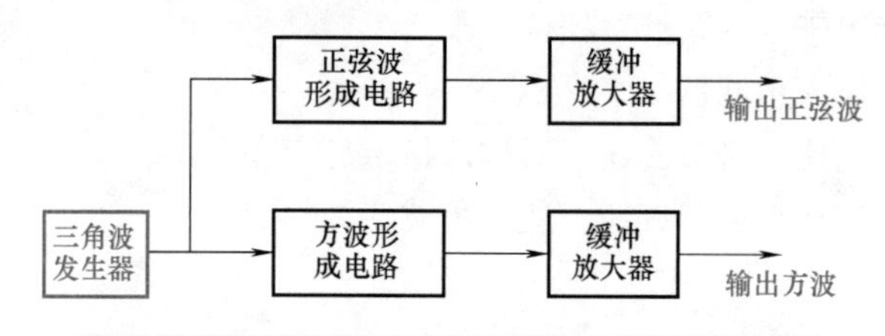

图 1-87　三角波式函数信号发生器的原理框图

二、函数信号发生器的主要性能指标

1）输出波形：通常输出波形有正弦波、方波、脉冲和三角波等波形，有的还具有锯齿波、斜波、TTL 同步输出及单次脉冲输出等。

2）频率范围：函数信号发生器的整个工作频率范围一般分为若干频段，如 1 ～ 10Hz、10 ～ 100Hz、100Hz ～ 1kHz、1 ～ 10kHz、10 ～ 100kHz、100kHz ～ 1MHz 等波段。

3）输出电压：对正弦信号，一般指输出电压的峰 - 峰值，通常可达 $10V_{P-P}$ 以上；对脉冲数字信号，则包括 TTL 和 CMOS 输出电平。

4）波形特性：不同波形有不同的表示法。正弦波的特性一般用非线性失真系数表示，要求小于或等于 3%；三角波的特性用非线性系数表示，一般要求小于或等于 2%；方波的特性参数是上升时间，一般要求小于或等于 100ns。

5）输出阻抗：函数输出 50Ω；TTL 同步输出 600Ω。

三、使用中的注意事项

1）本仪器采用大规模集成电路，在对其进行调试、维修时应有防静电装置，以免造成仪器受损。

2）勿在高温、高压、潮湿、强振荡、强磁场、强辐射、易爆环境、防雷电条件差、防尘条件差、温湿度变化大等场所使用和存放。

3）在相对稳定的环境中使用，并提供良好的通风散热条件。校准测试时，测试仪器或其他设备的外壳应良好接地，以免意外损害。

4）当熔丝熔断后，先排除成因故障。注意，更换熔丝前必须将电源线与交流市电电源切断，把仪表和被测线路断开，并断开仪器电源开关，以避免受到电击或人身伤害，并仅可安装具有指定电流、电压和熔断速度等额定值的熔丝。

5）信号发生器的负载不能存在高压、强辐射、强脉冲信号，以防止功率回输造成仪器的永久损坏。功率输出负载不要短路，以防止功放电路过载。当出现显示窗显示不正常、死机等现象时，只要关机重新启动即可恢复正常。

6）为了达到最佳效果，使用前先预热 30min。

7）非专业人员勿擅自打开机壳或拆装本仪器，以免影响本仪器的性能或造成不必要的损失。

练习与拓展

一、填空题

1. 函数信号发生器一般能产生________、________和________信号。

2. 函数信号发生器能在很宽的频率范围内产生________、________、________、锯齿波和脉冲波等多种波形。

3. 示波器 X 轴放大器可用来放大________信号，也可用来放大________信号。

4. 指针式万用表的结构包括________、转换开关、________三部分。

5. 电子电压表按显示方式不同，可分为____________和____________。

6. 双踪示波器有________和________两种双踪显示方式，测量频率较低的信号时应使用________方式。

7. 示波器测量频率的方法有____________和____________。

8. 电子测量仪器最基本的功能有________、________和测量结果的显示。

9. 用 3 位数字式万用表测量标称值为 1.0kΩ 和 1.5kΩ 的两只电阻时，读数分别为 955Ω 和 1452Ω。当保留两位有效数字时，此两电阻分别为________kΩ 和________kΩ。

10. 通用示波器的心脏是________，它主要由________、________和________三部分组成。

二、判断题

1. 低频信号发生器的频率范围通常为 20Hz ～ 200kHz。（　　）

2. 函数信号发生器可以产生任意波。（　　）

3. 调幅内调制信号频率为 1MHz。（　　）

4. 仪器各指示仪表或显示屏应放置在与操作者距离较远的位置，以减少视差。（　　）

5. 液晶显示屏的特点是发光亮度高，功耗大。（　　）

6. 电动系仪表和电磁系仪表一样，既可测直流又可测交流。（　　）

7. 低频信号发生器可产生锯齿波扫描电压。（　）
8. 严禁在被测电路带电的情况下用数字式万用表测量电阻。（　）
9. 万用表表盘刻度都是均匀的，便于读数。（　）
10. 用万用表测量直流电流时，两表笔应并联接入被测电路中。（　）

项目五　常用维修工具的使用

知识目标

（1）熟悉常用维修工具的结构。
（2）掌握常用维修工具的使用方法。
（3）培养学生自学能力、探索能力和知识应用能力。

技能目标

（1）能够熟练使用常用维修工具。
（2）培养热爱科学、实事求是的学风和具有创新意识、创新精神。
（3）培养良好的人际沟通能力和团队合作精神。

工具与器材

万用表、各种常用维修工具。

操作步骤

电子产品组装制作中常用的工具有如下几种。

1. 低压验电器

低压验电器又称试电笔、测电笔（简称电笔）。低压验电器是电工常用的辅助安全工具，用于测量 500V 以下的导体或各种用电设备外壳是否带电，按结构形式分为钢笔式和螺钉旋具式两种，按显示元件不同分为氖管发光指示式和数字显示式两种。

氖管发光指示式验电器由氖管、电阻、弹簧、笔身和笔尖等部分组成，如图 1-88a、b 所示，数字显示式验电器如图 1-88c 所示。

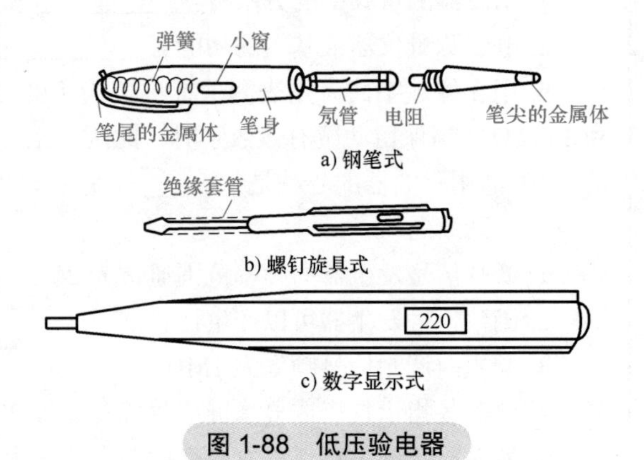

图 1-88　低压验电器

使用低压验电器时，必须按图 1-89b 所示的正确姿势握笔，以食指触及笔尾的金属体，笔尖触及被测物体，使氖管小窗背光朝向测试者。当被测物体带电时，电流经带电体、电笔、人体到大地构成通电回路。只要带电体与大地之间的电位差超过 60V，电笔中的氖管就发光，电压高发光强，电压低发光弱。用数字显示式低压验电器验电，其握笔方法与氖管发光指示式相同，不同的是带电体与大地间的电位差为 2 ～ 500V 时，电笔都能显示出来。由此可见，使用数字显示式低压验电器，除了能知道线路或电气设备是否带电以外，还能够知道带电体电压的具体数值。

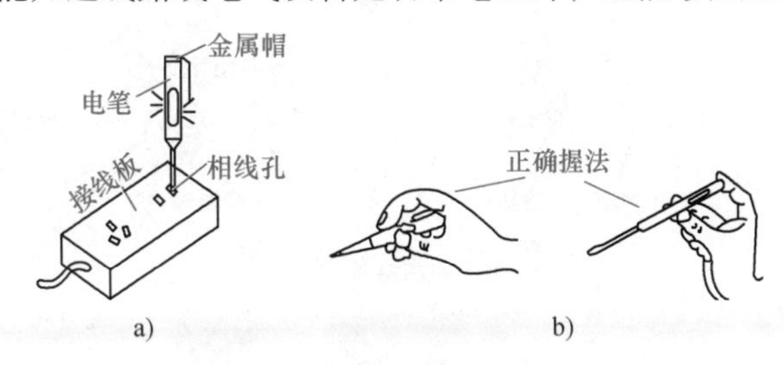

图 1-89　低压验电器的使用方法

使用低压验电器时有以下注意事项。

1）使用以前，先检查低压验电器内部有无柱形电阻（特别是借来的、别人借后归还的或长期未使用的低压验电器更应检查），若无电阻，严禁使用，否则将发生触电事故。

2）一般用右手握住低压验电器，左手背在背后。

3）人体的任何部位切勿触及与笔尖相连的金属部分。

4）防止笔尖同时搭在两根电线上。

5）验电前，先用低压验电器在确实有电处试测，只有氖管发光才可使用。

6）在明亮光线下时不易看清氖管是否发光，应注意避光。

2. 螺钉旋具

螺钉旋具根据其头部形状可分为一字形和十字形，如图 1-90 所示。

由于电工不能使用金属直通柄的螺钉旋具，所以按握柄材料的不同，螺钉旋具又可分为塑料柄和木柄两类。市场上有一些螺钉旋具为了使用方便，在其刀体顶端加有磁性。常用一种组合螺钉旋具，由一刀柄和若干刀体组成。有的柄部内装有氖管、电阻、弹簧，作为低压验电器使用。

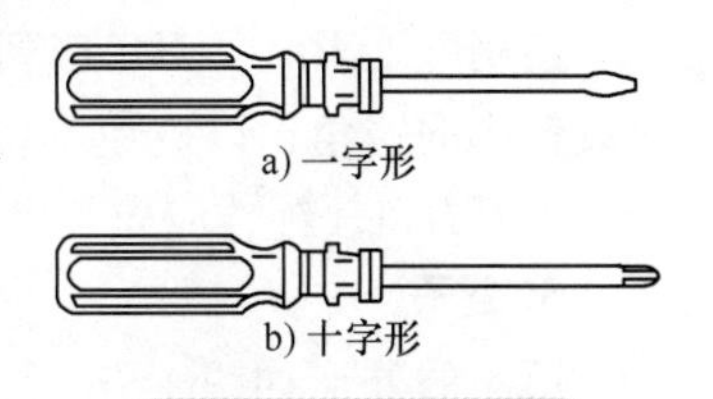

图 1-90　螺钉旋具

螺钉旋具的使用方法如图 1-91 所示，应尽量选用与螺钉相符合的螺钉旋具刀口，避免损坏螺钉或电气元件。为避免螺钉旋具的金属杆触及带电体时手指触碰金属杆，电工在使用螺钉旋具时应在螺钉旋具的金属杆上套绝缘管。

3. 钢丝钳

钢丝钳是钳夹和剪切的常用钳类工具，其形状如图 1-92 所示。它由钳头和钳柄组成，钳头包括钳口、齿口、刀口、铡口四部分，钳柄上装有绝缘套。

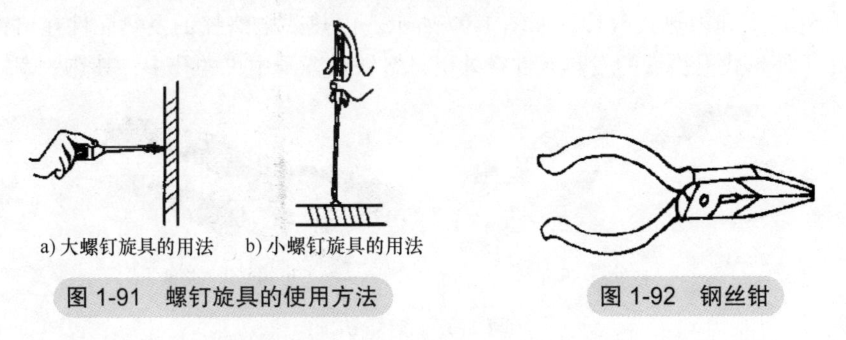

图 1-91　螺钉旋具的使用方法

图 1-92　钢丝钳

钢丝钳的功能如图 1-93 所示，用来弯绞和钳夹线头，其中齿口用来旋动螺钉和螺母，刀口用来剪导线、起铁钉或剥导线绝缘层等，铡口用来铡断较硬的金属材料。钢丝钳常用的规格有 150mm、175mm、200mm 三种。电工所用钢丝钳柄部必须加有耐压 500V 以上的绝缘塑料。

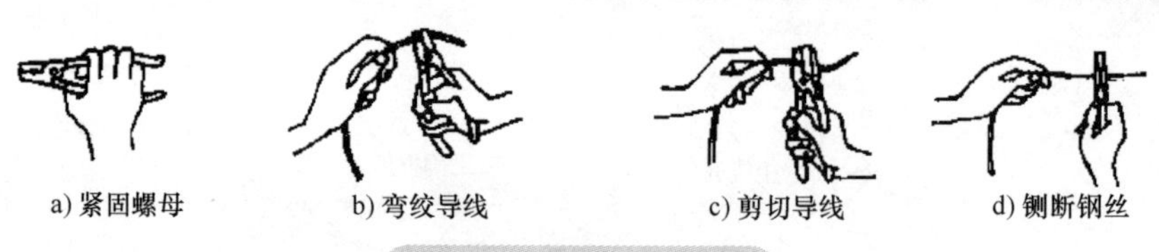
a) 紧固螺母　b) 弯绞导线　c) 剪切导线　d) 铡断钢丝

图 1-93　钢丝钳的功能

4. 斜口钳

还有一种维修常用的钳子，其头部扁斜，称为斜口钳，又称断线钳、扁嘴钳，如图 1-94 所示，专门用于剪断较粗的电线和其他金属丝，其柄部有铁柄和绝缘管套。电工用钳常用绝缘柄斜口钳，其绝缘柄耐压 1000V 以上。

5. 电工刀

电工刀在电气操作中主要用于剖削导线绝缘层、削制木棒、切割木台缺口等，其形状如图 1-95 所示。

图 1-94　斜口钳　　图 1-95　电工刀

使用电工刀时，刀口应朝外部切削，切忌面向人体切削。剖削导线绝缘层时，应使刀面与导线成较小的锐角，以避免割伤线芯。电工刀刀柄无绝缘保护，不能接触或剖削带电导线及器件。新电工刀刀口较钝，应先开启刀口再使用。用完电工刀应随即将刀身折进刀柄，注意避免伤手。

6. 镊子

镊子的外形如图 1-96 所示，主要用于夹持导线线头、元器件等小型工件，一般由不锈钢制成，有较强的弹性。在电工中使用的镊子的头部较尖，种类较多。

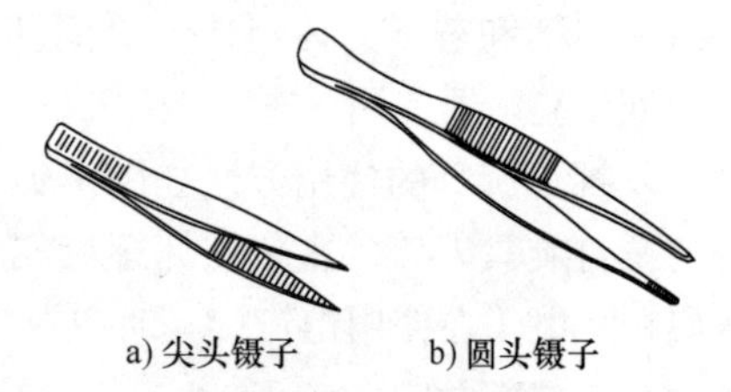
a) 尖头镊子　b) 圆头镊子

图 1-96　镊子

7. 电烙铁

电烙铁是钎焊（又称锡焊）的热源，其规格有 15W、25W、45W、75W、100W、300W 等多种。功率在 45W 以上的电烙铁，通常用于强电元件的焊接。弱电元件的焊接一般使用功率在 15W 或 25W 规格的电烙铁。

电烙铁有外热式和内热式两种，如图 1-97 所示。内热式电烙铁的发热元件在烙铁头的内部，其热效率较高；外热式电烙铁的发热元件在外层，烙铁头置于中央的孔中，其热效率较低。

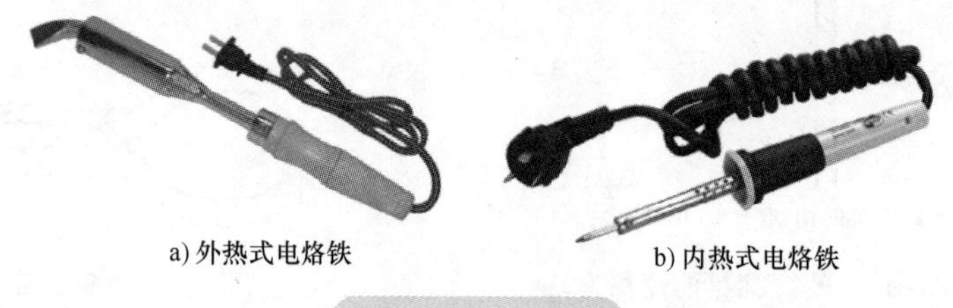
a) 外热式电烙铁　b) 内热式电烙铁

图 1-97　电烙铁

电烙铁的功率应选用适当，功率过大，不但浪费电能，而且会烧坏弱电元件；功率过小，则会因热量不够而影响焊接质量（出现虚焊和假焊）。

练习与拓展

一、填空题

1. 低压验电器是检验__________、__________和___________是否带电的安全用具。

2. 螺钉旋具根据其头部形状可分为_______和_______两种。

3. 钢丝钳主要的用途是___________________。

4. 剥线钳是用来___________的专用工具。它的手柄带有绝缘套，耐压___________。

5. 断线钳是________________的工具。

6. 电工刀是电工在安装和维修工作中用来________________的专用工具。

7. 使用螺钉旋具时应_______________顶在螺钉头的上部，一边顶压着，一边转动螺钉旋具。

8. 常用的电烙铁有___________　和___________。

9. 在使用电工刀时应将刀口朝_________________剖削。

10. 低压验电器按其结构形式分为_______和_______两种，按其显示元件不同分为________和_______两种。

二、判断题

1. 电工钳、电工刀、螺钉旋具是常用电工工具。（　）

2. 验电前，先用低压验电器在确实有电处试测，只有氖管发光才可使用。（　）

3. 电工所用的带绝缘手柄的断线钳耐压 1000V。（　）

4. 钢丝钳在使用中可以代替锤子敲打物件。（　）

5. 对软线的绝缘层不能使用钢丝钳剥离导线。（　）

6. 可在带电体上使用电工刀操作。（　）

7. 发现有人触电应立即将其拉开。（　）

8. 低压验电器的电压测量范围是 220 ～ 380V。（　）

9. 用电工刀剖削导线绝缘层时，应让刀面与导线成 45° 角。（　）

10. 钎焊弱电元件应使用 45W 及以下的电烙铁。（　）

模块二

电子元器件的识别与检测

项目一　电阻、电容、电感的识别与检测

知识目标

（1）熟悉电子元件的结构。

（2）熟悉使用万用表测电子元件的方法。

（3）培养学生的职业道德意识、质量保证意识和安全操作规范意识。

（4）培养学生逻辑思维、分析问题和解决问题的能力。

技能目标

（1）能用万用表熟练地进行电子元件检测。

（2）会使用万用表检测电子元件的好坏。

（3）培养热爱科学、实事求是的学风和具有创新意识、创新精神。

（4）培养良好的人际沟通能力和团队合作精神。

工具与器材

指针式万用表、数字式万用表、电子元件。

操作步骤

1. 用万用表测量电阻和电位器

1）将10只色环电阻插在硬纸板上。根据电阻上的色环，写出它们的标称阻值。

2）将万用表按要求调整好，并将功能旋钮置于$R\times100$档，使用欧姆档调零旋钮进行调零。

3）分别测量10只色环电阻，将测量值写在电阻旁。测量时注意读数应乘倍率。

4）若测量时指针偏角太大或太小，应换档后再测。换档后应再次调零才能使用。

5）相互检查，10只色环电阻中你测量正确的有几只？将测量阻值和标称阻值相比较得出测量误差。

6）将固定电阻测量情况填入表2-1。

表 2-1　电阻测量

序　号	电阻标称阻值	电阻测量阻值	误　差
1			
2			
3			
4			
5			
6			
7			
8			
9			
10			

7）测量 6 只电位器，将测量阻值写在电位器旁。测量时注意读数应乘倍率，检查 6 只电位器中你测量正确的有几只？

8）将电位器测量情况填入表 2-2。

表 2-2　电位器测量

序　号	标称阻值范围	测量阻值范围	误　差
1			
2			
3			
4			
5			
6			

2. 用万用表测量电容

1）将万用表调整好，将功能旋钮置于 $R\times1\text{k}$ 档。使用欧姆档调零旋钮进行调零。

2）测量 1000pF、0.1μF、1μF 三只电容的绝缘电阻，并观察万用表指针的摆动情况（测量时练习用右手单手持表笔，左手拿电容）。

3）测量 10μF、100μF 电解电容的绝缘电阻并观察表针的摆动情况（注意正、负表笔的正确接法，每次测试后应给电容放电）。

3. 用万用表测量电感

电感在使用过程中常会出现断路、短路等现象，可通过测量和观察来判断。

1）利用万用表 1Ω 档或 10Ω 档很容易判断电感是否断路或短路。

2）有些电感可通过观察其表面来判断好坏。

相关知识

1. 电阻的识别与检测

常见类型的电阻与电位器如图2-1所示。

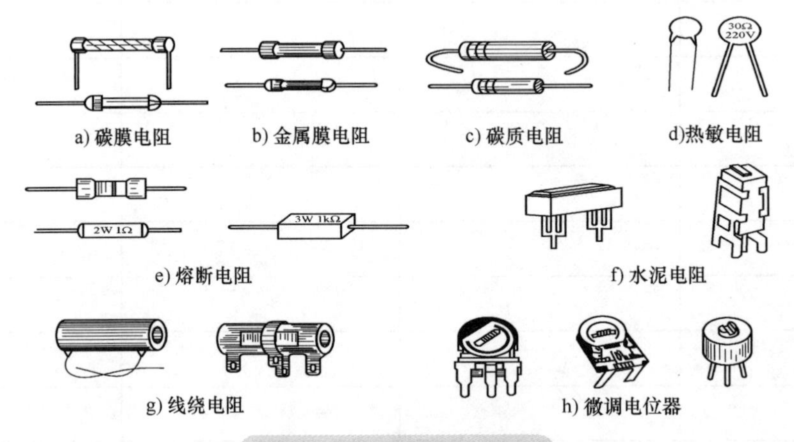

图2-1　常见电阻与电位器

检测电阻的方法有直观法和测量法。直观法是用肉眼直接观察电阻，查看有无烧焦、烧黑、断脚以及帽头松脱现象。测量法是指用万用表测量电阻的阻值，查看其阻值是否正常。

（1）固定电阻的检测　如图2-2所示，根据被测电阻标称阻值的大小选用万用表欧姆档的适当量程，将万用表红、黑表笔分别与电阻的两端引脚相接，即可测出实际电阻值。

检测固定电阻有以下注意事项。

1）检测时，特别是在检测几十千欧以上阻值的电阻时，手不要触及表笔和电阻的导电部分。

2）被检测的电阻从电路中焊下来，至少要焊开一个头，以免电路中的其他元件对测试产生影响，造成测量误差。

3）色环电阻的阻值虽然能以色环标志来确定，但在使用时最好还是用万用表测试其实际阻值。

（2）电位器的检测

1）标称阻值的测量。电位器标称阻值的测量如图2-3所示，将万用表的红、黑表笔分别接在定片引脚（即两边引脚）上，万用表读数应为电位器的标称阻值。如万用表读数与标称阻值相差很多，则表明该电位器已损坏。

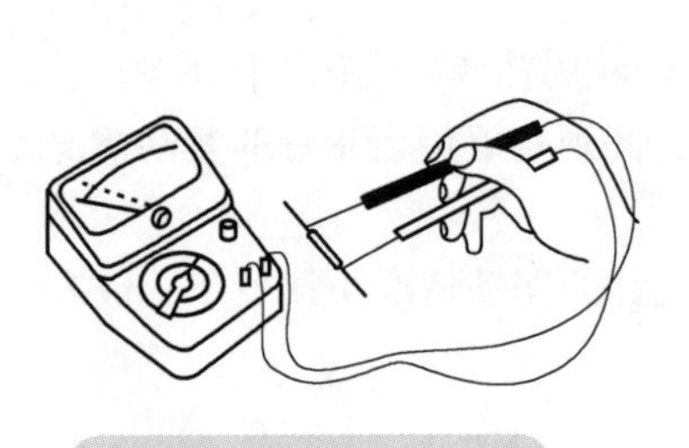

图2-2　固定电阻的检测

图2-3　电位器标称阻值的测量

2）检测电位器的好坏。当电位器的标称阻值正常时，再测量其变化阻值及活动触点与电阻体（定触点）接触是否良好。此时将万用表的一个表笔接在动触点引脚（通常为中间引脚），将另一表笔接在一定触点引脚（两边引脚）。接好表笔后，万用表应显示为零或为标称阻值，再将电位器的轴柄从一个极端位置旋转至另一个极端位置，万用表阻值读数应从零（或标称阻值）连续变化到标称阻值（或零）。在电位器的轴柄转动或滑动过程中，若万用表的指针平稳移动或显示的示数均匀变化，则说明被测电位器良好；旋转轴柄时，若万用表阻值读数有跳动现象，则说明被测电位器动触点有接触不良的故障。电位器变化阻值的测量如图 2-4 所示。

3）带开关电位器的检测。旋转电位器轴柄，检查开关是否灵活，接通、断开时是否有清脆的“喀哒”声。如图 2-5 所示，将万用表功能旋钮置于 $R\times1$ 档，两表笔分别接在电位器开关的两个外接焊片上，旋转电位器轴柄，使开关接通，万用表上指示的电阻阻值应由无穷大（∞）变为 0Ω。再关断开关，万用表指针应从 0Ω 返回“∞”处。测量时应反复接通、断开电位器开关，观察开关每次动作的反应。若开关在“开”的位置阻值不为 0Ω，在“关”的位置阻值不为无穷大，则说明该电位器的开关已损坏。

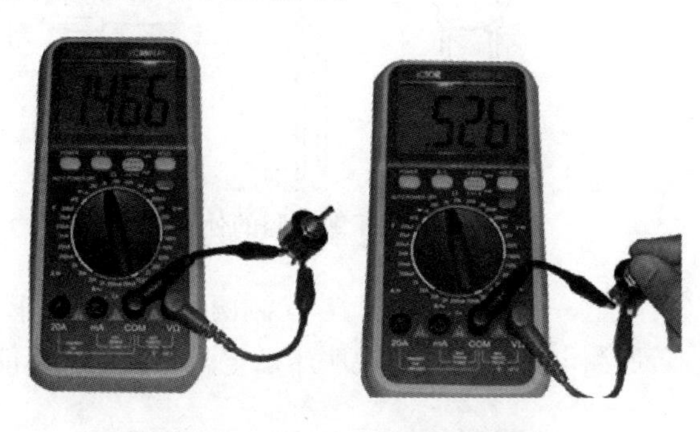

图 2-4　电位器变化阻值的测量

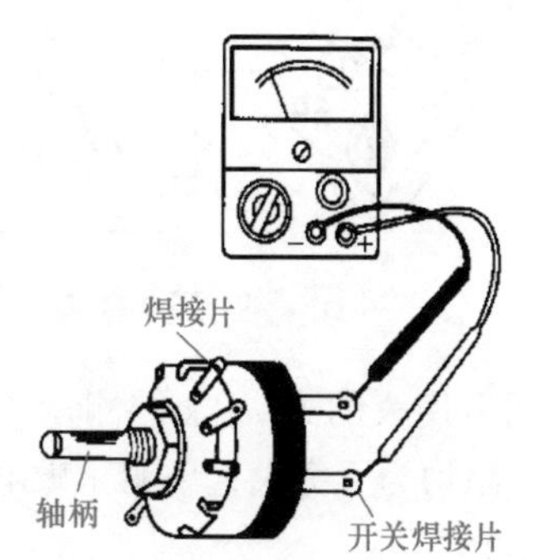

图 2-5　用万用表测量开关电位器

（3）几种特殊的电阻

1）熔断电阻。熔断电阻是一种具有电阻和熔丝双重功能的元件。在正常工作时，起电阻作用；过载时，电阻将迅速熔断，起熔丝作用。熔断电阻的外形及电路符号如图 2-6 所示。

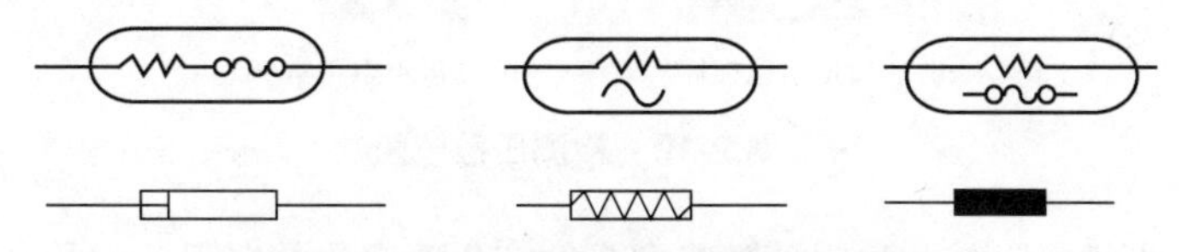

图 2-6　熔断电阻的外形及电路符号

熔断电阻的检测可通过用万用表 $R\times1$ 档实现。为保证测量准确，应将熔断电阻的一端从电路上焊下。用万用表测其阻值一般为 1Ω 至几十欧。若测得的阻值为无穷大，则说明此熔断电阻已失效开路；若测得的阻值与标称阻值相差甚远，表明电阻变值，也不宜再使用。

2）热敏电阻。热敏电阻是指阻值随温度变化而变化的电阻，分正温度系数热敏电阻（用字母 PTC 表示）和负温度系数热敏电阻（用字母 NTC 表示）两大类。热敏电阻的外形及电路符号如图 2-7 所示。

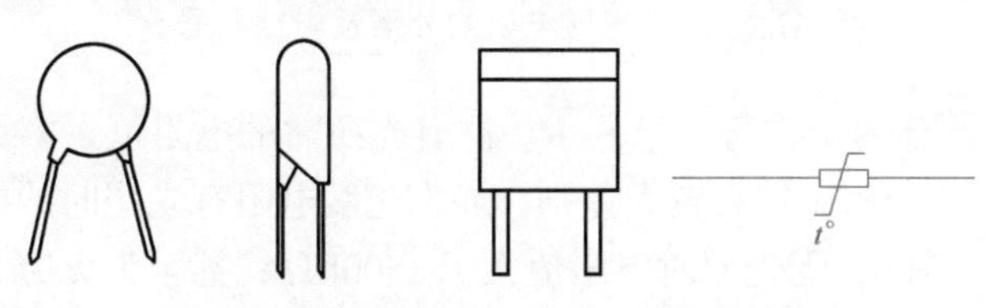

图 2-7　热敏电阻的外形及电路符号

用万用表检测热敏电阻时，先用电烙铁靠近热敏电阻对其加热，观察万用表指针在热敏电阻加热前后的变化情况，如图 2-8 所示。若指针无明显变化，则热敏电阻已失效；若指针变化明显，则热敏电阻可以使用。

3）压敏电阻。压敏电阻是一种很好的固态保险元件，常用于过电压保护电路、消火花电路、能量吸收回路和防雷电路中。当压敏电阻两端电压较小时，压敏电阻的阻值很大，流过它的电流几乎为零；当其两端电压增加到某一值时，压敏电阻的阻值急剧减小，流过它的电流急剧增大，电路中的熔丝就会熔断，起到保护电路的作用。压敏电阻的外形及电路符号如图 2-9 所示。

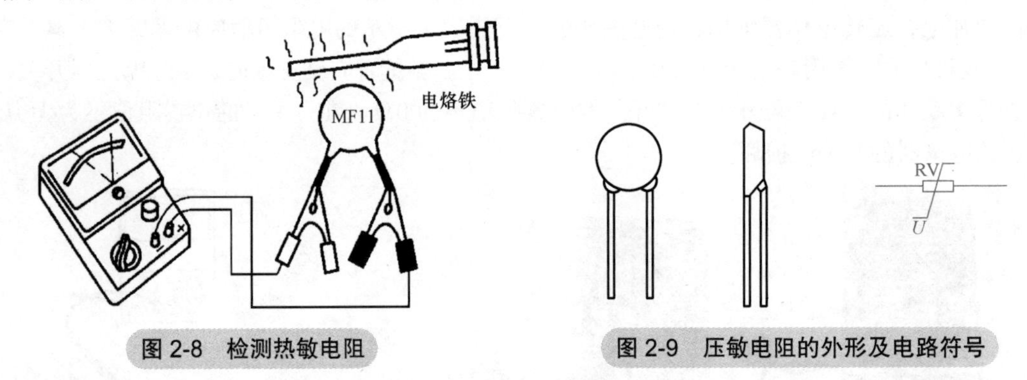

图 2-8 检测热敏电阻

图 2-9 压敏电阻的外形及电路符号

用万用表的 $R\times10$k 档测量压敏电阻，其阻值一般为无穷大。若检测两引脚之间的正、反向绝缘电阻均为无穷大，说明压敏电阻正常；若所测电阻值很小，说明压敏电阻已损坏，不能使用，如图 2-10 所示。

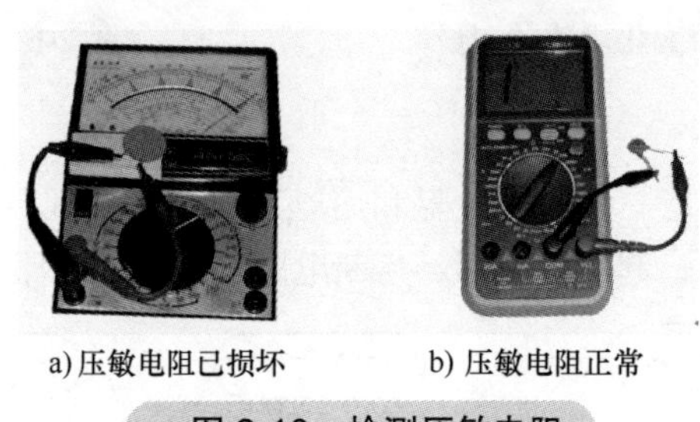

a) 压敏电阻已损坏　　b) 压敏电阻正常

图 2-10 检测压敏电阻

4）光敏电阻。光敏电阻是一种阻值随光照强度变化而变化的电阻，它是利用半导体的光电导效应特性而制成的。某些物质受光照射时，其电导率会增加，这种效应称为光电导效应，利用这种效应可以制造出光敏电阻。光敏电阻的外形及电路符号如图 2-11 所示。

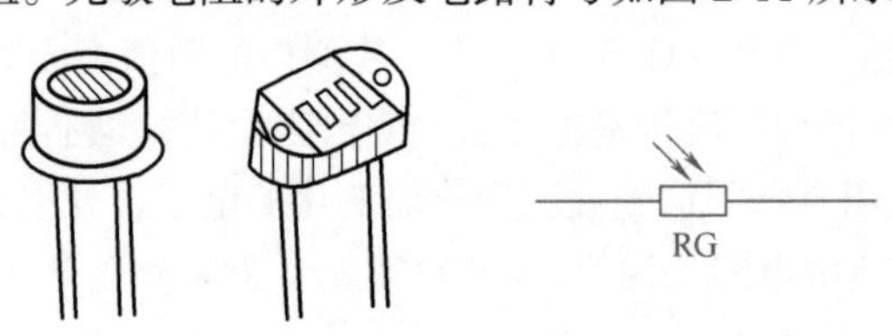

图 2-11 光敏电阻的外形及电路符号

检测光敏电阻时，须分两步进行：第一步检测有光照时的电阻值，第二步检测无光照时的电阻值，如图 2-12 所示。两者相比较有较大差别，通常光敏电阻有光照时的电阻值为几千欧（此值越小说明光敏电阻性能越好）；无光照时电阻值大于 1500kΩ，甚至为无穷大（此值越大说明光敏电阻性能越好）。

a) 有光照时的检测

b) 无光照时的检测

图 2-12　检测光敏电阻

2. 电容的识别与检测

常见电容的外形及电路符号如图 2-13 所示。

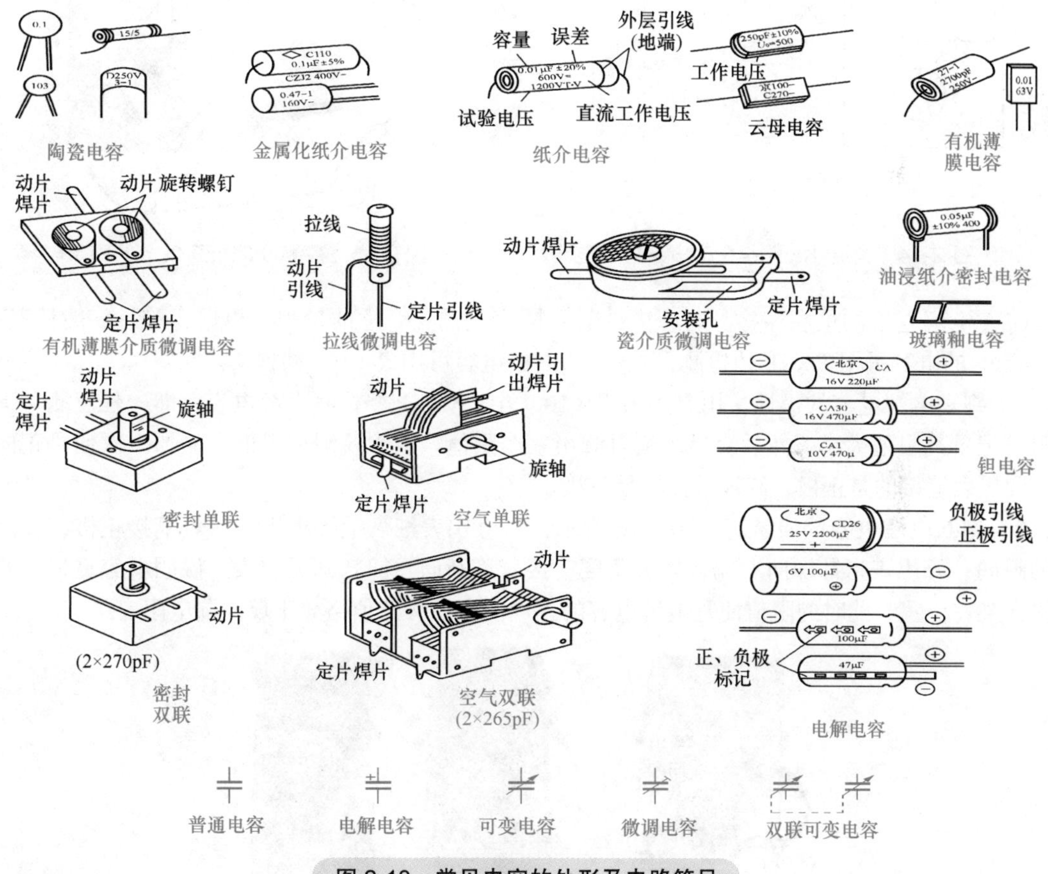

图 2-13　常见电容的外形及电路符号

（1）固定电容的检测

1）检测 10pF 以下的小电容。因 10pF 以下的固定电容容量太小，用万用表进行检测只能定性地检查其是否有漏电、内部短路或击穿现象。检测时，可选用万用表 $R\times10\text{k}$ 档，将两表笔分别任意接电容的两个引脚，电阻值应为无穷大。若测出电阻值（指针向右摆动）为零，则说明电容漏电损坏或内部击穿。

2）检测 10pF ～ 0.01μF 的固定电容。可用万用表 $R\times10\text{k}$ 档检测固定电容是否有充电现象，进而判断其好坏。两只晶体管的 β 值均为 100 以上，且穿透电流值小，如图 2-14 所示，可选用

3DG6 等型号硅晶体管组成复合管。万用表的红、黑表笔分别与复合管的发射极 e 和集电极 c 相接。由于复合晶体管的放大作用，把被测电容的充放电过程予以放大，使万用表指针摆动幅度加大，从而便于观察。

应注意的是，在检测过程中，特别是在检测较小容量的电容时，要反复调换被测电容引脚接触 A、B 两点，才能明显地看到万用表指针的摆动。

3）检测 0.01μF 以上的固定电容。如图 2-15 所示，用万用表的 $R\times10$k 档直接检测电容有无充电过程以及有无内部短路或漏电，并根据指针向右摆动的幅度大小估计出电容的容量。若表针向右摆后回到∞处为正常；如回不到∞处而停在某一数值上，则该数值就是电容的漏电电阻；若为零，则表明电容已击穿；若表针不动，则表明电容内部开路。

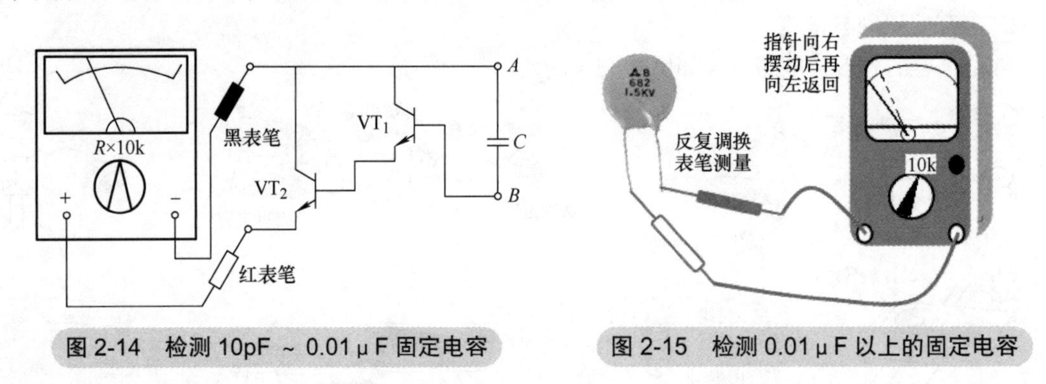

图 2-14　检测 10pF ~ 0.01μF 固定电容　　图 2-15　检测 0.01μF 以上的固定电容

（2）电解电容的检测　检测时，应针对不同容量选用合适的量程。根据经验，一般情况下，1 ～ 47μF 的电容可用 $R\times1$k 档检测，大于 47μF 的电容可用 $R\times100$ 档检测。

1）判别电解电容的极性。用万用表 $R\times100$ 档或 $R\times1$k 档检测电解电容，即先任意测一下漏电阻，记录其阻值大小，然后交换表笔再测出一个阻值。两次检测中阻值大的那一次便是正向接法，即黑表笔接的是正极，红表笔接的是负极。

2）判断电解电容的质量。如图 2-16 所示，将万用表红表笔接负极，黑表笔接正极，在刚接触的瞬间，万用表指针即向右偏转较大角度，接着逐渐向左回转到无穷大，说明电容良好。若指针停在某一位置，此时的阻值便是电解电容的正向漏电阻，此值略大于反向漏电阻。

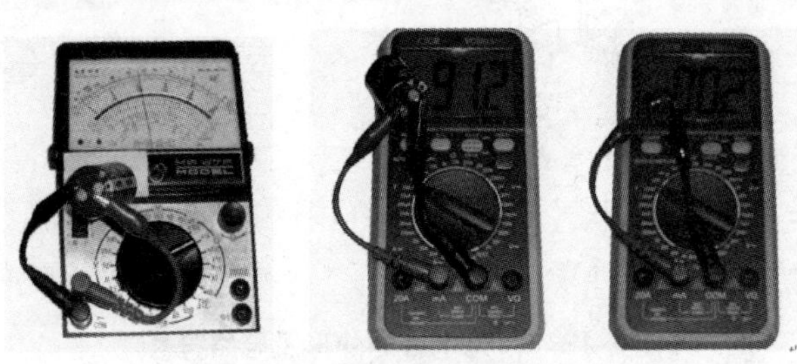

图 2-16　检测电解电容

实际使用经验表明，电解电容的漏电阻阻值一般在几百千欧以上，否则将不能正常工作。在测试中，若正、反向均无充电的现象，即指针不动，则说明容量消失或内部断路；如果所测阻值很小或为零，说明电容漏电大或已击穿损坏，不能再使用。

（3）可变电容的检测

1）用手轻轻旋转轴柄，应感觉十分平滑，不应有时松时紧甚至卡滞的感觉。将轴柄向前、后、上、下、左、右等各个方向推动时，柄不应有松动的现象。

2）用一只手旋转轴柄，另一只手轻触动片组的外缘，不应感觉有任何松脱现象。轴柄与动片之间接触不良的可变电容，是不能再继续使用的。

3）将万用表的功能旋钮置于 $R\times10\text{k}$ 档，检测方法如图 2-17 所示。一只手将两表笔分别接可变电容的动片和定片的引出端，另一只手将轴柄缓缓旋动几个来回，万用表指针都应在无穷大位置不动。在旋转轴柄的过程中，如果指针有时指向零，说明动片和定片之间存在短路点；如果碰到某一角度，万用表读数不为无穷大而是出现一定阻值，说明可变电容动片与定片之间存在漏电现象。

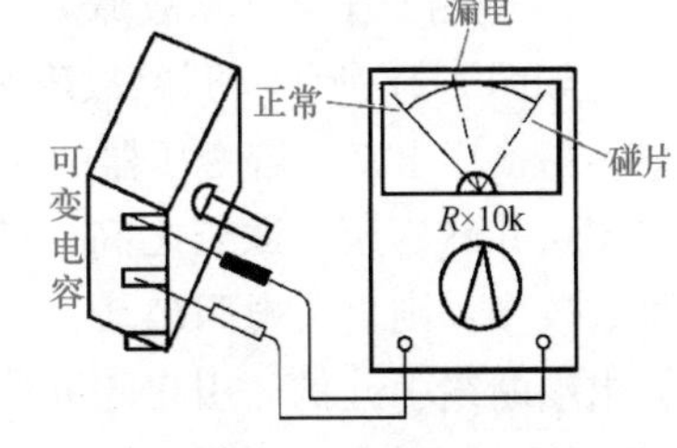

图 2-17　检测可变电容

3. 电感的识别与检测

常见电感的外形及电路符号如图 2-18 所示。

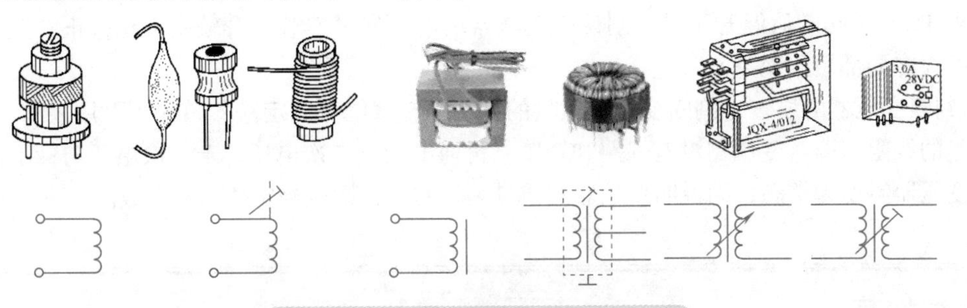

图 2-18　常见电感的外形及电路符号

（1）电感元件的识别　电感元件一般为二端或三端元件，其外表具有如下一些特点：

可以看到线圈，或是表面标有 μH 或 mH，或是带有一个可以旋转的磁心。根据这些特点很容易识别电感元件。

（2）电感元件的检测　电感在使用过程中，常会出现断路、短路等现象，可通过测量和观察来判断。利用万用表 $R\times1$ 档（或 $R\times10$ 档）很容易判断电感是否断路或短路，有些电感还可通过观察其表面来判断好坏。

1）色码电感的检测。如图 2-19 所示，将万用表的功能旋钮置于 $R\times1$ 档，红、黑表笔各接色码电感的任一引出端，此时指针应向右摆动。可根据测出的电阻值判断电感的好坏。

① 被测色码电感电阻值为零，其内部有短路故障。

② 被测色码电感直流电阻值的大小与绕制电感线圈所用的漆包线径、绕制圈数有直接关系，只要能测出电阻值，则认为被测色码电感是正常的。

2）中周变压器的检测。如图 2-20 所示，将万用表的功能旋钮置于 $R\times1$ 档，按照中周变压器的各绕组引脚排列规律，逐一检查各绕组的通断情况，进而判断其是否正常。

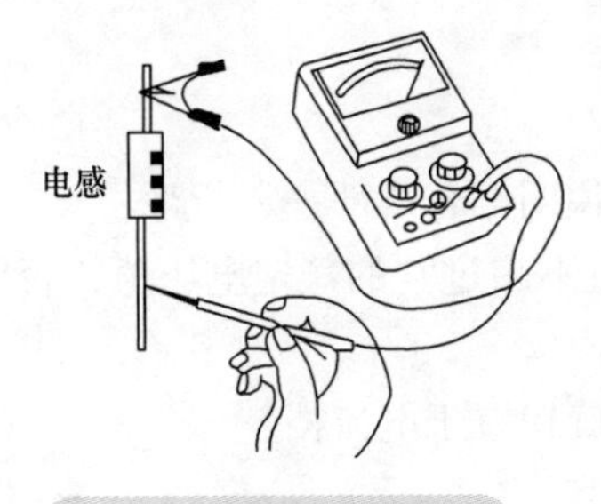

图 2-19　检测色码电感

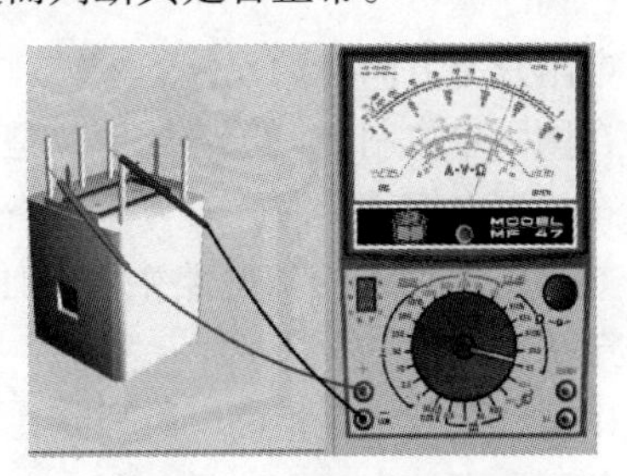

图 2-20　检测中周变压器

3）变压器的故障及检测。

① 检测变压器开路故障。

如图 2-21 所示，开路故障用万用表的 $R\times1$ 档（或 $R\times10$ 档）很容易检测出来。若变压器的线圈匝数不多，则直流电阻值很小，在零点几欧姆至几欧姆之间，随变压器规格而异；若变压器线圈匝数较多，则直流电阻值较大。变压器开路是由线圈内部断线或引出端断线引起的。引出端断线是常见的故障，仔细观察即可发现。如果是引出端断线，则可以重新焊接，但要是内部断线，就需要更换或重绕。

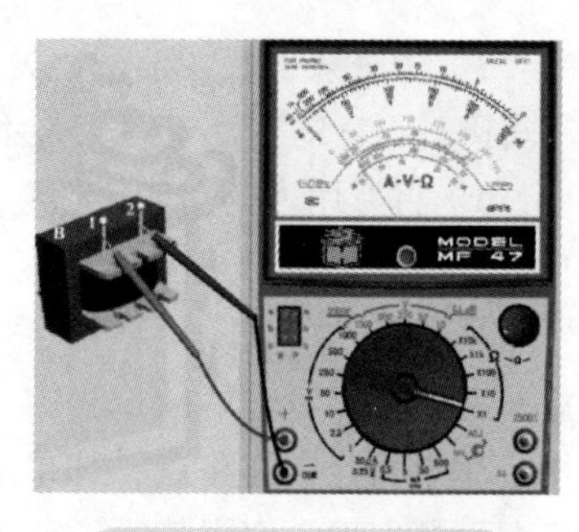

图 2-21　检测变压器

② 检测变压器短路故障。对于短路故障，可采用直观法、电阻测量法、电压测量法进行判断。电源变压器内部短路可通过空载通电进行检查，方法是切断电源变压器的负载，接通电源，如果通电 15 ～ 30min 后温升正常，则说明变压器正常；如果空载温升较高（超过正常温升），则说明内部存在局部短路现象。

③ 判断变压器的质量。判断变压器质量的方法是空载电流测定法：首先用万用表测量变压器一次绕组的线阻，确认变压器没有断路和短路，再通电测量二次电压，若二次电压与标示值相符、短时间变压器温度为常态，则说明变压器的质量是好的，否则应判定变压器有故障。

练习与拓展

一、填空题

1. 电阻单位的换算关系是：1MΩ ＝__________kΩ ＝__________Ω。

2. 检测电阻的方法有__________和__________。

3. 调节电位器的调节旋钮，可以改变电位器固定端和__________端的阻值。

4. 电解电容一般以脚的长短确定正负极，通常长脚为__________，短脚为__________。

5. 电阻的单位为__________电容的单位为__________电感的单位为__________。

6. 电解电容上标有 4700μF/50V，它所表示的意思是____________________。

7. 电容分极性和无极性两种，高频瓷片电容一般为____________电容，而电解电容一般为____________电容。

8. 检测变压器短路故障的方法有__________、__________、__________三种。

9. 判定变压器质量的方法是________________________________。

10. 用万用表测量电阻时，选好合适的档位后，在测量前应该先对万用表进行__________。

二、判断题

1. 电阻是有方向性的元件。（　　）

2. 在国际单位制中，电容的单位是法。（　　）

3. 在检测电容质量时，若万用表指针根本不偏转，则说明电容内部一定断路。（　　）

4. 如果电容用在交流电路中，应使交流电压的最大值不超过它的额定电压值，否则电容会被击穿。（　　）

5. 用指针式万用表检测电感质量，应将万用表的功能旋钮置于电流档。（　　）

6. 色环电阻的表示方法是：每一色环代表一位有效数字。（　　）

7. 变压器有变换电压和变换阻抗的作用。（　　）

8. 电感的单位是用大写字母 L 表示的。（　　）

9. 只要电子元件的功能正常即可，其外观无关紧要。（　　）

10. 贴片电容是没有极性的。（　　）

项目二　半导体器件的识别与检测

知识目标

（1）熟悉电子元器件的结构。

（2）熟悉使用万用表检测电子元器件的方法。

（3）培养学生自学能力、探索能力和知识应用能力。

（4）培养学生逻辑思维、分析问题和解决问题能力。

技能目标

（1）能用万用表熟练地进行电子元器件的检测。

（2）会使用万用表检测元器件的好坏。

（3）培养热爱科学、实事求是的学风和具有创新意识、创新精神。

（4）培养良好的人际沟通能力和团队合作精神。

工具与器材

指针式万用表、数字式万用表、电子元器件。

操作步骤

1. 二极管的识读与检测

（1）识读二极管　电路中常用的二极管外形如图 2-22 所示。

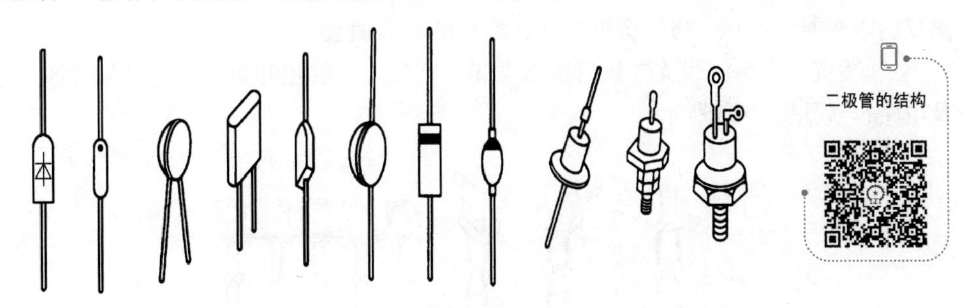

图 2-22　二极管外形

（2）判断二极管的极性　通常可根据二极管上标记的符号来判断，如标记不清或无标记时，可根据二极管的正向电阻小、反向电阻大的特点，利用万用表的欧姆档来判断其极性。

1）观察外壳上的符号标记。通常在二极管的外壳上标有二极管的符号，带有三角形箭头的一端为正极，另一端为负极，如图 2-23 所示。

2）观察外壳上的色点。在点接触二极管的外壳上，一般标有色点（白色或红色）的一端为正极。还有的二极管上标有色环，带色环的一端为负极，如图 2-23 所示。

3）观察二极管的引脚。通常长或细脚为正极，如图 2-23 所示。

二极管的检测

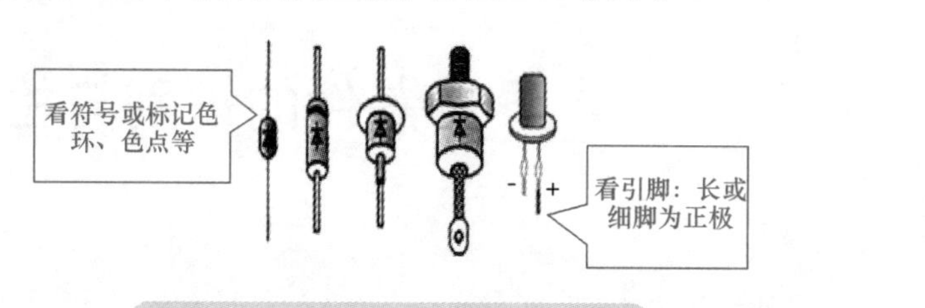

图 2-23　实物外形正负电极的识别

4）如图 2-24 所示，将万用表的功能旋钮置于 $R\times100$ 档或 $R\times1\text{k}$ 档，将万用表的两表笔分别与二极管的两个引脚相连，正、反测量两次，若一次电阻值大（几十～几百千欧），一次电阻值小（硅管为几百～几千欧，锗管为 100Ω ～ 1kΩ），说明二极管是好的，以电阻值较小的一次测量为准，黑表笔所接的一端为正极，红表笔所接的一端则为负极。

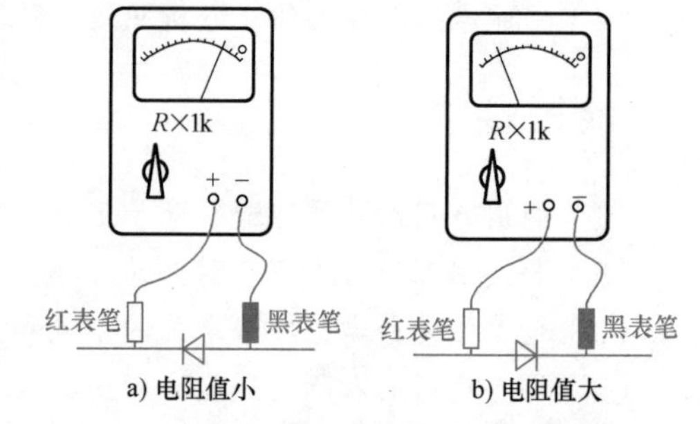

图 2-24　用万用表判断二极管的极性

因为二极管是单向导通的电子器件，所以测量出的正、反向电阻值相差越大越好。如果相差不大，则说明二极管的性能不好或已经损坏；如果测量时万用表指针不动，则说明二极管内部已断路；如果所测量的电阻值为零，说明二极管内部短路。

（3）二极管的应用

1）稳压二极管。稳压二极管又称齐纳二极管，通过半导体内部特殊工艺的处理之后，它能够得到很陡峭的反向击穿特性曲线，在电路中需要反接且在电源电压高于它的稳压值时才能稳压，加正向电压时性质与普通二极管相同。

其他类型二极管

稳压二极管的检测可通过万用表 $R\times100$ 档或 $R\times1\text{k}$ 档实现，正向电阻小、反向电阻接近或为无穷大。对于稳压值小于 9V 的稳压二极管，用万用表 $R\times10\text{k}$ 档测反向电阻时，稳压二极管会被击穿，测出的电阻值会变小。

2）发光二极管。发光二极管能够发光，有红色、绿色和黄色等。常见普通发光二极管的外形及电路符号如图 2-25 所示。

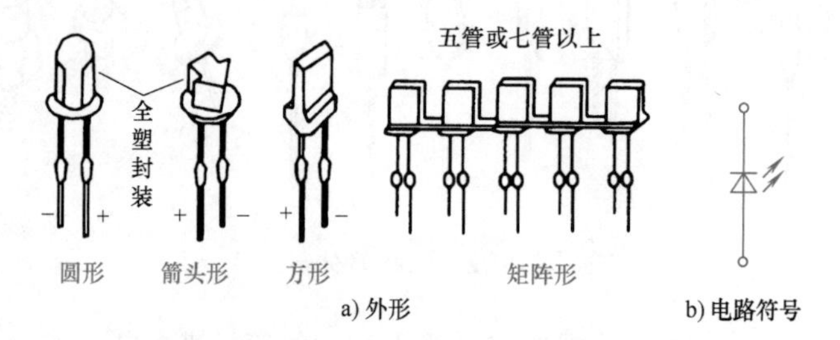

图 2-25　发光二极管的外形及电路符号

用万用表 $R\times10k$ 档测量发光二极管，用两表笔轮换接触发光二极管的两引脚。若管子性能良好，必定有一次能正常发光，此时，黑表笔所接的为正极，红表笔所接的为负极。

发光二极管有两个引脚，通常长引脚为正极，短引脚为负极。因发光二极管呈透明状，故管壳内的电极清晰可见，内部电极较宽、较大的一个为负极，而较窄且小的一个为正极。

3）红外接收二极管。常见的红外接收二极管外观颜色呈黑色。识别引脚时，面对受光窗口，从左至右分别为正极和负极。另外，在红外接收二极管的管体顶端有一个小斜切平面，通常带有此斜切平面的一端引脚为负极，另一端引脚为正极。红外接收二极管的外形、结构如图 2-26 所示。

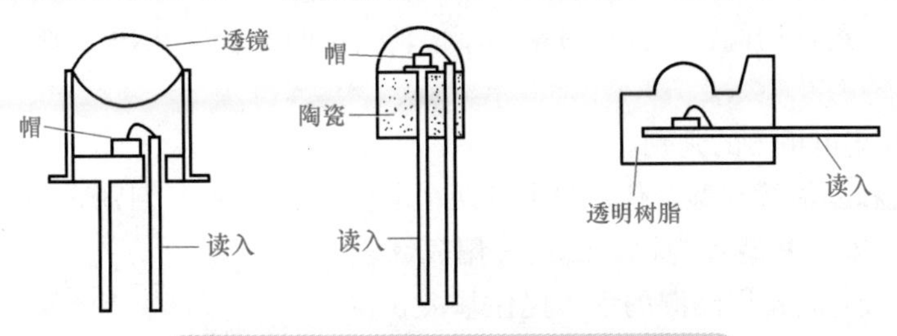

图 2-26　红外接收二极管的外形、结构

用万用表 $R\times1k$ 档测量红外接收二极管的正、反向电阻，若一次电阻值大、一次电阻值小，则说明红外接收二极管是好的。以电阻值较小的一次为准，红表笔所接的引脚为负极，黑表笔所接的引脚为正极。

用万用表欧姆档测量红外接收二极管正、反向电阻，根据正、反向电阻值的大小，可初步判定红外接收二极管的好坏。

4）双向触发二极管。双向触发二极管（DIAC）属三层结构，是具有对称性的二端半导体器件，常用来触发双向晶闸管，在电路中作为过电压保护等。双向触发二极管的外形、结构及电路符号如图 2-27 所示。

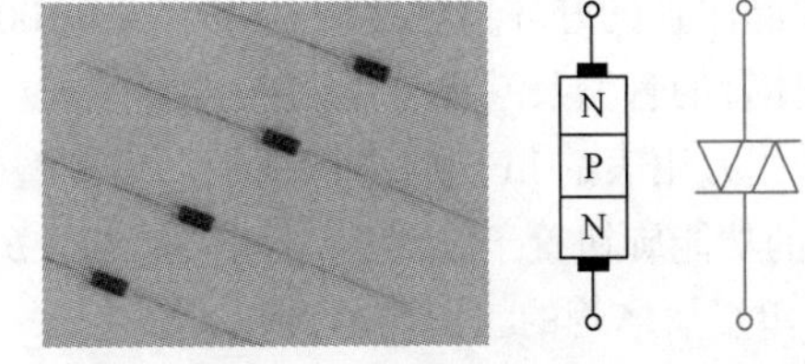

图 2-27　双向触发二极管的外形、结构及电路符号

用万用表 $R\times1k$ 档或 $R\times10k$ 档测量双向触发二极管正、反向电阻，正常时其正、反向电阻值均应为无穷大。若测得正、反向电阻值均很小或为 0，则说明该二极管已击穿损坏。

2. 晶体管的识读与检测

（1）识读晶体管　晶体管的外形如图 2-28 所示。

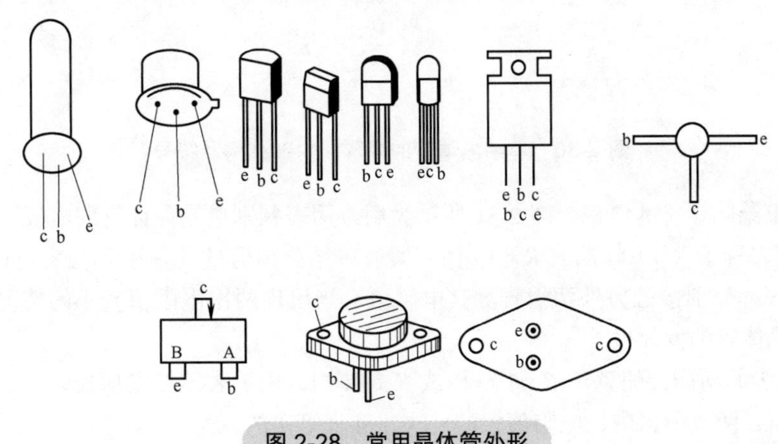

图 2-28　常用晶体管外形

（2）晶体管的引脚与管型的判断　晶体管有 NPN 型和 PNP 型两种，用万用表 $R\times100$ 档或 $R\times1k$ 档可测量其好坏。

1）NPN 型和 PNP 型晶体管的判别。

如果能够在某个晶体管上找到一个引脚，将黑表笔接此引脚，将红表笔依次接另外两引脚，万用表指针均偏转，而反过来却不偏转，说明此管是 NP 型管，且黑表笔所接的引脚为基极。

如果能够在某个晶体管上找到一个引脚，将红表笔接此引脚，将黑表笔依次接另外两引脚，万用表指针均偏转，而反过来却不偏转，说明此管是 PNP 型管，且红表笔所接的引脚为基极。

2）发射极 e 和集电极 c 的判别。

若已判明基极和晶体管类型，任意设另外两个电极为 c、e 端。判别 c、e 时按图 2-29 所示方式进行电路连接。以 PNP 型管为例，假设万用表红表笔接 c 端、黑表笔接 e 端，用潮湿的手指捏住基极 b 和假设的集电极 c 端，但两极不能相碰（潮湿的手指代替图中 100kΩ 的电阻 R）。再将假设的 c、e 电极互换，重复上面步骤，比较两次测得的电阻值大小。测得电阻值小的那次，红表笔所接的引脚是集电极 c，另一端是发射极 e。

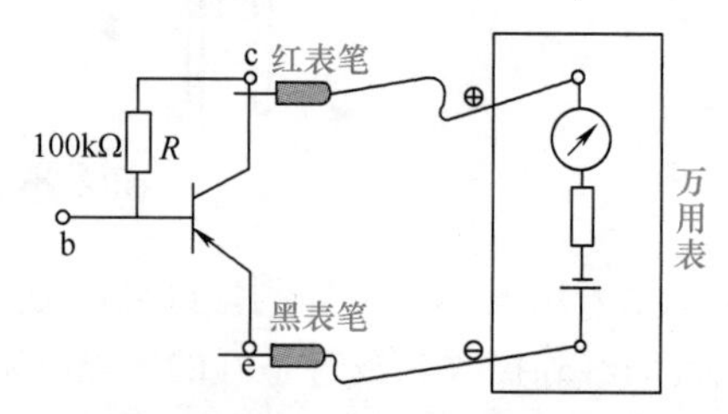

图 2-29　用万用表判别晶体管的 c、e 极

3）晶体管好坏的判断。

① 晶体管的好坏可使用万用表的 $R\times100$ 档或 $R\times1k$ 档进行判断，如果按照上述方法无法判断出晶体管的管型及基极，说明此管损坏。

② 用万用表的 hFE 档进行判别。当管型确定后，将晶体管插入“NPN”或“PNP”插孔，将万用表的功能旋钮置于“hFE”档，若 hEF(β) 值不正常（如为零或大于 300），则说明管子已坏。

3. 单结晶体管的识读与检测

（1）识读单结晶体管　单结晶体管与普通晶体管一样都有 3 个电极，包括 1 个发射极 e 和两个基极 b_1、b_2，没有集电极，因此单结晶体管又称双基二极管。单结晶体管的外形、内部结构及符号如图 2-30 所示。

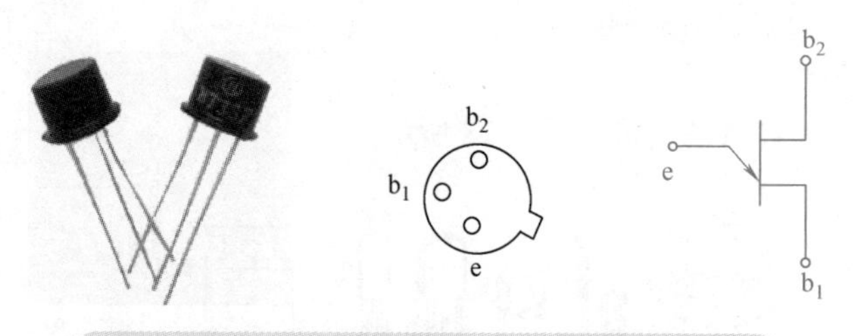

图 2-30　单结晶体管的外形、内部结构及符号

（2）判别单结晶体管的电极　图 2-31 所示为用万用表判别单结晶体管的电极。

1）将万用表置于 $R\times100$ 档或 $R\times1k$ 档，假设单结晶体管的任一引脚为发射极 e，用黑表笔接发射极，红表笔分别接触另外两引脚测其电阻值。当出现两次电阻值较小的情况时，黑表笔所接的就是单结晶体管的发射极。

2）将万用表的功能旋钮置于 $R\times100$ 档或 $R\times1k$ 档，用黑表笔接发射极，红表笔分别接另外两引脚测电阻值，两次测量中，电阻值大的一次，红表笔接的就是 b_1 极。

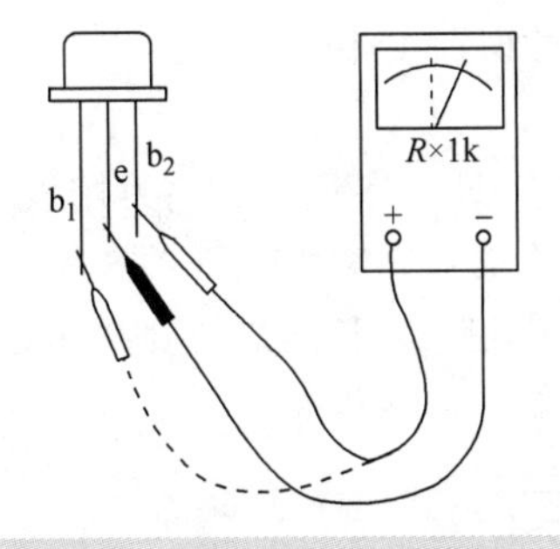

图 2-31　判别单结晶体管的电极

4. 晶闸管的识读与检测

（1）识读晶闸管　晶闸管有单向晶闸管和双向晶闸管两种类型，其常见外形及符号如图 2-32 所示。

（2）判断晶闸管的极性

1）判别电极。晶闸管的电极可以用万用表检测，也可以根据晶闸管的封装形式来判断。螺栓形晶闸管的螺栓一端为阳极 A，较细的引线端为门极 G，较粗的引线端为阴极 K；平板形晶闸管的引线端为门板 G，平面端为阳极 A，另一端为阴极 K；金属壳封装（TO-3）的晶闸管，其外壳为阳极 A。

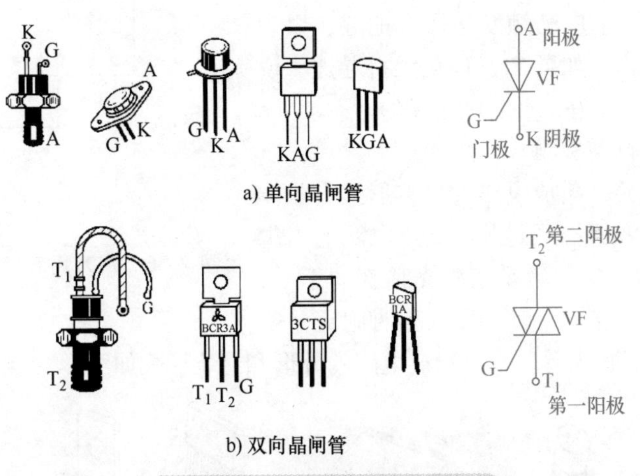

图 2-32　晶闸管的外形及符号

① 单向晶闸管电极的判断。如图 2-33 所示，将万用表的功能旋钮置于 $R\times100$ 档，两表笔各任意接两个电极。只要测得的电阻值较小，就能证明测的是 PN 结正向电阻，这时黑表笔接的是阳极，红表笔接的是门极。这是因为 G-A 之间反向电阻值趋于无穷大，A-K 间电阻值也总是无穷大，均不会出现电阻值较小的情况。

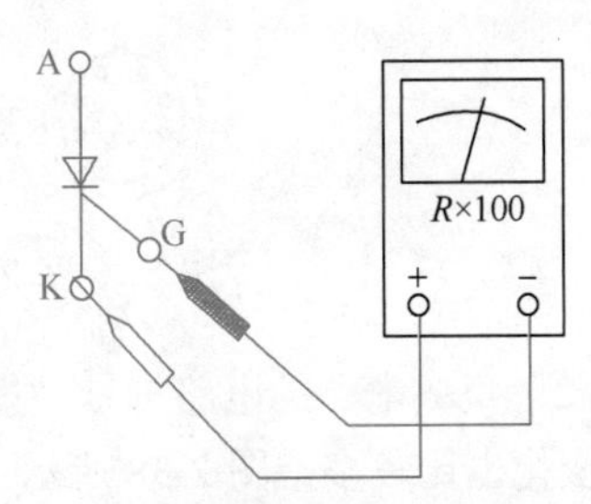

图 2-33　用万用表判断单向晶闸管电极

② 双向晶闸管电极的判断。如图 2-34 所示，将万用表的功能旋钮置于 $R\times10$ 档，测出晶闸管相互导通的两个引脚，这两个引脚与第三个引脚均不通，即第三个引脚为 T_2 极，相互导通的两引脚为 T_1 极和 G 极。黑表笔接 T_1 极，红表笔接门极 G，所测得的正向电阻值总要比

反向电阻值小一些，可根据这一特性识别 T_1 极和 G 极。

2）判别晶闸管质量好坏。

① 判别单向晶闸管质量好坏。如图 2-35 所示，将万用表的功能旋钮置于 $R\times1$ 档。开关 S 打开，晶闸管截止，测出的电阻值很大或为无穷大；开关 S 闭合时，相当于给门极加上正向触发信号，晶闸管导通，测出电阻值很小（几欧或几十欧），则表示该管质量良好。

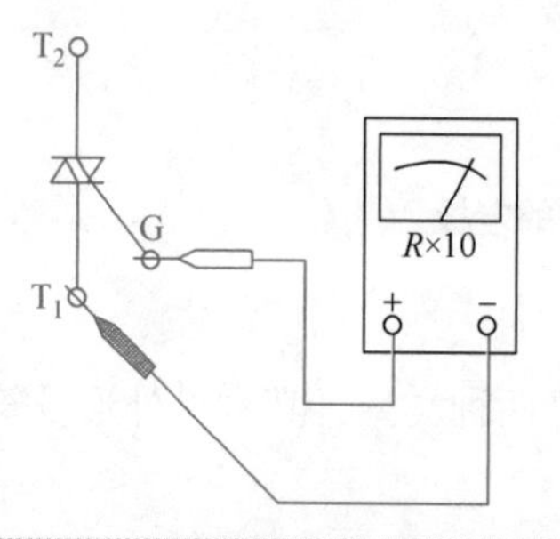

图 2-34　用万用表判断双向晶闸管电极

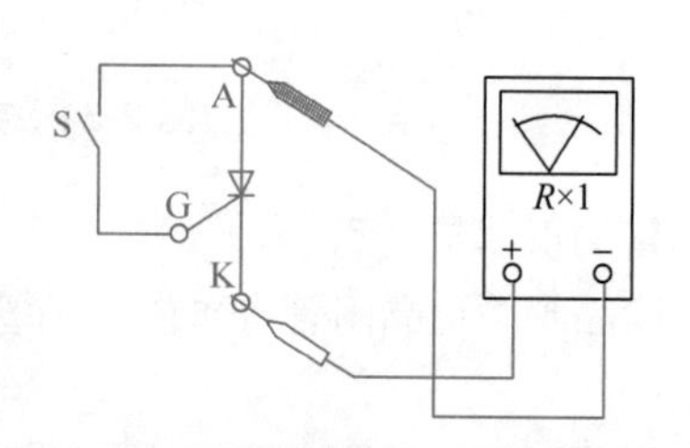

图 2-35　用万用表判别单向晶闸管质量好坏

② 判别双向晶闸管质量好坏。如图 2-36 所示，将万用表的功能旋钮置于 $R\times10$ 档，黑表笔接 T_2，红表笔接 T_1，然后将 T_2 与 G 瞬间短路一下，立即离开，此时若指针有较大幅度的偏转，并停留在某一位置上，说明 T_1 与 T_2 已触发导通；把红、黑表笔调换后重复上述操作，如果 T_1、T_2 仍维持导通，说明这只双向晶闸管质量良好，反之则是坏的。

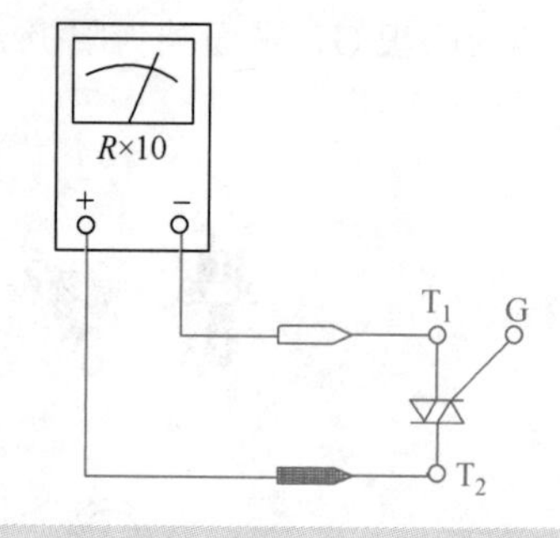

图 2-36　用万用表判别双向晶闸管质量好坏

5. 集成电路的识读与检测

（1）识读集成电路　集成电路的封装形式有晶体管式封装、扁平封装和直插式封装。集成电路的引脚排列次序有一定的规律，一般是从外壳顶部向下看，从左下角沿逆时针方向读数，其中第一引脚附近一般有参考标记，如凹槽、色点等。常见集成电路的外形和封装形式如图 2-37 所示。

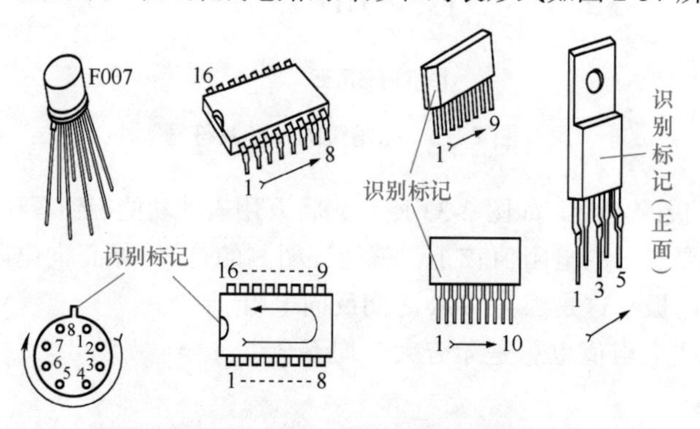

图 2-37　常见集成电路的外形和封装形式

（2）集成电路的电路符号　集成电路的文字符号通常用 IC 表示。集成电路的电路符号比较复杂，变化也比较多，图 2-38 所示为集成电路的几种电路符号。

（3）集成电路引脚识别　在集成电路的引脚排列图中，可以看到它的各个引脚编号，如①脚、②脚、③脚等，检修、更换集成电路的过程中，往往需要在集成电路实物上找到相应的引脚。下面根据集成电路的不同封装形式，介绍各种集成电路的引脚分布规律。

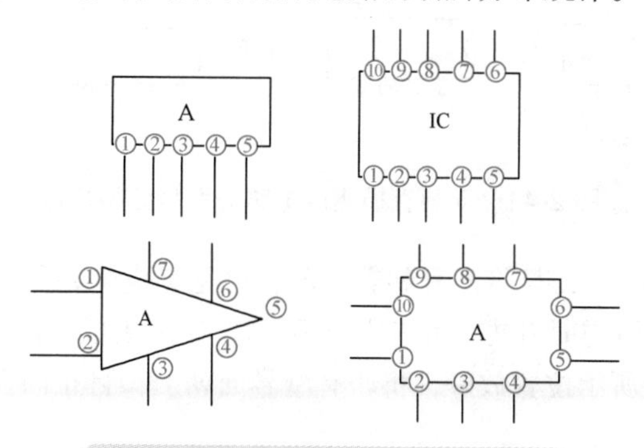

图 2-38　集成电路的几种电路符号

1）单列集成电路引脚分布规律。单列集成电路有直插和曲插两种，其引脚分布规律相同，但在识别引脚号时会有差异。

① 单列直插集成电路。所谓单列直插集成电路就是其引脚只有一列，且引脚为直的（不是弯曲的）。这类集成电路的引脚分布规律如图 2-39 所示。

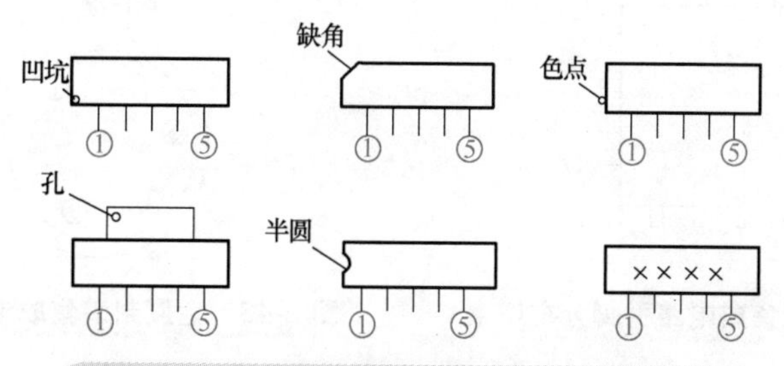

图 2-39　单列直插集成电路的引脚分布规律

② 单列曲插集成电路。单列曲插集成电路的引脚也是呈一列排列的，但引脚不是直的，而是弯曲的，即相邻两个引脚弯曲方向不同。图 2-40 所示为几种单列曲插集成电路的引脚分布规律。

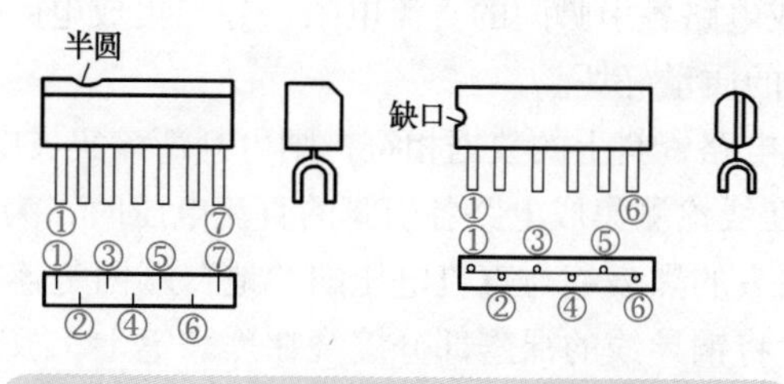

图 2-40　单列曲插集成电路的引脚分布规律

2）双列集成电路引脚分布规律。双列直插集成电路是使用最多的一种集成电路，这种集成电路的常见外封装材料是塑料，也有陶瓷的，集成电路的引脚分为两列，两列引脚数相等，引脚可以是直插的，也可以是贴片式的。

图 2-41 所示为 4 种双列直插集成电路的引脚分布规律。

3）四列集成电路引脚分布规律。四列集成电路的引脚分成四列，且每列的引脚数相等，因此这种集成电路的引脚是 4 的倍数。四列集成电路常见于贴片式集成电路、大规模集成电路和数字集成电路中，图 2-42 所示为四列集成电路引脚分布规律。

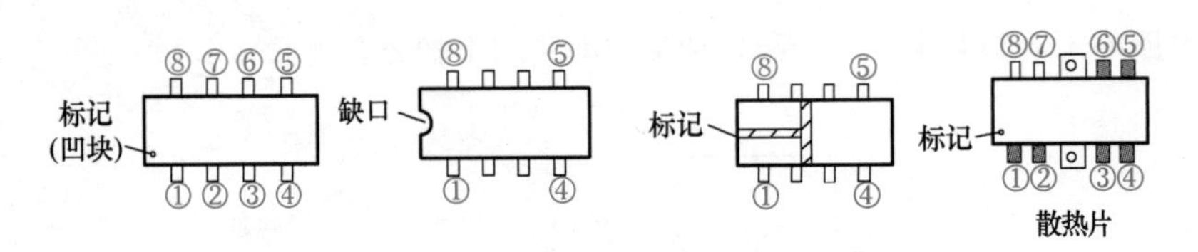

图 2-41　双列直插集成电路的引脚分布规律

将四列集成电路正面朝上，且将型号朝着自己，可见集成电路的左下方有一个标记，左下方第一个引脚为①脚，然后沿逆时针方向依次为各引脚。如果集成电路左下方没有这一识别标记，也是将集成电路按图 2-42 所示位置放好，将印有型号面朝上，且正向面对自己，此时左下角即为①脚。

4）金属封装集成电路引脚分布规律。采用金属封装的集成电路现在已经比较少见，过去生产的集成电路常用这种封装形式。图 2-43 所示为金属封装集成电路的引脚分布规律。

这种集成电路的外壳是金属圆帽形的，引脚识别方法为：将引脚朝上，从突出的标记键端起为①脚，沿顺时针方向依次为各引脚。

图 2-42　四列集成电路引脚分布规律　　图 2-43　金属封装集成电路引脚分布规律

（4）集成电路检测

1）集成电路的基本检测方法。集成电路的检测分为在线检测和脱机检测。

① 在线检测是测量集成电路各引脚的直流电压，并与集成电路各引脚直流电压的标准值相比较，以此来判断集成电路的质量好坏。

② 脱机检测是测量集成电路各引脚间的直流电阻，并与集成电路各引脚间直流电阻的标准值相比较，从而判断集成电路的质量好坏。

如果测得的数据与集成电路资料上的数据相符，则可判断该集成电路是好的。

2）在线检测的技巧。在线检测集成电路各引脚的直流电压时，为防止表笔在集成电路各引脚间滑动造成短路，可将万用表的黑表笔与直流电压的“地”端固定连接，方法是在“地”端焊接一段带有绝缘层的铜导线，将铜导线的裸露部分缠绕在黑表笔上，放在电路板的外边，防止与电路板上的其他地方连接。这样用一只手握住红表笔，找准欲测量集成电路的引脚并接触好，另一只手可扶住电路板，保证测量时表笔不会滑动。

3）在线测量集成电路各引脚直流电流的技巧。测量电流需要将表笔串联在电路中，而集成电路引脚众多，焊接下来很不容易。用一个壁纸刀将集成电路的引脚与印制电路板的铜箔走线之间刻一个小口，将两表笔搭在断口的两端，就可以方便地把万用表的直流电流档串接在电路中。测量完该集成电路引脚的电流后，再用焊锡将断口连接起来即可。

4）集成电路的替换检测。集成电路的内部结构比较复杂，引脚数目也比较多，要直接测出集成电路的好坏，如果没有专用设备是很难的。因此，当集成电路整机电路出现故障时，检测者往往用替换法进行集成电路的检测。

用同型号的集成块进行替换实验，是见效最快的一种检测方法，但是要注意避免因负载短路的原因使大电流 I 流过集成电路造成的损坏。在没有排除负载短路故障的情况下，用相同型号的集成块进行替换实验，会造成集成块的又一次损坏，因此替换实验的前提是必须保证负载不短路。

相关知识

1. 二极管的结构及符号

将 PN 结的两端分别引出两根金属引线，用管壳封装，就制成了半导体二极管，简称二极管。从 P 区引出的电极为正极，从 N 区引出的电极为负极。

（1）结构、图形符号和外形　二极管内部结构、图形符号和实物外形如图 2-44 所示。

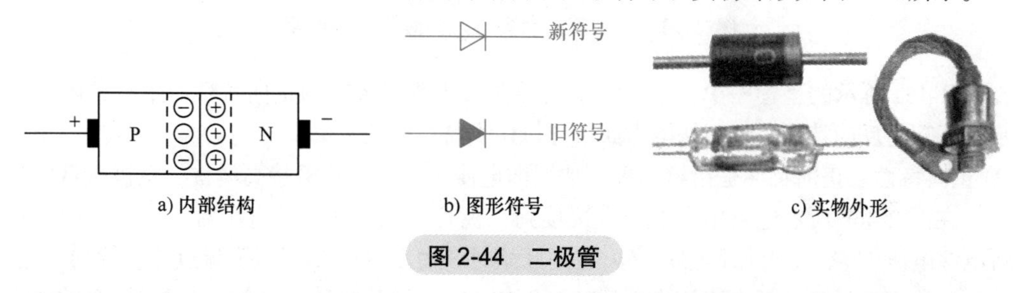

图 2-44　二极管

（2）性质

1）性质说明。下面通过分析图 2-45 所示的两个电路来说明二极管的性质。

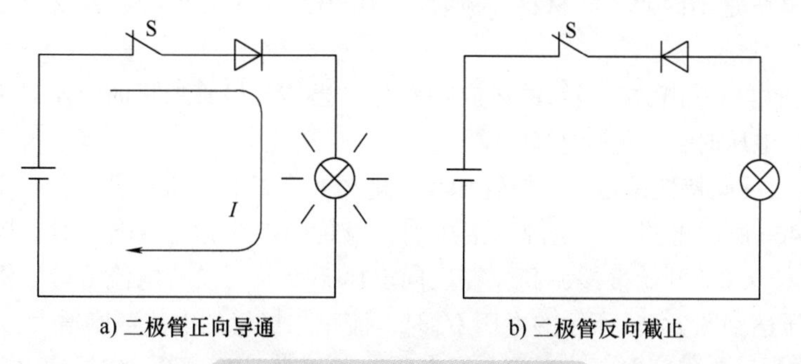

图 2-45　二极管的性质说明图

在图 2-45a 所示的电路中，当开关 S 闭合后，发现灯泡会发光，表明有电流流过二极管，二极管导通；而在图 2-45b 所示的电路中，当开关 S 闭合后灯泡不亮，说明无电流流过二极管，二极管不导通。通过观察这两个电路中二极管的接法可以发现：在图 2-45a 所示的电路中，二极管的正极通过开关 S 与电源的正极连接，二极管的负极通过灯泡与电源负极相连；而在图 2-45b 所示的电路中，二极管的负极通过开关 S 与电源的正极连接，二极管的正极通过灯泡与电源负极相连。

由此可以得出这样的结论：当二极管正极与电源正极连接、负极与电源负极相连时，二极管能导通，反之二极管不能导通。二极管这种单方向导通的性质称为二极管的单向导电性。

2）伏安特性曲线。在电子工程技术中，常采用伏安特性曲线来说明元器件的性质。伏安特性曲线又称电压 - 电流特性曲线，它用来说明元器件两端电压与通过电流的变化规律。

二极管的伏安特性曲线用来说明加到二极管两端的电压 U 与通过电流 I 之间的关系。二极管的伏安特性曲线如图2-46a所示，图2-46b和图2-46c所示则是为解释伏安特性曲线而画的电路。

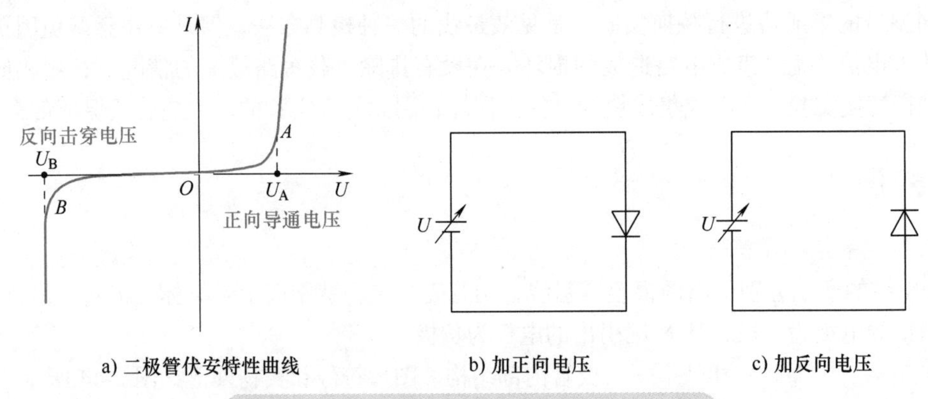

a) 二极管伏安特性曲线　b) 加正向电压　c) 加反向电压

图2-46 二极管的伏安特性曲线及电路说明

在图2-46a所示的坐标图中，第一象限内的曲线表示二极管的正向特性，第三象限内的曲线则表示二极管的反向特性。下面从两方面来分析伏安特性曲线。

① 正向特性。正向特性是指给二极管加正向电压（二极管正极接高电位，负极接低电位）时的特性。在图2-46b所示电路中，电源直接接到二极管两端，此电源电压对二极管来说是正向电压。将电源电压U从0V开始慢慢调高，在刚开始时，由于电压U很低，流过二极管的电流极小，可认为二极管没有导通，只有当正向电压达到图2-46a所示的电压U_A时，流过二极管的电流急剧增大，二极管才导通。这里的电压U_A称为正向导通电压，又称门电压（或阈值电压）。不同材料的二极管，其门电压是不同的，硅材料二极管的门电压为0.5～0.7V，锗材料二极管的门电压为0.2～0.3V。

从上面的分析可以看出，二极管的正向特性是：当给二极管加正向电压时不一定能导通，只有正向电压达到门电压时，二极管才能导通。

② 反向特性。反向特性是指给二极管加反向电压（二极管正极接低电位，负极接高电位）时的特性。在图2-46c所示电路中，电源直接接到二极管两端，此电源电压对二极管来说是反向电压。将电源电压U从0V开始慢慢调高，在反向电压不高时，没有电流流过二极管，二极管不能导通。当反向电压达到图2-46a所示的电压U_B时，流过二极管的电流急剧增大，二极管反向导通。这里的电压U_B称为反向击穿电压。反向击穿电压一般很高，远大于正向导通电压。不同型号二极管的反向击穿电压不同，低的十几伏，高的有几千伏。普通二极管反向击穿导通后通常是损坏性的，因此反向击穿导通的普通二极管一般不能再使用。

从上面的分析可以看出，二极管的反向特性是：当二极管加较低的反向电压时不能导通，但反向电压达到反向击穿电压时，二极管会反向击穿导通。

二极管的正、反向特性与生活中的开门类似：当你从室外推门（门是朝室内开的）时，如果力很小，门是推不开的，只有力气较大时门才能被推开，这与二极管加正向电压，只有达到门电压才能导通相似；当你从室内往外推门时，是很难推开的，但如果推门的力气非常大，门也会被推开，不过门被推开的同时一般也就损坏了，这与二极管加反向电压时不能导通，但反向电压达到反向击穿电压（电压很高）时二极管会击穿导通相似。

（3）主要参数

1）最大整流电流I_F。二极管长时间使用时允许流过的最大正向平均电流称为最大整流电流或称二极管的额定工作电流。当流过二极管的电流大于最大整流电流时，二极管容易被烧坏。二极管的最大整流电流与 PN 结面积和散热条件有关。PN 结面积大的面接触型二极管的 I_F 大，点接触型二极管的 I_F 小；金属封装二极管的 I_F 大，而塑封二极管的 I_F 小。

2）最高反向工作电压 U_R。最高反向工作电压是指二极管正常工作时两端能承受的最高反向电压。最高反向工作电压一般为反向击穿电压的一半。在高压电路中需要采用 U_R 大的二极管，否则二极管易被击穿损坏。

3）最大反向电流 I_R。最大反向电流是指给二极管两端加最高反向工作电压时流过的反向电流。该值越小，表明二极管的单向导电性越佳。

4）最高工作频率 f_M。最高工作频率是指二极管在正常工作条件下的最高频率。如果加给二极管的信号频率高于该频率，二极管将不能正常工作。f_M 的大小通常与二极管的 PN 结面积有关，PN 结面积越大，f_M 越低，因此点接触型二极管的 f_M 较高，而面接触型二极管的 f_M 较低。

（4）极性判别　为了让人们更好地区分出二极管的正、负极，有些二极管会在表面用一定的标记来指示正、负极，有些特殊的二极管从外形上也可找出正、负极。

图 2-47a 所示的二极管表面标记二极管符号，其中三角形端对应的电极为正极，另一端为负极；图 2-47b 所示的二极管标有白色圆环的一端为负极；图 2-47c 所示的二极管金属螺栓为负极，另一端为正极。

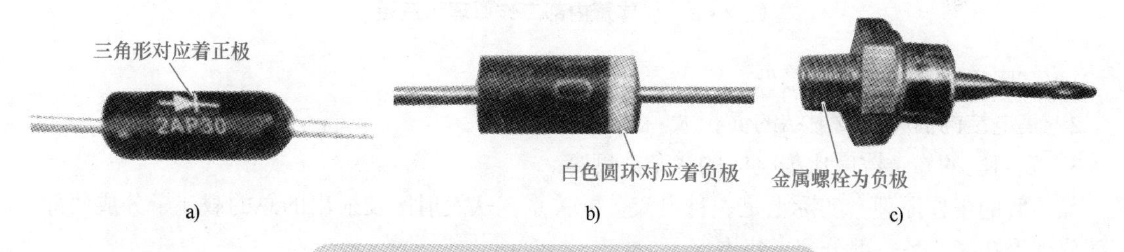

图 2-47　根据标记或外形判断二极管的极性

2. 晶体管的结构及符号

晶体管由三层半导体材料组成，形成两个 PN 结。两个 PN 结将晶体管分成 3 个区（发射区、基区、集电区）。根据在三层半导体排列方式的不同，晶体管可分为 NPN 型和 PNP 型两种类型。

（1）结构、图形符号　常见晶体管的结构、图形符号如图 2-48 所示。

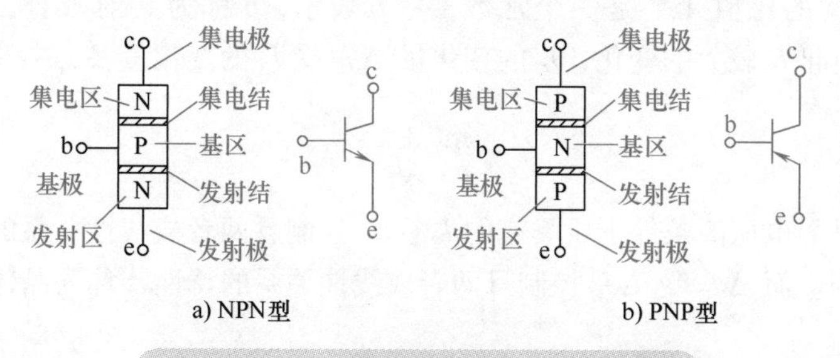

图 2-48　常见晶体管的结构、图形符号

晶体管的内部结构特点：基区很薄且掺杂浓度很低；集电结的面积比发射结的面积大。因此在使用晶体管时，发射极和集电极一般不能互换。

晶体管中两个 PN 结是通过很薄的基区联系起来的，如果将两个二极管用导线串联起来，是不能起到晶体管的作用的。

载流子的传输过程：因为发射结正向偏置，且发射区进行重掺杂，所以发射区的多数载流子扩散注入基区，又由于集电结的反向作用，故注入基区的载流子在基区形成浓度差，因此这些载流子从基区扩散至集电结，被电场拉至集电区形成集电极电流，而留在基区的很少是因为基区做得很薄。

（2）晶体管的电流放大作用　如图 2-49 所示，在给晶体管的两个 PN 结加电压时，流过晶体管各电极的电流分别用 I_B、I_C、I_E 表示。晶体管具有电流放大作用的内部条件如下。

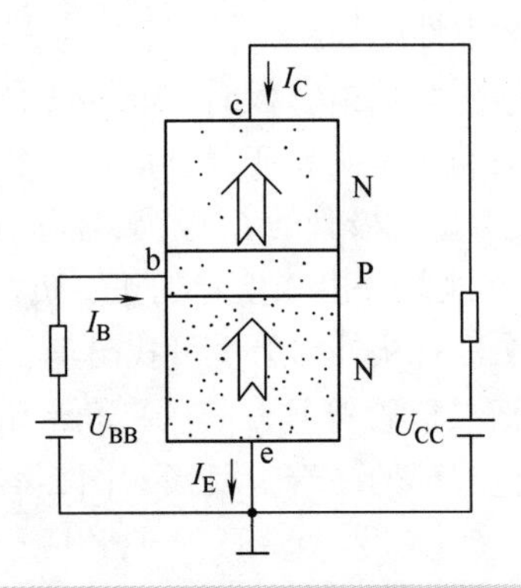

图 2-49　晶体管内部工作原理示意图

1）基区很薄且掺杂浓度最低。

2）集电结的面积比发射结的面积大。

3）发射区的掺杂浓度比集电区的掺杂浓度高。

晶体管的工作原理：实际上是一种电流分配关系，从发射区发射出的总的载流子分成两部分：一部分到了基区，另一部分到了集电区。

晶体管的电流分配关系：3 个电极在电流取用上满足下列关系

$$I_E = I_B + I_C$$

I_B 变化时 I_C 也跟着变化，I_C 受 I_B 控制。I_C 和 I_B 之间的比值几乎是一个常数，用 $\overline{\beta}$ 表示，$\overline{\beta}$ 称为共射极直流电流的放大系数，且

$$\overline{\beta}=\frac{I_C}{I_B}$$

ΔI_C 与 ΔI_B 之间的比值几乎是一个常数，用 β 表示，β 称为共射极直流电流的放大系数。I_B 微小的变化可以引起 I_C 较大的变化，I_C 的变化量 ΔI_C 受 I_B 的变化量 ΔI_B 控制，即

$$\beta=\frac{\Delta I_C}{\Delta I_B}$$

晶体管在一定外界电压的条件下所具有的 I_C 受 I_B 控制且两者成线性关系的特性，称为晶体管的直流电流放大作用。而 ΔI_C 受 ΔI_B 控制且两者成线性关系的特性，称为晶体管的交流电流放大作用。

晶体管的电流放大作用，实质上是用较小的基极电流去控制集电极的大电流，是“以小控大”的作用，而不是能量的放大。

只有给晶体管的发射结、集电结加反向电压时，它才具有上述的电流放大作用。晶体管放大的外部条件是：发射结正偏，集电结反偏。对于 NPN 型晶体管，3 个电极上的电位关系是 $V_C>V_B>V_E$；对于 PNP 型晶体管，3 个电极上的电位关系是 $V_C<V_B<V_E$。

（3）晶体管的特性曲线

1）共射输入特性曲线。输入特性曲线指的是在每一个固定的 U_{CE} 下，I_B 与 U_{BE} 之间的一一对应关系。输入特性曲线有以下几个特性（图 2-50）。

① $U_{CE}=0$ 时，c、e 之间短接，因此 I_B 与 U_{BE} 之间的关系实际上反映了发射结和集电结两个 PN 结并联后的正向特性曲线。

② U_{CE} 增大时，输入特性曲线右移，这反映了 U_{CE} 对输入特性的影响。特性曲线右移表明，在同样 U_{BE} 下，I_B 将减小。但从 U_{CE} 大于一定值（一般当 $U_{CE}>1V$）后，曲线基本重合。

根据输入特性曲线的形状，可以得出如下结论。

① 由于晶体管的输入特性曲线是非线性的，故晶体管是一个非线性的电子器件。

② 当输入电压小于某一开启值时，晶体管不导通，基极电流为零，这个开启电压又称阈值电压或死区电压。对于硅管，这个电压约为 0.5 V；对于锗管，为 0.1 ～ 0.2V。

③ 当管子正常工作时，发射结压降变化不大，对于硅管为 0.6 ～ 0.7V，对于锗管为 0.2 ～ 0.3V。

2）共射输出特性曲线。共射输出特性曲线如图 2-51 所示。

输出特性曲线指 I_B 为一固定值，逐渐加大 V_{CC}，可测得 I_C 与 U_{CE} 之间的伏安特性。输出特性曲线族可以分为下列三个区域。

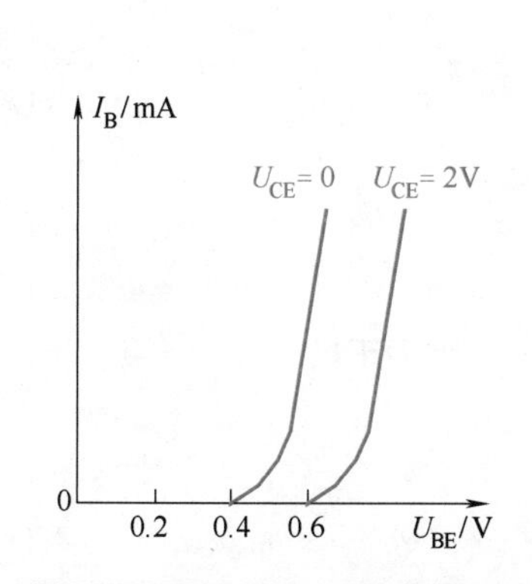

图 2-50　晶体管的共射输入特性

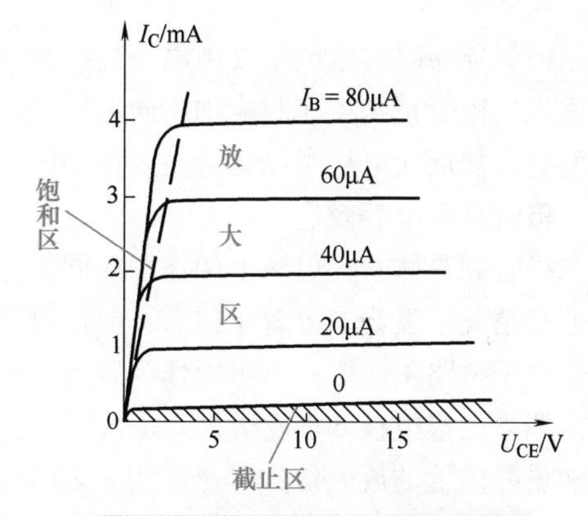

图 2-51　晶体管的共射输出特性

① 放大区。条件：发射结正偏，集电结反偏。

区域：$I_B>0$ 和 $U_{CE}>1V$ 的区域。

特性：I_C 由 I_B 决定，而与 U_{CE} 关系不大。

② 截止区。条件：发射结和集电结均为正偏。

区域：$I_B \leqslant 0$ 的区域，对应于图 2-51 中 $I_B=0$ 曲线下面的阴影区。

特性：晶体管三个电极的电流均为 0。

③ 饱和区。条件：发射结和集电结均为反偏。

区域：对应于 U_{CE} 较小的区域。

特性：饱和时晶体管 c 与 e 极间的电压很小，一般小于 1V。

小结：晶体管具有“开关”和“放大”两种功能。当晶体管工作在饱和与截止区时，相当于开关的导通与断开，即有开关的特性，可用于脉冲数字电路中；当晶体管工作在放大区时，它具有电流放大作用，可用于模拟电路中。

练习与拓展

一、填空题

1. 二极管加正向电压__________________，加反向电压________________。

2. 稳压管工作在__________________区。

3. 晶体管根据导电极性不同可分为____________型和____________型。

4. 晶体管工作在放大区时，发射结加_______________，集电结加____________。

5. 二极管有____________的特性，因此可以用二极管实现整流作用。

6. 通常晶体管在电路中起________和________两种作用。

7. 二极管属有极性元件，其有标记的一端为__________极。

8. 晶体管一般有________和________两种类型，有______、________、________三个电极。

9. 晶体管的三种工作状态是____________、____________、____________。

10. 用模拟式万用表欧姆档测二极管的正、反向电阻时，若两次测得的阻值都较小，则表明二极管内部______；若两次测得的阻值都较大，则表明二极管内部________。两次测的阻值相差越大，则说明二极管的________性能越好。

二、判断题

1. 二极管导通时的电流主要由电子的扩散运动形成。（　　）

2. 发光二极管正常工作时应加正向电压。（　　）

3. 发射结加反向电压时晶体管进入饱和区。（　　）

4. 二极管具有电容效应。（　　）

5. 二极管和晶体管在电路上的作用相同。（　　）

6. 通常情况下发光二极管（LED）的长引脚为负极，短引脚为正极。（　　）

7. 在电子电路中，二极管可以作为开关来使用。（　　）

8. 晶体管的集电极 c 和发射极 e 是可以互换使用的。（　　）

9. 测量晶体管的放大倍数时应该用 $R \times 100$ 档。（　　）

10. PN 结外加反向电压时，阻挡层的厚度变厚。（　　）

项目三　电声器件、光耦合器、数字显示器件等的识别与检测

知识目标

（1）熟悉电子元器件的结构。

（2）熟悉使用万用表检测电子元器件的方法。

技能目标

（1）能用万用表熟练地进行电子元器件检测。

（2）会使用万用表检测元器件的好坏。
（3）培养学生自学能力、探索能力和知识应用能力。
（4）培养学生的职业道德意识、质量保证意识和安全操作规范意识。

工具与器材

指针式万用表、数字式万用表、电子元器件。

操作步骤

一、电声器件的识别与检测

电声器件是一种电声换能器，它可以将电能转换成声能，或者将声能转换成电能。电声器件包括扬声器、耳机、压电蜂鸣片、驻极体传声器等。

1. 扬声器

（1）识读扬声器　扬声器是一种电声转换器件，它将模拟的语音电信号转化成声波，是收音机、录音机、电视机和音响设备中的重要器件。电动式扬声器是最常见的一种结构，由纸盆、音圈、音圈支架、磁铁和盆架等组成。电动式扬声器的常见外形与符号如图 2-52 所示。

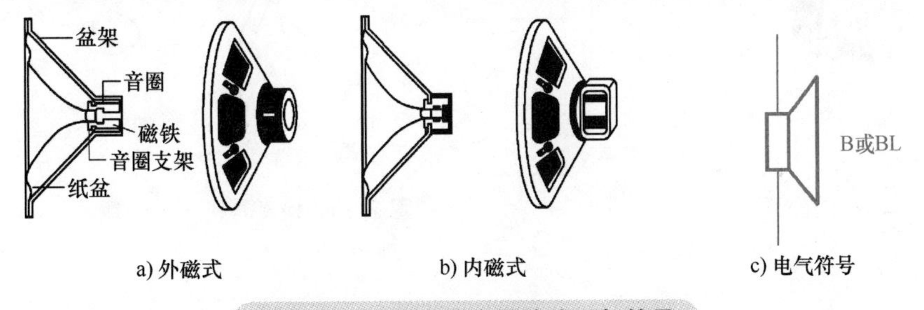

图 2-52　电动式扬声器的外形与符号

（2）扬声器的检测　检测扬声器质量好坏的操作如图 2-53 所示。

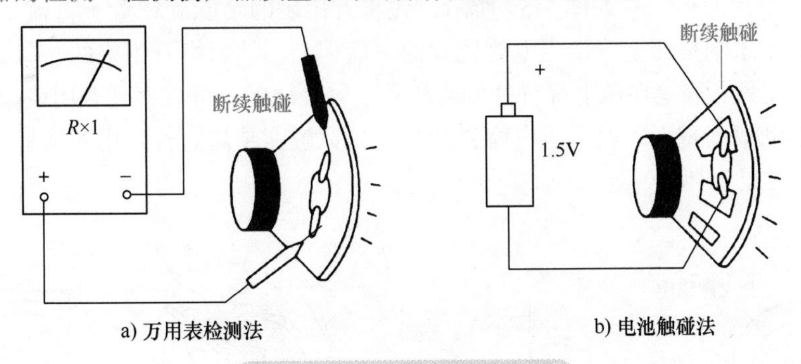

图 2-53　检测电动式扬声器

① 万用表检测法。将万用表的功能旋钮置于 $R\times1$ 档，把任一只表笔与扬声器的任一引出端相接，用另一只表笔断续触碰扬声器另一引出端，此时，扬声器应发出“喀喀”声，指针也相应摆动。如触碰时扬声器不发声，指针也不摆动，则说明扬声器内部音圈断路或引线断裂。

② 电池触碰法。使用一节干电池，在电池的正、负极上各连接两根导线，用导线分别对应的扬声器正、负极两端瞬间接触扬声器，看有没有“咔嚓咔嚓”的声音。如有声音，则该扬声器是好的。

2. 耳机

（1）识读耳机　耳机是一种能将电能转换为声能的电声转换器，其结构与电动式扬声器相似，也是由磁铁、音圈、振动膜片等组成，但耳机的音圈大多是固定的。耳机的外形如图 2-54 所示。

（2）耳机的检测　如图 2-55 所示，将万用表的功能旋钮置于 $R\times1$ 档，黑表笔接耳机插头的公共点，红表笔分别接触左右声道，触电时测出的两个电阻应相同，一般为 20 ～ 30Ω，同时还可以听到耳机发出的“喀喀”声。

如果在检测时耳机无声，万用表指针也不偏转，则说明相应的耳机有引线断裂或内部焊点脱开的故障。若指针摆至零位附近，则说明相应耳机内部引线或耳机插头处有短路。若指针指示阻值正常，但发声很轻，一般是耳机振膜片与磁铁间的间隙不对造成的。

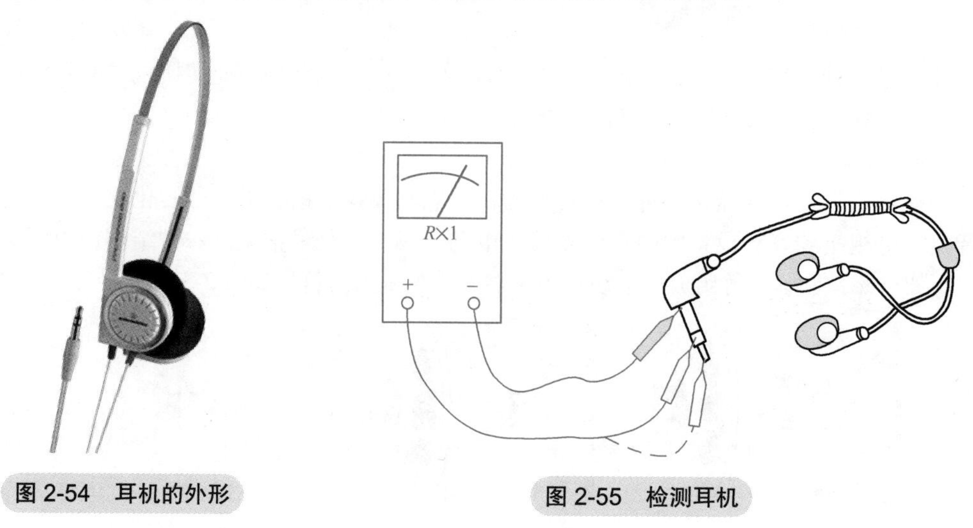

图 2-54　耳机的外形　　图 2-55　检测耳机

3. 压电蜂鸣片

（1）识读压电蜂鸣片　压电蜂鸣片是将压电陶瓷片和金属片粘贴而成的一种弯曲振动片，如图 2-56 所示。

（2）压电蜂鸣片的检测　如图 2-57 所示，先将万用表的功能旋钮置于直流 2.5V 档，将待测压电蜂鸣片平放于木制桌面上，带压电陶瓷片的一面朝上。然后将万用表的一只表笔与蜂鸣片的金属片相接触，用另一表笔在压电蜂鸣片的陶瓷片上轻轻碰触，可观察到万用表指针随表笔的触、离而摆动，且摆动幅度越大，说明压电陶瓷蜂鸣片的灵敏度越高。若万用表指针不动，则说明被测压电陶瓷蜂鸣片已损坏。

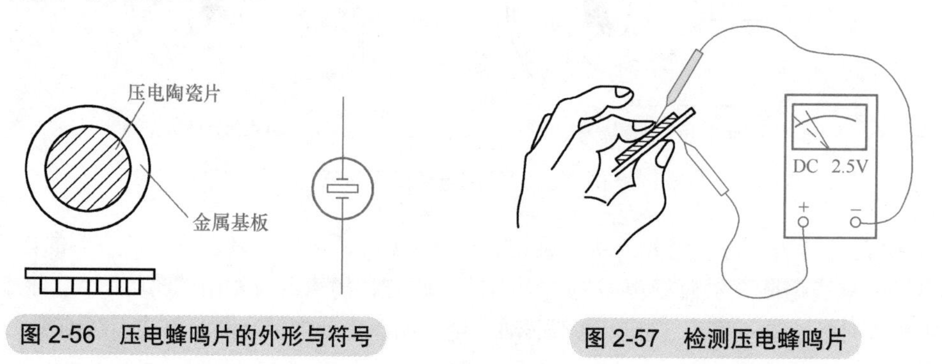

图 2-56　压电蜂鸣片的外形与符号　　图 2-57　检测压电蜂鸣片

4. 驻极体电容式传声器

（1）识读驻极体电容式传声器　驻极体电容式传声器是一种用驻极体材料制作的新型传声器，具有体积小、频带宽、噪声小、灵敏度高等特点，被广泛应用于助听器、录音机、无线传声器等产品中。驻极体电容式传声器的外形与符号如图 2-58 所示。

（2）驻极体电容式传声器的检测　如图 2-59 所示，先将万用表的功能旋钮置于 $R\times1\text{k}$ 档，红表笔接传声器负极（芯线），黑表笔接传声器正极（引线屏蔽层）。此时，测量值约为 1kΩ，然后正对传声器说话，万用表指针应随发声而摆动。

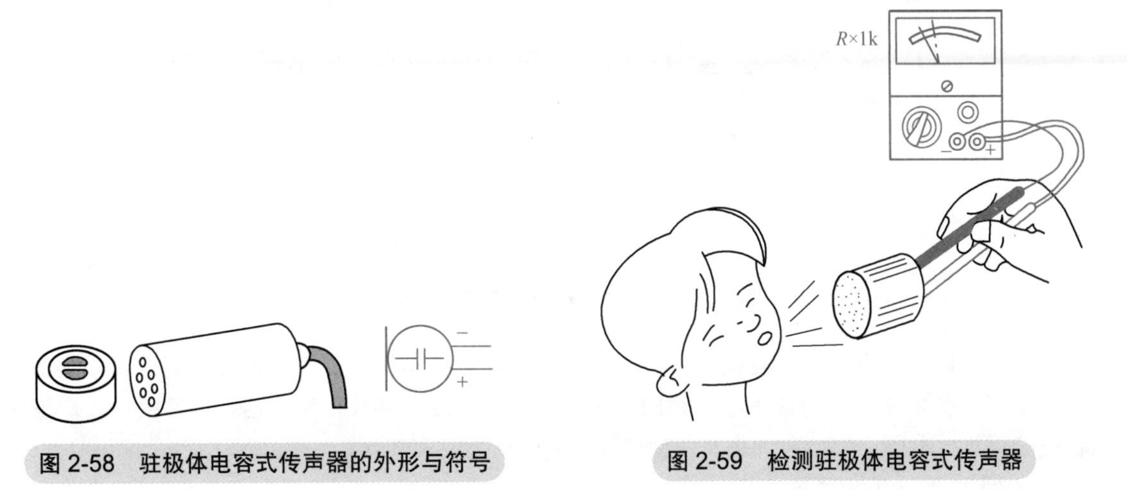

图 2-58　驻极体电容式传声器的外形与符号　　图 2-59　检测驻极体电容式传声器

5. 石英晶体

石英晶体一般由石英晶片、支架、电极、引线、外壳等构成，是利用石英晶体的压电效应制成的一种频率元件，应用于如石英钟表的时基振荡器、数字电路中的脉冲信号发生器及各种遥控器等电路中。常见石英晶体元件的外形与符号如图 2-60 所示。

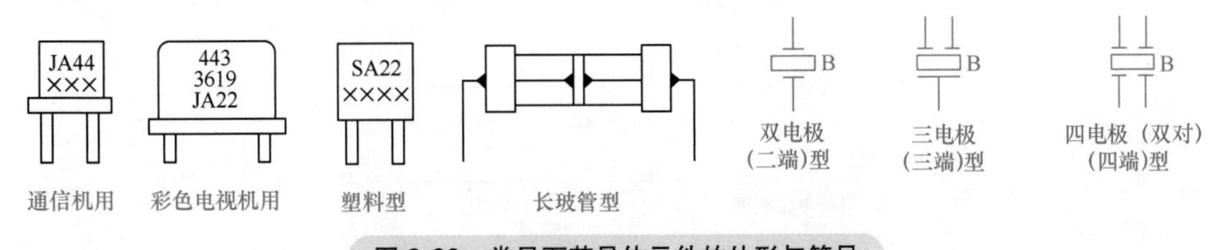

图 2-60　常见石英晶体元件的外形与符号

如图 2-61 所示，将万用表的功能旋钮置于 $R\times10\text{k}$ 档，两表笔分别与石英晶体的两电极接触，同时观察变化的情况，在正常情况下万用表指针应指在“∞”处，即指针不动。若万用表指针在“∞”处略有摆动，则说明被测晶体有漏电现象或者电极与晶体有接触不良现象。因为接触不良相当于电极在晶体上划动，根据压电效应会产生电流，所以万用表指针会产生轻微摆动；若万用表指针有一定值的偏转，则说明被测晶体严重漏电；若万用表指针指零，则晶体已被击穿损坏。

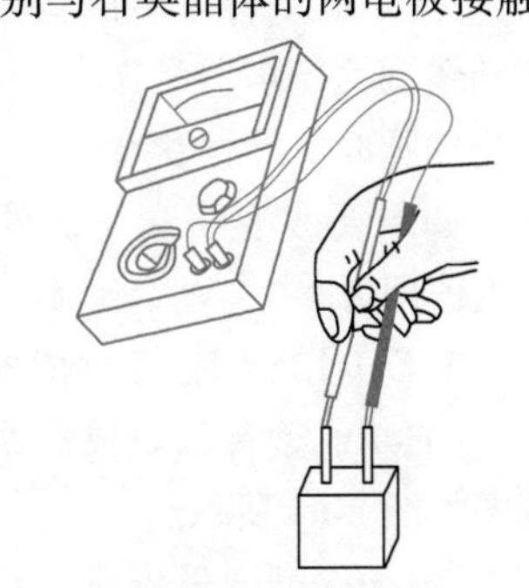

图 2-61　石英晶体的检测

二、音乐集成电路片的识别与应用

音乐集成电路片是一种高度集成的固态乐曲发生器电路，它可以向外发送固定存储的乐曲或者语音。音乐集成电路片应用非常广泛，如音乐贺卡、音乐门铃、汽车倒车示警、声控娃娃、语音提示、有语言提示功能的电冰箱等。可以说，音乐集成电路片已经进入了人们的日常生活和生产领域之中。

1. CW9300 型音乐集成电路片

CW9300 型音乐集成电路片的印制电路板图和原理图如图 2-62 所示。

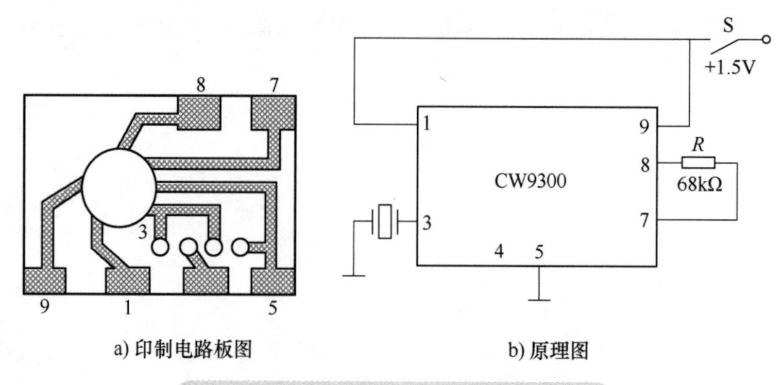

a) 印制电路板图　　b) 原理图

图 2-62　CW9300 型音乐集成电路片

CW9300 是最常用的音乐集成电路片之一，它的乐曲种类很多，对于型号相同的音乐集成电路片，不同的音乐片内部的音乐各不相同。该系列音乐集成电路片用法灵活，用途极广，广泛应用在电子玩具、电话、门铃、钟表及各种仪器仪表中作为发声装置。

2. HY-100 型音乐集成电路片

HY-100 型音乐集成电路片的印制电路板图和原理图如图 2-63 所示。

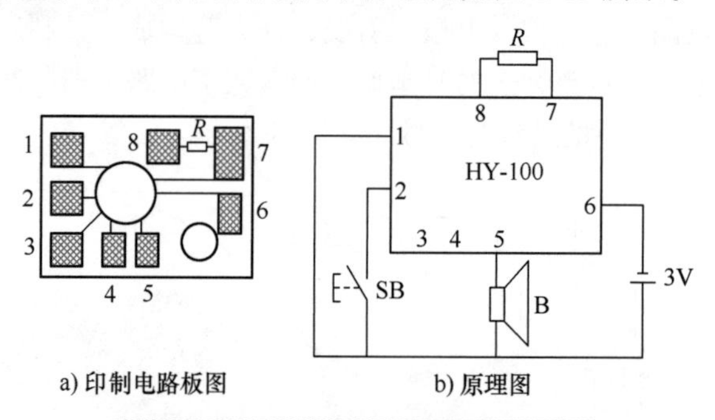

a) 印制电路板图　　b) 原理图

图 2-63　HY-100 型音乐集成电路片

HY-100 型音乐集成电路片是一个可以用作门铃的电路，可直接驱动 2.5in（1in = 0.0254m）的动线圈式扬声器发声。当 HY-100 型音乐集成电路片受到脉冲信号触发时，就会自动演奏长约 20s 的乐曲。如果要改变演奏乐曲的速度，只须改变电阻 R 的阻值即可。

3. CH-105 型音乐集成电路片

CH-105 型音乐集成电路片的印制电路板图和原理图如图 2-64 所示。

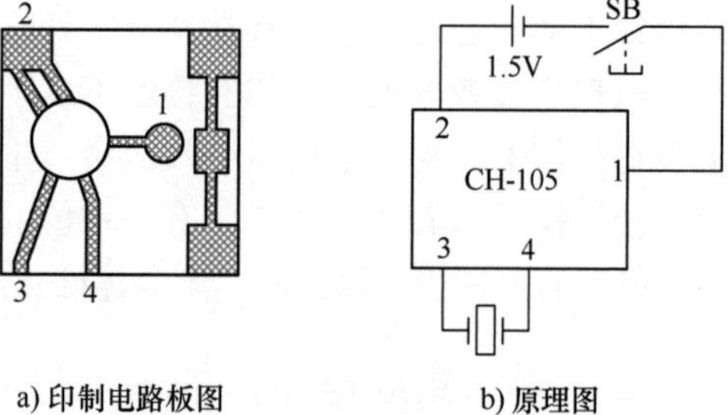

a) 印制电路板图　　b) 原理图

图 2-64　CH-105 型音乐集成电路片

CH-105 型音乐集成电路片的接法简单，合上电源开关，电路就可以播放乐曲，无须外触发信号。其发声元件采用 HTD-20 或 HTD-27 型压电陶瓷片。

4. CW9561 型音乐集成电路片

CW9561 型音乐集成电路片的印制电路板图和原理图如图 2-65 所示。

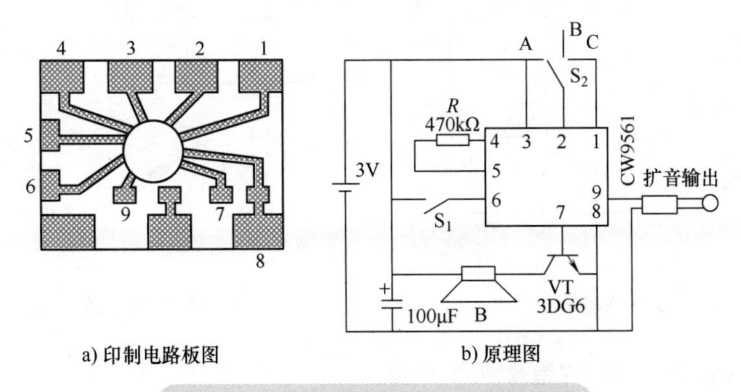

图 2-65　CW9561 型音乐集成电路片

CW9561 型音乐集成电路片是一种能发出警报声、汽笛声、警车声、机枪声的四声音乐集成电路片。当开关 S_2 分别置于 A、B、C 位置时，电路可发出警报声、汽笛声、警车声；当开关 S_1 闭合时，不论 S_2 置于何处，电路均发出连续的机枪声。还有一种 CW9561 型音乐集成电路片，S_2 为一个双刀四掷开关，当 S_2 置于不同的档位时，电路就会发出警报声、汽笛声、警车声和机枪声。

三、光耦合器的识别与检测

（1）识读光耦合器　光耦合器又称光隔离器，简称光耦。光耦合器以光为媒介传输电信号，对输入、输出电信号有良好的隔离作用，在各种电路中均得到了广泛的应用。光耦合器一般由光的发射、光的接收及信号放大三部分组成。输入的电信号驱动发光二极管，使之发出一定波长的光，被光探测器接收而产生光电流，再经过进一步放大后输出。光耦合器的种类很多，常用的大多为近距离使用的反射型光耦合器和投射型光耦合器。光耦合器的结构与外形如图 2-66 所示。

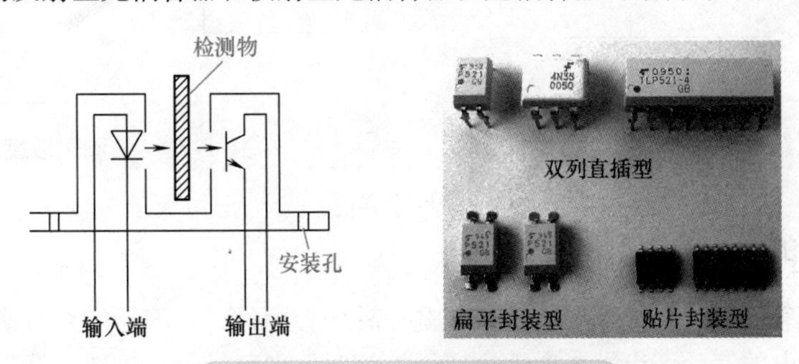

图 2-66　光耦合器的结构与外形

（2）光耦合器的检测　光耦合器的检测主要有输入级检测、输出级检测、绝缘性能检测等。

1）输入级检测：检测红外发光二极管的单向导电性。

如图 2-67 所示，将万用表的功能旋钮置于 $R\times1k$ 档，检测发光二极管的正、反向电阻，正常情况下正向电阻比反向电阻小很多。若两者相差很大，则说明管子已经损坏。

2）输出级检测：检测接收管暗电阻。

如图 2-68 所示，将万用表的功能旋钮置于 $R\times1k$ 档，红表笔接光敏晶体管发射极 e，黑表笔接集电极 c，测得的电阻越大越好，暗电阻越大说明光敏晶体管的暗电流越小，其工作稳定性越好。

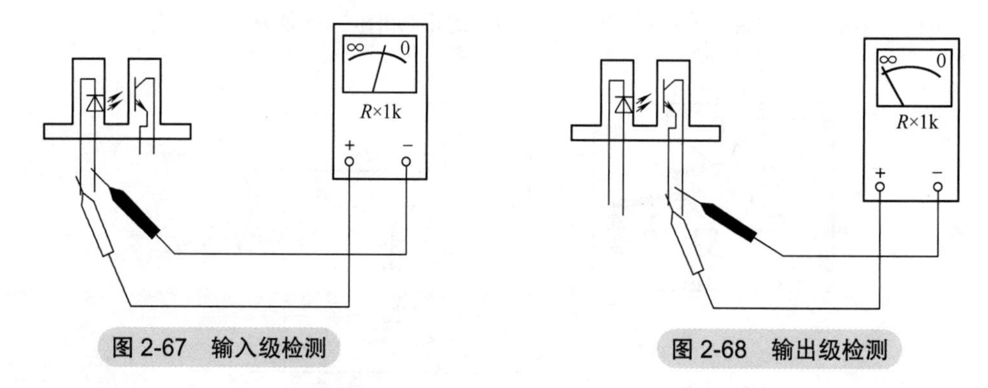

图 2-67　输入级检测　　图 2-68　输出级检测

3）检测输入级和输出级间的绝缘性能。

如图 2-69 所示，将万用表的功能旋钮置于 $R\times10k$ 档，测量输入级和输出级之间的绝缘电阻应为无穷大，否则，说明输入级和输出级之间存在漏电现象，没有达到隔离要求，不能使用。

4）估测灵敏度。

按图 2-70 所示连接测试电路，将万用表的功能旋钮置于 $R\times10k$ 档，当黑纸片插入光耦合器的凹槽中时，挡住了接收管的红外光，万用表指示电阻值为最大值，上下移动黑纸片，万用表指针摆动幅度越大，表示灵敏度越高。

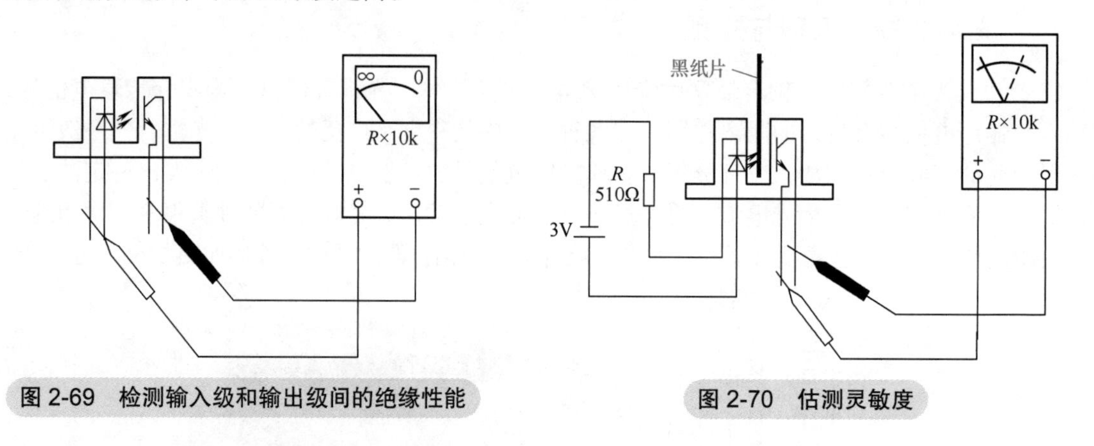

图 2-69　检测输入级和输出级间的绝缘性能　　图 2-70　估测灵敏度

四、干簧管的检测

（1）识读干簧管　干簧管又称磁簧开关，是一种磁控元件，玻璃管中充有惰性气体，有两片平行的既导磁又导电的簧片。当永久磁铁远离干簧管时，内部触点无磁性，处于断路状态；当永久磁铁靠近干簧管，吸引磁力超过簧片的弹力时，触点就会吸合。干簧管的结构如图 2-71 所示。干簧管具有结构简单、体积小、使用寿命长、防腐、防尘以及便于控制等优点，可广泛用于接近开关、防盗报警等控制电路中。

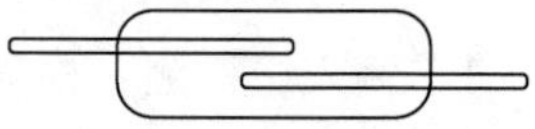

图 2-71　干簧管的结构

（2）干簧管的检测

1）无外加磁场状态下，用万用表的 $R\times10k$ 欧姆档测量干簧管两极电阻，应为无穷大，如图 2-72 所示。

2）当磁铁靠近干簧管到一定距离时，用万用表的 $R\times10k$ 欧姆档测量干簧管两极电阻，应为

0Ω，说明干簧管的两个触点接通，如图 2-73 所示。

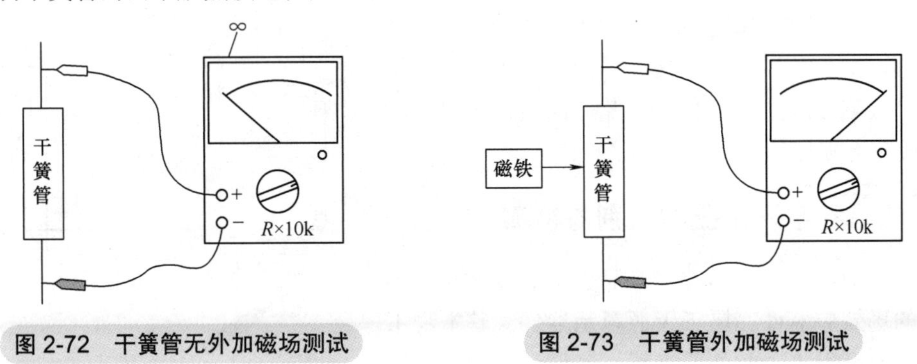

图 2-72 干簧管无外加磁场测试

图 2-73 干簧管外加磁场测试

五、LED 数码管的识别与检测

（1）识读 LED 数码管 LED 数码管由 8 段发光二极管组成，其中 7 段组成“8”字，1 段组成小数点。通过不同的组合，可用来显示数字 0 ～ 9 及符号“.”。

1）LED 数码管的外形结构。LED 数码管的外形结构如图 2-74 所示。

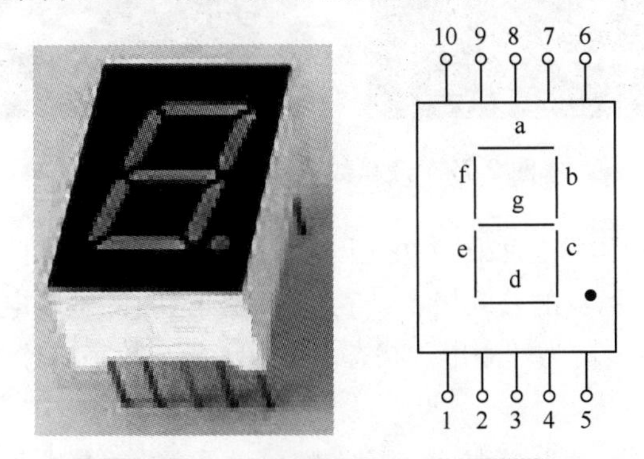

图 2-74 LED 数码管的外形结构

2）LED 数码管的内部结构。LED 数码管的内部构造分共阴极型和共阳极型两种，共阳极型即各发光二极管的正极相互连通，共阴极型即各发光二极管的负极相互连通，如图 2-75 所示。

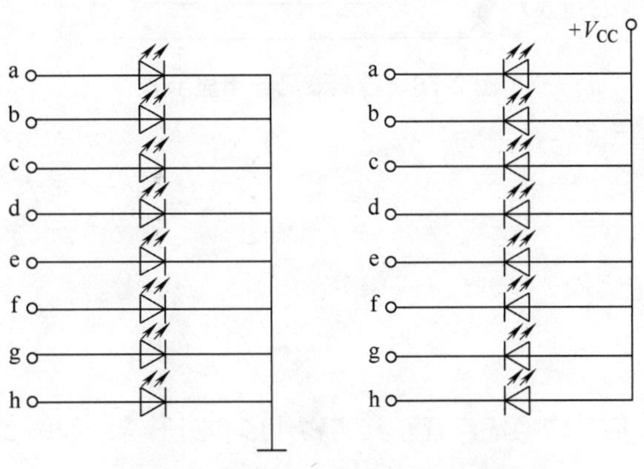

图 2-75 LED 数码管的内部构造

（2）LED数码管的检测　如图2-76所示，将数字式万用表的功能旋钮置于二极管测量档。通过测量LED数码管各引脚之间是否导通，来识别数码管是共阴极型还是共阳极型。当某一笔段的发光二极管正向导通时，该笔段就应该发光，由此可以判别各引脚所对应的笔段有无损坏。

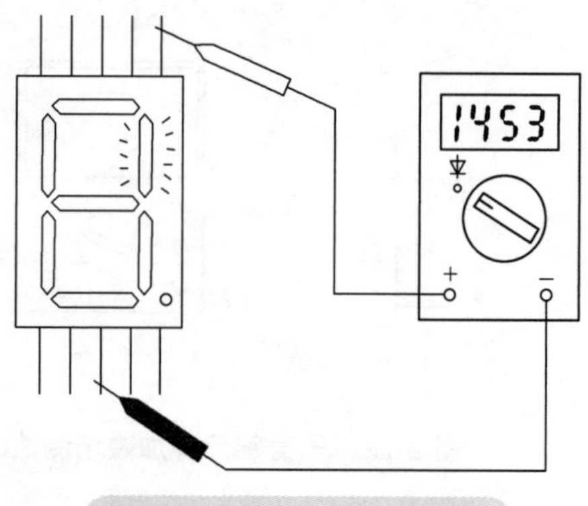

图2-76　检测LED数码管

六、液晶数字显示器的识别与检测

（1）识读液晶数字显示器　液晶数字显示器是一种功耗极小的场效应器件，属于无源显示器件，其本身不能发光，只能反射或透射外部光线。当显示器的公共极和透明导电极之间加2～10V交流电压时，就会使透明电极（笔段）的亮度发生显著变化，从而显示数字或符号。液晶数字显示器实物图如图2-77所示。

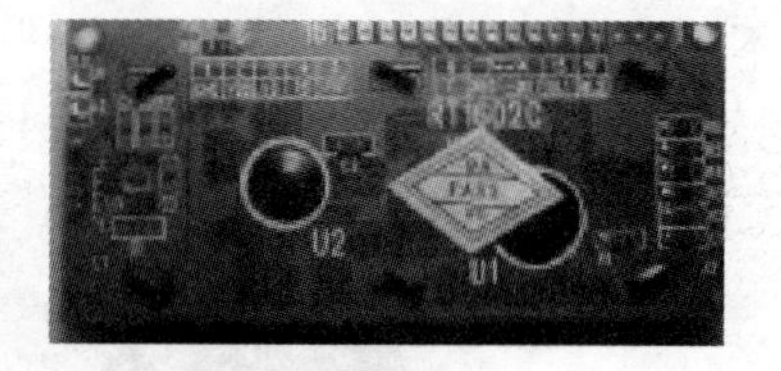

图2-77　液晶数字显示器实物图

（2）液晶数字显示器的检测　如图2-78所示，将数字式万用表的功能旋钮置于二极管测量档，当黑表笔接液晶数字显示器的公共极、红表笔分别接透明的笔段电极引脚时，则应显示出对应的数字笔段，数字万用表显示为“溢出”状态（仅显示最高数字“1”）。

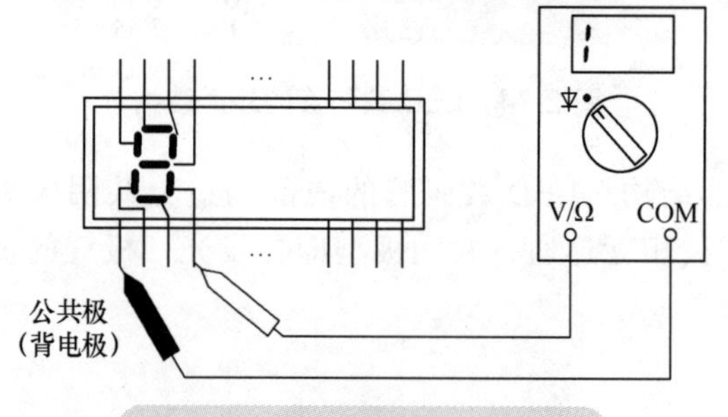

图2-78　检测液晶数字显示器

相关知识

一、扬声器

1. 外形与图形符号

扬声器的功能是将电信号转换成声音。其实物外形和图形符号如图2-79所示。

2. 种类与工作原理

（1）种类　扬声器按换能方式可分为动圈式（即电动式）、电容式（即静电式）、电磁式（即舌簧式）和压电式（即晶体式）等；按频率范围可分为低音型、中音型、高音型；按形状可分为纸盆式、号筒式和球顶式等。

（2）工作原理 扬声器的种类很多，工作原理有一定区别，这里仅介绍被广泛应用的动圈式扬声器的工作原理，其结构如图 2-80 所示。从图中可以看出，动圈式扬声器主要由永磁铁、线圈（或称音圈）和与线圈做在一起的纸盆等构成。当电信号通过引出线流进线圈时，线圈产生磁场。由于流进线圈的电流是变化的，故线圈产生的磁场也是变化的，线圈变化的磁场与永磁铁的磁场相互作用，线圈和永磁铁不断排斥和吸引，质量小的线圈产生运动（时而远离永磁铁，时而靠近永磁铁），线圈的运动带动与它相连的纸盆振动，纸盆就发出声音，从而实现了电—声转换。

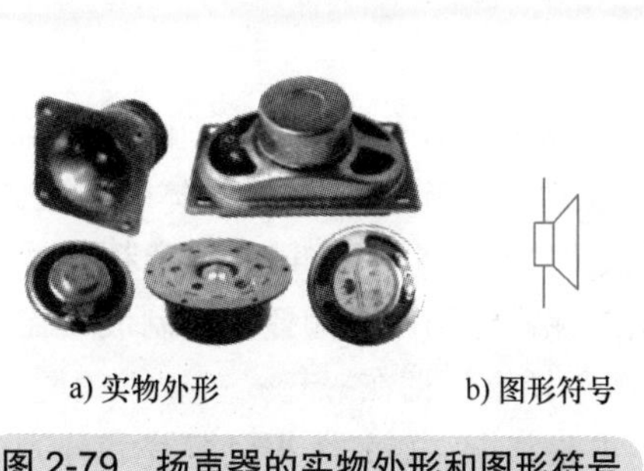
a) 实物外形 b) 图形符号

图 2-79 扬声器的实物外形和图形符号

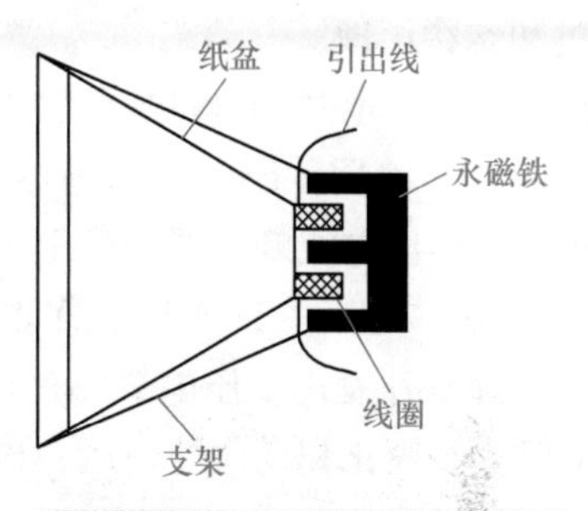

图 2-80 动圈式扬声器的结构

3. 主要参数

（1）额定功率 额定功率又称标称功率，是指扬声器在无明显失真的情况下，能长时间正常工作时的输入电功率。扬声器实际能承受的最大功率要大于额定功率（1 ～ 3 倍），为了获得较好的音质，应让扬声器的实际输入功率小于额定功率。

（2）额定阻抗 额定阻抗又称标称阻抗，是指扬声器工作在额定功率下所呈现的交流阻抗值。扬声器的额定阻抗有 4Ω、8Ω、16Ω 和 32Ω 等。当扬声器与功放电路连接时，扬声器的阻抗只有与功放电路的输出阻抗相等，才能工作在最佳状态。

（3）频率特性 频率特性是指扬声器输出的声音大小随输入音频信号频率的变化而变化的特性。不同频率特性的扬声器适合用在不同的电路，例如低频特性好的扬声器在还原低音时声音大、效果好。

根据频率特性不同，可将扬声器分为高音扬声器（几千 Hz 到 20kHz）、中音扬声器（1 ～ 3kHz）和低音扬声器（几十到几百 Hz）。扬声器的频率特性与其结构有关，一般体积小的扬声器高频特性较好。

（4）灵敏度 灵敏度是指给扬声器输入规定大小和频率的电信号时，在一定距离处扬声器产生的声压（即声音大小）。在输入相同频率和大小的信号时，灵敏度越高的扬声器发出的声音越大。

（5）指向性 指向性是指扬声器发声时在不同空间位置辐射的声压分布特性。扬声器的指向性越强，就意味着发出的声音越集中。扬声器的指向性与纸盆和频率有关，纸盆越大，指向性越强；频率越高，指向性越强。

二、蜂鸣器

1. 外形与图形符号

蜂鸣器实物外形和图形符号如图 2-81 所示，蜂鸣器在电路中用字母“H”或“HA”表示。

a) 实物外形　　b) 图形符号

图 2-81　蜂鸣器的实物外形和图形符号

2. 种类和结构原理

蜂鸣器主要有压电式和电磁式两种类型。

（1）压电式蜂鸣器　压电式蜂鸣器主要由多谐振荡器、压电蜂鸣片、阻抗匹配器和共鸣箱、外壳等组成。有的压电式蜂鸣器外壳上还装有发光二极管。多谐振荡器由晶体管或集成电路构成，当接通直流电源（1.5 ～ 15V）时，多谐振荡器起振，产生 1.5 ～ 2.5kHz 的音频信号，经阻抗匹配器推动压电蜂鸣片发声。压电蜂鸣片由锆钛酸铅或铌镁酸铅压电陶瓷材料制成，在陶瓷片的两面镀上银电极，经极化和老化处理后，再与黄铜片或不锈钢片粘在一起。

（2）电磁式蜂鸣器　电磁式蜂鸣器由振荡器、电磁线圈、磁铁、振动膜片和外壳等组成。接通电源后，振荡器产生的音频信号电流通过电磁线圈，使电磁线圈产生磁场。振动膜片在电磁线圈和磁铁的相互作用下，周期性地振动发声。

3. 有源和无源蜂鸣器的区别

根据内部是否含有振荡器，可将蜂鸣器分为无源蜂鸣器和有源蜂鸣器。

无源蜂鸣器的结构与扬声器相似，内部不含振荡器，通常采用电磁线圈来驱动振动膜片发声。由于内部不含振荡器，当提供直流电压时这种蜂鸣器无法工作，必须给它提供音频信号才能使之发声。有源蜂鸣器内部含有振荡器，发声部件可以采用压电结构或电磁结构，在工作时只要提供合适的直流电压，让振荡器工作产生音频信号，就能使发声部件工作。

区别有源蜂鸣器和无源蜂鸣器的方法：将万用表的功能旋钮置于 $R\times1\Omega$ 档，用黑表笔接蜂鸣器“+”引脚，红表笔间断触碰另一引脚，蜂鸣器发出“咔嚓”声，并且电阻较小（通常为 8Ω 或 16Ω 左右）的为无源蜂鸣器，能发出持续声音且电阻在几百欧以上的是有源蜂鸣器。

有些有源蜂鸣器的工作电源较高，万用表 $R\times1\Omega$ 档提供的直流电压可能无法使内部振荡器工作，这种情况下蜂鸣器不发声，这时可给蜂鸣器的两个引脚直接接上额定电源（蜂鸣器的标签上通常标有额定电源），有源蜂鸣器就会连续发声，而无源蜂鸣器则和电磁扬声器一样，需要直接加音频信号才能发声。

三、传声器

1. 外形与图形符号

传声器又称话筒、麦克风，是一种声 - 电转换器件，其功能是将声音转换成电信号。传声器的实物外形和图形符号如图 2-82 所示。

2. 工作原理

传声器的种类很多，下面介绍最常用的动圈式传声器和驻极体式传声器的工作原理。

1）动圈式传声器的工作原理。动圈式传声器的结构如图 2-83 所示，主要由振动膜、线圈和永磁铁等组成。

图 2-82　传声器的实物外形和图形符号

当声音传递到振动膜时，振动膜产生振动，与振动膜连在一起的线圈会随振动膜一起运动。由于线圈处于磁铁的磁场中，当线圈在磁场中运动时，线圈会切割磁铁的磁感线而产生与运动相对应的电信号，该电信号从引出线输出，从而实现声 - 电转换。

2）驻极体式传声器的工作原理。驻极体式传声器具有体积小、性能好、价格便宜的优点，广泛用在一些小型、具有录音功能的电子设备中。驻极体式传声器的结构如图 2-84 所示。

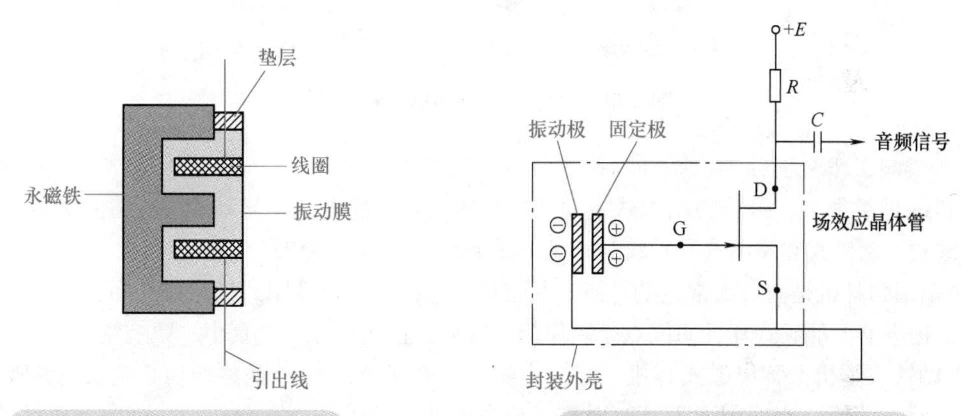

图 2-83　动圈式传声器的结构

图 2-84　驻极体式传声器的结构

图 2-84 所示点画线框内的为驻极体式传声器，由振动极、固定极和一个场效应晶体管组成。振动极与固定极形成一个电容，由于两电极是经过特殊处理的，所以它本身具有静电场（即两电极上有电荷）。当声音传递到振动极时，振动极发生振动，振动极与固定极的距离发生变化，引起容量变化，容量的变化导致固定电极上的电荷向场效应晶体管栅极 G 移动，移动的电荷形成电信号，电信号经场效应晶体管放大后从 D 极输出，从而完成了声 - 电转换过程。

3. 主要参数

（1）灵敏度　灵敏度是指传声器在一定的声压下能产生音频信号电压的大小。灵敏度越高，在相同大小的声音下输出的音频信号幅度越大。

（2）频率特性　频率特性是指传声器的灵敏度随频率变化而变化的特性。如果传声器的高频特性好，那么还原出来的高频信号幅度大且失真小。大多数传声器频率特性较好的范围为 100Hz ～ 10kHz，优质传声器频率特性较好的范围可达到 20Hz ～ 20kHz。

（3）输出阻抗　输出阻抗是指传声器在 1kHz 的情况下输出端的交流阻抗。低阻抗传声器输出阻抗一般在 2kΩ 以下，输出阻抗在 2kΩ 以上的传声器称为高阻抗传声器。

（4）固有噪声　固有噪声是指在没有外界声音时传声器输出的噪声信号电压。传声器的固有噪声越大，工作时输出信号中混有的噪声越多。

（5）指向性 指向性是指传声器灵敏度随声波入射方向变化而变化的特性。传声器的指向性有单向性、双向性和全向性三种。

单向性传声器对正面方向的声音灵敏度高于其他方向的声音。双向性传声器对正、背面方向声音的灵敏度高于其他方向的声音。全向性传声器对所有方向的声音灵敏度都高。

四、耳机

1. 外形与图形符号

耳机与扬声器一样，是一种电－声转换器件，其功能是将电信号转换成声音。耳机的实物外形和图形符号如图2-85所示。

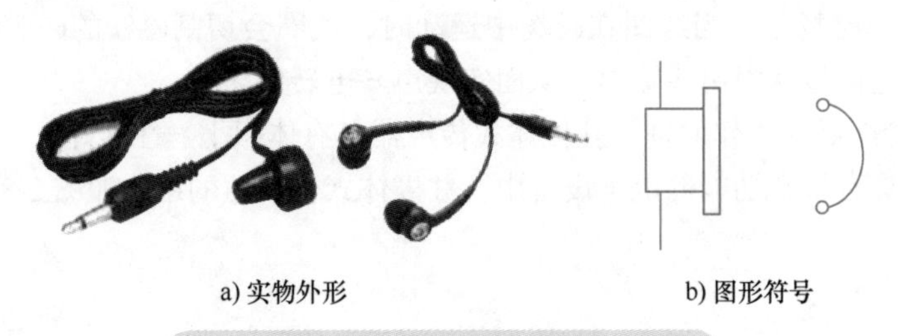

a) 实物外形　　b) 图形符号

图2-85 耳机的实物外形和图形符号

2. 种类与工作原理

耳机的种类很多，可分为动圈式、动铁式、压电式、静电式、气动式、等磁式和驻极体式7类，动圈式、动铁式和压电式耳机较为常见，其中动圈式耳机使用最为广泛。

1）动圈式耳机是一种最常用的耳机，其结构和工作原理与动圈式扬声器相同，可以看作是微型动圈式扬声器。动圈式耳机的优点是制作相对容易，且线性好、失真小、频响宽。

2）动铁式耳机又称电磁式耳机，其结构如图2-86所示，一个铁片振动膜被永磁铁吸引，在永磁铁上绕有线圈，当线圈通入音频电流时会产生变化的磁场，它会增强或削弱永磁铁的磁场，磁铁变化的磁场使铁片振动膜发生振动而发声。动铁式耳机的优点是使用寿命长、效率高，缺点是失真大、频响窄。这种耳机在早期较为常用。

3）压电式耳机是利用压电陶瓷的压电效应发声的，压电陶瓷的结构如图2-87所示，在铜片和涂银层之间夹有压电陶瓷片，当给铜片和涂银层之间施加变化的电压时，压电陶瓷片会产生振动而发声。压电式耳机效率高、频率高，其缺点是失真大、驱动电压高、低频响应差、抗冲击性差。这种耳机的使用远不及动圈式耳机广泛。

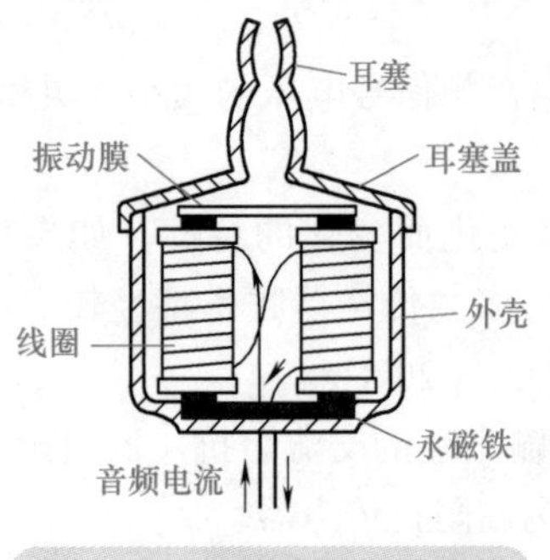

图2-86 动铁式耳机的结构

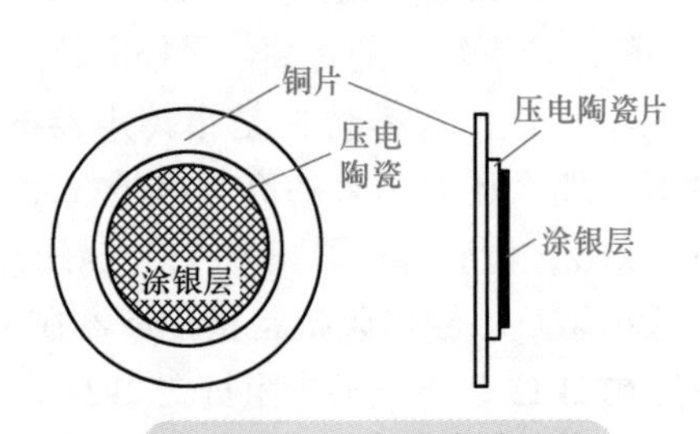

图2-87 压电陶瓷的结构

五、光耦合器

1. 外形与图形符号

光耦合器是将发光二极管和光敏晶体管组合在一起并封装起来构成的。图 2-88a 所示是一些常见的光耦合器的实物外形，图 2-88b 所示为光耦合器的图形符号。

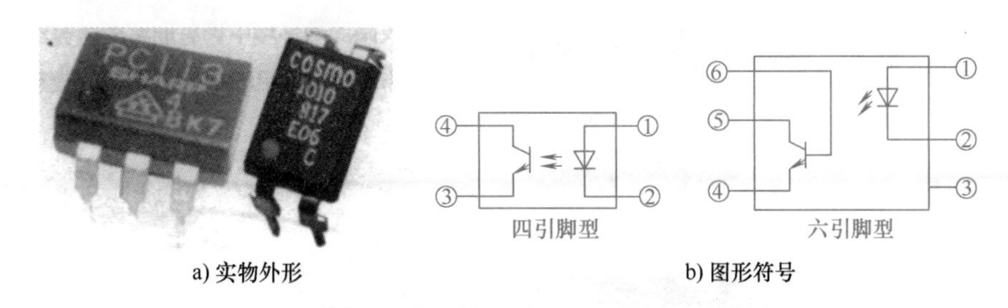

a) 实物外形　　b) 图形符号

图 2-88　光耦合器的实物外形和图形符号

2. 工作原理

光耦合器内部集成了发光二极管和光敏晶体管，下面介绍其工作原理。

在图 2-89 所示的电路中，当闭合开关 S 时，电源 E_1 经开关 S 和电位器 RP 为光耦合器内部的发光二极管提供电压，有电流流过发光二极管，发光二极管发出光线，光线照射到内部的光敏晶体管，光敏晶体管导通，电源 E_2 输出的电流经电阻 R、发光二极管 VD 流入光耦合器的 c 极，然后从 e 极流出回到 E_2 的负极，有电流流过发光二极管 VD，VD 发光。

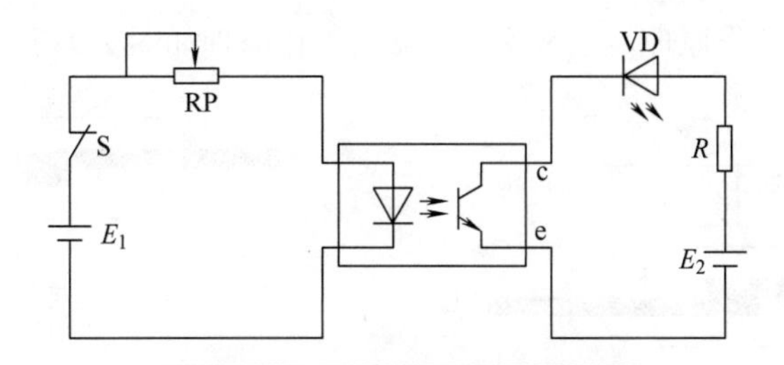

图 2-89　光耦合器工作原理说明

调节电位器 RP 可以改变发光二极管 VD 的光线亮度。当 RP 滑动端右移时，其阻值变小，流入光耦合器内发光二极管的电流大，发光二极管光线强，光敏晶体管导通程度变大，光敏晶体管 c、e 极之间电阻变小，电源 E_2 的回路总电阻变小，流经发光二极管 VD 的电流大，VD 变得更亮。

若断开开关 S，无电流流过光耦合器内的发光二极管，发光二极管不亮，光敏晶体管无光照射不能导通，电源 E_2 回路切断，发光二极管 VD 无电流通过而熄灭。

六、干簧管

1. 外形与图形符号

干簧管是一种利用磁场直接磁化触点而让触点开关产生接通或断开动作的器件。图 2-90a 所示为一些常见干簧管的实物外形，图 2-90b 所示为干簧管的图形符号。

图 2-90 所示的干簧管内部只有动合或动断触点，还有一些干簧管不但有触点还有线圈，这种干簧管称为干簧管继电器。图 2-91a 所示为一些常见的干簧管继电器，图 2-91b 所示为干簧管继电器的图形符号。

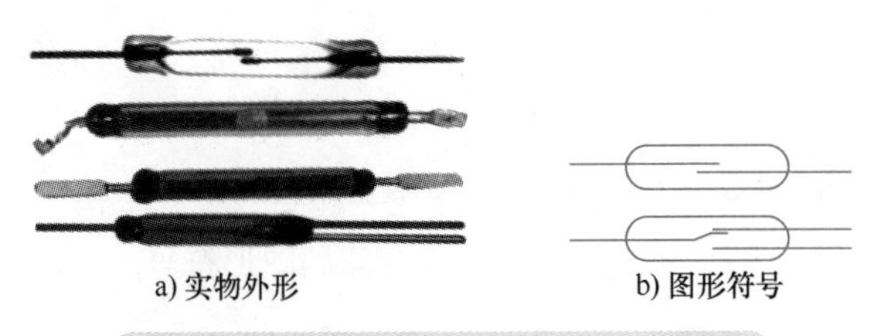

图 2-90　干簧管的实物外形和图形符号

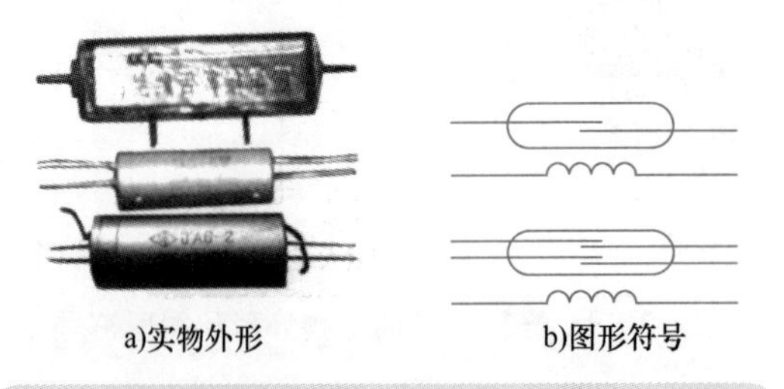

图 2-91　干簧管继电器的实物外形和图形符号

2. 工作原理

1）干簧管的工作原理。干簧管的工作原理如图 2-92 所示。

当干簧管未加磁场时，内部两个簧片不带磁性，处于断开状态。若将磁铁靠近干簧管，内部两个簧片被磁化而带上磁性，一个簧片磁性为 N，另一个簧片磁性为 S，两个簧片磁性相异产生吸引，从而使两簧片的触点接触。

2）干簧管继电器的工作原理。干簧管继电器的工作原理如图 2-93 所示。

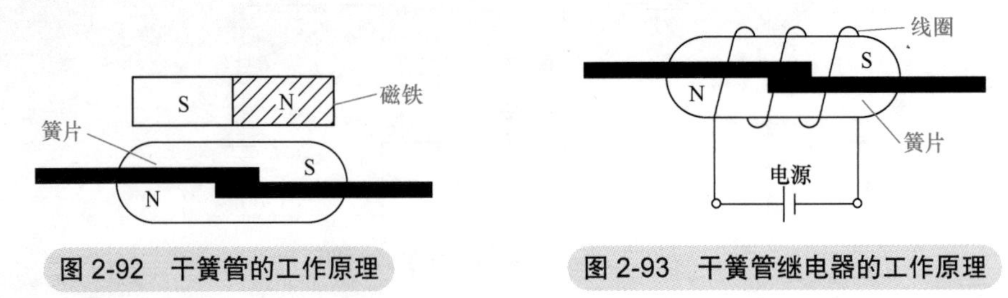

图 2-92　干簧管的工作原理　　图 2-93　干簧管继电器的工作原理

当干簧管继电器线圈未加电压时，内部两个簧片不带磁性，处于断开状态。若给干簧管继电器线圈加电压，线圈产生磁场，线圈的磁场将内部两个簧片磁化而带上磁性，一个簧片磁性为 N，另一个簧片磁性为 S，两个簧片磁性相异产生吸引，从而使两簧片的触点接触。

3. 应用

图 2-94 所示为一个光控开门控制电路，它可根据有无光线来起动电动机工作，让电动机驱动大门打开。图中的光控开门控制电路主要是由干簧管继电器 GHG、继电器 K_1 和安装在大门口的光敏电阻 RG 及电动机组成的。

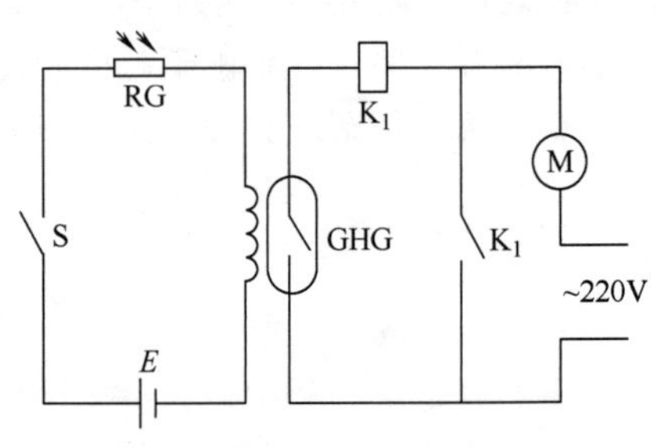

图 2-94　光控开门控制电路

在白天，将开关 S 断开，自动光控开门电路不工作。在晚上，将开关 S 闭合，在没有光线照射大门时，光敏电阻 RG 阻值很大，流过干簧管继电器线圈的电流很小，干簧管继电器不工作；若有光线照射大门（如汽车灯）时，光敏电阻阻值变小，流过干簧管继电器线圈的电流很大，线圈产生磁场将管内的两块簧片磁化，两块簧片吸引而使触点接触，有电流流过继电器 K_1 线圈，线圈产生磁场吸合动合触点 K_1，K_1 闭合，有电流流过电动机，电动机运转，通过传动机构将大门打开。

七、显示器件

显示器件可将电信号转换成能看见的字符图形。常用的显示器件有 LED 数码管、LED 点阵显示器和液晶显示屏。

1. LED 数码管

LED 数码管又称半导体数码管，是目前数字电路中最常用的显示器件。它是以发光二极管作为笔段并按共阴极方式或共阳极方式连接后封装而成的。

（1）LED 数码管的外形与结构　LED 数码管的外形如图 2-95 所示，它将 a、b、c、d、e、f、g、DP 共 8 个发光二极管排成图示的“8”字形，通过让 a、b、c、d、e、f、g 不同的段发光来显示数字 0 ～ 9。

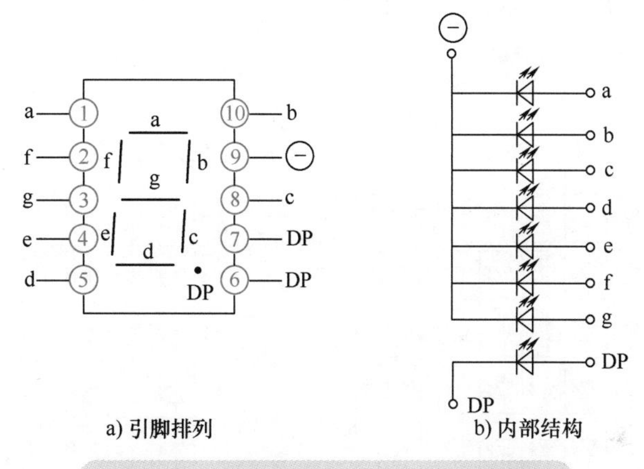

图 2-95　LED 数码管的外形与内部结构

（2）LED 数码管的类型　常用小型 LED 数码管的封装形式几乎全部采用了双列直插结构，并按照需要将 1 至多个“8”字形字符封装在一起，以组成显示位数不同的数码管。如果按照显示位数（即全部数字字符个数）划分，有 1 位、2 位、3 位、4 位、5 位、6 位数码管等，如图 2-96 所示；如果按照内部发光二极管的连接方式不同划分，有共阴极数码管和共阳极数码管两种；按字符颜色不同划分，有红色、绿色、黄色、橙色、蓝色、白色等数码管；按显示亮度不同划分，有普通亮度数码管和高亮度数码管；按显示字形不同，可分为数字管和符号管。

图 2-96　常见 LED 数码管

2. LED 点阵显示器

LED 点阵显示器以发光二极管为图素，用高亮度 LED 芯片进行阵列组合后，再透过环氧树脂和塑模封装而成，具有亮度高、功耗低、引脚少、视角大、寿命长、耐湿、耐冷热、耐蚀等特点。

（1）LED 点阵显示器的外形与图形符号　图 2-97a 所示为 LED 点阵显示器的实物外形，图 2-97b 所示为 8×8 LED 点阵显示器的内部结构，它由 8×8（= 64）个发光二极管组成，每个发光二极管相当于一个点，发光二极管为单色发光二极管可构成单色点阵显示器，发光二极管为双色发光二极管或三基色发光二极管则能构成彩色点阵显示器。

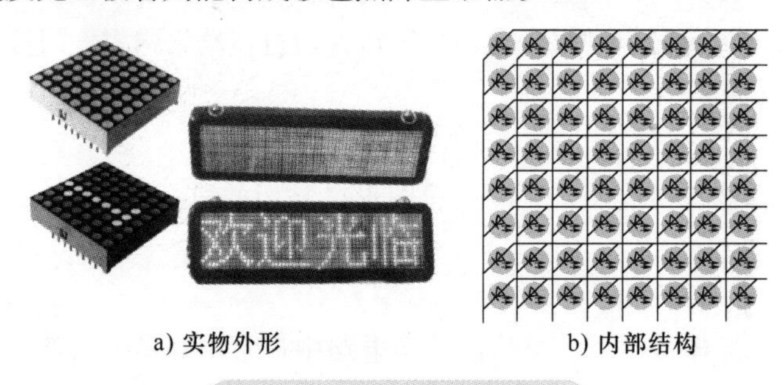

a) 实物外形　　b) 内部结构

图 2-97　LED 点阵显示器

（2）LED 点阵显示器的类型　根据内部发光二极管连接方式的不同，可将 LED 点阵显示器分为共阴型和共阳型，其结构如图 2-98 所示。对于单色 LED 点阵，若第一个引脚（引脚旁通常标有 1）接发光二极管的阴极，该点阵称为共阴型点阵（又称行共阴列共阳点阵），反之则称为共阳型点阵（又称行共阳列共阴点阵）。

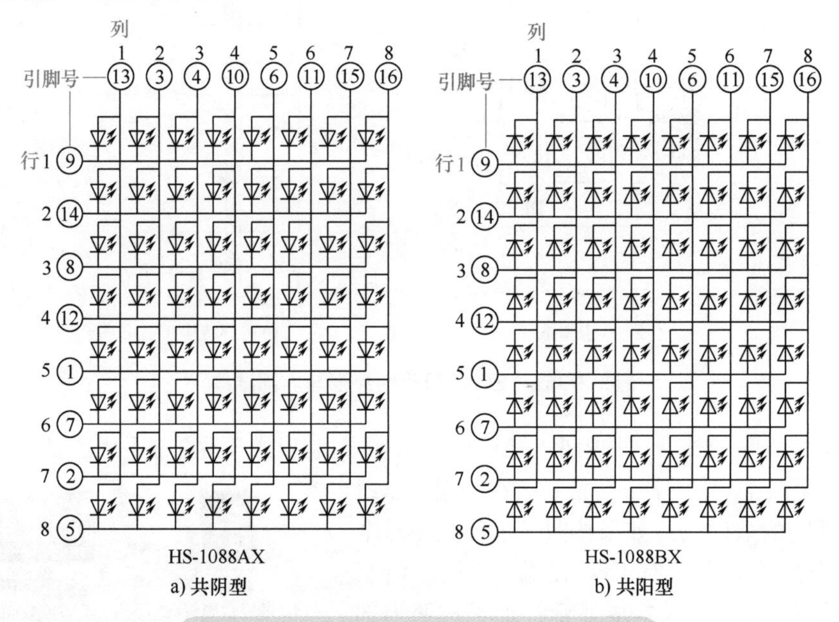

a) 共阴型　　b) 共阳型

图 2-98　单色 LED 点阵显示器的结构类型

3. 液晶显示屏

液晶显示屏（Liquid Crystal Display，LCD）的主要材料是液晶。液晶是一种有机材料，在特定的温度范围内，既有液体的流动性又有某些光学特性，其透明度和颜色随电场、磁场、光及温度等外界条件的变化而变化。液晶显示屏是一种被动式显示器件，液晶本身不会发光，是通过反射或透射外部光线来显示的，且光线越强，其显示效果越好。液晶显示屏是利用液晶在电场作用下光学性能变化的特性制成的。

液晶显示屏可分为笔段式显示屏和点阵式显示屏。

（1）液晶显示屏的外形　笔段式液晶显示屏的外形如图 2-99 所示。点阵式液晶显示屏的外形如图 2-100 所示。

（2）液晶显示屏的结构　图 2-101 所示为笔段式液晶显示屏的结构。

图 2-99　笔段式液晶显示屏的外形

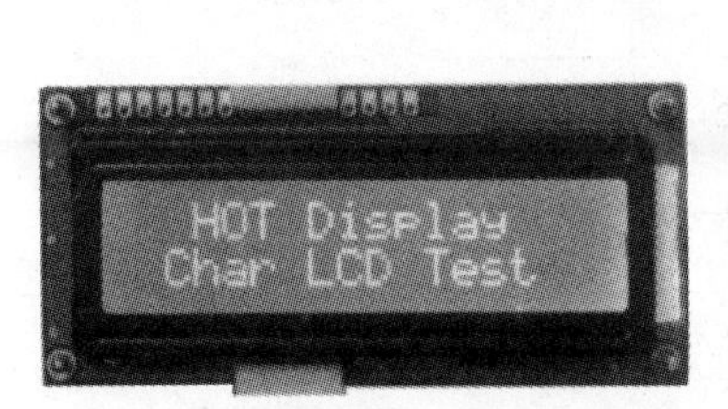

图 2-100　点阵式液晶显示屏的外形

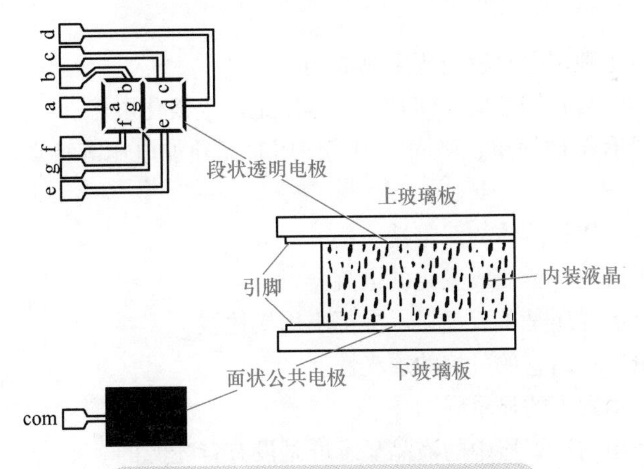

图 2-101　笔段式液晶显示屏的结构

图 2-102 所示为点阵式液晶显示屏的结构示意图。

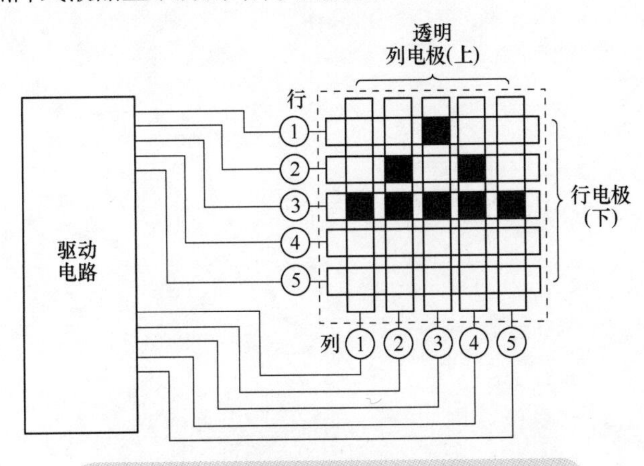

图 2-102　点阵式液晶显示屏的结构示意图

练习与拓展

一、填空题

1. 扬声器是一种最常用的电－声转换器件，其功能是____________。
2. 扬声器按频率范围可分为____________、____________、____________。
3. 蜂鸣器主要有____________和____________两种类型。
4. 常见耳机有________式、________式和________式。
5. 传声器是一种声－电转换器件，其功能是________________________。
6. 发光二极管是将电能转换成________能量和________能量的电子器件。
7. 光耦合器是将____________和____________组合在一起并封装起来构成的。
8. 常用的显示器件有____________、____________和____________。
9. 动圈式传声器主要由________、________和________等组成。
10. LED 具有________________________的特性。

二、判断题

1. 动圈式传声器是利用电磁感应现象制成的。（　　）
2. 驻极体传声器内装有场效应晶体管，其作用是产生极化电压。（　　）
3. 电动传声器具有结构简单、坚固耐用、使用时无须加电压等特点，因而使用较为广泛。（　　）
4. 液晶材料具有晶体和液体的双重性。（　　）
5. 固定电话的听筒把声音变成变化的电流。（　　）
6. 无论是全彩显示屏还是单双色显示屏都不用接地线。（　　）
7. 液晶显示屏主要利用它的可控的透光性。（　　）
8. 液晶显示屏是不发光的显示屏。（　　）
9. 人们平时所使用的计算器中的液晶显示屏是没有背光源的。（　　）
10. 电话机听筒里发生的主要能量转化是电能转化为机械能。（　　）

模块三

分离元件电子产品的组装与调试

项目一　直流稳压电源的组装与调试

知识目标

（1）学会检测直流稳压电源电路中的元器件。

（2）能够识读直流稳压电源电路图、装配图、印制电路板图。

（3）学会直流稳压电源电路的调试与故障检测维修。

（4）培养学生的职业道德意识、安全操作规范意识。

（5）培养学生逻辑思维、分析问题和解决问题能力。

技能目标

（1）能够熟练组装直流稳压电源套件。

（2）会使用万用表调试组装好的电路。

（3）培养热爱科学、实事求是的学风和具有创新意识、创新精神。

（4）培养良好的人际沟通能力和团队合作精神。

工具与器材

电烙铁、烙铁架、焊锡丝、助焊剂、吸锡器、镊子、斜口钳、万用表等。工具如图 3-1 所示，实训仪器如图 3-2 所示。

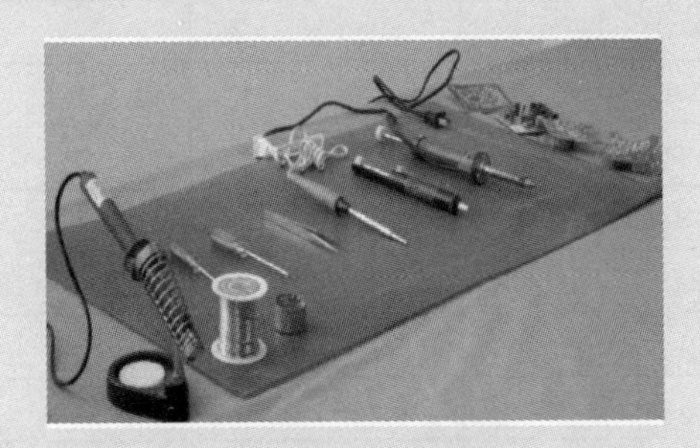

图 3-1　工具

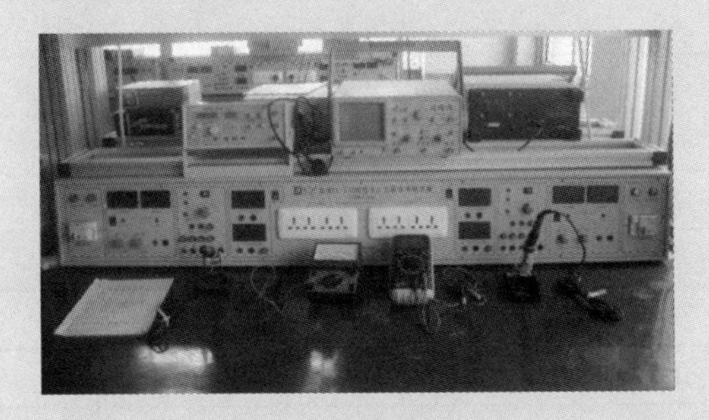

图 3-2　实训仪器

操作步骤

1. 识读电路原理图和印制电路板图（图3-3～图3-5）

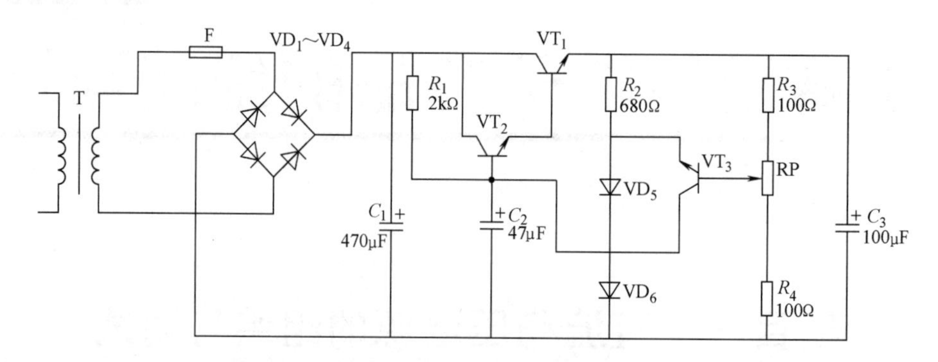

图3-3　直流稳压电路原理图

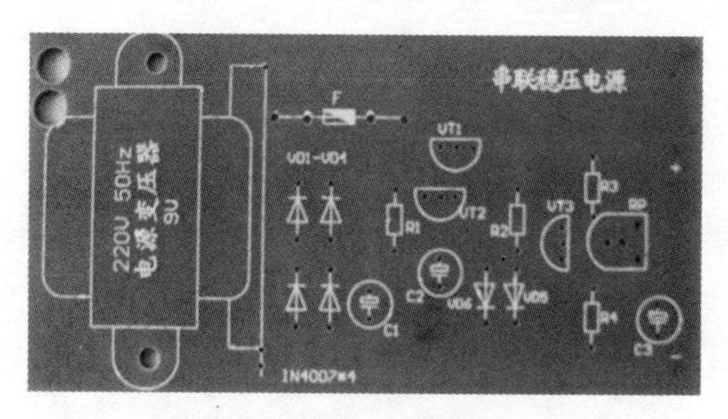

图3-4　印制电路板图正面

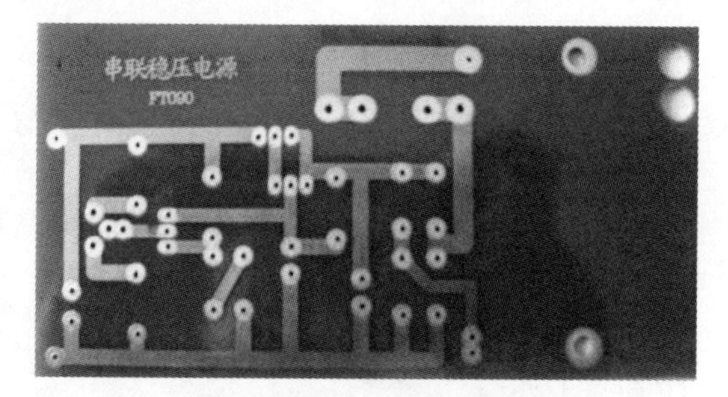

图3-5　印制电路板图反面

2. 根据电路图安装电路

（1）核对元器件　根据表3-1核对元器件的规格及数量。

表3-1　元器件清单

序　号	名　称	规　格	数　量	备　注
1	电阻 R_1	2kΩ	1只	
2	电阻 R_2	680Ω	1只	
3	电阻 R_3	100Ω	1只	
4	电阻 R_4	100Ω	1只	
5	电解电容 C_1，C_2，C_3	470μF，47μF，100μF	3只	
6	二极管 VD_1～VD_4	1N4007	4只	
7	二极管 VD_5、VD_6	1N4148	2只	
8	电位器RP	1kΩ	1只	开关电位器
9	晶体管 VT_1、VT_2	9013	2只	
10	晶体管 VT_3	9014	1只	
11	变压器T	220V，50Hz	1只	9V
12	熔断器F	0.5A	1只	
13	电源线		1根	

（2）检测元器件（见表 3-2）

表 3-2　元器件检测标准

元器件名称	检测标准	使用工具	备　注
电阻 R_1	2 kΩ，允许偏差 ±5%	万用表	$R\times100$ 档
电阻 R_2	680Ω，允许偏差 ±5%	万用表	$R\times100$ 档
电阻 R_3	100Ω，允许偏差 ±5%	万用表	$R\times10$ 档
电阻 R_4	100Ω，允许偏差 ±5%	万用表	$R\times10$ 档
电解电容 C_1，C_2，C_3	指针到达最右端后缓慢向 左偏转至无穷大处	万用表	$R\times1$k 档
二极管 $VD_1\sim VD_4$	反向电阻值为∞ 正向电阻值为 300 ～ 500Ω	万用表	$R\times1$k 档或 $R\times100$ 档
二极管 VD_5、VD_6	反向电阻值为∞ 正向电阻值为 300 ～ 500Ω	万用表	$R\times1$k 档或 $R\times100$ 档
电位器 RP	电阻值在 0 ～ 1kΩ 之间变化	万用表	$R\times100$ 档
晶体管	b-c 之间的电阻值较小 b-e 之间的电阻值较小 c-e 之间的电阻值为∞	万用表	$R\times1$k 档或 $R\times100$ 档
变压器	一次绕组为几十欧至几百欧 二次绕组为几欧至几十欧	万用表	$R\times10$ 档
熔断器	电阻值为 0	万用表	$R\times1$ 档

（3）安装电路元器件

1）安装电阻。根据焊点的间距，将电阻的引脚折弯成形，如图 3-6 所示。

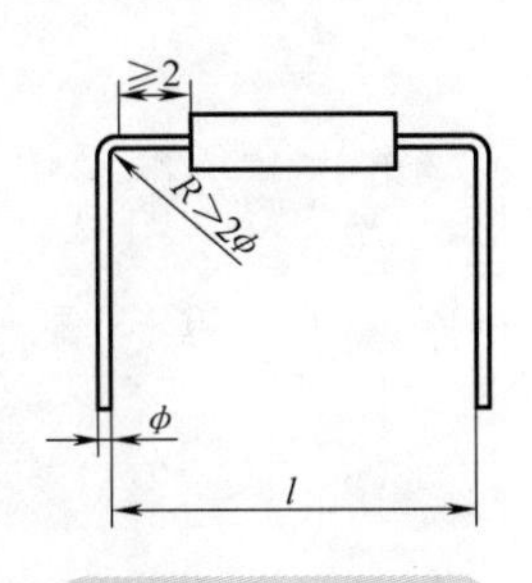

图 3-6　卧式安装

按照电路原理图将电阻插装到印制电路板上，根据焊接工艺要求将引脚焊接到印制电路板上，剪断剩余引线，底部距离板面大约 1mm，如图 3-7 所示。

2）安装整流二极管、开关二极管。将二极管安装到印制电路板上，二极管的极性如图 3-7 所示，开关二极管比较脆弱，在安装时不要弄伤其引脚，如图 3-8 所示。

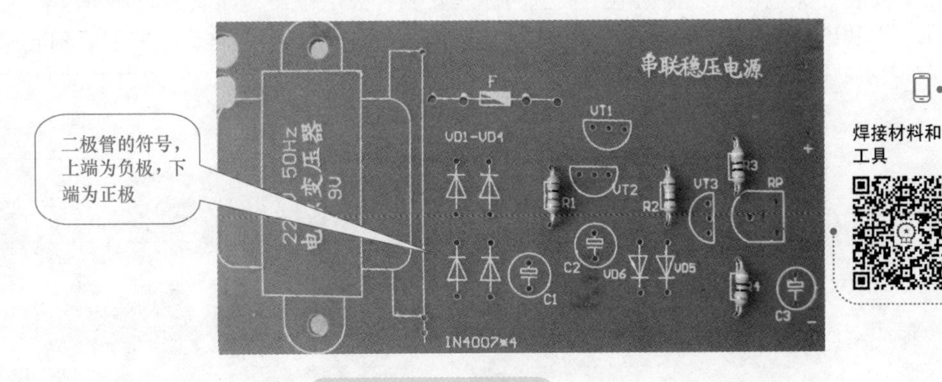

图 3-7　电阻的安装

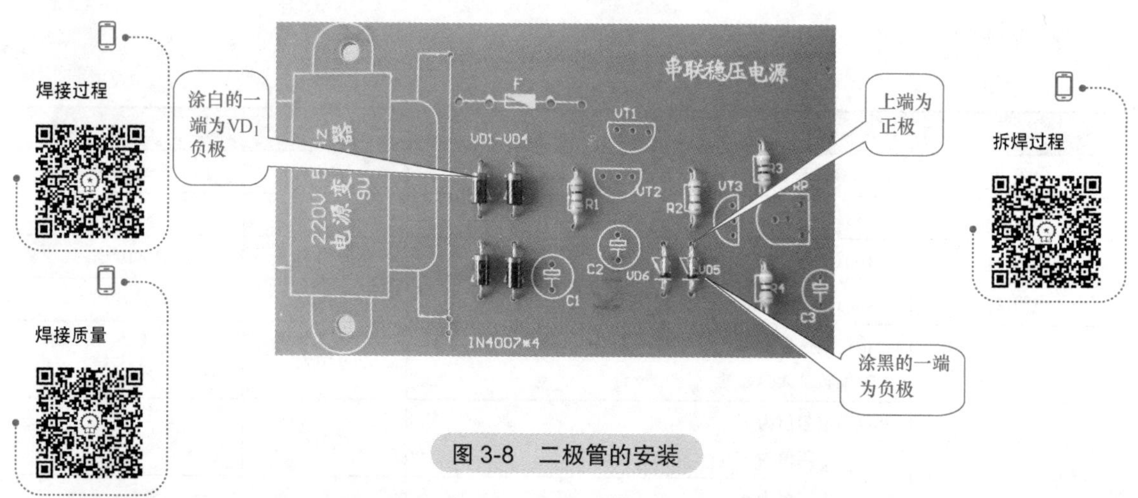

图 3-8　二极管的安装

3）安装电容。根据印制电路板上的标注安装电容。本电路用到的电容为电解电容，电解电容是有极性的，印制电路板上电容符号的上端为正极，如图 3-9 所示；一般情况下，电解电容引脚长的一端为正极，引脚短的一端为负极，观察电解电容的外表，标有“-”的一端为负极，如图 3-9 所示。

4）安装晶体管。根据印制电路板上的标注安装晶体管，其引脚的安装如图 3-10 所示。晶体管容易受温度影响，在焊接过程中要注意焊接时间，一般以 3s 为宜。

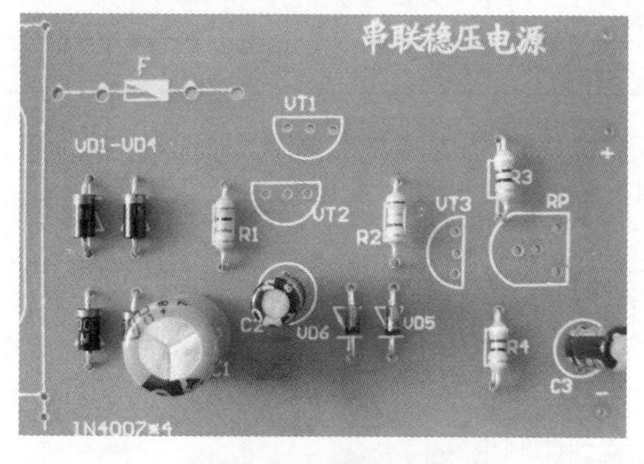

图 3-9　电容的安装

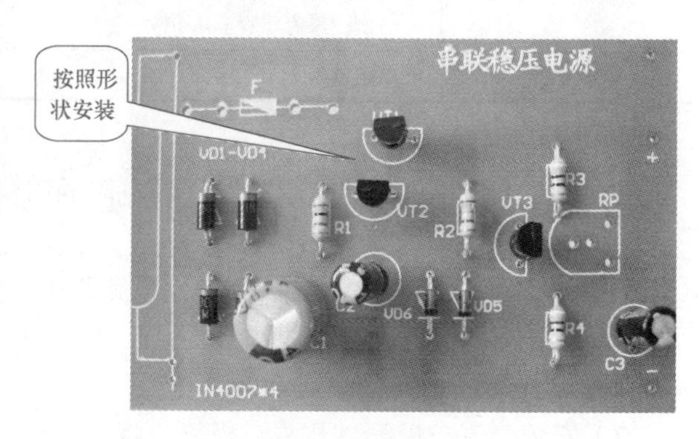

图 3-10　晶体管的安装

5）安装开关电位器。根据电路板上的标注安装开关电位器，如图 3-11 所示。

6）安装熔断器。如图 3-12 所示，先安装熔断器的底座，然后将熔断器安放到底座上即可。

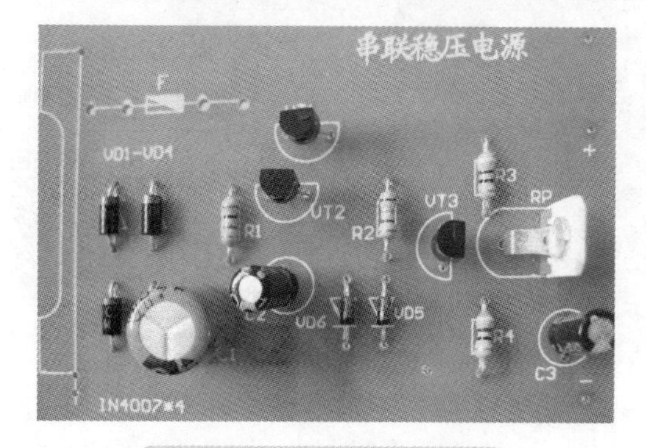

图 3-11　开关电位器的安装

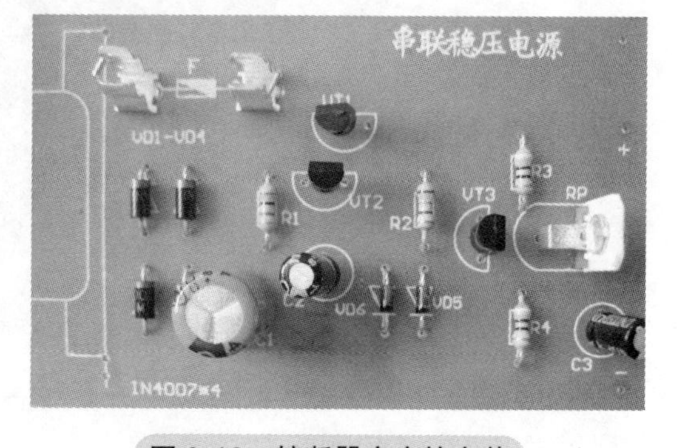

图 3-12　熔断器底座的安装

7）安装变压器。将变压器用螺钉固定到印制电路板上，变压器的一次侧与 220V 的交流电插头连接，注意引线连接后用绝缘胶带封好；变压器的二次侧与印制电路板连接，为直流稳压电源提供交流电。

3. 调试电路

（1）通电前对印制电路板进行安全检测

1）根据安装图检查是否有漏装的元器件或连接导线。

2）根据安装图或原理图检查二极管、晶体管、电解电容的极性是否安装正确。

3）检测 220V 交流电源、9V 交流电源是否正常。

4）分别断开 220V 交流电源、9V 交流电源，测量电源连接点之间的电阻值。若电阻值太小或为 0（短路），应进一步检查电路。

5）完成以上检查后，接好 220V 交流电源即可进行测试。连接时注意直流电源的极性。

（2）电路故障检测与分析　按信号流程顺序检测各个功能单元电路的输入信号、输出信号。若输入信号正常、输出信号不正常，则说明该单元有故障。

（3）示波器的检测　首先检测交流电源工作是否正常。按信号流程顺序依次检测各功能单元输入点、输出点的波形，若有输入信号、没有输出信号，则说明该单元不工作。用示波器检测 C_1、C_3 两端的波形。

（4）万用表的检测　用万用表检测晶体管发射极、基极、集电极的电位值，检测 C_1、C_3 两端的电压。

评定考核

直流稳压电源电路的组装与调试成绩评分标准见表 3-3。

表 3-3　直流稳压电源电路的组装与调试成绩评分标准

序号	项　目		考核要求	配分	评 分 标 准	检测结果	得分
1	仪器仪表的使用及元器件的测量	电阻	识别并检测电阻、电解电容、二极管、晶体管，变压器同名端测定	5	万用表档位选择正确，电阻值测试正确，5 分		
		电解电容		5	电解电容性能测试，5 分		
		二极管		5	极性判断正确，3 分；导通压降测试正确，2 分		
		晶体管		10	极性判断正确，4 分；类型判断正确，4 分；放大倍数测试正确，2 分		
		变压器同名端测定		5	判断正确，3 分		
2	布局	元器件及结构布局	美观、合理	8	美观、合理满分，否则酌情扣分		
3	焊接	焊接装配质量	无虚焊、连焊，焊点规范、美观	22	无缺陷，满分；每 5 个缺陷点扣 1 分		
4	调试		正确使用仪器，测试所要求的波形及参数正确	35	工作正常，测试的波形及参数正确，满分		
5	性能		整体工作稳定	5	性能良好满分，否则酌情扣分		

（续）

序号	项　目	考核要求	配分	评分标准	检测结果	得分
6	安全文明操作			违反安全文明操作规定扣5～20分		
备注			合计			
			教师签字	年　月　日		

相关知识

一、元器件符号对照表（表3-4）

表3-4　元器件符号对照

器件名称	符　号	器件名称	符　号
电阻		熔断器	
电位器		变压器	或
电解电容	+	晶体管	
二极管			

二、二极管的伏安特性

半导体器件的性能可用其伏安特性曲线来描述，二极管的伏安特性曲线如图3-13所示。特性曲线可分为两部分：加正向偏置电压时的特性称为正向特性，加反向偏置电压时的特性称为反向特性。

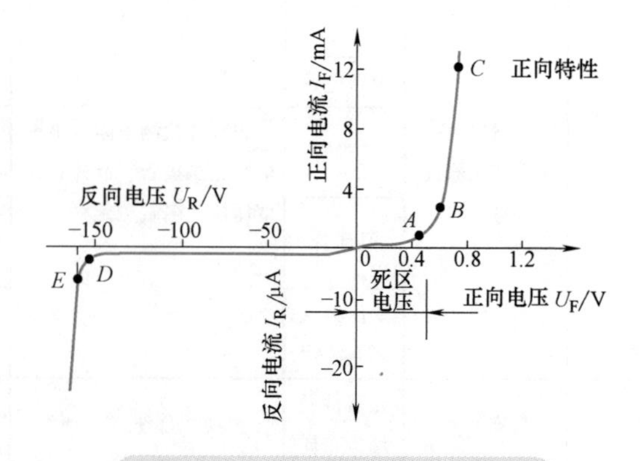

图3-13　二极管的伏安特性曲线

伏安特性曲线可以通过实验逐点描图得到，也可以通过晶体管特性图示仪得到。

特性曲线分析如下。

（1）正向特性　当二极管正向偏置时的电压与电流特性。

死区：二极管的两端虽加正向电压，但因为此时正向电压较小，二极管仍处于截止状态。

死区电压（阈值电压）：锗管为0.1V，硅管约为0.5V。

正向导通区：当加在二极管两端的电压大于死区电压之后，二极管由截止变为导通，流过二极管的电流很快上升，此时二极管正向电流在相当大的范围内变化，而二极管两端电压的变化却不大（近似为恒压特性）。小功率的锗管为0.2～0.3V，小功率的硅管为0.6～0.7V。

（2）反向特性　当二极管两端加反向电压时，二极管的特性。

反向截止区：当二极管两端加反向电压时，二极管截止，管中有较小的反向电流流过。

反向电流具有两个特点：一是反向电流随着温度的上升会急剧增长；二是在一定的外加反向电压范围内，反向电流基本上不随反向电压的变化而变化（近似为恒流特性）。

反向击穿区：当加在二极管两端的反向电压大于某一电压时，反向电流突然上升，这种现象称为反向击穿。

单相半波整流电路

三、整流与滤波电路

1. 整流电路

将电网的交流电压变换成直流电压的过程称为整流。

整流电路可分为单相整流电路和多相整流电路。下面介绍两种常用的单相整流电路。

（1）单相半波整流电路

1）电路图。

单相半波整流电路如图 3-14 所示，图中 T 为变压器，它将交流电源电压 u_1 转变为适当数值的电压 u_2；VD 为整流二极管；R_L 为需要取用直流电的负载。

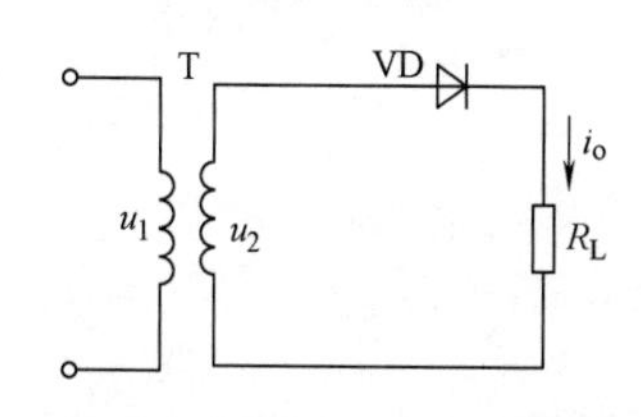

图 3-14　单相半波整流电路

2）工作过程。

① 在 u_2 的正半周期间，变压器绕组上端为正，下端为负，使二极管 VD 正偏导通。电流从变压器二次绕组上端流出，经 VD 流过负载 R_L 回到变压器二次绕组的下端，负载两端的电压等于变压器二次电压 u_2。

② 在 u_2 的负半周期间，变压器绕组上端为负，下端为正，使二极管 VD 反偏截止。负载 R_L 上无电流流过，负载两端的电压为零。

由于这种电路只在电源电压 u_2 的半个周期中才有电流通过，称为半波整流电路。

3）单相半波整流电路的波形。

单相半波整流电路的波形如图 3-15 所示。

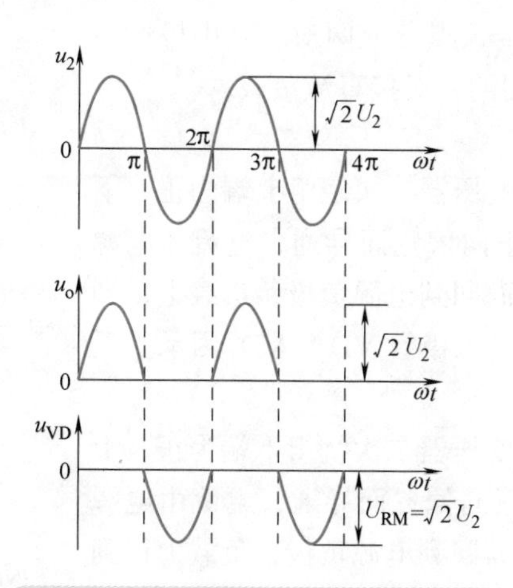

图 3-15　单相半波整流电路的波形

4）输出电压和电流的平均值。

① 输出电压平均值：$U_o = 0.45U_2$。

② 输出电流平均值：$I_o = U_o/R_L$。

5）二极管 VD 承受的最大反向电压为

$$U_{RM}=\sqrt{2}U_2$$

6）电路特点。电路简单，但直流输出电压低，脉动程度大，整流效率低。

7）电路适用场合。仅适用于直流输出电压平滑程度要求不高的小功率整流场合。

（2）单相桥式整流电路

1）电路组成：单相桥式整流电路由变压器、4 只整流二极管 VD_1 ～ VD_4 以及负载电阻 R_L 组成。电路有 4 种画法，如图 3-16 所示。

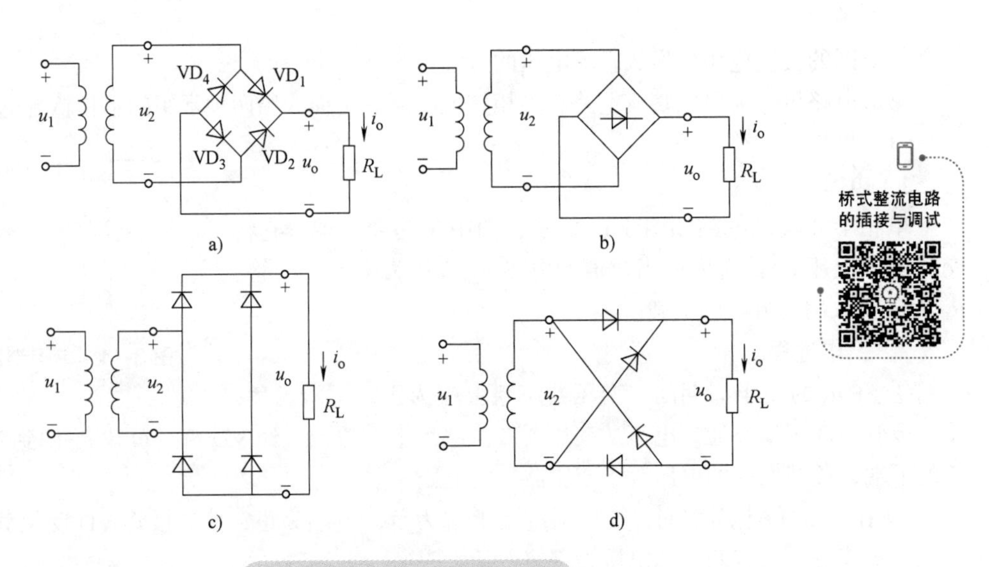

图 3-16 单相桥式整流电路

桥式整流电路的插接与调试

2）桥式整流电路中 4 只二极管的连接方法：桥式整流电路有 4 个桥臂，每一个桥臂上都有一只二极管，二极管两两相交，共有 4 个顶点，将 4 个顶点分成两对，其中极性不同的一对接交流电源，极性相同的一对接直流负载。

3）工作原理。

① 在电源的正半波期间，变压器二次绕组上端为正，下端为负，二极管 VD_1、VD_3 因正向偏置而导通，电流由电源正极流出，经 VD_1、R_L 和 VD_3 而回到电源负极，负载上得到上正下负的半波电压 u_L。此时，二极管 VD_2、VD_4 因承受反向电压而截止，没有电流通过。

② 在电源的负半波期间，变压器二次绕组下端为正，上端为负，二极管 VD_2、VD_4 因正向偏置而导通，电流由电源正极流出，经 VD_2、R_L 和 VD_4 而回到电源负极，负载上得到上正下负的半波电压 u_L。此时，二极管 VD_1、VD_3 因承受反向电压而截止，没有电流通过。

可见，单相桥式整流电路在负载两端得到的是一个周期两个波头的脉动直流电。桥式整流电路波形如图 3-17 所示。

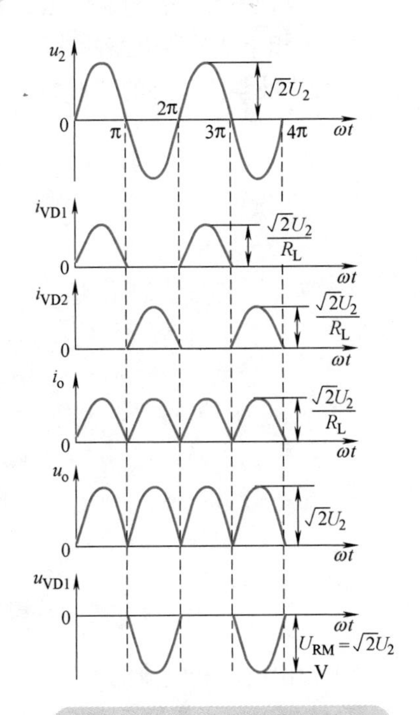

图 3-17 桥式整流电路波形

流过负载的平均电流为

$$I_L = \frac{2\sqrt{2}U_2}{\pi R_L} = \frac{0.9U_2}{R_L}$$

流过二极管的平均电流为

$$I_{VD} = \frac{I_L}{2} = \frac{\sqrt{2}U_2}{\pi R_L} = \frac{0.45U_2}{R_L}$$

（3）两种单相整流电路的特点和要求　不同形式的整流电路对变压器及二极管的要求也不同，其特点和要求列于表 3-5 中。

表 3-5　不同形式的整流电路

名　称	U_o（空载）	U_o（带载）	二极管反向最大电压	每管平均电流
半波整流	$\sqrt{2}U_2$	$0.45U_2$	$\sqrt{2}U_2$	I_L
全波整流电容滤波	$\sqrt{2}U_2$	$1.2U_2$	$2\sqrt{2}U_2$	$0.5I_L$
桥式整流电容滤波	$\sqrt{2}U_2$	$1.2U_2$	$\sqrt{2}U_2$	$0.5I_L$
桥式整流电感滤波	$\sqrt{2}U_2$	$0.9U_2$	$\sqrt{2}U_2$	$0.5I_L$

2. 滤波电路

整流电路能将交流电转变成直流电，使流过负载的电流方向始终保持不变，但因为交流电是时刻在变化的，所以流过负载的电流大小也在时刻变化。为了让流过负载的电流大小不变或者变化很小，常常在整流电路后加上滤波电路。

常见的滤波电路有电容滤波电路、电感滤波电路、复式滤波电路。

（1）电容滤波电路

1）滤波电容的连接：滤波电容要并联在负载两端。电容滤波电路如图 3-18 所示。

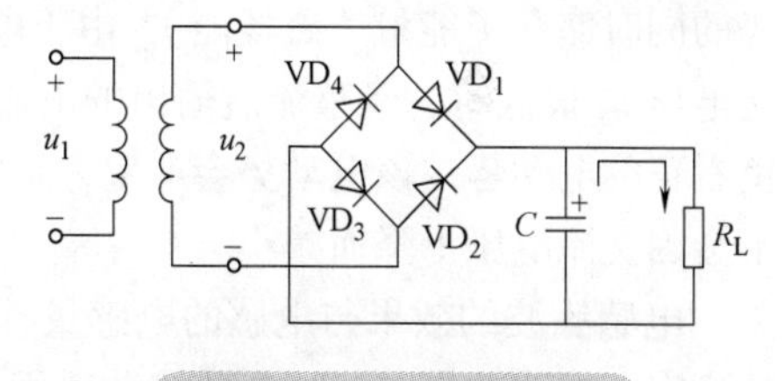

图 3-18　电容滤波电路

2）电容滤波的工作原理：简单来说，电容滤波的工作原理就是电容充放电的过程。

电路的放电时间常数越大，放电过程就越慢，电容 C 上的存储电荷变化就越小，负载上得到的直流电压也就越平滑，这就是电容滤波的基本原理。

滤波电容接入电路后，输出的直流电压会升高。未接电容时，在二极管截止期间，输出电压为零；接入电容后，在二极管截止期间，输出电压等于电容 C 上的原有充电电压，因此电容滤波使整个周期的输出电压平均值提高了，提高的程度与负载 R_L 有关。负载增大，放电加快，输出的直流电压下降，交流脉动成分上升。

滤波电路实际上是一种低通滤波电路，它能通过直流分量，而抑制交流分量。

3）电容滤波输出电压平均值的估算。

$$U_o = U_2 \text{（半波整流）}$$
$$U_o = 1.2U_2 \text{（桥式整流）}$$

4）滤波电容的选择。

① 滤波电容的电容量。为了获得较好的滤波效果，滤波电容的电容量要选得较大。通常按滤

波电路的放电时间常数 R_LC 大于交流电源周期 T 的 3 ～ 5 倍来选择滤波电容。对于桥式整流电路，则取

$$R_LC > (3 \sim 5)\,T/2$$

若电源频率为 50Hz，则 $T = 0.02\text{s}$，则

$$R_LC > (0.03 \sim 0.05)\,\text{s}$$

② 滤波电容的耐压值应大于 $\sqrt{2}U_2$。这里的 U_2 要按整流电源空载时的电压计算。由于滤波电容较大，通常需要采用电解电容。使用电解电容要注意它的正负极性，不能接错，否则，电容会被击穿。

③ 电容滤波的适用场合。电容滤波只适用于负载电流较小且基本不变的场合。若负载很大，则电容放电很快，即使选用电容量较大的电容，输出直流电压的波形也不会有明显的改善。

5）浪涌电流。

① 浪涌电流的概念。在接通电源的瞬间，电容的两个极板上还未来得及聚集电荷，电容相当于短路，回路中会有一个较大的电流流过，称为浪涌电流。

② 浪涌电流对二极管的影响。二极管会受到浪涌电流的冲击，容易损坏。

③ 采取的措施。必须选择有足够电流裕度的二极管，或者在电路的二极管前面串入一个限流电阻，其数值为（1/50 ～ 1/20）R_L。

（2）电感滤波电路　单相桥式整流、电感滤波电路如图 3-19 所示。滤波电感 L 与负载 R_L 串联。

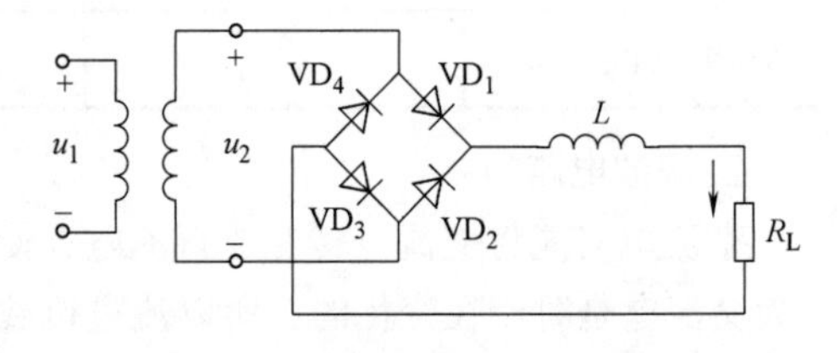

图 3-19　单相桥式整流、电感滤波电路

当负载 R_L 一定，但电压 u_2 很高时，经整流后输出的电流很大，该电流经过电感 L 后，电感马上产生左正右负的电动势阻碍电流的流过，电感在产生电动势的同时储存了能量（磁场能），由于电感产生电动势的阻碍，故流过负载的电流不会很大。当交流电压 u_2 很低时，经整流后输出的电流很小，该电流经过电感 L 后，电感马上释放能量而产生左负右正的电动势，该电动势会产生一定的电流与整流过来的电流一起流过负载 R_L，使负载 R_L 电流不会因交流电压下降而减小。

电感滤波的效果与电感的电感量有关，电感的电感量越大，储存能量越多，流过负载的电流越稳定，滤波效果越好。电感滤波适用于负载电流较大的场合。

（3）复式滤波电路　单独的电容滤波或者电感滤波往往效果不理想，因此可将电容、电感和电阻组合起来构成复式滤波电路，其滤波效果比较好。常见的复式滤波电路有 LC、RC 滤波电路，如图 3-20 所示。

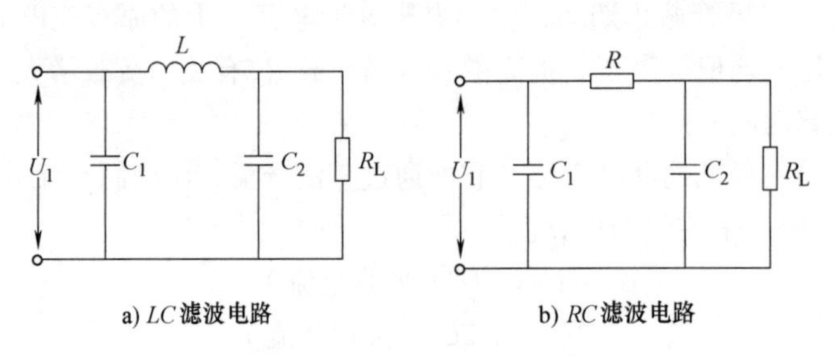

图 3-20　复式滤波电路

四、稳压及稳压电源

1. 稳压简介

利用二极管击穿时通过管子的电流在很大范围内变化，而管子两端的电压却几乎不变的特性，可以实现稳压。

2. 直流电源的组成

直流电源的组成框图如图 3-21 所示。

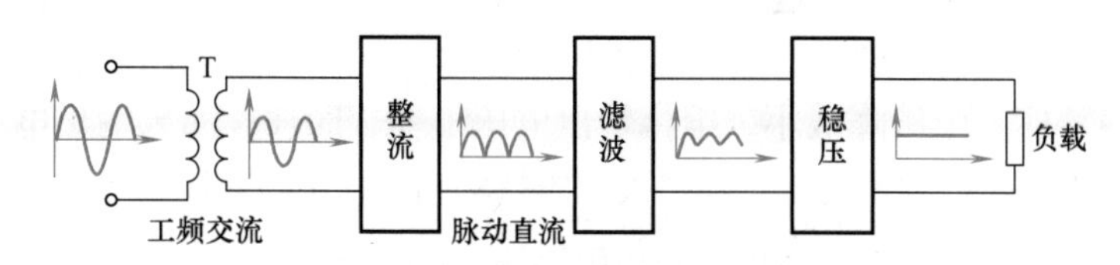

图 3-21　直流电源的组成框图

整流电路将工频交流电转为具有直流电成分的脉动直流电。

滤波电路将脉动直流中的交流成分滤除，减少交流成分，增加直流成分。

稳压电路对整流后的直流电压采用负反馈技术进一步稳定直流电压。

（1）电源变压器　电源变压器能将 220V、50Hz 的交流电压变换成与输出直流电压大致相当的低压交流电压。

（2）整流电路　整流电路利用二极管的单向导电性将低压交流电变换成单向脉动电压，可有半波、全波整流之分。

（3）滤波电路　利用电感和电容的阻抗特性，可将整流后的单向脉动电流中的大部分交流成分滤去，将单向脉动电流变换成比较平滑的直流电。

（4）稳压电路　当电网电压波动或负载变动时，会导致负载上得到的直流电不稳定，影响电子设备的性能，采用稳压管，即采用一些负反馈方式的稳压电路，使之自动调节不稳定因素，从而得到稳定的直流电压。

3. 直流稳压电源电路的工作原理

串联型稳压电源电路原理图如图 3-22 所示，电源变压器 T 二次侧的低压交流电，经过整流二极管 $VD_1 \sim VD_4$ 整流，电容器 C_1 滤波，获得直流电，输送到稳压部分。稳压部分由复合调整管 VT_1、VT_2、比较放大管 VT_3 及起稳压作用的硅二极管 VS 和取样微调电位器 RP 等组成。

$$U_o \uparrow \rightarrow U_F \uparrow \rightarrow I_{B2} \uparrow \rightarrow I_{C2} \uparrow \rightarrow U_{C2} \downarrow \rightarrow I_{B1} \downarrow \rightarrow U_{CE1} \uparrow \rightarrow U_o \downarrow$$

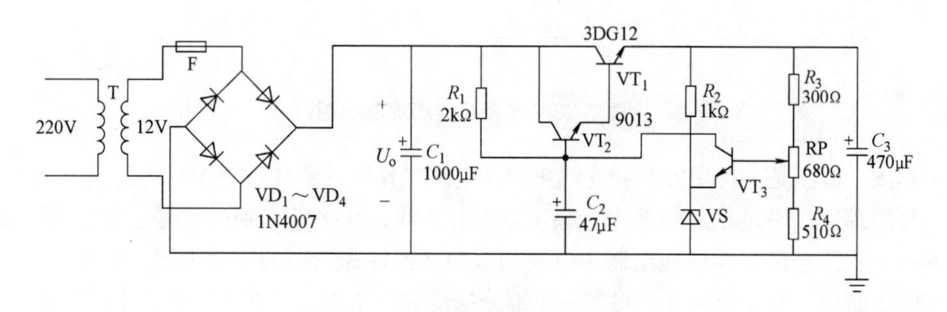

图 3-22　串联型稳压电源电路原理图

晶体管的集电极与发射极之间的电压降简称管压降。复合调整管上的管压降是可变的，当输出电压有减小的趋势时，管压降会自动变小，维持输出电压不变；当输出电压有增大的趋势时，管压降又会自动变大，维持输出电压不变。复合调整管的调整作用是受比较放大管控制的，输出电压经过微调电位器 RP 分压，输出电压的一部分加到 VT_3 的基极和地之间。由于 VT_3 的发射极对地电压是通过二极管 VS 稳定的，可认为 VT_3 的发射极对地电压是不变的，这个电压称为基准电压。这样 VT_3 基极电压的变化就反映了输出电压的变化。如果输出电压有减小趋势，VT_3 的基极与发射极之间的电压也要减小，这就使得 VT_3 的集电极电流减小，集电极电压增大。由于 VT_3 的集电极和 VT_2 的基极是直接耦合的，VT_3 集电极电压增大，也就是 VT_2 的基极电压增大，这就使复合调整管加强导通，管压降减小，维持输出电压不变。同样，如果输出电压有增大的趋势，通过 VT_3 的作用又使复合调整管的管压降增大，维持输出电压 U_o 基本不变。

同理，当电网电压或负载发生变化引起输出电压 U_o 增大时，通过取样、比较放大、调整等过程，将使复合调整管的管压降 U_{CE1} 增加，结果抑制了输出端电压的增大，输出电压仍基本保持不变。

VS 是利用它在正向导通的时候正向压降基本上不随电流变化的特性来稳压的。硅管的正向压降为 0.7V 左右。两只硅二极管串联可以得到 1.4V 左右的稳定电压。R_2 是提供 VS 正向电流的限流电阻。R_1 是 VT_3 的集电极负载电阻，又是复合调整管基极的偏流电阻。C_2 是考虑到在市电电压降低的时候，为了减小输出电压的交流成分而设置的。C_3 的作用是降低稳压电源的交流内阻和纹波。

五、电路图识读能力

常见的电子电路图有原理图、框图、装配图和印制电路板图等。

（1）原理图 原理图是用来体现电子电路工作原理的一种电路图，又称电原理图。由于这种图直接体现了电子电路的结构和工作原理，所以一般用在设计、分析电路中。分析电路时，通过识别图样上所画的各种电路元器件符号，以及它们之间的连接方式，就可以了解电路的实际工作情况。图 3-23 所示为一台收音机电路的原理图。

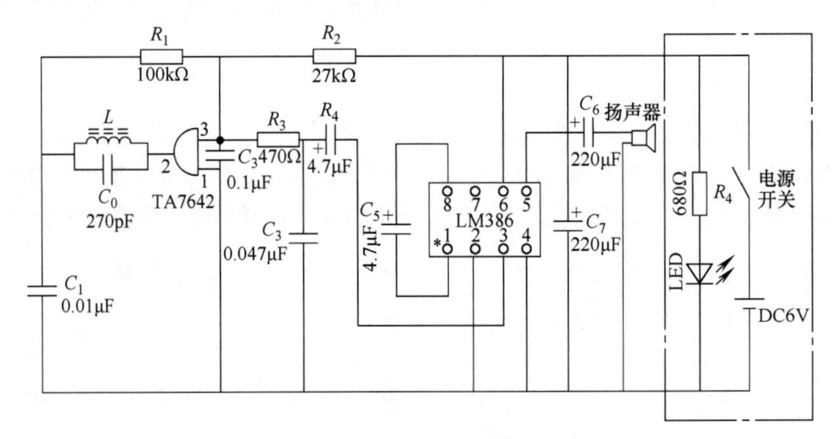

图 3-23 收音机电路的原理图

（2）框图 框图是一种用方框和连线来表示电路工作原理和构成概况的电路图。从根本上说，这也是一种原理图，不过在这种图中，除了方框和连线，几乎没有别的符号了。它和原理图主要的区别就在于：原理图上详细地绘制了电路的全部元器件和它们的连接方式，而框图只是简单地将电路按照功能划分为几个部分，将每一个部分描绘成一个方框，在方框中加上简单的文字说明，在方框间用连线（有时用带箭头的连线）说明各个方框之间的关系。因此，框图只能用来体现电路的大致工作原理，而原理图除了详细地表明电路的工作原理之外，还可以作为采集元器件、制作电路的依据。图 3-24 所示为上述收音机电路的框图。

（3）装配图　它是为了进行电路装配而绘制的一种图样，图上的符号往往是电路元器件的实物外形图。只要照着图上画的样子把一些电路元器件连接起来就能够完成电路的装配。这种电路图一般是供初学者使用的。图 3-25 所示为初学者常看到的电路装配图。

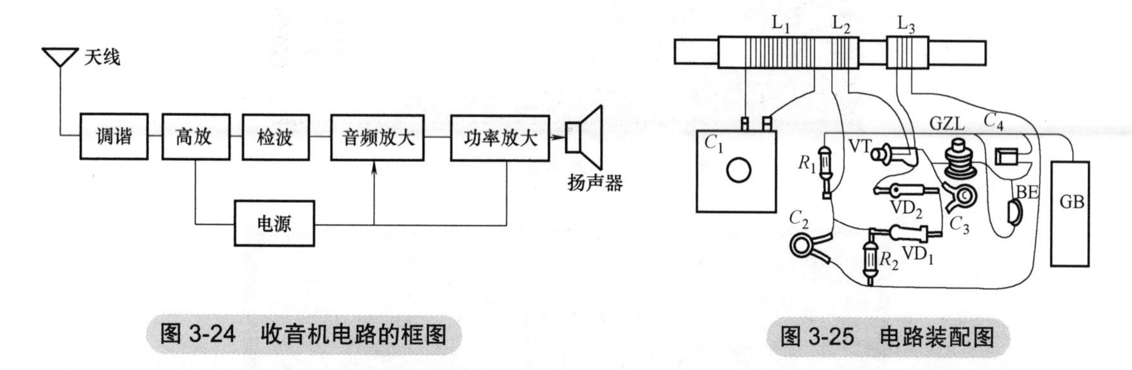

图 3-24　收音机电路的框图　　　　图 3-25　电路装配图

装配图根据装配模板的不同而不同，大多数作为电子产品的场合，用的都是下面要介绍的印制电路板，因此印制电路板图是装配图的主要形式。印制电路板如图 3-26 所示。

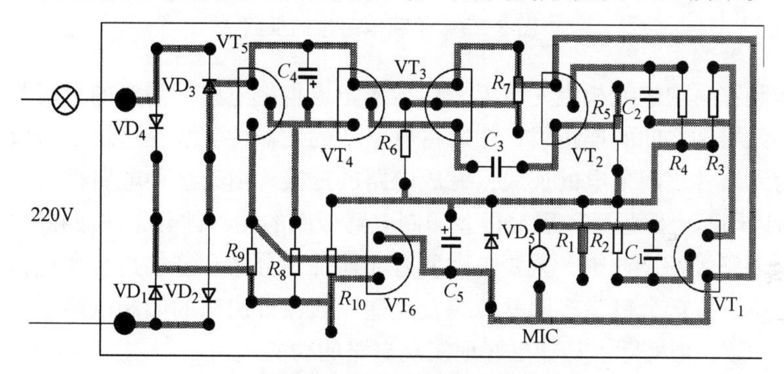

图 3-26　印制电路板

在初学电子知识时，为了安全和扩大普及面，让更多年龄较小的学生能早一点接触电子技术，本处选用了螺孔板作为基本的安装模板，因此安装图也就变成了图 3-27 所示的模式。

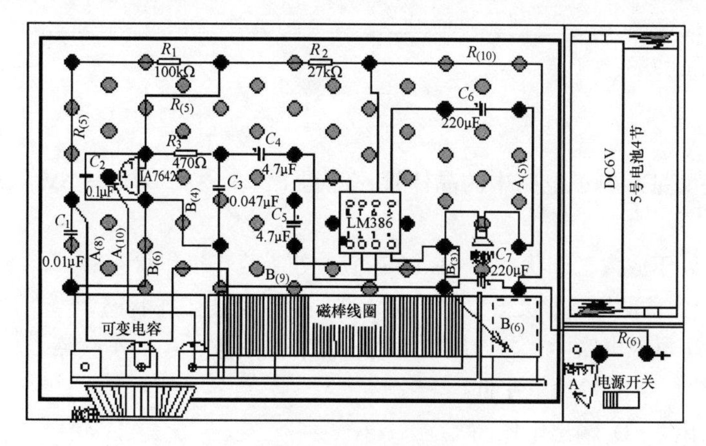

图 3-27　安装图

（4）印制电路板图　印制电路板图和装配图其实属于同一类电路图，都是供装配实际电路使用的。图 3-28 所示为某控制电路印制电路板的正面，其反面如图 3-29 所示。

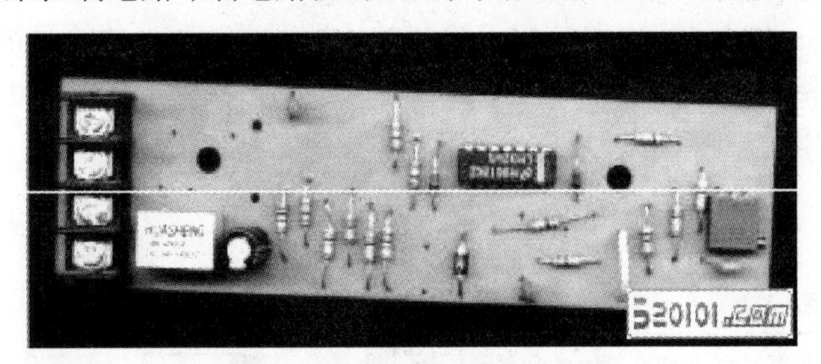

图 3-28　印制电路板的正面

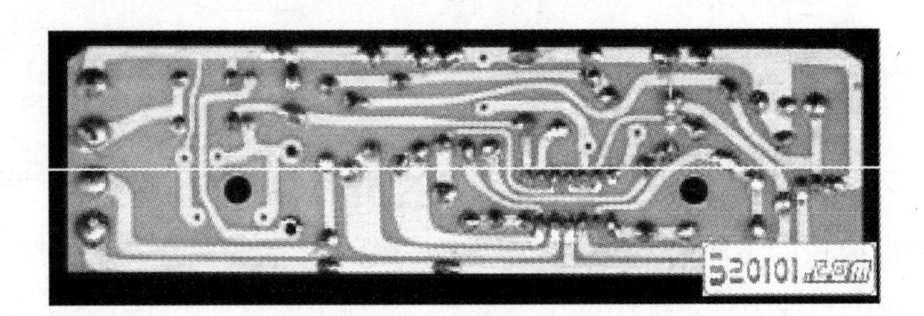

图 3-29　印制电路板的反面

印制电路板是在一块绝缘板上先覆上一层金属箔，再将电路不需要的金属箔腐蚀掉，剩下的金属箔作为电路元器件之间的连接线，然后将电路中的元器件安装在这块绝缘板上，利用板上剩余的金属箔作为元器件之间导电的连线，完成电路的连接。由于这种电路板的一面或两面覆的金属箔是铜箔，所以印制电路板又称覆铜板。印制电路板图的元器件分布往往和原理图中大不一样。这是因为在印制电路板的设计中，主要考虑所有元器件的分布和连接是否合理，要考虑元器件体积、散热、抗干扰、抗耦合等诸多因素，综合这些因素设计出来的印制电路板，虽然从外观看很难和原理图完全一致，但实际上却能更好地实现电路的功能。

在上面介绍的 4 种形式的电路图中，原理图是最常用也是最重要的，能够看懂原理图，也就基本掌握了电路的原理，绘制框图，设计装配图、印制电路板图也就都比较容易。掌握了原理图，再进行电器的维修和设计是十分方便的。因此，掌握电路图的关键是掌握原理图。

练习与拓展

一、选择题

1. 用万用表测量某电子电路中的晶体管，测得 $U_E = -3V$、$U_{CE} = 6V$、$U_{BC} = -5.4V$，则该管是（　　）。

A.PNP 型，处于放大工作状态　　B.PNP 型，处于截止工作状态

C.NPN 型，处于放大工作状态　　D.NPN 型，处于截止工作状态

2. 在串联稳压电源电路中，若比较放大管击穿，会引起（　　）故障。

A. 熔丝断路　　B. 输出电压低

C. 无电压输出　　D. 输出电压高

3. 以下方式中，(　　) 不能增大串联稳压电源的带负载能力。

A. 更换基准稳压管　　B. 减小电源启动电阻

C. 提高电源调整管的 β 值　　D. 提高电源复合管的 β 值

4. 在串联可调式稳压电路中，通常提供基准电压的稳压二极管的稳压值为输出电压的(　　) 倍。

A.0.5 ～ 0.8　　B. 0.3 ～ 0.5　　C.0.8 ～ 1　　D. 0.2 ～ 0.3

5. 通用示波器的 Z 轴放大器的作用是 (　　)。

A. 放大增辉脉冲　　B. 扫描信号

C. 被测信号　　D. 内触发信号

6. 无线电装配中，浸焊焊接电路板时，浸深度一般为印制电路板厚度的 (　　)。

A. 50% ～ 70%　　B. 刚刚接触到印制导线

C. 全部浸入　　D. 100%

7. 超声波浸焊中，是利用超声波 (　　)。

A. 增加焊锡的渗透性　　B. 加热焊料

C. 振动印制电路板　　D. 使焊料在锡锅内产生波动

8. 波峰焊焊接中，较好的波峰是达到印制电路板厚度的 (　　) 为宜。

A.1/2 ～ 2/3　　B. 2 倍　　C.1 倍　　D. 1/2 以内

9. 在波峰焊焊接中，为减少挂锡和拉手等不良影响，在焊接印制电路板时通常与波峰(　　)。

A. 成一个 5° ～ 8° 的倾角接触　　B. 忽上忽下的方式接触

C. 先进再退前进的方式接触

10. 无锡焊接是一种 (　　) 的焊接。

A. 完全不需要焊料　　B. 仅需少量焊料　　C. 使用大量焊料

11. 插装流水线上，每一个工位所插元器件数目一般以 (　　) 为宜。

A.10 ～ 15 个　　B. 10 ～ 15 种

C.40 ～ 50 个　　D. 小于 10 个

12. 在电源电路中 (　　) 元器件考虑重量、散热等问题，应安装在底座上和通风处。

A. 电解电容、变压器、整流管等

B. 电源变压器、调整管、整流管等

C. 熔丝、电源变压器、高功率电阻等

13. 为减少放大器中各变压器之间的相互干扰，应将它们的铁心以 (　　) 方式排列。

A. 相互平行　　B. 相互垂直　　C. 相互成 45°

14. 在设备中为防止静电和电场的干扰，防止寄生电容耦合，通常采用 (　　)。

A. 电屏蔽　　B. 磁屏蔽

C. 电磁屏蔽　　D. 无线屏蔽

15. 在无线电设备中，为防止磁场或低频磁场的干扰，也为了防止磁感应或寄生电感耦合，通常采用 (　　)。

A. 电屏蔽　　B. 磁屏蔽

C. 电磁屏蔽　　D. 无线电屏蔽

16. 为防止高频电磁场，或高频无线电波的干扰，也为防止电磁场耦合和电磁场辐射，通常采用（　　）。

A. 电屏蔽　　B. 磁屏蔽　　C. 电磁屏蔽　　D. 无线电屏蔽

17. 一铁心线圈，接在直流电压不变的电源上。当铁心的横截面积变大而磁路的平均长度不变时，则磁路中的磁通将（　　）。

A. 增大　　B. 减小　　C. 保持不变　　D. 不能确定

18. 已知电路中某元件的电压和电流分别为 $u = 10\cos(314t+30°)$ V, $i = 2\sin(314t+60°)$ A，则元件的性质是（　　）。

A. 电感性元件　　B. 电容性元件　　C. 电阻性元件　　D. 纯电感元件

19. 若在变压器铁心中加入空气隙，当电源电压的有效值和频率不变时，则励磁电流应该是（　　）。

A. 减小　　B. 增加　　C. 不变　　D. 零值

20. 半导体稳压性质是利用（　　）实现的。

A.PN 结的单向导电性　　B. PN 结的反向击穿特性

C.PN 结的正向导通特性　　D. PN 结的反向截止特性

21. 当示波器的扫描速度为 20s/cm 时，显示屏上正好完整显示一个周期的正弦信号，如果显示信号的 4 个完整周期，扫描速度应为（　　）。

A.80s/cm　　B.5s/cm　　C.40s/cm　　D. 小于 10 s/cm

22. 为了在示波器显示屏上得到清晰而稳定的波形，应保证信号的扫描电压同步，即扫描电压的周期应等于被测信号周期的（　　）倍。

A. 奇数　　B. 偶数　　C. 整数　　D. 2/3

23. 电压表与电路的连接方式是（　　）。

A. 并联在电源两极端　　B. 并联在被测电路两端

C. 串联在电源两极端　　D. 串联在被测电路两端

24. 在直流稳压电源中加滤波电路的主要目的是（　　）。

A. 变交流电为直流电　　B. 去掉脉动直流电中的脉动成分

C. 将高频变为低频　　D. 将正弦交流电变为脉冲信号

二、判断题

1. 并联型稳压电路是利用硅稳压二极管的稳压特性进行稳压的。（　　）

2. 稳压电源内阻过大，各部分的电流通过电源内阻耦合，使之形成相互干扰。（　　）

3. 用电压表 - 电流表法测量电阻是一种直接测量法。（　　）

4. 万用表表盘标度尺的刻度都是均匀的，便于读数。（　　）

5. 用万用表欧姆档测量被测电阻时，被测电路不允许带电。（　　）

6. 用绝缘电阻表测量时，发电机的手柄应忽快忽慢而使指针摆动。（　　）

7. 用万用表测量直流电流时，两表笔应并联接入被测电路中。（　　）

8. 绝缘电阻表可以在被测电气设备带电的情况下进行测量。（　　）

项目二　功放电路的组装与调试

知识目标

（1）熟悉指针式万用表的使用。
（2）理解功放电路的工作原理。
（3）能够按照操作步骤完成电路的安装与检测。

技能目标

（1）学会检测功放电路中的元器件。
（2）能够识读功放电路图、装配图、印制电路板图。
（3）学会功放电路的调试与故障检测、维修。
（4）培养热爱科学、实事求是的学风和具有创新意识、创新精神。
（5）培养学生练就扎实的职业技能以及追求卓越的工匠精神。

工具与器材

电烙铁、烙铁架、焊锡丝、助焊剂、吸锡器、镊子、斜口钳、万用表等。实训工具如图 3-30 所示，实训仪器如图 3-31 所示。

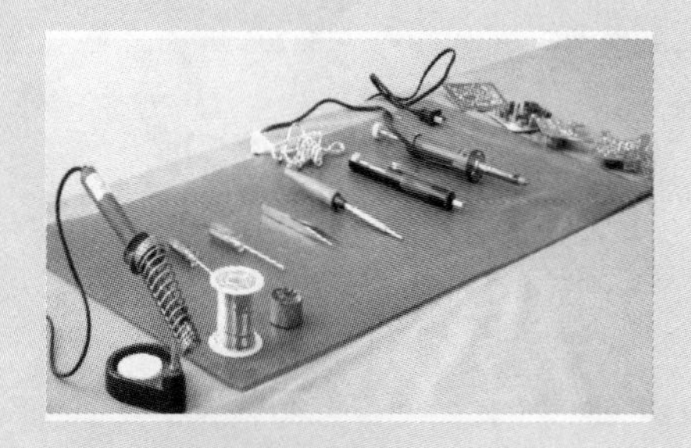

图 3-30　实训工具

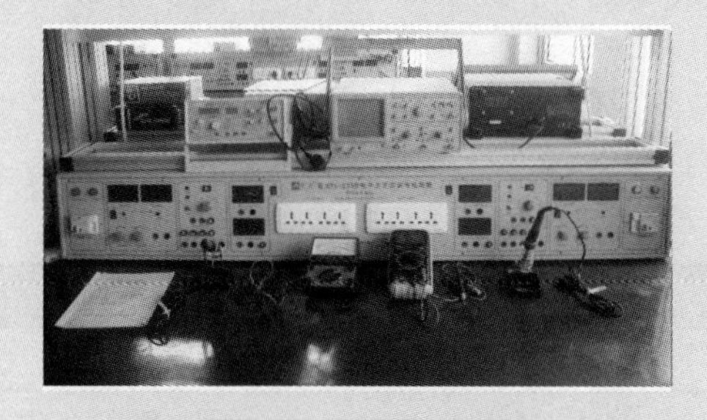

图 3-31　实训仪器

操作步骤

1. 识读电路原理图和印制电路板图（图 3-32 ～图 3-34）

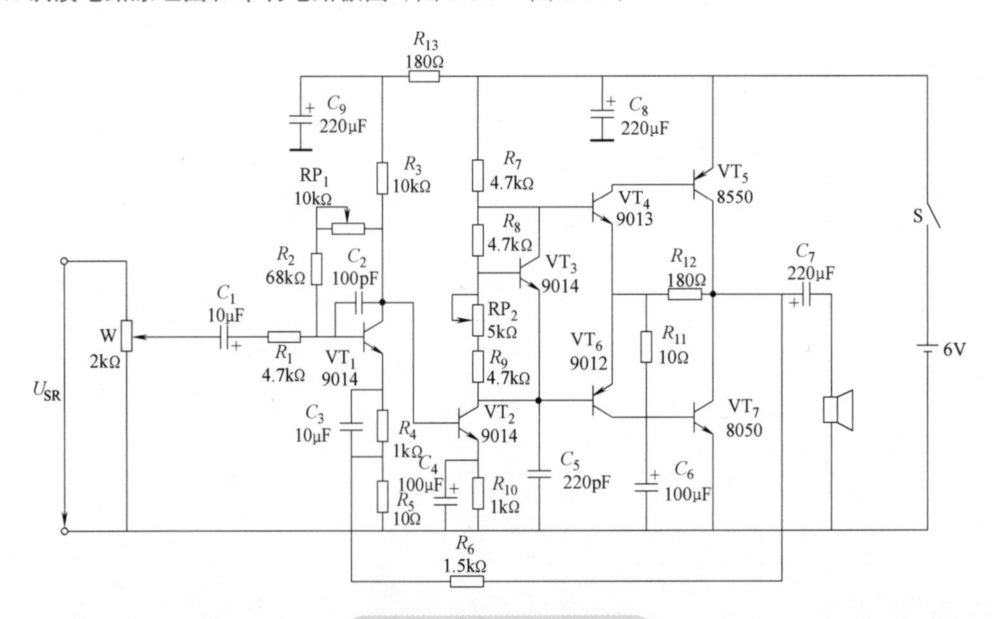

图 3-32　功放电路原理图

图 3-33　印制电路板图反面

图 3-34　印制电路板图正面

2. 根据电路图安装电路

（1）核对元器件　根据表 3-6 核对元器件的规格及数量。

表 3-6　元器件清单

序　号	名　称	规　格	数　量
1	电阻 R_1 ～ R_{13}	见原理图	13 只
2	电解电容	见原理图	7 只
3	瓷片电容 C_2、C_5	100pF、220pF	2 只
4	晶体管 VT_1 ～ VT_7	见原理图	7 只
5	功率调节电位器 RP_1、RP_2	10kΩ、5kΩ	2 只

（续）

序　　号	名　　称	规　　格	数　　量
6	普通电位器 W	2kΩ	1只
7	扬声器	16Ω，1.0W	1只

注：本书原理图中符号均采用最新标准，符号 VT 对应电路板图中的符号 BG——编辑注。

（2）检测元器件　根据表 3-7 检测元器件。

表 3-7　元器件检测标准

元器件名称	检 测 标 准	使 用 工 具	备　　注
电阻 $R_1 \sim R_{13}$	色环法或用工具	万用表	合适档位
电解电容 C	参见相关知识	万用表	电容电阻档位
晶体管 $VT_1 \sim VT_7$	参见相关知识	万用表	$R\times1$k 档
电位器 RP	0 ～ 470kΩ	万用表	$R\times10$k 档

（3）安装电路元器件

1）安装电阻。根据焊点的间距，将电阻的引脚折弯成形，如图 3-35 所示。

按照电路原理图将电阻插装到印制电路板上，如图 3-36 所示。

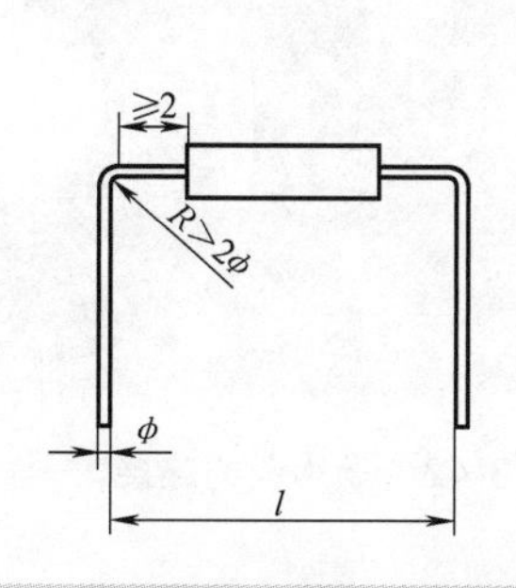

图 3-35　将电阻的引脚折弯成形

图 3-36　电阻的安装

根据焊接工艺要求将引脚焊接到印制电路板上，剪断剩余引线，距离板面大约 1mm 为宜。

2）安装瓷片电容。瓷片电容的安装如图 3-37 所示。

3）安装小电位器。电位器的安装如图 3-38 所示。

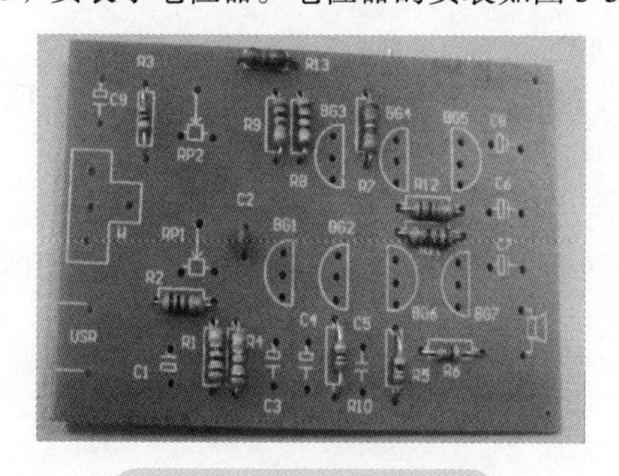

图 3-37　瓷片电容的安装

图 3-38　电位器的安装

4）电解电容的安装。电解电容采用立式安装，电容上的标注朝左，有多个电容时，应该遵循朝向一致的原则，如图3-39所示。

5）安装晶体管。根据印制电路板上的标注安装晶体管，由于型号多，所以要特别注意型号和引脚不要装错，如图3-40所示。

图3-39　电解电容的安装

图3-40　晶体管的安装

6）安装开关电位器。根据印制电路板上的标注，安装开关电位器，如图3-41所示。

7）连接扬声器。扬声器的连接如图3-42所示。

图3-41　开关电位器的安装

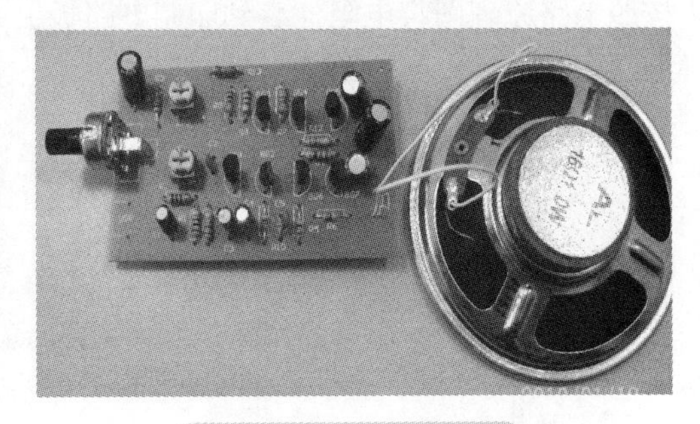

图3-42　扬声器的连接

3. 调试电路

1）检查电路。检查元器件的安装，看极性是否正确。检查导线的连接是否牢固。

2）将信号发生器接到U_{SR}端，调节开关电位器，扬声器的声音大小发生变化。

4. 注意事项

安装时，应注意以下几点。

1）有极性的元器件，在安装时应注意极性，切勿接错。

2）元器件距离印制电路板的高度应符合规定。没有具体说明的元器件要尽量贴近印制电路板。

3）色环朝向要一致，即水平安装的第一道色环在左边，竖直安装的第一道色环在下面。

4）无极性电容的朝向要一致。在元器件面看，水平安装的标记朝上面，竖直安装的标记朝左面。

5）安装完毕，将电位器置于中间位置。

评定考核

功放电路的组装与调试的成绩评分标准见表3-8。

表 3-8　功放电路的组装与调试的成绩评分标准

序号	项目	考核要求	评分标准	配分	扣分	得分
1	插件	电阻、二极管卧式安装，二极管字应朝上。插件高度：电容底面离印制电路板高度小于 4mm，晶体管距印制电路板为 6mm，发光管距印制电路板高度为 6mm，集成块座应插到底	（1）错装、漏装元器件，每处扣 3 分 （2）色环电阻方向不一致，每处扣 1 分 （3）元器件高度超差，每处扣 1 分 （4）元器件歪斜不规范，每处扣 1 分	30		
2	焊接	焊点光亮，焊料适量，无虚焊、漏焊、搭锡、铜箔脱落，引脚留头在焊面以上 0.5 ～ 1mm	（1）虚焊、漏焊、搭锡、溅锡，每处扣 2 分 （2）印制电路板铜箔起翘，每处扣 3 分 （3）焊点毛刺、不光滑、不完整，每处扣 1 分 （4）用锡量过多、过少，每处扣 1 分 （5）留引脚长度超差，每处扣 1 分 （6）其他器件焊点不合要求，每处扣 1 分	30		
3	装配	装配整齐，变压器连接线长度适当，导线剥头长度符合工艺要求，绝缘层不烫伤，紧固件装配牢固，电源线装配应规范。连接线位置正确	（1）错装、漏装元器件，每处扣 3 分 （2）导线剥头长度超差，每处扣 1 分 （3）紧固件松动，每处扣 1 分 （4）电源线安装不规范，扣 5 分 （5）元器件引线烫伤，每处扣 2 分 （6）连接线位置错误，扣 3 分	20		
4	功能	接通信号源，扬声器发出声音，调节电位器，扬声器声音变化	（1）扬声器出声但不正常，扣 5 ～ 10 分 （2）扬声器无反应，扣 10 分	20		
备注			合计	100		
			教师签字	年　月　日		

相关知识

1. 焊接工具

常用的焊接工具如图 3-43 所示。

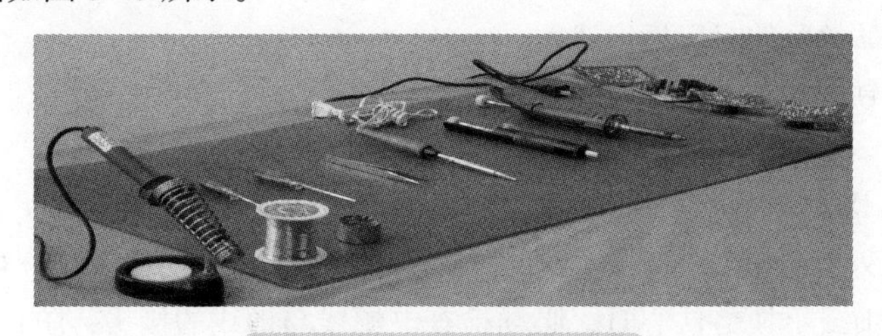

焊接材料和工具

图 3-43　常用的焊接工具

电烙铁是锡钎焊的基本工具，它的作用是把电能转换成热能，用以加热工件，熔化焊锡。

（1）外热式电烙铁　外热式电烙铁的外形如图 3-44 所示，它由烙铁头、烙铁心、外壳、手柄、电源线和插头等部分组成。电阻丝绕在薄云母片绝缘的圆筒上组成烙铁心，烙铁头安装在烙铁心里面，电阻丝通电后产生的热量传送到烙铁头，使烙铁头温度升高，称为外热式电烙铁。

提示：电烙铁的规格用功率来表示，常用的有 25W、75W 和 100W 等几种。功率越大，电烙铁的热量越大，烙铁头的温度越高。在焊接印制电路板组件时，通常使用功率为 25W 的电烙铁。

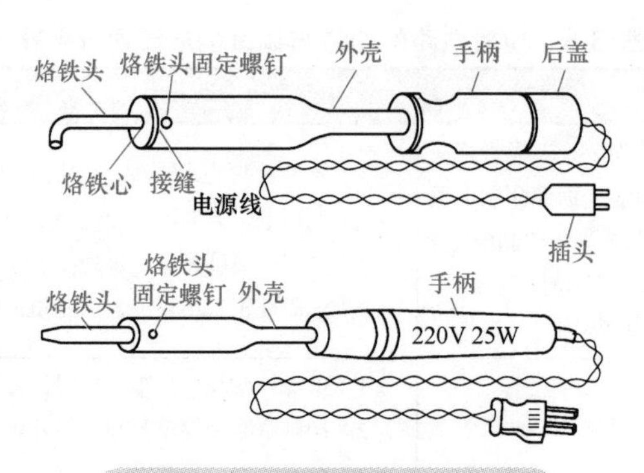

图 3-44　外热式电烙铁的外形

可将烙铁头加工成不同形状，如图 3-45 所示。凿式和尖锥形烙铁头的角度较大时，热量比较集中，温度下降较慢，适用于焊接一般焊点。烙铁头的角度较小时，温度下降快，适用于焊接对温度比较敏感的元器件。斜面烙铁头，由于表面大，传热较快，适用于焊接布线不拥挤的单面印制电路板焊接点。圆锥形烙铁头适用于焊接高密度的线头、小孔及小而怕热的元器件。

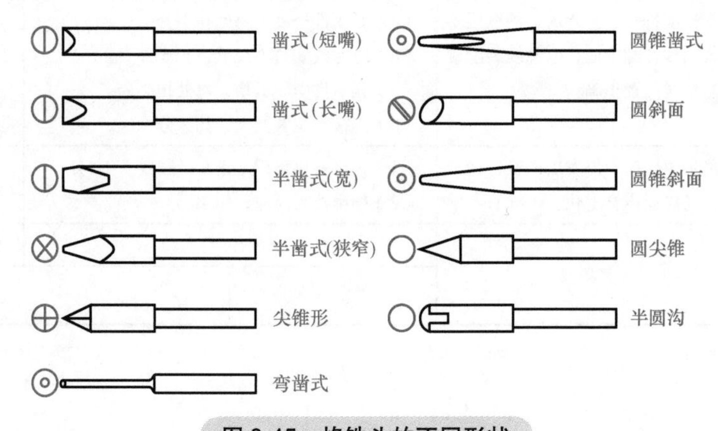

图 3-45　烙铁头的不同形状

烙铁头插入烙铁心的深度直接影响烙铁头的表面温度，一般焊接体积较大的物体时，烙铁头插得深些，焊接小而薄的物体时可插得浅些。

使用外热式电烙铁时应注意以下事项。

1）装配时必须用有三线的电源插头。一般电烙铁有三个接线柱，其中，一个与烙铁壳相通，是接地端；另两个与烙铁心相通，接 220V 交流电压。电烙铁的外壳与烙铁心是不接通的，如果接错就会造成电烙铁外壳带电，人触碰电烙铁外壳就会触电；若用于焊接，还会损坏电路上的元器件。因此，在使用前或更换烙铁心时，必须检查电源线与地线的接头，防止接错。

2）烙铁头一般用纯铜制作，在温度较高时容易氧化，在使用过程中其端部易被钎料浸蚀而失去原有形状，因此需要及时加以修整。初次使用或经过修整后的烙铁头，都必须及时挂锡，以利于提高电烙铁的焊接性和延长使用寿命。对于合金烙铁头，使用时切忌用锉刀修理。

3）使用过程中不能任意敲击电烙铁，应轻拿轻放，以免损坏电烙铁内部的发热器件而影响其使用寿命。

4）电烙铁在使用一段时间后，应及时将烙铁头取出，去掉氧化物后再重新装配使用。这样可以避免烙铁心与烙铁头卡住而不能更换烙铁头。

（2）内热式电烙铁　内热式电烙铁的外形如图 3-46 所示。由于发热心子装在烙铁头里面，称为内热式电烙铁。心子是采用极细的镍铬电阻丝绕在瓷管上制成的，在外面套有耐高温绝缘管。烙铁头的一端是空心的，它套在心子外面，用弹簧夹紧固。

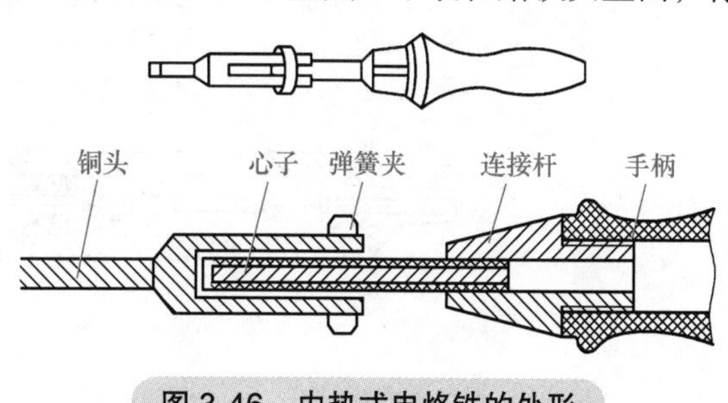

图 3-46　内热式电烙铁的外形

（3）恒温电烙铁　目前使用的外热式和内热式电烙铁的烙铁头温度都超过 300℃，这对焊接晶体管集成块等元器件是不利的，一是焊锡容易被氧化而造成虚焊；二是烙铁头的温度过高，若烙铁头与焊点接触时间长，就会造成元器件损坏。在要求较高的场合，通常采用恒温电烙铁。恒温电烙铁有电控和磁控两种。

电控恒温电烙铁是用热电偶作为传感元件来检测和控制烙铁头温度的。当烙铁头的温度低于规定数值时，温控装置就接通电源，对电烙铁加热，使温度上升；当达到预定温度时，温控装置自动切断电源。这样反复动作，使电烙铁基本保持恒定温度。

磁控恒温电烙铁是在烙铁头上装一个强磁性体传感器，用于吸附磁性开关（控制加热器开关）中的永磁铁来控制温度。升温时，通过磁力作用，带动机械运动的触点，闭合加热器的控制开关，电烙铁被迅速加热；当烙铁头达到预定温度时，强磁性体传感器到达居里点（铁磁物质完全失去磁性的温度）而失去磁性，从而使磁性开关的触点断开，加热器断电，于是烙铁头的温度下降。当温度下降至低于强磁性体传感器的居里点时，强磁性体恢复磁性，又继续给电烙铁供电加热。如此不断地循环，达到控制电烙铁温度的目的。如果需要控制不同的温度，只需要更换烙铁头即可。因不同温度的烙铁头，装有不同规格的强磁性体传感器，其居里点不同，失磁温度也各不相同。烙铁头的工作温度可在 260 ～ 450℃范围任意选取。

恒温电烙铁如图 3-47 所示，居里点控制电路如图 3-48 所示。

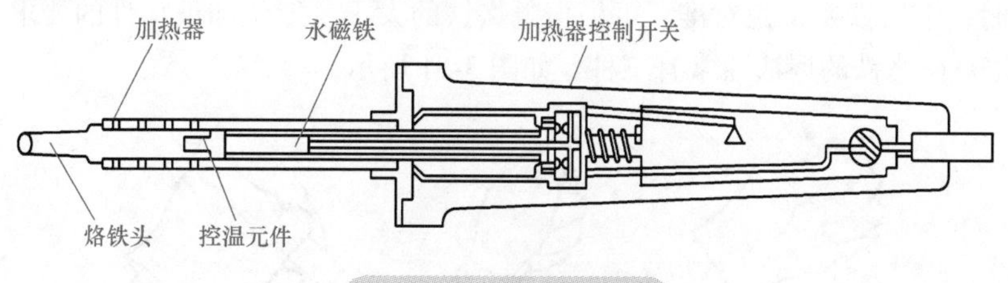

图 3-47　恒温电烙铁

（4）吸锡电烙铁　在检修无线电整机时，经常需要拆下某些元器件或部件，这时使用吸锡电烙铁就能够方便地吸附印制电路板焊接点上的焊锡，使焊接件与印制电路板脱离，从而可以方便地进行检查和修理。

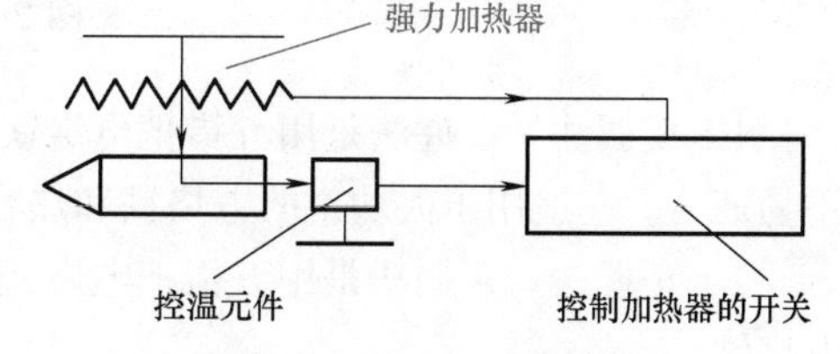

图 3-48　居里点控制电路

图 3-49 所示为一种吸锡电烙铁结构及外形。吸锡电烙铁由烙铁体、烙铁头、气泵和支架等部分组成。

使用时先缩紧橡皮囊，然后将烙铁头的空心口子对准焊点，稍微用力。待焊锡熔化时放松橡皮囊，焊锡就被吸入烙铁头内；移开烙铁头，再按下橡皮囊，焊锡便被挤出。

（5）吸锡器　吸锡器是一种修理电器用的工具，收集拆卸焊盘电子元器件时熔化的焊锡，有手动、电动两种。常见吸锡器的外形如图 3-50 所示。

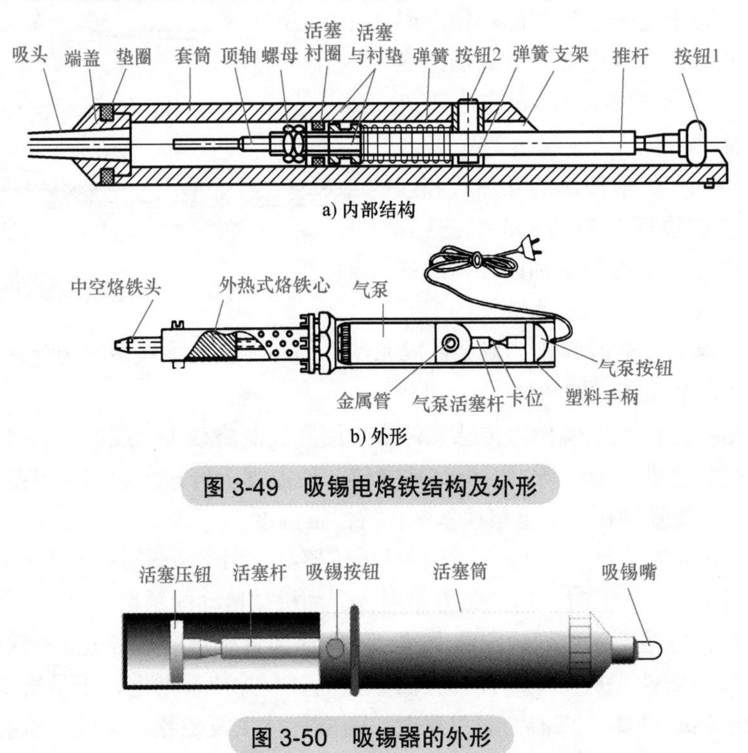

a) 内部结构

b) 外形

图 3-49　吸锡电烙铁结构及外形

图 3-50　吸锡器的外形

2. 手工焊接技术

（1）电烙铁的握法　使用电烙铁的目的是为了加热被焊件而进行锡钎焊，绝不能烫伤、损坏导线和元器件，因此必须正确掌握电烙铁的握法。

手工焊接时，电烙铁要拿稳对准，可根据电烙铁的大小、形状和被焊件的要求等不同情况决定电烙铁的握法。电烙铁的握法通常有三种，如图 3-51 所示。

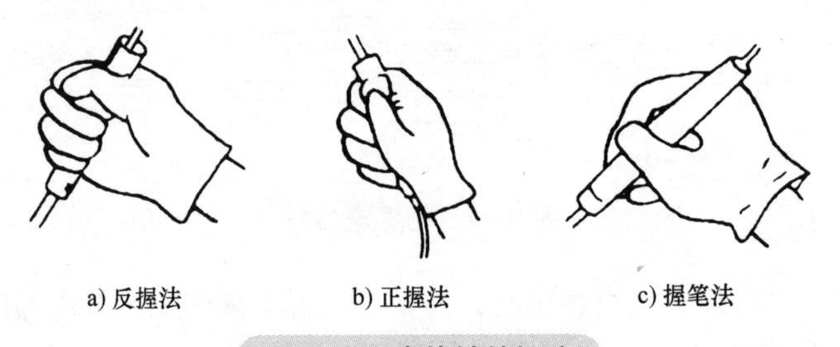

a) 反握法　b) 正握法　c) 握笔法

图 3-51　电烙铁的握法

1）反握法。反握法是用五指把电烙铁柄握在手掌内。这种握法焊接时动作稳定，长时间操作不易疲劳。它适用于大功率的电烙铁和热容量大的被焊件。

2）正握法。正握法是用五指把电烙铁柄握在手掌外。它适用于中功率的电烙铁或烙铁头弯的电烙铁。

3）握笔法。这种握法类似于写字时手拿笔一样，易于掌握，但长时间操作易疲劳，烙铁头会出现抖动现象，因此适用于小功率的电烙铁和热容量小的被焊件。

（2）焊锡丝的拿法　手工焊接中，一手握电烙铁，另一手拿焊锡丝，帮助电烙铁吸取焊料。拿焊锡丝的方法一般有两种：连续锡丝拿法和断续锡丝拿法，如图 3-52 所示。

1）连续锡丝拿法。连续锡丝拿法是用拇指和四指握住焊锡丝，三手指配合拇指和食指把焊锡丝连续向前送进。它适用于成卷（筒）焊锡丝的手工焊接。

2）断续锡丝拿法。断续锡丝拿法是用拇指、食指和中指夹住焊锡丝，采用这种拿法，焊锡丝不能连续向前送进。它适用于用小段焊锡丝的手工焊接。

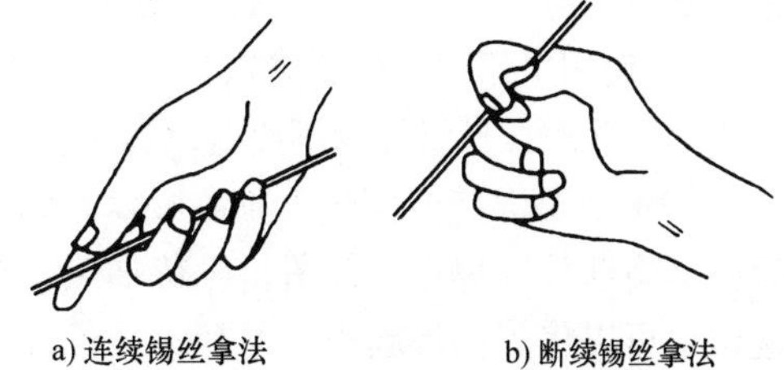

图 3-52　焊锡丝的拿法

（3）五步操作法　对于一个初学者来说，一开始就掌握正确的手工焊接方法并养成良好的操作习惯是非常重要的。手工焊接的五步操作法如图 3-53 所示。

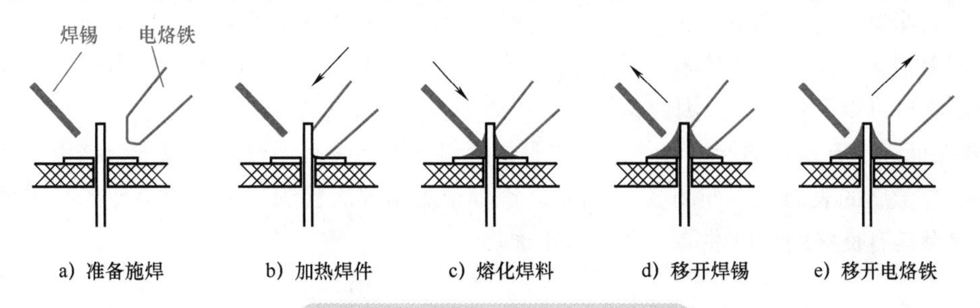

图 3-53　手工焊接的五步操作法

1）准备施焊。将焊接所需材料、工具准备好，如焊锡丝、松香焊剂、电烙铁及其支架等。焊前对烙铁头要进行检查，查看其是否能正常“吃锡”。如果“吃锡”不好，就要将其锉干净，再通电加热并用松香和焊锡将其镀锡，即预上锡，如图 3-53a 所示。

2）加热焊件。加热焊件就是将预上锡的电烙铁放在被焊点上，如图 3-53b 所示，使被焊件的温度上升。将烙铁头放在焊点上时应注意，其位置应能同时加热被焊件与铜箔，并要尽可能加大与被焊件的接触面，以缩短加热时间，保护铜箔不被烫坏。

焊接过程

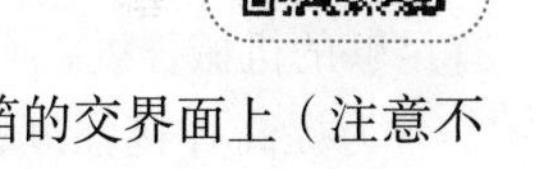

3）熔化焊料。待被焊件加热到一定温度后，将焊锡丝放到被焊件和铜箔的交界面上（注意不要放到烙铁头上），使焊锡丝熔化并浸湿焊点，如图 3-53c 所示。

4）移开焊锡。当焊点上的焊锡已将焊点浸湿时，要及时撤离焊锡丝，以保证焊锡不至过多，焊点不出现堆锡现象，从而获得较好的焊点，如图 3-53d 所示。

5）移开电烙铁。移开焊锡后，待焊锡全部润湿焊点，并且松香焊剂未完全挥发时，就要及时、迅速地移开电烙铁，电烙铁移开的方向以 45° 最为适宜，如图 3-53e 所示。如果移开的时机、方向、速度掌握不好，则会影响焊点的质量和外观。

完成这五步后，焊料尚未完全凝固以前，不能移动被焊件之间的位置，因为焊料未凝固时，如果相对位置被改变，就会产生假焊现象。

上述过程对一般焊点而言，大约需要 2 ～ 3s。对于热容量较小的焊点，例如印制电路板上的小焊盘，有时用三步法概括操作方法，即将上述步骤 2）、3）合为一步，步骤 4）、5）合为一步。实际上细微区分还是五步，因此五步法具有普遍性，是掌握手工焊接的基本方法。

提示：各步骤之间停留的时间对保证焊接质量至关重要，只有通过实践才能逐步掌握。

（4）焊接操作的注意事项

1）由于焊丝成分中铅占一定比例，众所周知，铅是对人体有害的重金属，因此操作时应戴手套或操作后洗手，避免误食。

2）焊剂加热时挥发出来的化学物质对人体是有害的，如果在操作时人的鼻子距离烙铁头太近，则很容易将有害气体吸入。一般鼻子距电烙铁的距离不小于30cm，通常以40cm为宜。

3）使用电烙铁要配置烙铁架，一般放置在工作台右前方，电烙铁用后一定要稳妥地放置于烙铁架上，并注意导线等物不要碰烙铁头。

（5）手工焊接的要求　通常可以看到这样一种焊接操作法，即先用烙铁头沾上一些焊锡，然后将电烙铁放到焊点上停留，等待加热后焊锡润湿焊件。应注意，这不是正确的操作方法。虽然这样也可以将焊件焊起来，但却不能保证焊接质量。当把焊锡熔化到烙铁头上时，焊锡丝中的焊剂附在焊料表面，由于烙铁头温度一般都在250～350℃范围，在电烙铁放到焊点上之前，松香焊剂不断挥发，而当电烙铁放到焊点上时，由于焊件温度低，加热还需一段时间，在此期间焊剂很可能挥发大半甚至完全挥发，因而在润湿过程中会由于缺少焊剂而润湿不良。同时，由于焊料和焊件温度差得多，结合层不容易形成，很容易虚焊。而且由于焊剂的保护作用丧失后焊料容易氧化，焊接质量也得不到保证。因此，手工焊接必须符合以下要求。

1）要保证焊点有良好的导电性能。虚焊是指焊料与被焊物表面没有形成合金结构，只是简单地依附在被焊金属的表面上，如图3-54所示。虚焊很难用仪表检测出来，但会使产品质量大打折扣。为使焊点具有良好的导电性能，必须防止虚焊。

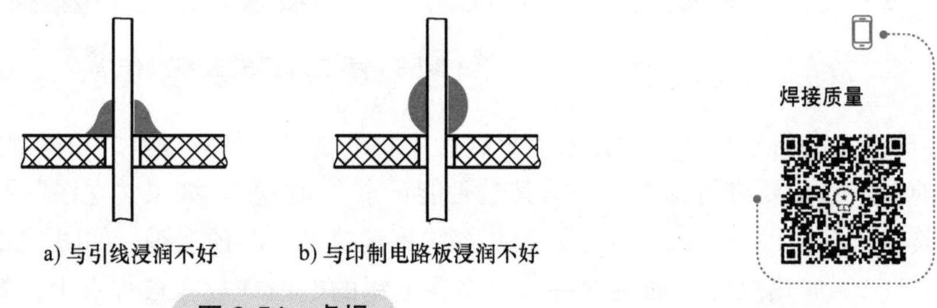

图3-54　虚焊

2）焊点要有足够的机械强度，以保证被焊件在受到振动或冲击时不致脱落、松动。为使焊点有足够的机械强度，一般可采用把被焊元器件的引线端子打弯后再焊接的方法。

为提高焊接强度，用引线穿过焊盘后可进行相应的处理，一般采用三种方式，如图3-55所示。其中图3-55a所示为直插式，这种处理方式的机械强度较小，但拆焊方便；图3-55b所示为打弯处理方式，所弯角度为45°左右，其焊点具有一定的机械强度；图3-55c所示为完全打弯处理方式，所弯角度为90°左右，这种形式的焊点具有很高的机械强度，但拆焊比较困难。

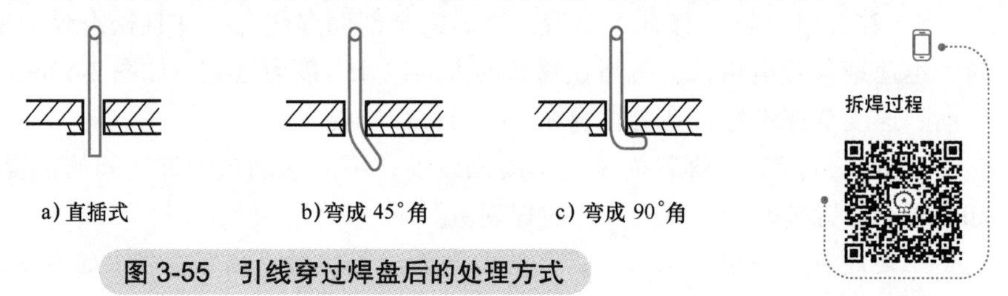

图3-55　引线穿过焊盘后的处理方式

3）焊点表面要光滑、清洁。为使焊点表面光滑、清洁、整齐，不但要有熟练的焊接技能，而且要选择合适的焊料和焊剂。焊点不光洁主要表现为焊点出现粗糙、拉尖、棱角等现象。

4）焊点不能出现搭接、短路现象。如果两个焊点很近，很容易造成搭接、短路的现象，因此在焊接和检查时，应特别注意这些地方。

练习与拓展

一、填空题

1. 半导体二极管最重要的性能是________。

2. 滤波的目的是把______________中的______________成分滤掉。电容滤波：电容与负载__________________________；电感滤波：电感与负载串联。

3. 晶体管有放大作用的外部条件是：发射结____________和集电结____________。

4. 多级放大电路的耦合方式有：________、________和变压器耦合，________耦合可以放大缓慢信号和直流信号，________耦合仅能放大交流信号。

5. 电烙铁的握法通常有________、________和________3 种。

6. 外热式电烙铁由________、________、________、________和________等部分组成。

7. 恒温电烙铁有________和________两种。

8. 为使焊点有足够的机械强度，一般可采用________的方法。

9. 如果两个焊点很近，很容易造成________、________的现象，因此在焊接和检查时，应特别注意这些地方。

10. 吸锡电烙铁由________、________、________和________等部分组成。

二、判断题

1. 放大器的静态是指输入交流信号为 0 时的工作状态。（　　）

2. 放大器的输出电阻大小与所接负载大小有关。（　　）

3. 松香的腐蚀性较小，电子电路的焊接通常采用松香作为焊剂。（　　）

4. 电烙铁接通电源后，不热或不太热的原因可能为电烙铁头发生氧化。（　　）

5. 一般来说电烙铁的功率越大，热量越大，烙铁头的加热时间越长。（　　）

6. 加锡的顺序是先加热后放焊锡。（　　）

7. 清洁电烙铁所使用的海绵应沾有适量的酒精。（　　）

8. 使用新电烙铁前必须先给烙铁头镀上一层焊锡。（　　）

9. 烙铁加热到 400℃时，烙铁头会急剧热氧化，而在热量不足时应立即调高温度，不应该更换热容量大的烙铁。（　　）

10. 在焊接小功率的二极管时，既要保证焊点可靠，又要注意不使管子过热而损坏。（　　）

项目三　声光控节能开关的组装与调试

知识目标

（1）认识组成声光控节能开关电路的元器件，并能识读元器件的电气符号。

（2）熟练运用万用表检测声光控节能开关的各种元器件的质量，判别引脚。

（3）能根据装配图在印制电路板上正确组装声光控节能开关套件。

技能目标

（1）能熟练组装声光控节能开关套件，如图 3-56 所示。

（2）学会排除声光控节能开关中常见的故障。

（3）培养学生的职业道德意识、安全操作规范意识。

（4）培养学生逻辑思维、分析问题解决问题能力。

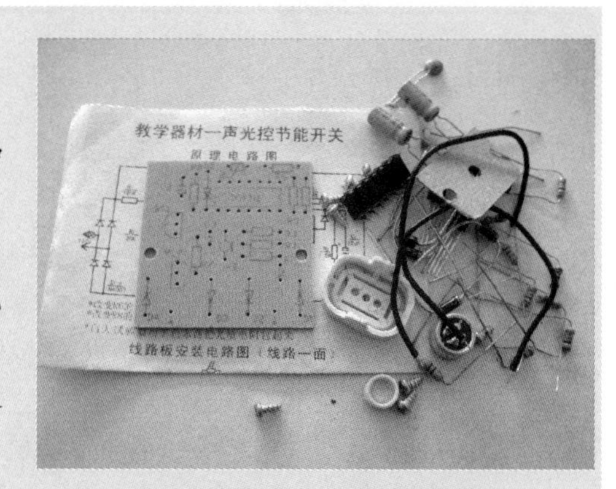

图 3-56　声光控节能开关套件

工具与器材

电烙铁、烙铁架、焊锡丝、助焊剂、吸锡器、镊子、斜口钳、万用表、实验电源、灯泡等。工具如图 3-57 所示，仪器如图 3-58 所示。

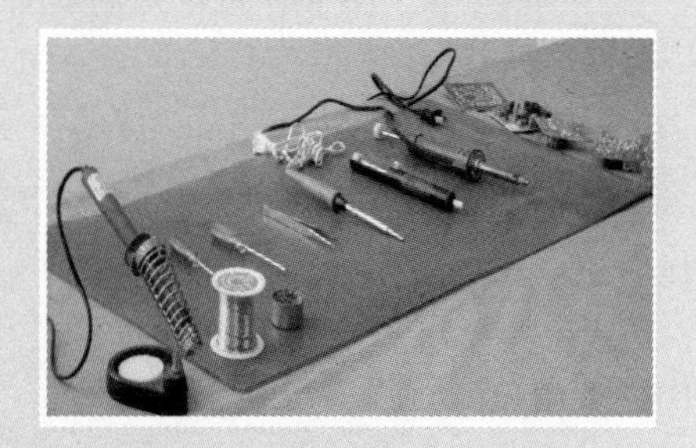

图 3-57　工具

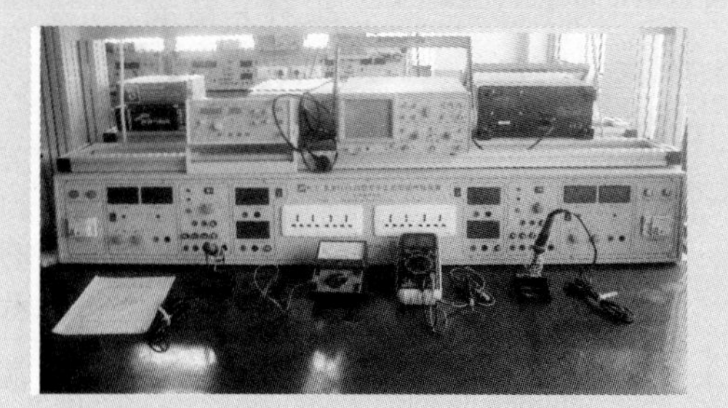

图 3-58　仪器

操作步骤

1. 识读电路原理图和印制电路板图（图 3-59 ~ 图 3-61）

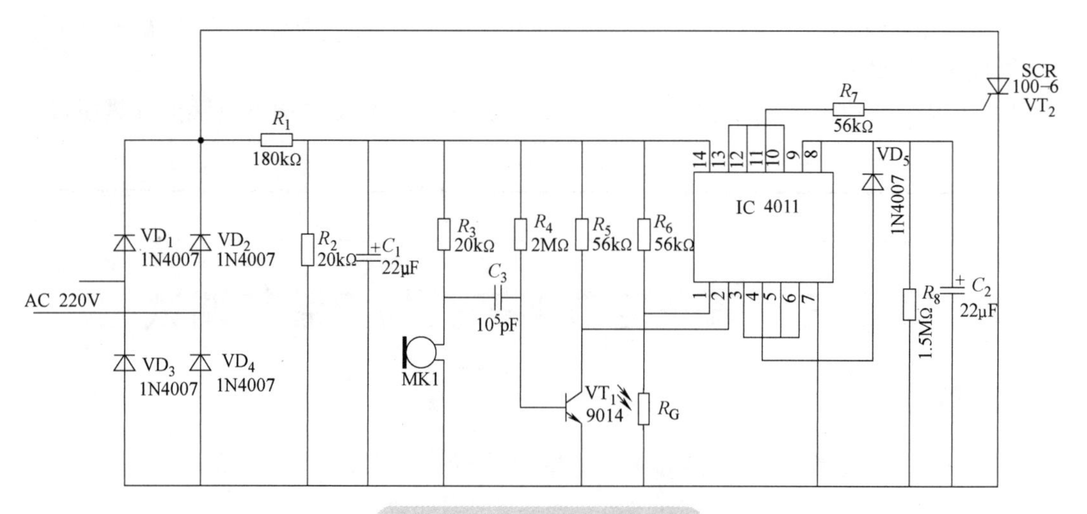

图 3-59　声光控电路原理图

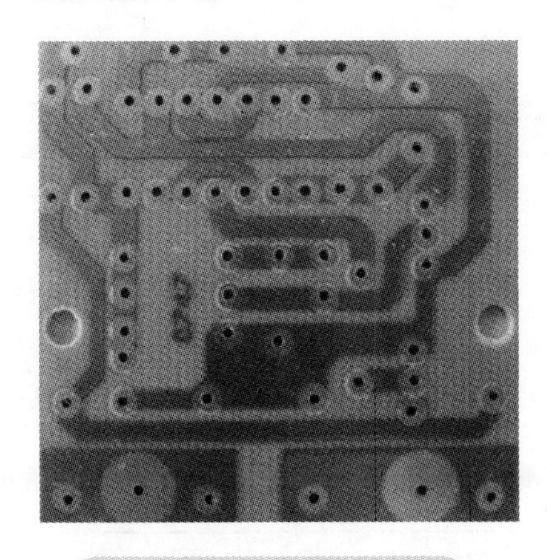

图 3-60　印制电路板图反面

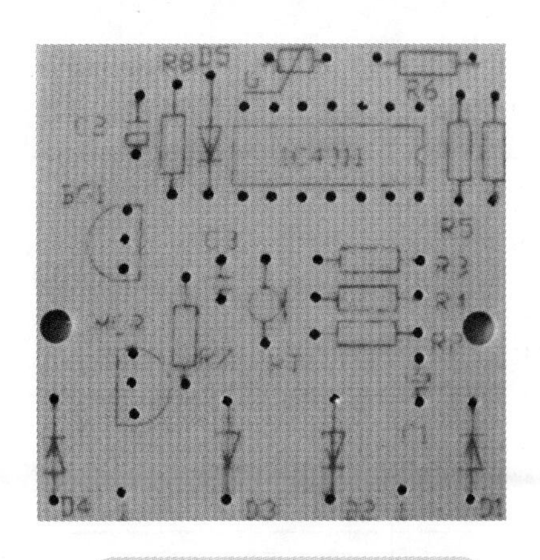

图 3-61　印制电路板图正面

2. 根据电路图安装电路

（1）核对元器件　根据表 3-9 所列内容核对元器件的规格及数量。

表 3-9　元器件清单

序　号	名　称	规　格	数　量	备　注
1	电阻 R_1	180kΩ	1 只	
2	电阻 R_2、R_3	20kΩ	2 只	
3	电阻 R_4	2MΩ	1 只	
4	电阻 R_5 ～ R_7	56kΩ	3 只	
5	电阻 R_8	1.5MΩ	1 只	
6	电容 C_3	10^5pF	1 只	
7	电解电容 C_1、C_2	22μF	2 只	
8	二极管 VD_1 ～ VD_5	1N4007	5 只	
9	晶闸管 VT_2	SCR100-6	1 只	
10	晶体管 VT_1	9014	1 只	
11	光敏电阻	GM4539	1 只	
12	驻极体传声器	CRZ2-9	1 只	
13	IC 4011		1 只	
14	电源线		1 根	220V 交流
15	灯泡	220V/25W	1 只	

（2）检测元器件（表 3-10）

表 3-10　元器件检测标准

元器件名称	检测标准	使用工具	备　注
电阻 R_1	180kΩ，允许偏差 ±10%	万用表	R×10k 档
电阻 R_2、R_3	20kΩ，允许偏差 ±5%	万用表	R×1k 档

（续）

元器件名称	检测标准	使用工具	备　注
电阻 R_4	2MΩ，允许偏差 ±5%	万用表	$R\times10k$ 档
电阻 $R_5\sim R_7$	56kΩ，允许偏差 ±5%	万用表	$R\times10k$ 档
电阻 R_8	1.5MΩ，允许偏差 ±5%	万用表	$R\times10k$ 档
电容 C_3	两端电阻值为∞	万用表	$R\times10k$ 档
电解电容 C_1、C_2	指针到达最右端后缓慢向左偏转至无穷大处	万用表	$R\times1k$ 档
二极管	反向电阻值为∞ 正向电阻值为 300 ～ 500Ω	万用表	$R\times1k$ 档或 $R\times100$ 档
晶体管	b-c 之间的电阻值较小 b-e 之间的电阻值较小 c-e 之间的电阻值为∞	万用表	$R\times1k$ 档或 $R\times100$ 档
晶闸管	G-K 之间的电阻值较小，大约几十欧 A-K 之间的电阻值为∞ G-A 之间的电阻值为∞	万用表	$R\times1k$ 档

（3）安装电路元器件

1）安装电阻。按照电路原理图将电阻插装到印制电路板上，如图 3-62 所示。

a) 电阻的插装

b) 电阻引脚的焊接

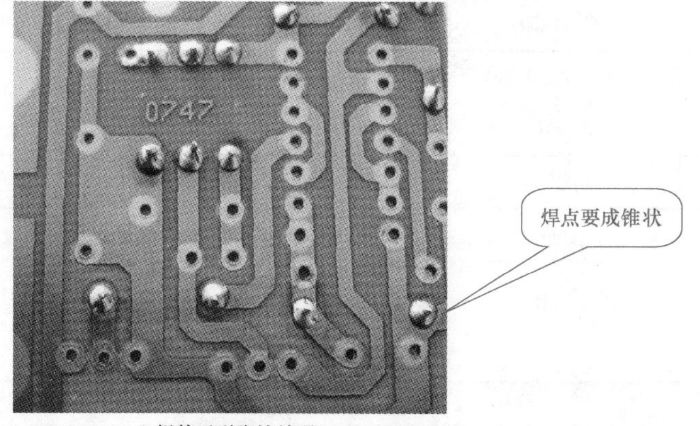

c) 焊接后引脚的处理

图 3-62　电阻的安装

根据焊接工艺要求将引脚焊接到印制电路板上，剪断剩余引线，距离板面大约 1mm。

2）安装二极管。将二极管安装到印制电路板上，注意二极管的极性，如图 3-63 所示。

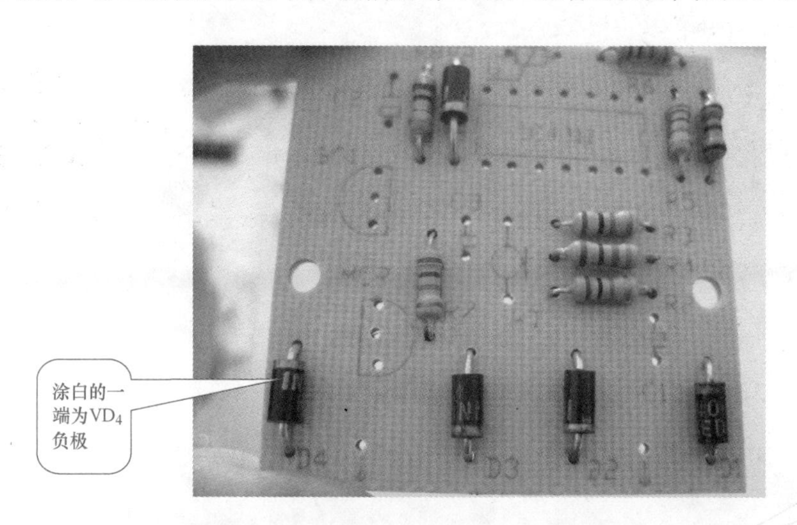

图 3-63　二极管的安装

3）安装电容。根据印制电路板上的标注安装电容，本电路中共有 3 个电容，其中 1 个为瓷片电容，2 个为电解电容，一般情况下，电解电容引脚长的一端为正极，引脚短的一端为负极，观察电解电容的外表，标有“-”的一端为负极。电容的安装如图 3-64 所示。

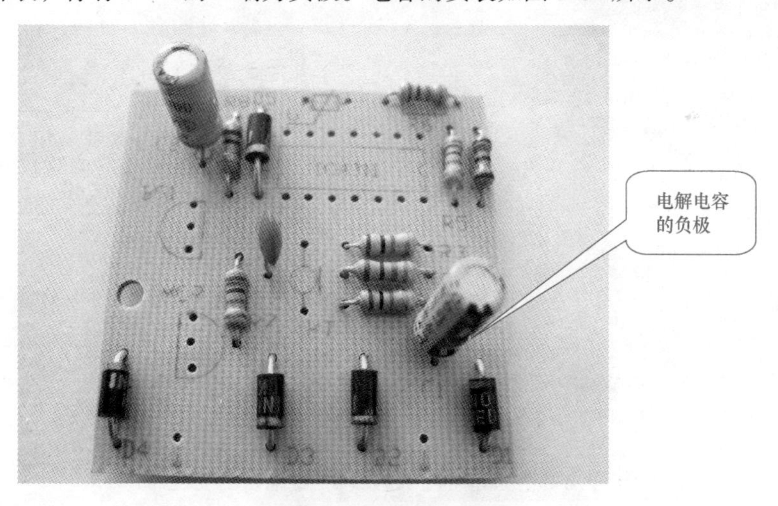

图 3-64　电容的安装

4）安装晶体管和晶闸管。根据印制电路板上的标注，安装晶体管和晶闸管，如图 3-65 所示。晶体管容易受温度影响，在焊接过程中要注意焊接时间，一般以 3s 为宜。

5）安装传声器、IC 以及光敏电阻。传声器、IC 以及光敏电阻的安装如图 3-66 所示。安装传声器之前要先对其引脚进行处理，将两根金属导线（也可用剪下的元器件的引脚）焊接到传声器的两极上，如图 3-66a 所示。

6）焊接电源线。将导线从印制电路板正面穿过，将导线头焊接到印制电路板的覆铜面，如图 3-67 所示。

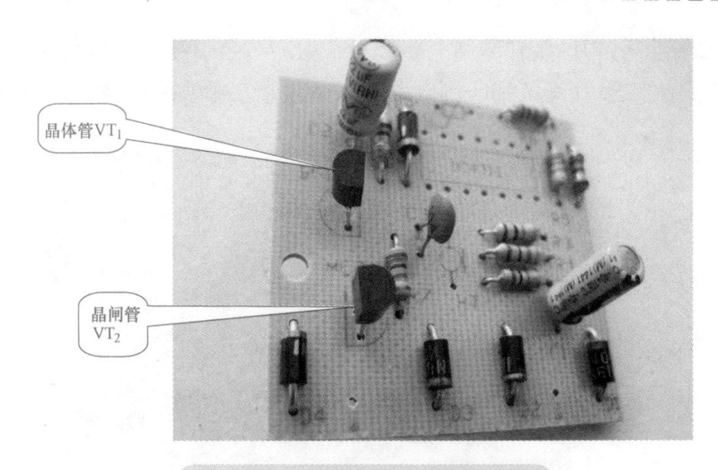

图 3-65　晶体管和晶闸管的安装

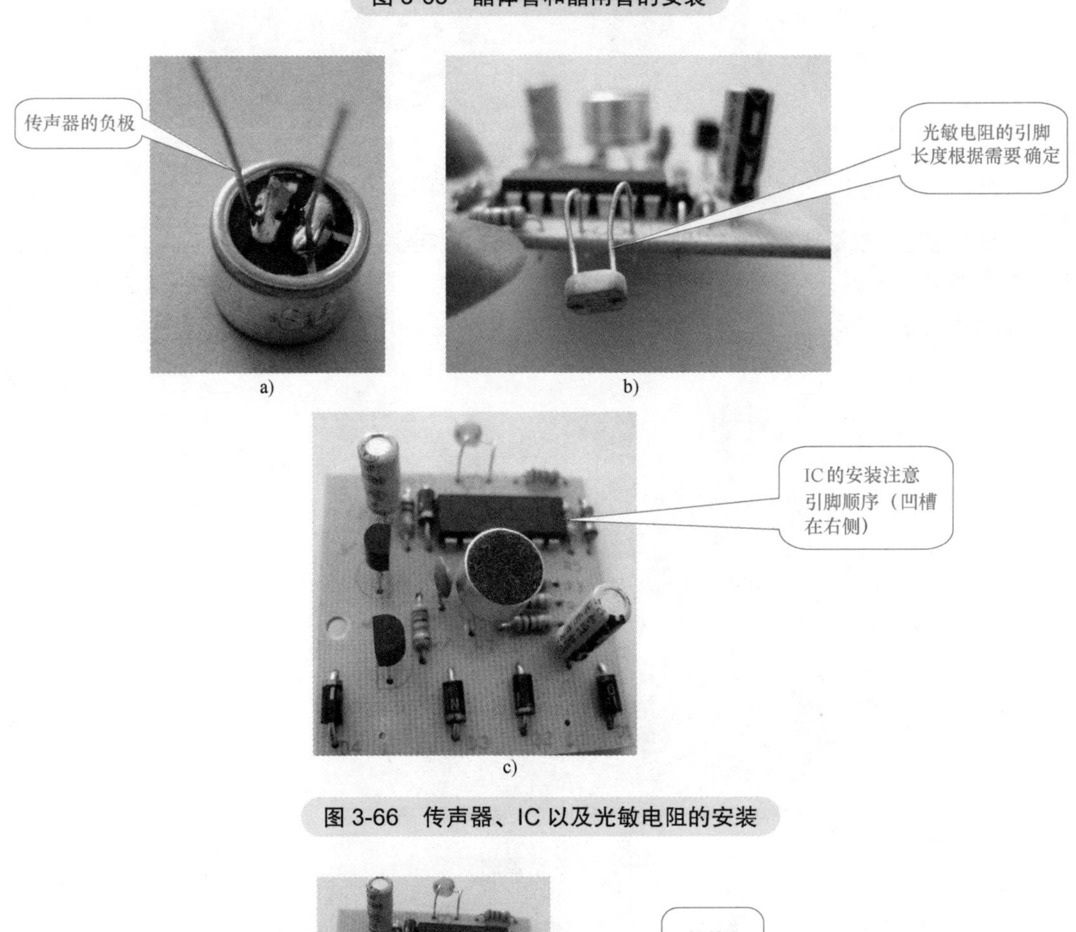

a)　b)　c)

图 3-66　传声器、IC 以及光敏电阻的安装

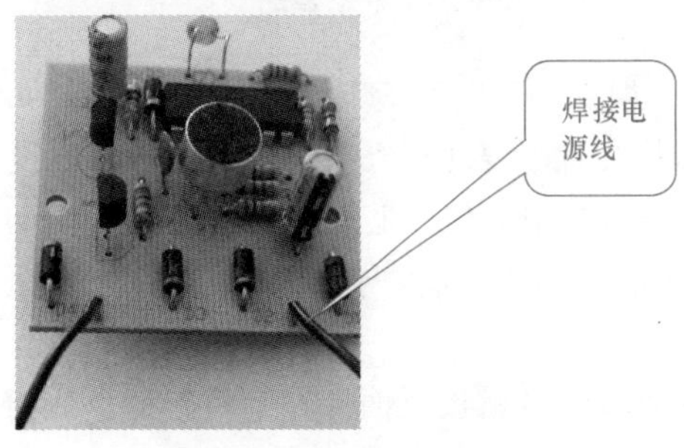

图 3-67　焊接电源线

7）组装外壳，如图 3-68 所示。

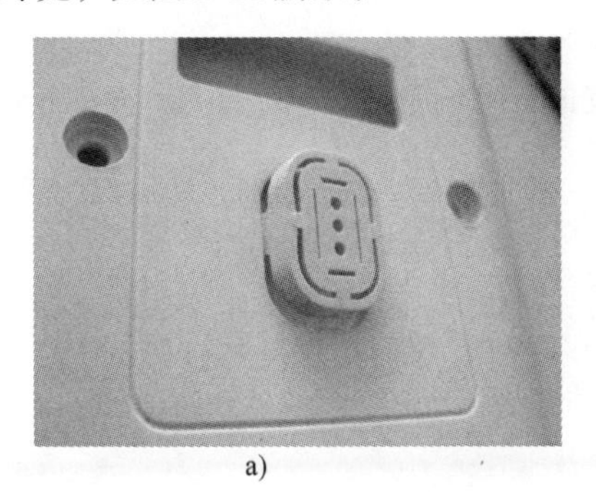
a)

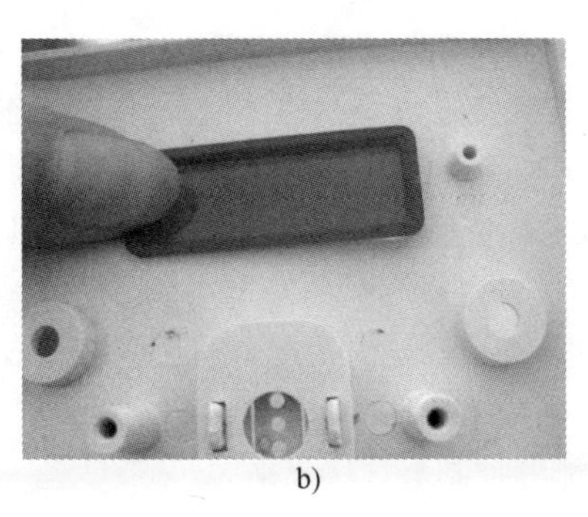
b)

图 3-68　组装外壳

8）固定电路板，如图 3-69 所示。将电路板用螺钉固定，盖上后盖后再用螺钉将后盖固定。

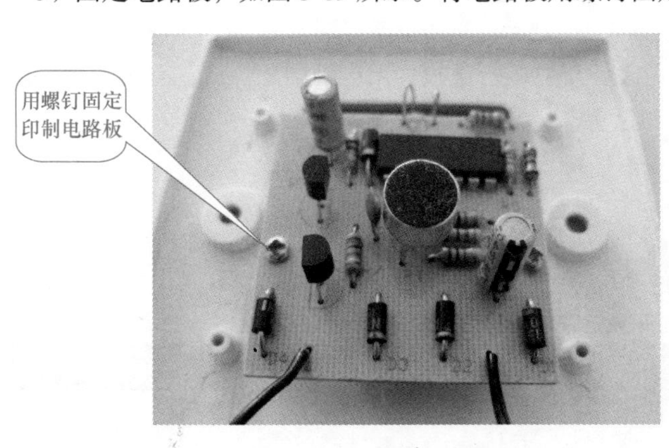

a)

b)

图 3-69　固定电路板

9）整机装配。连接电源插头线以及灯泡，将印制电路板上的电源引出线一端接电源插头，另一端接灯泡，用焊锡固定后再用绝缘胶带封好，如图 3-70 所示。

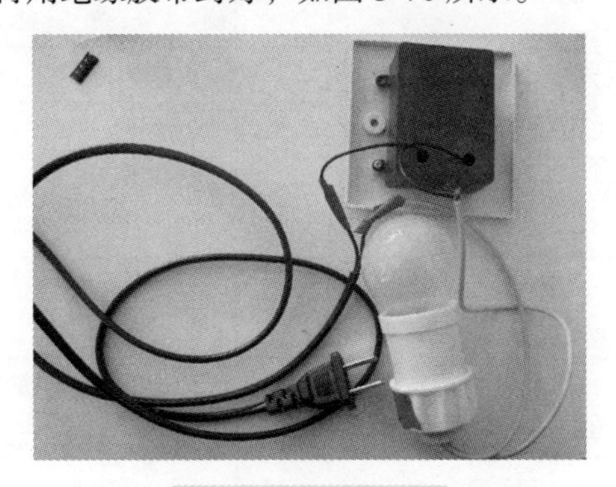

图 3-70　整机装配

3. 调试电路

1）通电前对印制电路板进行安全检测。

① 根据安装图检查是否有漏装的元器件或连接导线。

② 根据安装图或原理图检查二极管、晶体管、电解电容的极性是否安装正确。

③ 检测220V交流电源是否正常。

④ 断开220V交流电源，检测电源连接点之间的电阻值。若电阻值太小或为0（短路），应进一步检查电路。

⑤ 完成以上检查后，接好220V交流电源即可进行测试。

2）检测声光控节能开关的基本功能。

① 声控功能：只要发出一定声响，电灯就自动亮起，或者用同样的方法关闭也可以。

② 光控功能：利用手电筒等光源照一下电灯的光感应元件，使电灯能在光亮的环境下亮起来，或者使用光源能够控制电灯亮起来。

③ 延时功能：电灯工作后，过一段时间能自动关闭。

3）电路主要故障检测。

按信号流程顺序检测各个功能单元电路的输入信号、输出信号。若输入信号正常，输出信号不正常，说明该单元有故障（检测信号电压）。

用万用表检测二极管两端电压值，晶体管发射极、基极、集电极的电位值，有光和无光两种情况下光敏电阻两端的电压值。

评定考核

声光控节能开关电路的组装与调试的成绩评分标准见表3-11。

表3-11　声光控节能开关电路的组装与调试的成绩评分标准

序号	项目		考核要求	配分	评分标准	检测结果	得分
1	仪器仪表的使用及元器件的测量	电阻	识别并检测电阻、电解电容、二极管、晶体管、光敏电阻、传声器、晶闸管	5	万用表档位选择正确，电阻值测试正确，5分		
		电解电容		4	电解电容性能测试，4分		
		二极管		3	极性判断正确，2分，导通压降测试正确，1分		
		晶体管		10	极性判断正确，4分；类型判断正确，4分；放大倍数测试正确，2分		
		传声器		3	传声器性能测试，3分		
		晶闸管		5	极性判断正确，5分		
2	布局	元器件及结构布局	美观、合理	8	美观、合理满分，否则酌情扣分		
3	焊接	焊接装配质量	无虚焊、连焊，焊点规范、美观	22	无缺陷，满分；每5个缺陷点扣1分		
4	调试		正确使用仪器测试所要求的波形及参数	35	工作正常，测试的波形及参数正确，满分		
5	性能		整体工作稳定	5	性能良好满分，否则酌情扣分		
6	安全文明操作		按规定操作		违反安全文明操作规定，扣5～20分		
备注				合计			
				教师签字		年　月　日	

相关知识

1. 元器件符号对照（表 3-12）

表 3-12　元器件符号对照

元器件名称	符　号	元器件名称	符　号
电阻		晶体管	
光敏电阻		晶闸管	
电容		传声器	
电解电容	+	指示灯	
二极管		集成芯片 4011	14 13 12 11 10 9 8 1 2 3 4 5 6 7

2. 光敏电阻

（1）光敏电阻的结构　光敏电阻又称光感电阻，是利用半导体的光电效应制成的一种电阻值随入射光的强弱而改变的电阻；入射光强，电阻减小，入射光弱，电阻增大。光敏电阻一般用于光的测量、光的控制和光电转换（将光的变化转换为电的变化）。

通常将光敏电阻制成薄片结构，以便吸收更多的光能。当它受到光的照射时，半导体片（光敏层）内就激发出电子 - 空穴对，参与导电，使电路中的电流增强。一般光敏电阻的结构及电路符号如图 3-71 所示。

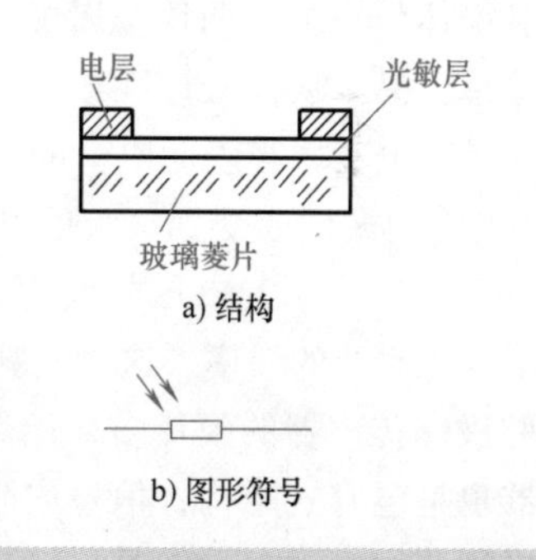

图 3-71　光敏电阻的结构及电路符号

（2）光敏电阻的材料和主要参数　用于制造光敏电阻的材料主要是金属的硫化物、硒化物和碲化物等半导体。

光敏电阻的主要参数有亮电阻、暗电阻、光电特性、光谱特性、频率特性、温度特性。在光敏电阻两端的金属电极之间加上电压，其中便有电流通过，受到适当波长的光线照射时，电流就会随光强的增加而变大，从而实现光电转换。光敏电阻没有极性，是一个电阻元件，使用时可以加直流，也可以加交流。

（3）光敏电阻的工作原理　在黑暗环境里，它的电阻值很高，当受到光照时，只要光子能量大于半导体材料的禁带宽度，则价带中的电子吸收一个光子的能量后可跃迁到导带，并在价带中产生一个带正电荷的空穴，这种由光照产生的电子 - 空穴对增加了半导体材料中载流子的数目，使其电阻率变小，从而造成光敏电阻的阻值下降。光照越强，电阻值越低。入射光消失后，由光子激发产生的电子-空穴对将逐渐复合，光敏电阻的电阻值也就逐渐恢复原值。

（4）光敏电阻的检测

1）用一黑纸片将光敏电阻的透光窗口遮住，此时万用表（$R\times1\text{k}$档）的指针基本保持不动，阻值接近无穷大。此值越大说明光敏电阻的性能越好。若此值很小或接近于零，则说明光敏电阻已烧穿损坏，不能继续使用。

2）将一光源对准光敏电阻的透光窗口，此时万用表（$R\times10\text{k}$档）的指针应有较大幅度的摆动，阻值明显减小，此值越小说明光敏电阻的性能越好。若此值很大甚至无穷大，则表明光敏电阻内部开路损坏，也不能再继续使用。

3）将光敏电阻的透光窗口对准入射光线，用小黑纸片在光敏电阻的遮光窗上部晃动，使其间断受光，此时万用表指针应随黑纸片的晃动而左右摆动。如果万用表指针始终停在某一位置不随纸片晃动而摆动，则说明光敏电阻的光敏材料已经损坏。

光敏电阻的应用广泛，它可应用于照相机自动测光、光电控制、室内光线控制、报警器、工业控制、光控开关、光控灯、电子玩具、光控音乐IC、电子验钞机等各个领域。

3. 传声器

传声器是将声音信号转换为电信号的能量转换器件，又称话筒、麦克风、微音器。

驻极体传声器是用事先已注入电荷而被极化的驻极体代替极化电源的电容传声器。驻极体传声器有两种类型：一种是用驻极体高分子薄膜材料做振膜（振膜式），此时振膜同时担负着声波接收和极化电压双重任务；另一种是用驻极体材料做后极板（背极式），此时它仅起着极化电压的作用。由于驻极体传声器不需要极化电压，简化了结构，且其电声特性良好，所以在录声、扩声和户外噪声测量中已逐渐取代外加极化电压的传声器。

驻极体传声器有两块金属极板，将其中一块表面涂有驻极体薄膜（多数为聚全氟乙丙烯）的极板接地，另一块极板接在场效应晶体管的栅极上，栅极与源极之间接有一个二极管。驻极体膜片本身带有电荷，当表面电荷的电量为Q，板极间的电容量为C时，在极头上产生的电压为$U=Q/C$。当受到振动或受到气流的摩擦时，由于振动使两极板间的距离改变，即电容C改变，而电量Q不变，就会引起电压的变化，电压变化的大小，反映了外界声压的强弱，这种电压变化频率反映了外界声音的频率，这就是驻极体传声器的工作原理。

驻极体传声器的膜片多采用聚全氟乙丙烯，其受湿度影响小，产生的表面电荷多。由于这种传声器也是电容式结构，信号内阻很大，为了将声音产生的电压信号引出来并加以放大，其输出端也必须使用场效应晶体管。驻极体传声器体积小巧，成本低廉，在电话、手机等设备中被广泛使用。

检测灵敏度：将万用表的功能旋钮置于$R\times1$档，黑表笔接漏极D，红表笔接地。用嘴巴对准传声器轻轻吹气，同时观察万用表指针的摆动幅度，幅度越大，灵敏度越高。

4. 晶闸管

晶闸管（Thyristor）是晶体闸流管的简称，又称可控硅整流器。晶闸管是PNPN四层半导体结构，它有三个极：阳极、阴极和门极。晶闸管的工作条件为：加正向电压且门极有触发电流；其派生器件有：快速晶闸管、双向晶闸管、逆导晶闸管、光控晶闸管等。它是一种大功率开关型半导体器件，在电路中用文字符号“V”“VT”表示（旧标准中用字母“SCR”表示）。

1）晶闸管的特性。晶闸管具有硅整流器件的特性，能在高电压、大电流条件下工作，且其工作过程可以控制，被广泛应用于可控整流、交流调压、无触点电子开关、逆变及变频等电子电路中。

2）晶闸管的工作原理。晶闸管在工作过程中，它的阳极 A 和阴极 K 与电源和负载连接，组成晶闸管的主电路，晶闸管的门极 G 和阴极 K 与控制晶闸管的装置连接，组成晶闸管的控制电路。

3）晶闸管的工作条件。

① 晶闸管承受反向阳极电压时，不管门极承受何种电压，晶闸管都处于关断状态。

② 晶闸管承受正向阳极电压时，仅在门极承受正向电压的情况下晶闸管才导通。

③ 晶闸管在导通情况下，只要有一定的正向阳极电压，不论门极电压如何，晶闸管均保持导通，即晶闸管导通后，门极失去作用。

④ 晶闸管在导通情况下，当主电路电压（或电流）减小到接近于零时，晶闸管关断。

4）晶闸管的符号如图 3-72 所示。

5）晶闸管的检测。检测时先应判别出晶闸管的电极。对于小功率晶闸管，利用万用表的 $R\times1k$ 档，两表笔任意测量两极间电阻的阻值，直到测得某两极正、反向电阻值的差值很大为止，且正向电阻值约几百欧以下，反向电阻值大于几千欧。这时，在电阻值小的那次测量中，黑表笔所接的是晶闸管的 G 极，红表笔接的是 K 极，剩下的则是 A 极。对于大功率晶闸管（一般体积大的功率大），可用“$R\times10k$”档或“$R\times1k$”档检测，但测得的电阻值分别比上述小功率晶闸管小 1 ～ 2 个数量级，判别法完全相同。实际应用中，还存在两个阴极引线的晶闸管，这是为了便于与电路进行连接，它的极性判别法与上述方法一样，应能进行识别。

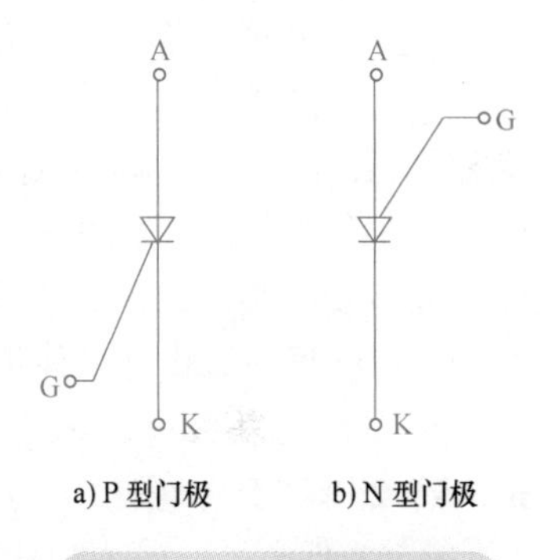

图 3-72　晶闸管的符号

5. 4011

4011 是由 4 个与非门组成的，用来控制光控电路、声控电路、延时电路。电路工作过程如图 3-73 所示。

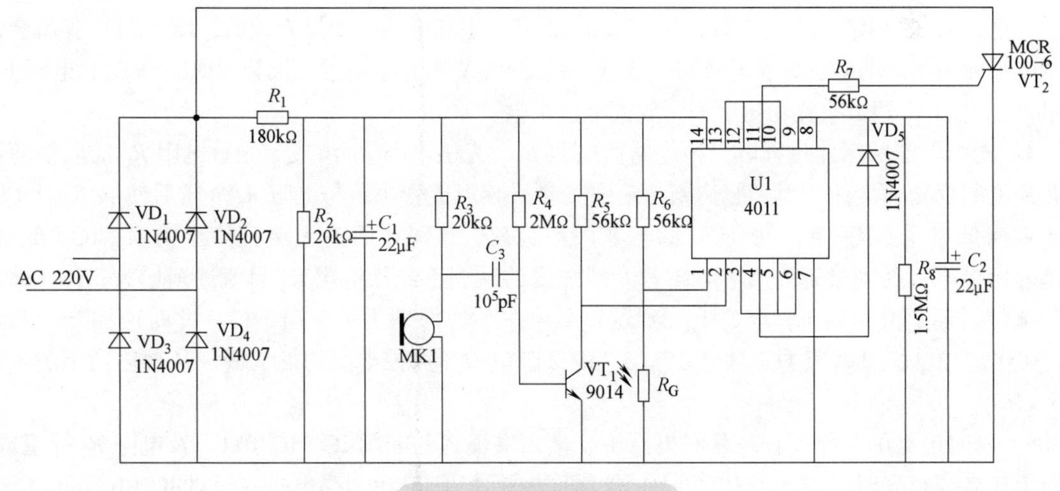

图 3-73　电路工作过程

6. 声光控电路的工作原理

1）电源电路的工作过程。由 R_1、R_2、C_1 等元件组成一个简单的直流稳压电源，输出至 4011 第 14 脚给整机供电。利用二极管 VD_1 ～ VD_4 的单向导电性，即加正向电压导通、加反向电压截止的特性，将交流 220V 进行桥式整流，变成脉动直流电，又经 R_1 降压，R_2、C_1 滤波使波形变得平滑，得到较为稳定的直流电源，为驻极体传声器（MK1）、放大电路（VT_1）、逻辑电平反转及触发电路（IC4011芯片）等供电。

2）声光控开关的工作过程。4011内部结构图如图3-74所示。

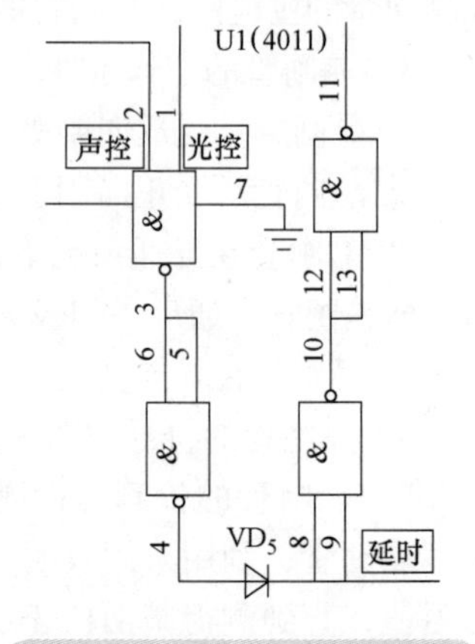

图3-74　4011内部结构图

白天灯不亮，由光敏电阻R_G、R_6等元件组成光控电路，当光照达到一定强度时，光敏电阻R_G阻值变小，与R_6分压后，使U1（4011）1脚处于逻辑低电平0，4个与非门IC（a）、IC（b）、IC（c）、IC（d）的逻辑功能为“见0出1，全1为0”，这时不管有无声音信号输入，U1（4011）11脚都是低电平，晶闸管门极G不触发，正向阻断，灯不亮。

光线变暗后，光敏电阻R_G阻值逐渐增大，IC（a）1脚电位逐渐上升为逻辑高电平1，当环境声音信号很弱时，晶体管VT_1处于饱和状态，IC（a）2脚为低电平0，IC（d）11脚为低电平，晶闸管VT_2仍然阻断，灯不亮。

光线变暗后，IC（a）1脚为逻辑高电平1，当环境声音信号达到一定强度时，由驻极体传声器MK1接收并转换成电信号，经电容C_1耦合到晶体管VT_1的基极进行电压放大，放大的信号送到与非门IC（a）的2脚，使IC（a）2脚处于高电平，由于与非门的逻辑功能为“见0出1，全1为0”，IC（a）3脚跳变为低电平，IC（d）11脚为高电平，晶闸管VT_2导通，灯点亮。

声光控开关的安装

3）声控电路的工作过程。声控电路由传声器MK1、晶体管VT_1、电容C_3、直流电源及电阻R_4、R_5等组成，其中MK1为声检测元件。

当环境声音信号很弱时，IC(a)1脚为低电平，晶体管VT_1处于饱和状态，IC(a)2脚为低电平，晶闸管VT_2阻断。当环境声音信号达到一定强度时，IC（a）1脚为高电平，由驻极体传声器MK1接收并转换成电信号，经电容C_3耦合到晶体管VT_1的基极进行电压放大，放大的信号送到与非门IC（a）的2脚，使IC（a）2脚处于高电平，如果光线弱，IC（a）1脚就会处于高电平而满足了与非门的反转条件，IC（a）3脚跳变为低电平。二极管VD_1～VD_4、电阻R_1、电阻R_2、电容C_1组成直流稳压电源为放大电路供电。

4）光控电路的工作过程。光控电路由电阻R_6、光敏电阻R_G组成。光敏电阻R_G的阻值随着光照强度的变化而变化，当光照达到一定强度时，其阻值变小，与电阻R_6分压后使IC（a）1脚处于逻辑低电平，IC（a）1脚所在的与非门被封死，这时不管有无声音信号输入，IC（d）11脚都是低电平，晶闸管正向阻断。随着光照强度的减弱，光敏电阻R_G阻值逐渐增大，IC（a）1脚的电位逐渐上升，当1脚电位上升到逻辑高电平后，即满足了开门条件，此时声控开始起作用，IC（a）3脚是否反转只取决于IC（a）的2脚电位（声控电路的输入端）是否达到了逻辑高电平。

5）延时电路的工作过程。延时电路由4个二端输入与非门IC（IC4011）及电阻R_7等组成。当白天或光线很亮时，与非门IC（a）1脚为低电平，3脚输出为高电平，经过IC（b）、IC（c）、IC（d）的电平转换，IC（d）11脚输出为低电平，晶闸管VT_2不被触发，灯不亮；当环境光线较暗时，IC（a）1脚为逻辑高电平，为IC（a）3脚的翻转提供了条件，IC（a）翻转与否受控于IC（a）2脚的电平高低（声控电路的输入端）。当有声音信号输入使IC（a）2脚为高电平时，输出端3脚跳变为低电平，4脚跳变为高电平并经二极管VD_5向电容C_2充电，电容C_2上的电压不断升高，当C_2上的电压上升到IC逻辑高电平时，10脚变为低电平，11脚输出高电平，经电阻R_7分压后

加到晶闸管 VT_2 的门极，晶闸管 VT_2 被触发导通。

练习与拓展

一、根据图 3-75b 所示的印制电路板图，将图 3-75a 所示电路原理图中缺少的元器件翻绘出来，并标出其元器件编号

二、选择题

1. 单相桥式整流电路中，如一只整流管接反，则（　　）。

A. 输出直流电压减小　　B. 将引起电源短路

C. 将成为半波整流电路　　D. 仍为桥式整流电路

2. 为了使高内阻信号源与低阻负载能很好地配合，可以在信号源与低阻负载间接入（　　）。

A. 共射极电路　B. 共基电路　C. 共集电路　D. 共集 - 共基电路

3. 低频信号发生器是所有发生器中用途最广的一种，下列选项中对其用途描述不正确的是（　　）。

A. 测试或检修低频放大电路

B. 可用于测量扬声器、传声器等部件的频率特性

C. 可用作高频信号发生器的外部调制信号源

D. 脉冲调制

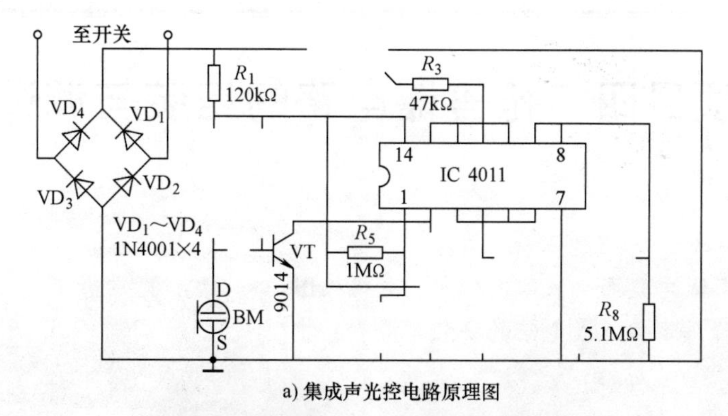

a) 集成声光控电路原理图

b) 集成声光控电路印制电路板图

图 3-75　练习题图

4. 放大电路中某晶体管 3 个管脚测得的对地电压分别为 −8V、−3V、−3.2V，该晶体管的类型是（　　）。

A.PNP 型硅管　　B. NPN 型硅管

C.PNP 型锗管　　D. NPN 型锗管

5. 某放大电路在负载开路时的输出电压为 4V，接入 3kΩ 的负载电阻后输出电压降为 3V，这说明放大电路的输出电阻为（　　）。

A.10kΩ　　B. 3kΩ

C.1kΩ　　D. 0.5kΩ

6. 在电源电路中，要考虑（　　）元器件的重量、散热等问题，应将其安装在底座上和通风处。

A. 电解电容、变压器、整流管等

B. 电源变压器、调整管、整流管等

C. 熔丝、电源变压器、高功率电阻等

7. 为减少放大器中各变压器之间的相互干扰，应将它们的铁心以（　　）方式排列。

A. 相互平行　　B. 相互垂直　　C. 相互成 45°

8. 在设备中为了防止静电和电场的干扰以及寄生电容的耦合，通常采用（　　）。

A. 电屏蔽　　B. 磁屏蔽

C. 电磁屏蔽　　D. 无线屏蔽

项目四　抢答器电路的组装与调试

知识目标

（1）会识读抢答器电路图、装配图、印制电路板图。

（2）能够按照操作步骤完成电路的安装与检测。

技能目标

（1）学会检测抢答器电路中的元器件。

（2）学会检测抢答器电路并能排除故障。

（3）培养学生自学能力、探索能力和知识应用能力。

（4）培养学生逻辑思维、分析问题和解决问题能力。

工具与器材

电烙铁、烙铁架、焊锡丝、助焊剂、吸锡器、镊子、斜口钳、万用表等。实训工具如图 3-76 所示，实训仪器如图 3-77 所示。

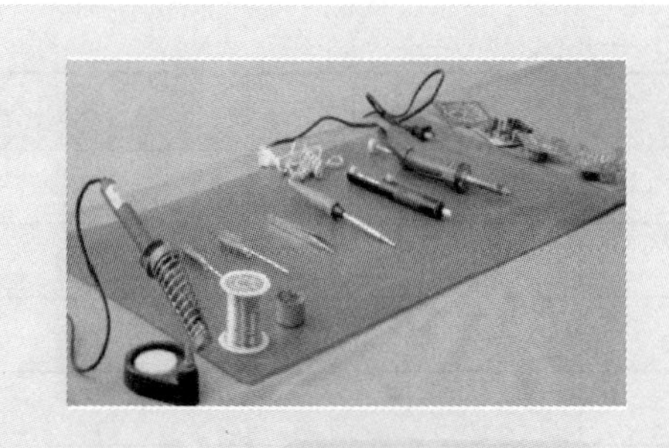

图 3-76　实训工具

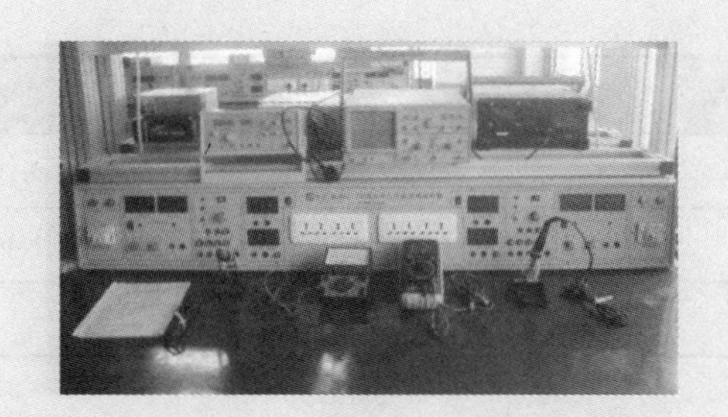

图 3-77　实训仪器

操作步骤

1. 识读电路原理图和印制电路板图（图 3-78 ~ 图 3-80）

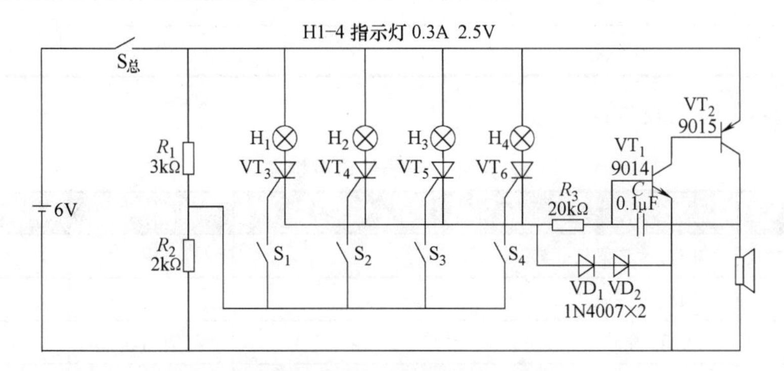

图 3-78　抢答器电路原理图

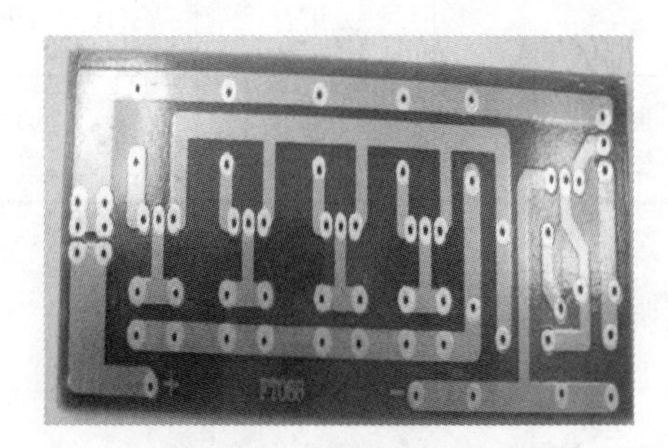

图 3-79　印制电路板图反面

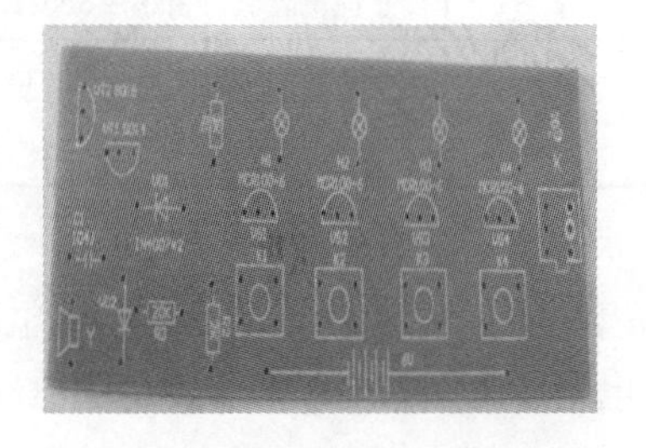

图 3-80　印制电路板图正面

2. 根据电路图安装电路

（1）核对元器件　根据表 3-13 所列内容核对元器件的规格及数量。

表 3-13　元器件清单

序号	名　称	规　格	数　量	备　注
1	电阻 R_1	3kΩ	1 只	
2	电阻 R_2	2kΩ	1 只	
3	电阻 R_3	20kΩ	1 只	

（续）

序号	名　称	规　格	数　量	备　注
4	涤纶电容 C	0.1μF	1 只	
5	二极管 VD_1、VD_2	1N4007	2 只	
6	按钮 S_1 ~ S_4		4 只	
7	复位开关		1 只	
8	晶闸管 VT_3 ~ VT_6	MCR100-6	4 只	单向晶闸管
9	灯泡 H_1 ~ H_4	2.5V，0.3A	4 只	
10	晶体管 VT_1	9014	1 个	NPN 型
11	晶体管 VT_2	9015	1 个	PNP 型
12	电源盒		1 套	
13	细导线		2 根	

（2）检测元器件（见表 3-14）

表 3-14　元器件检测标准

元器件名称	检测标准	使用工具	备　注
电阻 R_1	3kΩ，允许偏差 ±5%	万用表	$R\times1k$ 档
电阻 R_2	2kΩ，允许偏差 ±5%	万用表	$R\times100$ 档
电阻 R_3	20kΩ，允许偏差 ±5%	万用表	$R\times10k$ 档
电容 C	0.1μF，允许偏差 ±5%	万用表	电容档位
二极管 VD_1、VD_2	反向电阻值为∞ 正向电阻值为 300 ~ 500Ω	万用表	$R\times1k$ 档或 $R\times100$ 档
晶闸管 VT_3 ~ VT_6	G-K 之间的电阻值为数百欧；A-K 之间的电阻值为∞； G-A 之间的电阻值为∞	万用表	

（3）安装电路元器件

1）安装电阻。根据焊点的间距，将电阻的引脚折弯成形，如图 3-81 所示。

按照电路原理图将电阻插装到印制电路板上，如图 3-82 所示。

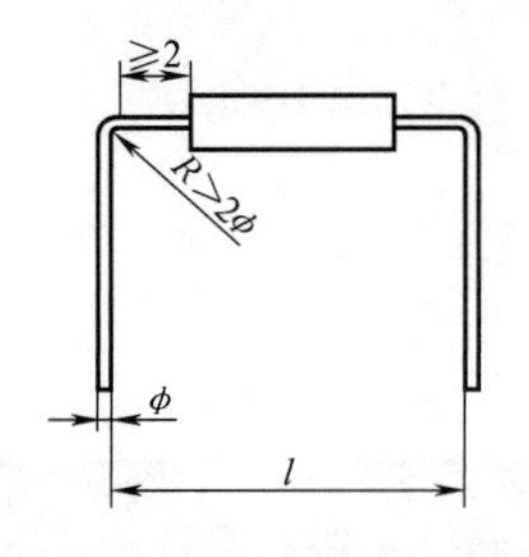

图 3-81　折弯电阻的引脚

图 3-82　电阻的安装

注：图中开关符号“K”对应电路原理图中的“S”，后同。

根据焊接工艺要求将引脚焊接到印制电路板上，剪断剩余引线，距离板面大约 1mm 为宜。

2）安装整流二极管。将二极管安装到印制电路板上，注意二极管的极性，如图 3-83 所示。

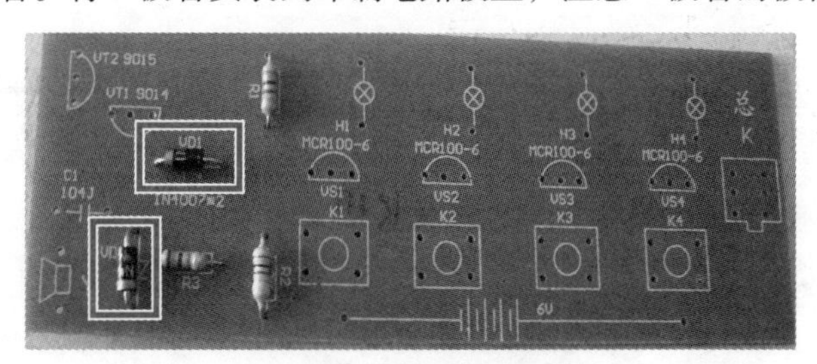

图 3-83　二极管的安装

3）安装电容。电容采用立式安装，将电容上的标记朝左，有多个电容时，应该遵循朝向一致的原则，如图 3-84 所示。

图 3-84　电容的安装

4）晶闸管 MCR100-6 的安装。根据印制电路板上的标记安装晶闸管，引脚顺序从左到右为 K-G-A，如图 3-85 所示。

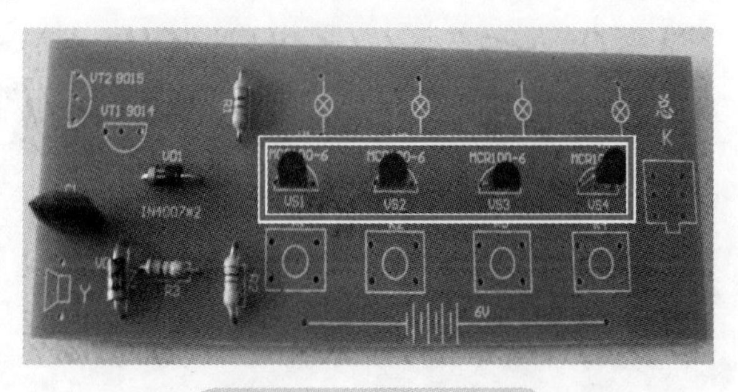

图 3-85　晶闸管的安装

5）安装晶体管。根据印制电路板上的标记安装晶体管，引脚安装如图 3-86 所示。

图 3-86　晶体管引脚的安装

6）安装复位开关。根据印制电路板上的标记安装复位开关，如图 3-87 所示。

图 3-87　复位开关的安装

7）安装按钮。根据印制电路板上的标记安装按钮，如图 3-88 所示。

图 3-88　按钮的安装

8）安装灯泡。根据印制电路板上的标记安装灯泡，如图 3-89 所示。

9）根据印制电路板上的标记安装扬声器，接电源线时应注意电源线的正负极要连接正确。扬声器、电源线的安装如图 3-90 所示。

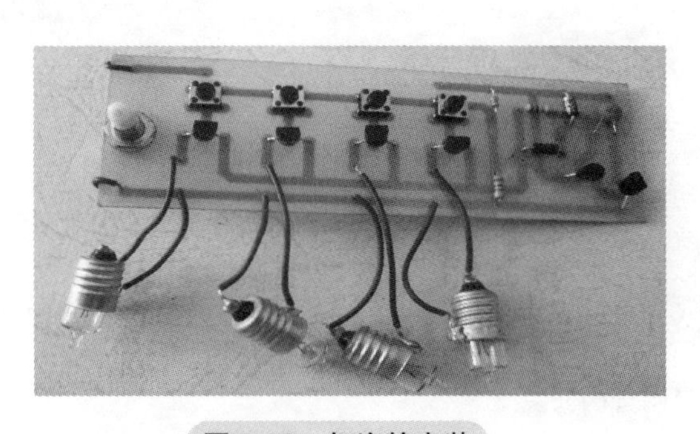

图 3-89　灯泡的安装

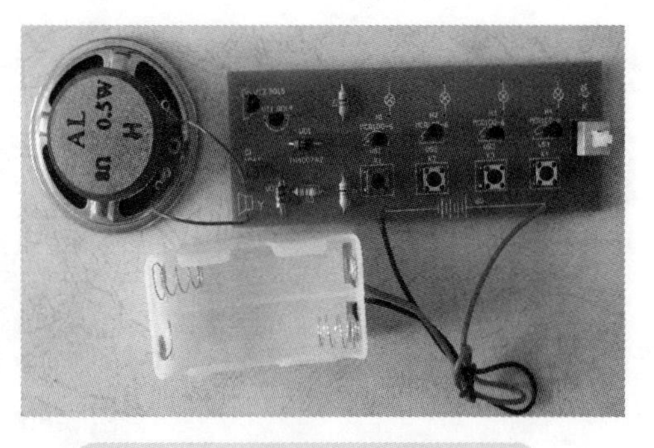

图 3-90　扬声器、电源线的安装

3. 调试电路

1）检查电路。检查元器件的安装，查看极性是否正确。检查导线的连接是否牢固。

2）装上电池，打开复位开关，按下按钮 S_1，灯泡 H_1 应变亮，再按下其他按钮，对应的灯泡不亮；再次按下复位开关，按下按钮 S_2，灯泡 H_2 应变亮，再按下其他按钮，对应的灯泡不亮；S_3、S_4 同理。

3）排除故障。

① 灯泡不亮。

a. 电源供电不正常。

b. 晶闸管装错。

c. 晶闸管损坏。

② 不止一个灯亮：晶闸管损坏。

相关知识

1. 晶体管

晶体管是一种具有放大功能的电子器件，能将微弱的电信号放大成很强的电信号。由于晶体管是电子电路中非常重要的一种器件，所以在各种电子设备中都要用到它。

（1）晶体管的结构及符号　晶体管由 3 层半导体材料组成，形成 2 个 PN 结。晶体管的结构及符号如图 3-91 所示，2 个 PN 结将晶体管分成 3 个区——发射区、基区、集电区。在 3 层半导体区中，位于中间的一层半导体区称为基区；其中一侧的半导体专门用来发射载流子的称为发射区；另一侧专门用来收集载流子的称为集电区。发射区与基区之间的 PN 结称为发射结 J_E；集电区与基区之间的 PN 结称为集电结 J_C。由基区引出的电极称为基极，用字母 B 表示；由发射区引出的称为发射极，用字母 E 表示；由集电区引出的称为集电极，用字母 C 表示。

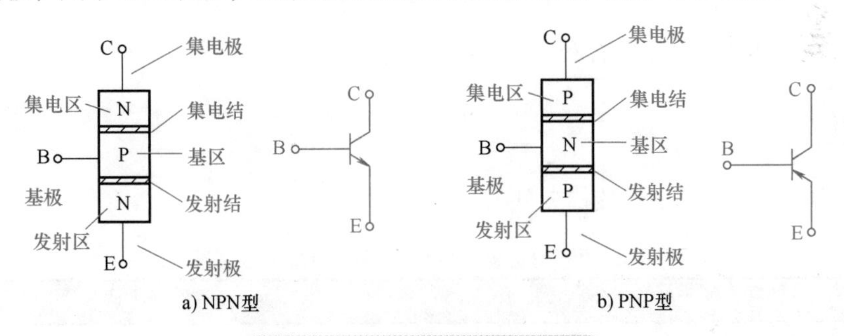

图 3-91　晶体管的结构及符号

根据 3 层半导体区排列方式的不同，可分为 NPN 型和 PNP 型两种类型。晶体管用文字符号 VT 表示。

（2）判别晶体管的引脚

1）准备工作。

① 将万用表的功能旋钮置于 $R\times100$ 档或 $R\times1\text{k}$ 档。

② 将万用表的红、黑表笔对接调零。

2）测量。

① 判基极 B。任取晶体管的两个引脚，正反各测量两次，电阻值一次大一次小，若两次电阻值都很大，则此次剩下的引脚为基极 B。

② 判型号。将判出的基极 B 与万用表的黑表笔相接，红表笔分别去接剩下的两个引脚，若两次电阻值都很小，为 NPN 型；若两次电阻值都很大，则为 PNP 型。

③ 判 C、E。（若为 NPN 型）先假设一个引脚为 C 极，在判出的 B 极与假设的 C 极之间串联一个 100kΩ 电阻，然后将万用表的黑表笔与假设的 C 极相连，红表笔与剩下的引脚相连，读出一个电阻值；再假设另一个引脚为 C，重复上述过程，又读出一个电阻值；两个阻值相比较，电阻值小的那一次与万用表黑表笔相连的是晶体管的 C 极，则剩下的为 E 极。

（若为 PNP 型）测量方法同上，只要将上面的红黑表笔对调即可。

2. 晶闸管

判别晶闸管的引脚：用万用表 $R\times 1k$ 档测量两两引脚之间的电阻，当电阻值较小时，黑表笔接的是门极，红表笔接的是阴极，剩下的是阳极。

3. 焊接工艺

电路组装时容易出现的问题：拉尖、堆焊、虚焊、铜箔翘起、焊盘脱落等。

焊点光亮，焊料适量，无虚焊、漏焊、搭锡、铜箔脱落，剪脚留头在焊面以上 0.5 ～ 1mm。导线剥头长度符合工艺要求，绝缘层不烫伤，紧固件装配牢固，电源线装配应规范。

4. 注意事项

安装时，应注意以下几点。

1）有极性的元器件，在安装时注意极性，切勿装错。

2）元器件距离印制电路板的高度应符合规定。没有具体说明的元器件要尽量贴近印制电路板。

3）色环朝向要一致，即水平安装的第一道色环在左边，竖直安装的第一道色环在下面。

4）无极性电容的朝向要一致。在元器件面看，水平安装的标记朝上面，竖直安装的标记朝左面。

5）按钮要用万用表测量出动合和动断端，不能装反。

考核标准

抢答器电路的组装与调试考核标准见表 3-15。

表 3-15　抢答器电路的组装与调试考核标准

内　容	考核标准
插件	电阻、二极管卧式安装，二极管标记字应朝上。插件高度：电容底部离印制电路板高度小于 4mm，晶体管距印制电路板高度小于 6mm，开关紧贴印制电路板，应插到底
焊接	焊点光亮，焊料适量，无虚焊、漏焊、搭锡、铜箔脱落，剪脚留头在焊面以上 0.5 ～ 1mm
装配	装配整齐，灯泡连接线长度适当，导线剥头长度符合工艺要求，绝缘层不烫伤，紧固件装配牢固，电源线装配应规范，连接线位置应正确
功能	S_1 ～ S_4 为抢答开关，用长线引到各参赛小组，哪个小组先按下开关，哪个组的灯就亮，其余组的灯不亮。白色按钮的为复位开关，由主持人操控，每抢答一次后，按一下按钮即可复位

评定考核

抢答器电路的组装与调试成绩评分标准见表 3-16。

表 3-16　抢答器电路的组装与调试成绩评分标准

序号	项目	考核要求	评分标准	配分	扣分	得分
1	插件	电阻、二极管卧式安装，二极管标记字应朝上。插件高度：电容底面离印制电路板高度小于 4mm，晶体管距印制板高度小于 6mm，发光管距印制板高度小于 6mm，集成块座应插到底	（1）错装、漏装元器件，每处扣 3 分 （2）色环电阻方向不一致，每处扣 1 分 （3）元器件高度超差，每处扣 1 分 （4）元器件歪斜不规范，每处扣 1 分	30		

（续）

序号	项目	考核要求	评分标准	配分	扣分	得分
2	焊接	焊点光亮，焊料适量，无虚焊、漏焊、搭锡、铜箔脱落，剪脚留头在焊面以上 0.5 ～ 1mm	（1）虚焊、漏焊、搭锡、溅锡元器件，每处扣 2 分 （2）印制电路板铜箔起翘，每处扣 3 分 （3）焊点毛刺、不光滑、不完整，每处扣 1 分 （4）用锡量过多或过少，每处扣 1 分 （5）留脚长度超差，每处扣 1 分 （6）其他件焊点不合要求，每处扣 1 分	30		
3	装配	装配整齐，变压器连接线长度适当，导线剥头长度符合工艺要求，绝缘层不烫伤，紧固件装配牢固，电源线装配应规范，连接线位置应正确	（1）错装、漏装元器件，每处扣 3 分 （2）导线剥头长度超差，每处扣 1 分 （3）紧固件松动，每处扣 1 分 （4）电源线安装不规范，扣 5 分 （5）元器件引线烫伤，每处扣 2 分 （6）连接线位置错误，扣 3 分	20		
4	功能	接通电源，直流电压 3V 正常。通电灯亮，音乐响起	（1）电源不正常，扣 5 分 （2）通电无反应，扣 10 分	20		
备注			合计	100		
			教师签字	年　月　日		

练习与拓展

一、填空题

1. 在使用万用表检测电流时，万用表________联在被测电路中，测电压时________联在被测电路中。在使用欧姆档检测电阻时，每换一个档位都要进行________，否则测出的结果不准确。

2. 滤波的目的是把________中的________成分滤掉。电容滤波，电容与负载________，电感滤波，电感与负载串联。

3. 电容容量的大小与两极板________、________和________有关，可变电容通常是采用改变________的方式来调节容量的。

4. 半导体晶体管具有放大作用的外部条件是发射结________，集电结________。

5. 由晶体管可构成共________、共________、共________三种基本组态放大电路。

6. 晶体管根据结构的不同有________型和________型两种，PNP 型晶体管处于放大状态时，________极电位最高，________极电位最低。

7. 在共射基本放大电路中，输入电压与输出电压相位________。

8. 对于直流通路而言，放大器中的电容可以视为________；对于交流通路而言，电容器可视为________，电源视为________。

二、选择题

1. 用电压测量法检查低压电气设备时，把万用表的功能旋钮置于交流电压（　　）档位上。

A.10V B.50V

C.100V D.500V

2. 二极管两端加上正向电压时（ ）。

A. 一定导通 B. 超过死区电压才导通

C. 超过 0.3V 才导通 D. 超过 0.7V 才导通

3. 在串联稳压电源电路中，若比较放大管击穿，会引起（ ）故障。

A. 熔丝烧断 B. 输出电压低

C. 无电压输出 D. 输出电压高

4. 以下方式中，（ ）不能增大串联稳压电源的带负载能力。

A. 更换基准稳压管 B. 减小电源起动电阻

C. 提高电源调整管的 β 值 D. 提高电源复合管的 β 值

5. 晶体管具有电流放大能力，必须满足的外部条件为（ ）。

A. 发射结正偏、集电结正偏

B. 发射结反偏、集电结反偏

C. 发射结正偏、集电结反偏

D. 发射结反偏、集电结正偏

6. 工作在放大区的某晶体管，当 I_B 从 20A 增大到 40A 时，I_C 从 1mA 变为 2mA，则它的 β 值约为（ ）。

A.10 B.50

C.80 D.100

7. NPN 型和 PNP 型晶体管的区别是（ ）。

A. 由两种不同材料硅和锗制成的

B. 掺入杂质元素不同

C. P 区和 N 区的位置不同

D. 两个 PN 结的方向不一致

8. 在直流稳压电源中加滤波电路的主要目的是（ ）。

A. 变交流电为直流电 B. 去掉脉动直流电中的脉动成分

C. 将高频变为低频 D. 将正弦交流电变为脉冲信号

9. 在放大电路中，为了稳定静态工作点，可以引入（ ）。

A. 交流负反馈和直流负反馈 B. 直流负反馈

C. 交流负反馈 D. 交流正反馈

10. 示波器上观察到的波形，是由（ ）完成的。

A. 灯丝电压 B. 偏转系统

C. 加速极电压 D. 聚焦极电压

三、简答题

1. 画出半导体二极管的电路符号，并写出如何用万用表判断二极管的质量。

2. 画出半导体晶体管的电路符号，并说明用万用表测量基极、集电极和发射极的方法。

3. 晶体管有哪三种工作状态？三种工作状态各有什么特点？

项目五 “欢迎光临”电路的组装与调试

知识目标

（1）学会检测“欢迎光临”电路中的元器件。

（2）能够识读“欢迎光临”电路图、装配图、印制电路板图。

（3）学会“欢迎光临”电路的调试与故障检测维修。

技能目标

（1）组装“欢迎光临”电路中的元器件，如图3-92所示。

（2）能够调试“欢迎光临”电路并能排除故障。

（3）培养学生良好的人际沟通能力和团队合作精神。

（4）培养学生勤于思考、认真做事的良好作风。

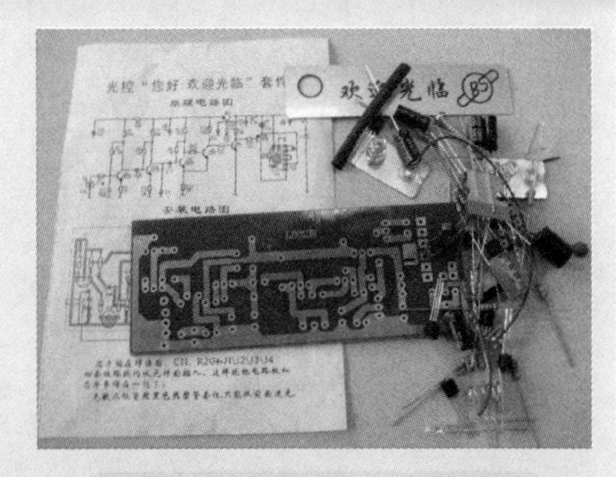

图 3-92 “欢迎光临”电路套件

工具与器材

电烙铁、焊锡丝、吸锡器、斜口钳、万用表、函数信号发生器、电子示波器等。工具如图 3-93 所示，仪器如图 3-94 所示。

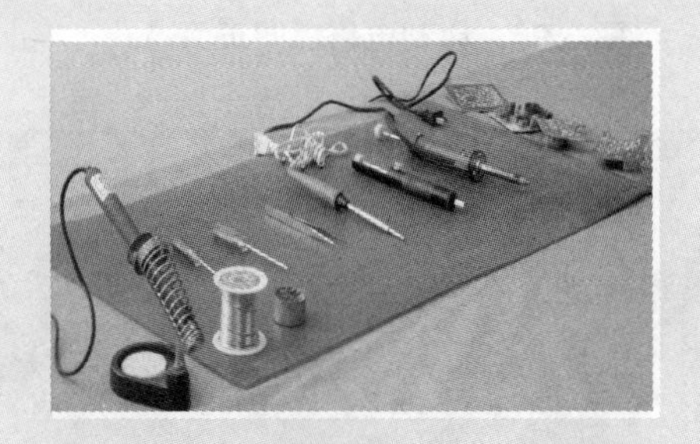

图 3-93 工具

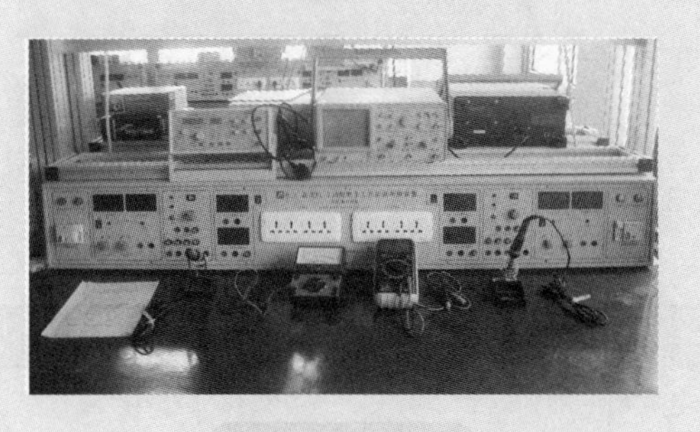

图 3-94 仪器

操作步骤

1. 识读电路原理图和印制电路板图（图 3-95 ~图 3-97）

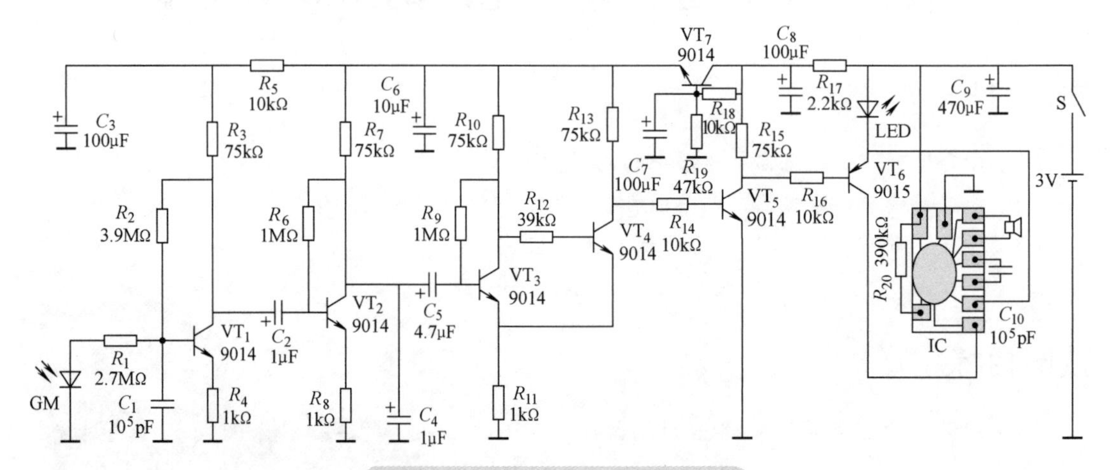

图 3-95 “欢迎光临”电路原理图

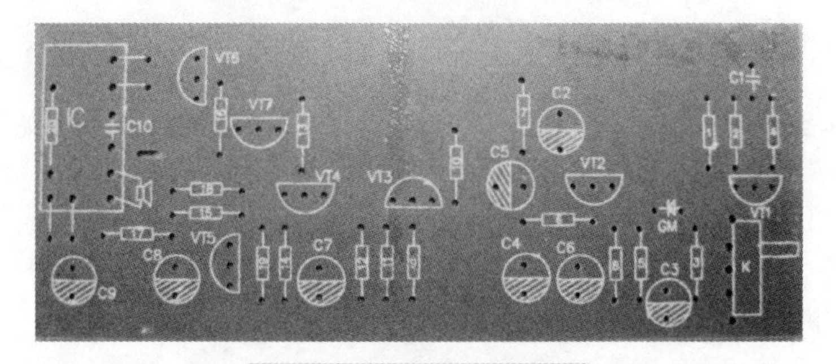

图 3-96 印制电路板图正面

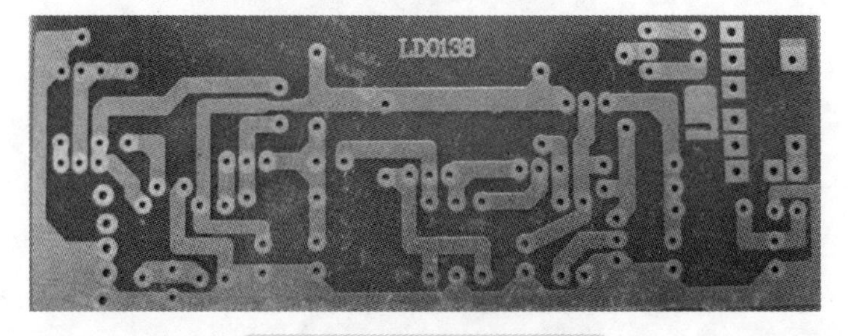

图 3-97 印制电路板图反面

2. 根据电路图安装电路

（1）核对元器件　根据表 3-17 核对元器件的规格及数量。

表 3-17　元器件清单

序号	名　称	规　格	数　量	备　注
1	电阻 R_1	2.7MΩ	1 只	
2	电阻 R_2	3.9MΩ	1 只	

（续）

序号	名　　称	规　　格	数　　量	备　　注
3	电阻 R_3、R_7、R_{10}、R_{13}、R_{15}	75kΩ	5只	
4	电阻 R_4、R_8、R_{11}	1kΩ	3只	
5	电阻 R_5、R_{14}、R_{16}、R_{18}	10kΩ	4只	
6	电阻 R_6、R_9	1MΩ	2只	
7	电阻 R_{12}	39kΩ	1只	
8	电阻 R_{17}	2.2kΩ	1只	
9	电阻 R_{19}	47kΩ	1只	
10	电阻 R_{20}	390kΩ	1只	
11	电容 C_1、C_{10}	10^5pF	2只	
12	电解电容 C_2、C_4	1μF	2只	
13	电解电容 C_3、C_7、C_8	100μF	3只	
14	电解电容 C_5	4.7μF	1只	
15	电解电容 C_6	10μF	1只	
16	电解电容 C_9	470μF	1只	
17	光敏二极管 GM		1只	
18	晶体管 VT_1 ~ VT_5、VT_7	9014	6只	
19	晶体管 VT_6	9015	1只	
20	发光二极管 LED		1只	
21	钮子开关 S		1只	
22	扬声器		1只	
23	IC		1只	
24	电池盒		1个	
25	导线		4根	

（2）检测元器件

根据表 3-18 核对元器件质量的好坏。

表 3-18　元器件检测标准

元器件名称	检测标准	使用工具	备　　注
电阻 R_1	2.7MΩ，允许偏差 ±5%	万用表	$R\times10$k 档
电阻 R_2	3.9MΩ，允许偏差 ±5%	万用表	$R\times10$k 档
电阻 R_3、R_7、R_{10}、R_{13}、R_{15}	75kΩ，允许偏差 ±5%	万用表	$R\times1$k 档
电阻 R_4、R_8、R_{11}	1kΩ，允许偏差 ±5%	万用表	$R\times100$ 档
电阻 R_5、R_{14}、R_{16}、R_{18}	10kΩ，允许偏差 ±5%	万用表	$R\times1$k 档

（续）

元器件名称	检测标准	使用工具	备　注
电阻 R_6、R_9	1MΩ，允许偏差 ±5%	万用表	$R\times10$k 档
电阻 R_{12}	39kΩ，允许偏差 ±5%	万用表	$R\times1$k 档
电阻 R_{17}	2.2kΩ，允许偏差 ±5%	万用表	$R\times100$ 档
电阻 R_{19}	47kΩ，允许偏差 ±5%	万用表	$R\times10$k 档
电阻 R_{20}	390kΩ，允许偏差 ±5%	万用表	$R\times10$k 档
电容 C_1、C_{10}	两端电阻值为∞	万用表	$R\times10$k 档
电解电容 C_2、C_4	两端电阻值为∞	万用表	$R\times10$k 档
电解电容 C_3、C_7、C_8	指针到达最右端后缓慢向左偏转至无穷大处	万用表	$R\times1$k 档
电解电容 C_5	指针到达最右端后缓慢向左偏转至无穷大处	万用表	$R\times1$k 档
电解电容 C_6	指针到达最右端后缓慢向左偏转至无穷大处	万用表	$R\times1$k 档
电解电容 C_9	指针到达最右端后缓慢向左偏转至无穷大处	万用表	$R\times1$k 档
光敏二极管 GM	正向电阻值为 10kΩ 左右，无光照时，反向电阻值为∞，光线越强，反向电阻值越小	万用表	$R\times1$k 档或 $R\times100$ 档
晶体管	B-C 之间的电阻值较小；B-E 之间的电阻值较小；C-E 之间的电阻值为∞	万用表	$R\times1$k 档或 $R\times100$ 档
发光二极管 LED	反向电阻值为∞；正向电阻值小	万用表	$R\times1$k 档或 $R\times100$ 档
钮子开关	断开时电阻值为∞；闭合时电阻值为 0	万用表	$R\times1$ 档
扬声器	电阻值略小于标称阻值，且有“咯咯”声	万用表	$R\times1$ 档

（3）安装电路元器件

1）安装电阻。按照电路原理图将电阻插装到印制电路板上，如图 3-98 所示。电阻 R_{20} 先不要焊接。

a)

b)

图 3-98　电阻元件安装图

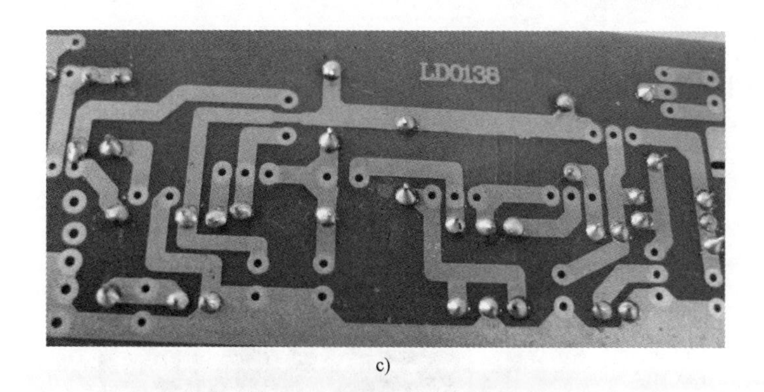

c)

图 3-98　电阻元件安装图（续）

根据焊接工艺要求将引脚焊接到印制电路板上（电阻 R_{20} 除外），剪断剩余引线，距离板面大约 1mm。

2）安装集成芯片 IC。将集成芯片 IC 的孔对准印制电路板，先不要急着焊接，等把 IC 所有的孔都处理完再焊接。IC 的安装如图 3-99 所示。

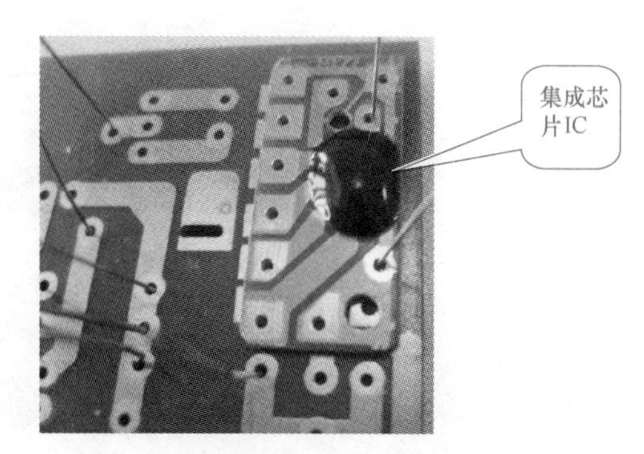

图 3-99　IC 的安装

3）安装电容。根据印制电路板上的标记安装电容，本电路中共有 10 个电容，其中 2 个为瓷片电容，8 个为电解电容，一般情况下，电解电容引脚长的一端为正极，引脚短的一端为负极，观察电解电容的外表，标有“-”的一端为负极，如图 3-100 所示。

图 3-100　电容的安装

4）安装晶体管。根据印制电路板上的标记，安装晶体管，引脚安装如图 3-101 所示。晶体管容易受温度影响，在焊接过程中要注意焊接时间，一般以 3s 为宜。

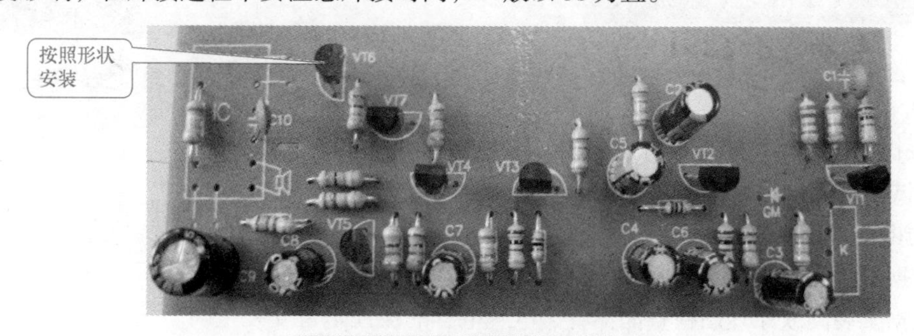

图 3-101　晶体管引脚的安装

5）安装扬声器引线。将扬声器引线的一端焊接到印制电路板上，另一端穿过扬声器的安装孔并焊接到孔上，如图 3-102 所示。

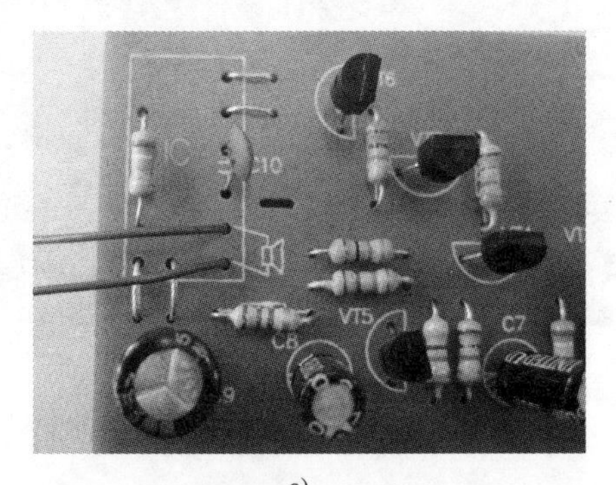

a)

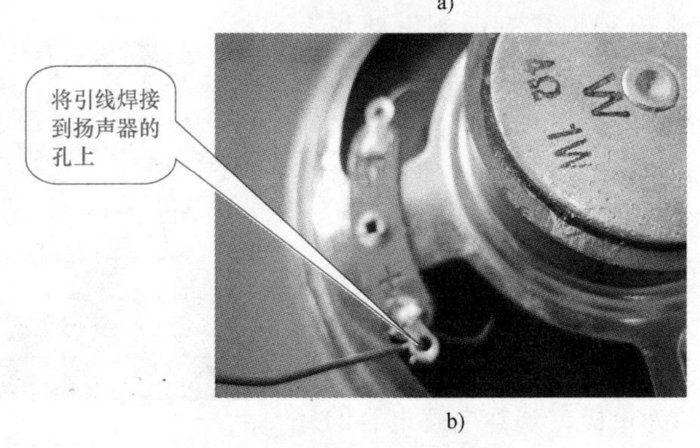

b)

图 3-102 扬声器引线的安装

6）安装光敏二极管。根据外壳的高度确定光敏二极管的高度及安装方式，如图 3-103 所示。

7）安装电源线。将电源线的正负极按照图 3-104 所示电路图进行连接。

图 3-103 光敏二极管的安装

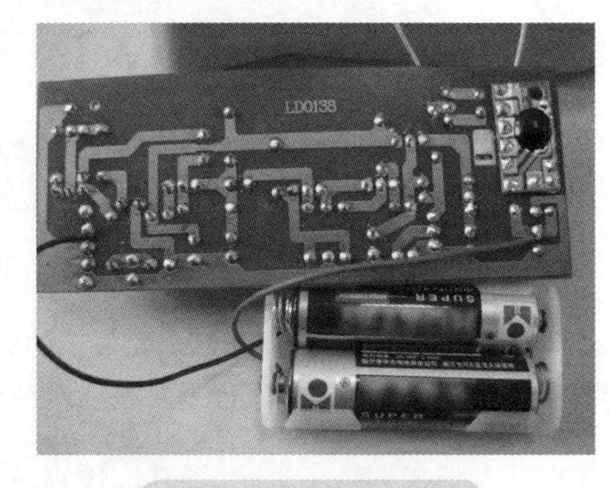

图 3-104 电源线的安装

8）装机。组装外壳进行整机装配，如图 3-105 所示。

3. 调试电路

1）通电前对印制电路板进行安全检测。

① 根据安装图检查是否有漏装的元器件或连接导线。

② 根据安装图或原理图检查晶体管、电解电容的极性是否安装正确。

③ 检测 3V 直流电源是否正常。

④ 断开 3V 直流电源，检测电源连接点之间的电阻值，若电阻值很小或为 0（短路），则应进一步检查电路。

⑤ 完成以上检查后，接好 3V 直流电源即可进行测试。连接时应注意直流电源的极性。

2）电路故障的检测与分析。

按信号流程顺序检测各个功能单元电路的输入信号、输出信号（检测信号电压）。若输入信号正常，输出信号不正常，说明该单元有故障。

3）用万用表检测晶体管发射极、基极、集电极的电位值，并检测光敏二极管两端的电压值。

图 3-105 整机装配

评定考核

“欢迎光临”电路的组装与调试成绩评分标准见表 3-19。

表 3-19 “欢迎光临”电路的组装与调试成绩评分标准

序号	项目		考核要求	配分	评分标准	检测结果	得分
1	仪器仪表的使用及元器件的测量	电阻	识别并检测电阻、电解电容、钮子开关、晶体管、光敏二极管	5	万用表档位选择正确、电阻值测试正确，5 分		
		电解电容		4	电解电容性能测试，4 分		
		钮子开关		5	万用表档位选择正确、电阻值测试正确，5 分		
		晶体管		10	极性判断正确，4 分；类型判断正确，4 分；放大倍数测试正确，2 分		
		光敏二极管		6	极性判断正确，6 分		
2	布局	元器件及结构布局	美观、合理	8	美观、合理，满分，否则酌情扣分		
3	焊接	焊接装配质量	无虚焊、连焊，焊点规范、美观	22	无缺陷，满分；每 5 个缺陷点扣 1 分		
4	调试		正确使用仪器，测试所要求的波形及参数正确	35	工作正常、测试的波形及参数正确，满分		
5	性能		整体工作稳定	5	性能良好，满分，否则酌情扣分		
6	安全文明操作				违反安全文明操作规定，扣 5 ～ 20 分		
备注				合计			
				教师签字		年 月 日	

相关知识

1. 元器件符号对照（表3-20）

表3-20 元器件符号对照

元器件名称	符 号	元器件名称	符 号
电阻		晶体管	
电容		电池（电源）	
电解电容	+	扬声器	
发光二极管		光敏二极管	

2. 发光二极管

（1）发光二极管的材料　发光二极管（Light-emitting Diode，LED）是由镓（Ga）与砷（As）、磷（P）的化合物制成的二极管。当电子与空穴复合时能辐射出可见光，因而可以用来制成发光二极管。它可以在电路及仪器中作为指示灯，或者组成文字、数字显示。发光二极管有不同颜色，例如磷砷化镓二极管发红光，磷化镓二极管发绿光，碳化硅二极管发黄光。发光二极管的外形如图3-106所示。

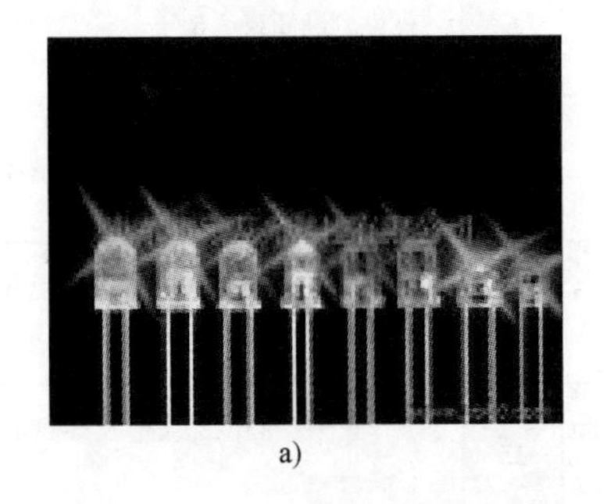

a)

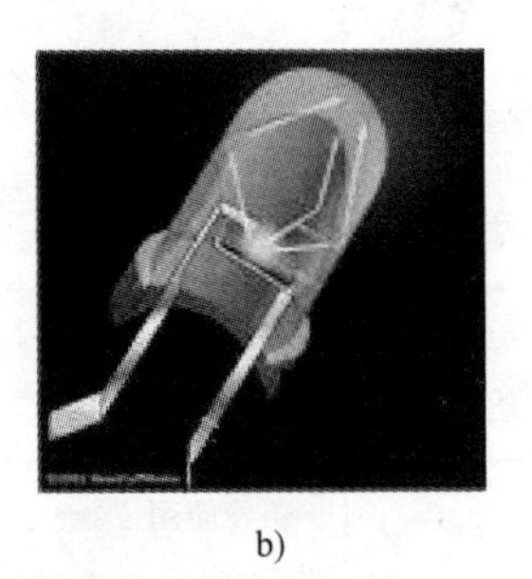

b)

图3-106 发光二极管的外形

发光二极管是半导体二极管的一种，可以把电能转化成光能。它与普通二极管一样是由一个PN结组成的，也具有单向导电性。当给发光二极管加上正向电压后，从P区注入N区的空穴和由N区注入P区的电子，在PN结附近数微米内分别与N区的电子和P区的空穴复合，产生自发辐射的荧光。不同的半导体材料中电子和空穴所处的能量状态不同，电子和空穴复合时释放出的能量多少也不同，释放出的能量越多，发出的光的波长越短。常用的是发红光、绿光或黄光的发光二极管。

发光二极管的反向击穿电压约为5V。它的正向伏安特性曲线很陡，使用时必须串联限流电阻，以控制通过管子的电流。

（2）发光二极管的结构和发光原理　发光二极管的结构如图3-107所示。

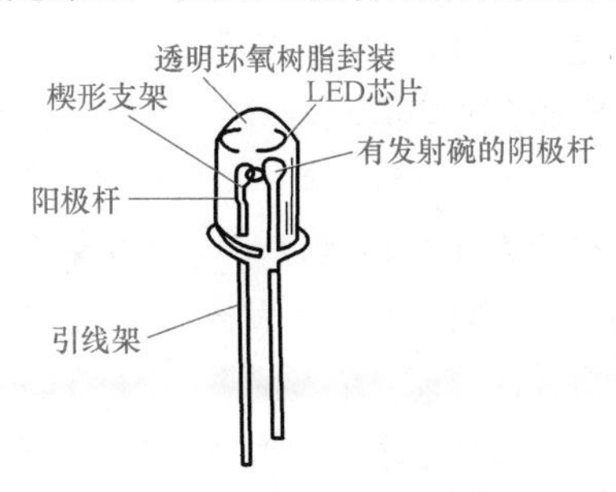

图3-107　发光二极管的结构

发光二极管的基本结构是将一块电致发光的半导体材料置于一个有引线的架子上，然后四周用环氧树脂密封，起到保护内部芯线的作用，因此LED的抗振性能好。

发光二极管的核心部分是由P型半导体和N型半导体组成的晶片，在P型半导体和N型半导体之间有一个过渡层，称为PN结。在某些半导体材料的PN结中，注入的少数载流子与多数载流子复合时会把多余的能量以光的形式释放出来，从而把电能直接转换为光能。若PN结加反向电压，则少数载流子难以注入，故不发光。当发光二极管处于正向工作状态时（两端加上正向电压），电流从LED阳极流向阴极时，半导体晶体就发出从紫外到红外不同颜色的光线，光的强弱与电流有关。

（3）发光二极管的分类　发光二极管可分为普通单色发光二极管、高亮度单色发光二极管、超高亮度单色发光二极管、变色发光二极管、闪烁发光二极管、电压控制型发光二极管和红外发光二极管等。

1）普通单色发光二极管。普通单色发光二极管具有体积小、工作电压低、工作电流小、发光均匀稳定、响应速度快、寿命长等优点，可用于各种直流、交流、脉冲等电源驱动电路。它属于电流控制型半导体器件，使用时需串接合适的限流电阻。

普通单色发光二极管的发光颜色与发光的波长有关，而发光的波长又取决于制造发光二极管所用的半导体材料。红色发光二极管的波长一般为650～700nm，琥珀色发光二极管的波长一般为630～650nm，橙色发光二极管的波长一般为610～630nm，黄色发光二极管的波长一般为585nm左右，绿色发光二极管的波长一般为555～570nm。

常用的国产普通单色发光二极管有BT（厂标型号）系列、FG（部标型号）系列和2EF系列等。

常用的进口普通单色发光二极管有SLR系列和SLC系列等。

2）超高亮度单色发光二极管（2种）。高亮度单色发光二极管和超高亮度单色发光二极管的光强不同，是因其使用的半导体材料与普通单色发光二极管不同。通常，高亮度单色发光二极管使用砷铝化镓（GaAlAs）等材料，超高亮度单色发光二极管使用磷铟砷化镓（GaAsInP）等材料，而普通单色发光二极管使用磷化镓（GaP）或磷砷化镓（GaAsP）等材料。

3）变色发光二极管。变色发光二极管是能变换发光颜色的发光二极管。按其发光颜色种类可分为双色发光二极管、三色发光二极管和多色（有红、蓝、绿、白四种颜色）发光二极管；按引脚数量可分为二端变色发光二极管、三端变色发光二极管、四端变色发光二极管和六端变色发光二极管。

常用的双色发光二极管有 2EF 系列和 TB 系列，常用的三色发光二极管有 2EF302、2EF312、2EF322 等型号。

4）闪烁发光二极管。闪烁发光二极管（BTS）是一种由 CMOS 集成电路和发光二极管组成的特殊发光器件，可用于报警指示及欠电压、超压指示。

闪烁发光二极管在使用时，无须外接其他元器件，只要在其引脚两端加上适当的直流工作电压（5V）即可闪烁发光。

5）电压控制型发光二极管。普通发光二极管属于电流控制型器件，在使用时需串接适当阻值的限流电阻。电压控制型发光二极管（BTV）是将发光二极管和限流电阻集成制作为一体，使用时可直接并接在电源两端。

6）红外发光二极管。红外发光二极管也称红外线发射二极管，它是可以将电能直接转换成红外光（不可见光）并能辐射出去的发光器件，主要应用于各种光控及遥控发射电路中。

红外发光二极管的结构、原理与普通发光二极管相近，只是使用的半导体材料不同。它通常使用砷化镓（GaAs）、砷铝化镓（GaAlAs）等材料，采用全透明或浅蓝色、黑色的树脂封装。

常用的红外发光二极管有 SIR 系列、SIM 系列、PLT 系列、GL 系列、HIR 系列和 HG 系列等。

（4）LED 光源的特点

1）电压低。LED 使用低压电源，供电电压范围为 6 ～ 24V，根据产品不同而异，因此它是一个比使用高压电源更安全的电源，特别适用于公共场所。

2）效能高。LED 消耗的能量较同光效的白炽灯减少 80%。

3）适用性广。由于 LED 很小，每个单元的 LED 小片是 3 ～ 5mm 的正方形，所以可以制备成各种形状的器件，并且适合于易变的环境。

4）稳定性强。LED 可使用 10 万 h，光衰为初始的 50%。

5）响应时间快。白炽灯的响应时间为毫秒级，LED 灯的响应时间为纳秒级。

6）对环境的污染小。由于 LED 无有害金属汞，所以对环境污染较小。

7）多颜色。发光二极管可以方便地通过化学修饰方法，调整材料的能带结构和禁带宽度，实现红、黄、绿、蓝、橙多色发光。红光管工作电压较低，颜色不同的红、橙、黄、绿、蓝的发光二极管的工作电压依次升高。

3. 光敏二极管

光敏二极管又称光电二极管。光敏二极管与半导体二极管在结构上是类似的，其管心是一个具有光敏特征的 PN 结，具有单向导电性，因此工作时需加上反向电压。无光照时，有很小的饱和反向漏电流，即暗电流，此时光敏二极管截止。当受到光照时，饱和反向漏电流大大增加，形成光电流，它随入射光强度的变化而变化。当光线照射 PN 结时，可以使 PN 结中产生电子 - 空穴对，使少数载流子的密度增加。这些载流子在反向电压下漂移，使反向电流增加，因此可以利用光照强弱来改变电路中的电流。常见的有 2CU、2DU 等系列。

检测光敏二极管，可用万用表 $R\times1\text{k}$ 档。当没有光照射在光敏二极管时，它和普通的二极管一样，具有单向导电作用。光敏二极管的正向电阻值为 8 ～ 9kΩ，反向电阻值大于 5MΩ。如果不知道光敏二极管的正负极，可用检测普通二极管正、负极的办法来确定，当测正向电阻时，黑表笔接的就是光敏二极管的正极。

当光敏二极管处在反向连接时，即万用表红表笔接光敏二极管的正极，黑表笔接光敏二极管的负极，此时电阻值应接近无穷大（无光照射时），当用光照射到光敏二极管上时，万用表的指针应大幅度向右偏转，当光照很强时，指针会打到 0 线右边。

练习与拓展

一、学会识读集成触摸调光开关电路原理图（图 3-108）和印制电路板图（图 3-109）

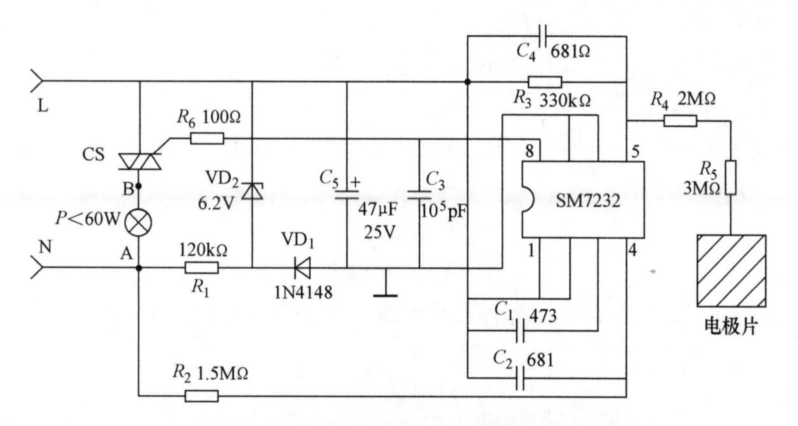

图 3-108　集成触摸调光开关电路原理图

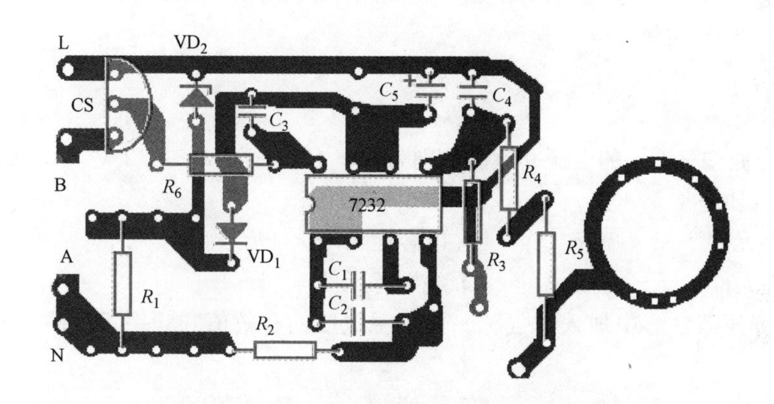

图 3-109　集成触摸调光开关印制电路板图

二、选择题

1. 用万用表测量某电子电路中的晶体管，测得 $U_{\mathrm{E}}=-3\mathrm{V}$、$U_{\mathrm{CE}}=6\mathrm{V}$、$U_{\mathrm{BC}}=-5.4\mathrm{V}$，则该管是（　　）。

A.PNP 型，处于放大工作状态　　B.PNP 型，处于截止工作状态

C.NPN 型，处于放大工作状态　　D.NPN 型，处于截止工作状态

2. 在串联稳压电源电路中，若比较放大管击穿，会引起（　　）故障。

A. 熔丝烧断　　B. 输出电压低

C. 无电压输出　　D. 输出电压高

3. 以下方式中，（　　）不能增大串联稳压电源的带负载能力。

A. 更换基准稳压管　　B. 减小电源启动电阻

C. 提高电源调整管的 β 值　　D. 提高电源复合管的 β 值

4. 在串联可调式稳压电路中，通常提供基准电压的稳压二极管的稳压值为输出电压的（　　）倍。

A.0.5 ～ 0.8　　B.0.3 ～ 0.5　　C.0.8 ～ 1　　D. 0.2 ～ 0.3

5. 波峰焊焊接中，较好的波峰是达到印制电路板厚度的（　　）为宜。

A.1/2 ～ 2/3　　B.2 倍　　C.1 倍　　D.1/2 以内

6. 无锡焊接是一种（　　）的焊接。

A. 完全不需要焊料　　B. 仅需少量焊料

C. 使用大量的焊料

7. 在无线电设备中，为防止磁场或低频磁场的干扰，也为了防止磁感应或寄生电感耦合，通常采用（　　）。

A. 电屏蔽　　B. 磁屏蔽

C. 电磁屏蔽　　D. 无线电屏蔽

8. 为防止高频电磁场或高频无线电波的干扰，也为防止电磁场耦合和电磁场辐射，通常采用（　　）。

A. 电屏蔽　　B. 磁屏蔽

C. 电磁屏蔽　　D. 无线电屏蔽

9. 一铁心线圈，接在直流电压不变的电源上。当铁心的横截面积变大而磁路的平均长度不变时，磁路中的磁通将（　　）。

A. 增大　　B. 减小

C. 保持不变　　D. 不能确定

10. 已知电路中某元件的电压和电流分别为 $u=10\cos(314t+30°)$ V，$i=2\sin(314t+60°)$ A，则元件的性质是（　　）。

A. 电感性元件　　B. 电容性元件

C. 电阻性元件　　D. 纯电感元件

11. 若在变压器铁心中加入空气隙，当电源电压的有效值和频率不变时，励磁电流应该（　　）。

A. 减小　　B. 增加　　C. 不变　　D. 零值

12. 对于理想变压器，下列哪些是正确的？（　　）

A. 变压器可以改变各种电源的电压

B. 变压器对于负载来说，相当于电源

C. 抽去变压器铁心，互感现象依然存在，变压器仍能正常工作

D. 变压器不仅能改变电压，还能改变电流和电功率等

13. 半导体的稳压性质是利用下列什么特性实现的？（　　）

A.PN 结的单向导电性　　B.PN 结的反向击穿特性

C.PN 结的正向导通特性　　D.PN 结的反向截止特性

14. 为了在示波器荧光屏上得到清晰而稳定的波形，应保证信号的扫描电压同步，即扫描电压的周期应等于被测信号周期的（　　）倍。

A. 奇数　　B. 偶数　　C. 整数　　D.2/3

15. 电压表与电路的连接方式是（　　）。

A. 并联在电源两极端　　B. 并联在被测电路两端

C. 串联在电源两极端　　D. 串联在被测电路两端

16. 能更精确测量电阻的方法是（　　）。

A. 伏安法　　B. 电桥测量法

C. 使用万用表的欧姆档测量　　D. 使用代替法测量

17. 在直流稳压电源中加滤波电路的主要目的是（　　）。

A. 变交流电为直流电　　B. 去掉脉动直流电中的脉动成分

C. 将高频变为低频　　D. 将正弦交流电变为脉冲信号

项目六　迷你音箱电路的组装与调试

知识目标

（1）会识读迷你音箱电路图。

（2）学会检测迷你音箱电路中的元器件。

（3）学会迷你音箱电路的调试与故障检测维修。

技能目标

（1）能熟练组装迷你音箱套件。

（2）能熟练用万用表调试组装好的电路。

工具与器材

所需工具包括电烙铁、烙铁架、烙铁棉、焊锡丝、助焊剂、细导线、吸锡器、镊子、斜口钳、螺钉旋具（一字、十字各一把）等。迷你音箱外观如图 3-110 所示。

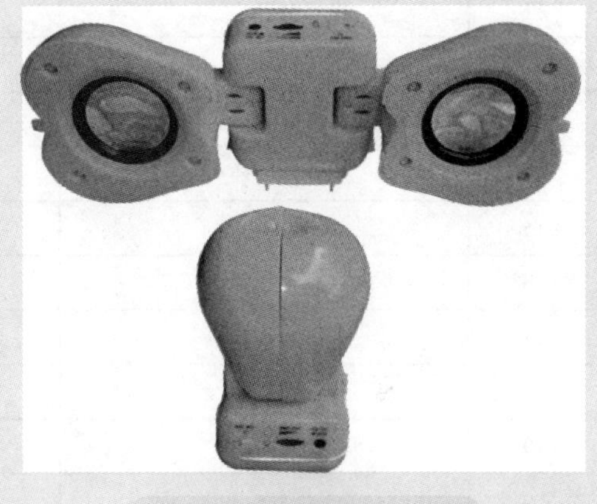

图 3-110　迷你音箱外观

操作步骤

1. 识读电路原理图（图 3-111）

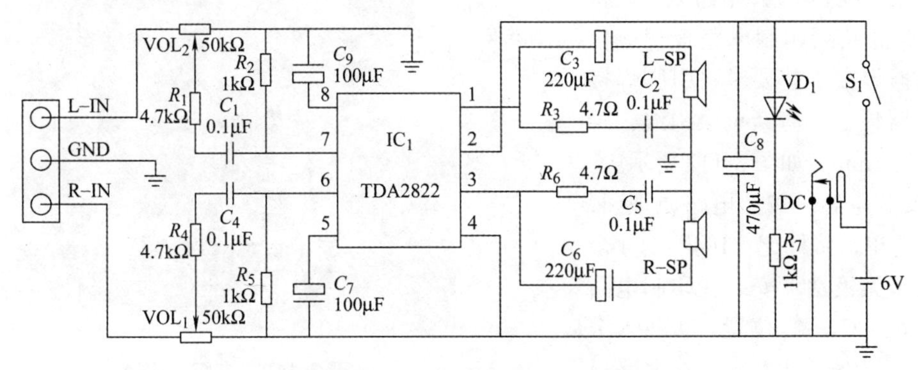

图 3-111　迷你音箱的电路原理图

2. 根据电路图安装电路

（1）核对元器件 根据表3-21所列内容核对元器件的规格及数量。

表3-21 迷你音箱元器件清单

序号	名称	规格	数量	备注
1	线路板	ADS—228	1片	
2	集成块IC_1	TDA2822	1块	
3	发光二极管VD_1	ϕ3绿	1只	
4	电位器VOL	50kΩ（双声道）	2只	
5	DC插座		1只	
6	开关S_1	SK22D03VG2	1只	
7	电阻R_1、R_4	4.7kΩ	2只	黄紫红金（色环）
8	电阻R_3、R_6	4.7Ω	2只	黄紫金金（色环）
9	电阻R_2、R_5、R_7	1kΩ	3只	橙黑红金（色环）
10	瓷片电容C_1、C_2、C_4、C_5	0. 1μF	4只	
11	电解电容C_3、C_6	220μF/10V	2只	
12	电解电容C_7、C_9	100μF/10V	2只	
13	电解电容C_8	470μF/10V	1只	
14	立体声插头		1个	
15	喇叭	4Ω/5W	2只	
16	电池片		1套	
17	动作片		4片	
18	排线	1.0mm×90mm×2p	2根	扬声器引线
19	导线	1.0mm×60mm	2根	电源引线
20	螺钉	PA2mm×6mm	10粒	底座、机板、动作片
21	螺钉	PA2mm×8mm	12粒	喇叭座

（2）检测元器件

（3）安装电路元器件

1）安装电阻。按照电路原理图将电阻R_1~R_7插装到印制电路板相应位置上，根据焊接工艺要求将引脚焊接到印制电路板上，剪断剩余引线，距离板面大约1mm，如图3-112所示。

图3-112 电阻的安装

2）安装电容。按照电路原理图，对照元件清单，将标记“104”的4个瓷片电容（无极性）安装在印制电路板的C_1、C_2、C_4、C_5位置，再将5个电解电容（注意极性）安装在电路板

的 C_3、C_6、C_7、C_8、C_9 位置，根据焊接工艺要求将引脚接到电路板上，剪断剩余引线，如图 3-113 所示。

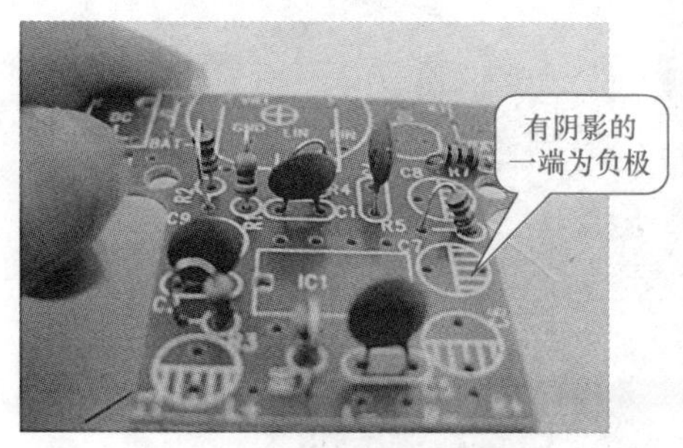

a) 电解电容负极端

b) 电解电容安装图

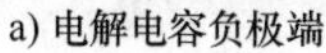

图 3-113　电容的安装

3）安装集成电路等器件。将 TDA2822 安装在 IC_1、电位器安装在 VR_1、DC 插座安装在 DC、开关安装在 S_1，如图 3-114 所示，然后在印制电路板的覆铜面焊接。

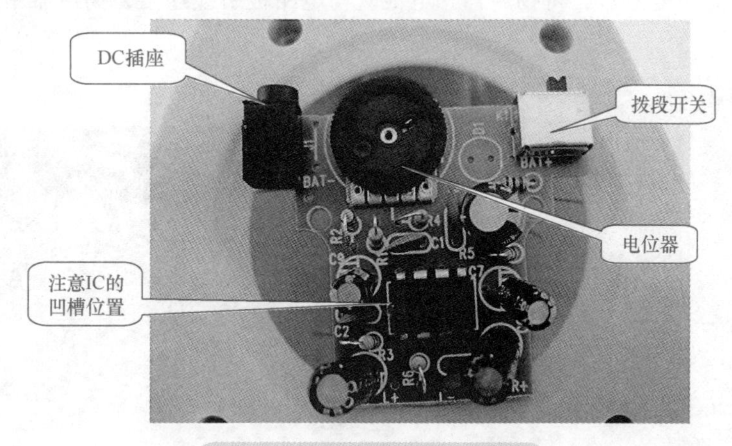

图 3-114　IC 等器件的安装图

4）焊接立体声插头线、扬声器引线、电源、跨接线。

① 将立体声插头 3 条线直接焊在印制电路板的覆铜面：金色为接地线（GND），红色、绿色分别接左右声道入线（L-IN、R-IN）。

② 将两组排线红色一端分别接印制电路板的 R+、L+，另一端分别接两个扬声器的“+”极；排线黑色一端分别接电路板的 R−、L−，另一端分别接两个扬声器的“−”极。

③ 将红、黑色导线分别从 BAT+、BAT− 电路板正面穿过，将导线头焊接到印制电路板的覆铜面，用剪下的多余引脚或短线安装在 J_1，在覆铜面焊接，如图 3-115 所示。

图 3-115　焊接电源

5）安装发光二极管并固定电路板，如图 3-116 所示。

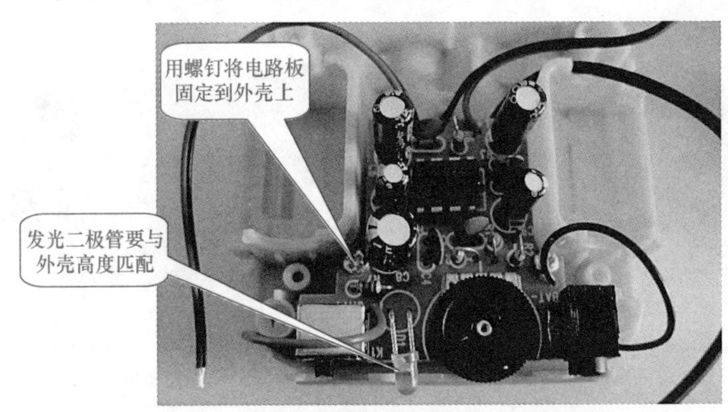

图 3-116　安装发光二极管并固定电路板

6）组装电池盒。将电池片安装到机壳内，如图 3-117 所示。

7）连接扬声器和电池盒。将扬声器、电池盒与电路板引线连接，扬声器用螺钉固定好，如图 3-118 所示。

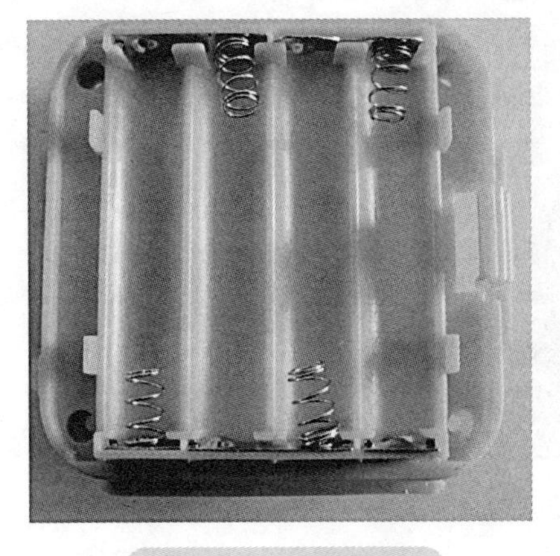

图 3-117　组装电池盒

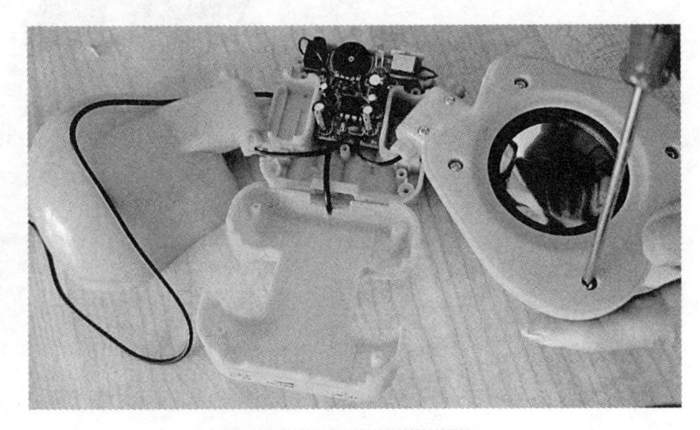

图 3-118　固定扬声器

8）整机装配。电路工作正常后，进行整机装配。首先将扬声器的动作滑动片用螺钉固定在电池盒背面，然后将两个扬声器卡进动作片内，检查转动是否平滑，如图 3-119a 所示。

最后，安装电池盒盖，完成整机组装，如图 3-119b 所示。

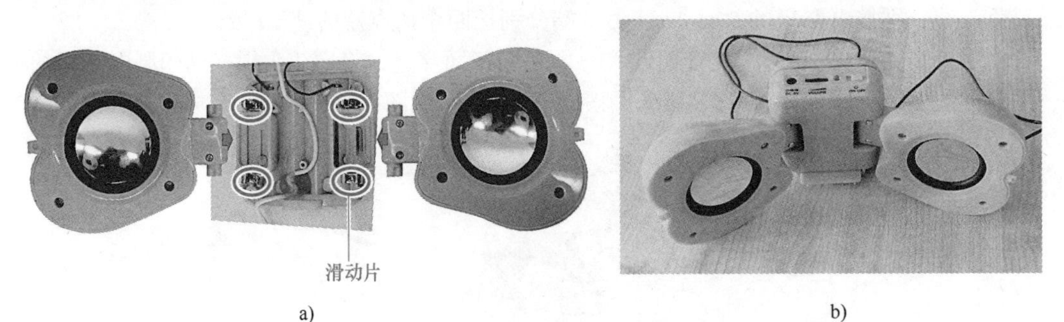

a)　　b)

图 3-119　固定滑动片和整机组装效果

3. 调试电路

1）通电前对印制电路板进行安全检查。

① 根据安装图检查是否有漏装的元器件或连接导线。

② 根据安装图或原理图检查二极管、电解电容的极性是否安装正确。

③ 检测电源是否正常。

④ 完成以上检查后，接好电源和声道即可进行测试。

2）电路故障的检测与分析。

① 通过 DC 插座外接 6V 直流电源或在电池盒内放入 4 节 1.5V 七号电池（注意电池极性）。

② 将立体声插头插接在计算机音频输出口。

③ 将小音箱开关拨在“ON”，此时绿色指示灯亮。

④ 打开音乐播放器即可播放音乐，可通过电位器改变音量。

评定考核

迷你音箱的组装与调试成绩评分标准见表 3-22。

表 3-22　迷你音箱的组装与调试成绩评分标准

序号	项目	考核内容	配分	评分标准	检测结果	得分
1	元器件识别与检测	按电路要求对元器件进行识别与检测	20	（1）元件识别错一个，扣 1 分 （2）元件检测错一个，扣 2 分		
2	元器件成型及插装	（1）元件按工艺要求成型 （2）元器件插装符合工艺要求 （3）元器件排列整齐，标志方向一致	20	（1）不符合成型工艺要求，每处扣 1 分 （2）插装位置、极性错误，每处扣 1 分 （3）排列不整齐，表示方向混乱，每处扣 1 分		
3	测量	（1）能正确使用测量仪表 （2）能正确读数 （3）能正确做好记录	20	（1）测量方法不正确，扣 2~6 分 （2）不能正确读数，扣 2~6 分 （3）不会正确做记录，扣 3 分 （4）损坏测量仪表，扣 20 分		
4	考勤	（1）不旷课、不早退 （2）态度认真端正 （3）与同学团结合作	30	（1）迟到或早退一次，扣 5 分 （2）实验室不服从老师安排，扣 10 分 （3）与同学团结合作，认真完成项目，加 5 分		
5	测试	能正确按操作指导对电路进行调整	10	调试失败，扣 10 分		
备注			100	合计		
			教师签字		年　月　日	

相关知识

1. 对功率放大器的要求

功率放大器的主要功能是在保证信号不失真（或失真较小）的前提下获得尽可能大的信号输出功率。由于通常工作在大信号状态下，所以常用图解法进行分析。在功率放大器研究中需要关注的主要问题有以下几种。

1）要求输出功率 P_o 尽可能大。

$$P_o = U_o I_o \tag{3-1}$$

为了获得大的功率输出，要求功放管的电压和电流都有足够大的输出幅度，因此功放管往往在接近极限状态下工作。

2）效率 η 要高。

$$\eta = \frac{P_o（交流输出功率）}{P_V（直流电源供给功率）} \times 100\% \tag{3-2}$$

3）正确处理输出功率与非线性失真之间的矛盾。同一功放管随着输出功率增大，非线性失真往往更加严重，因此应根据不同的应用场合，合理考虑对非线性失真的要求。

4）功放管的散热与保护问题。在功率放大器中，有相当大的功率消耗在管子的集电结上，使集电结温度和管壳温度升高。为了充分利用允许的管耗而使管子输出足够大的功率，功放管的散热是一个很重要的问题。

此外，在功率放大器中，为了输出大的信号功率，管子承受的电压要高，通过的电流要大，功放管损坏的可能性也就比较大，因此功放管的保护问题也不容忽视。

2. 功率放大电路的分类

通常在加入输入信号后，按照输出级晶体管集电极电流的导通情况，可将低频功率放大电路分为三类：甲类、乙类、甲乙类，如图 3-120 所示。

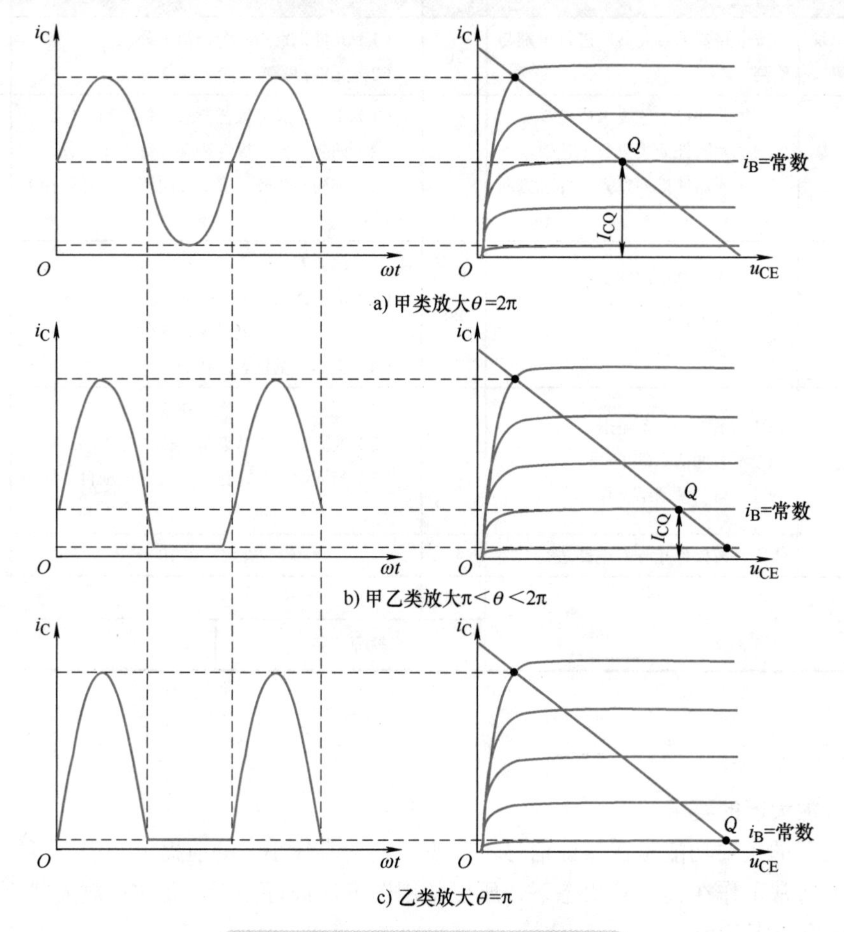

图 3-120　低频功率放大电路的分类

1）甲类。在信号的一个周期内，功放管始终导通，其导电角 $\theta=360°$ 。该类电路的主要优点是输出信号的非线性失真较小。其主要缺点是直流电源在静态时的功耗较大，效率 η 较低，在理想情况下，甲类功放的最高效率只能达到 50%。

2）乙类。在信号的一个周期内，功放管只有半个周期导通，其导电角 $\theta=180°$。该类电路的主要优点是直流电源的静态功耗为 0，效率 η 较高，在理想情况下，最高效率可达 78.5%。其主要缺点是输出信号中会产生交越失真。

3）甲乙类。在信号的一个周期内，功放管导通的时间略大于半个周期，其导电角 $180°<\theta<360°$。功放管的静态电流大于 0，但非常小。这类电路保留了乙类功率放大器的优点，且克服了乙类功率放大器的交越失真，是最常用的低频功率放大器类型。

3. 乙类双电源无输出电容器互补对称功率放大电路

1）乙类无输出电容器电路组成。它由两射极输出器组成基本的互补对称电路，如图 3-121 所示。

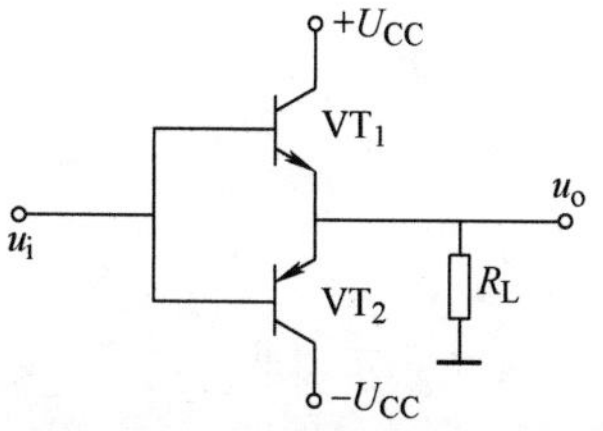

图 3-121　乙类无输出电容器（Output Capacitor Less，以下简称 OCL）电路的组成

2）工作原理。在输入信号 u_i 的整个周期内，VT_1、VT_2 轮流导电半个周期，使输出 u_o 是一个完整的信号波形，如图 3-122 所示。

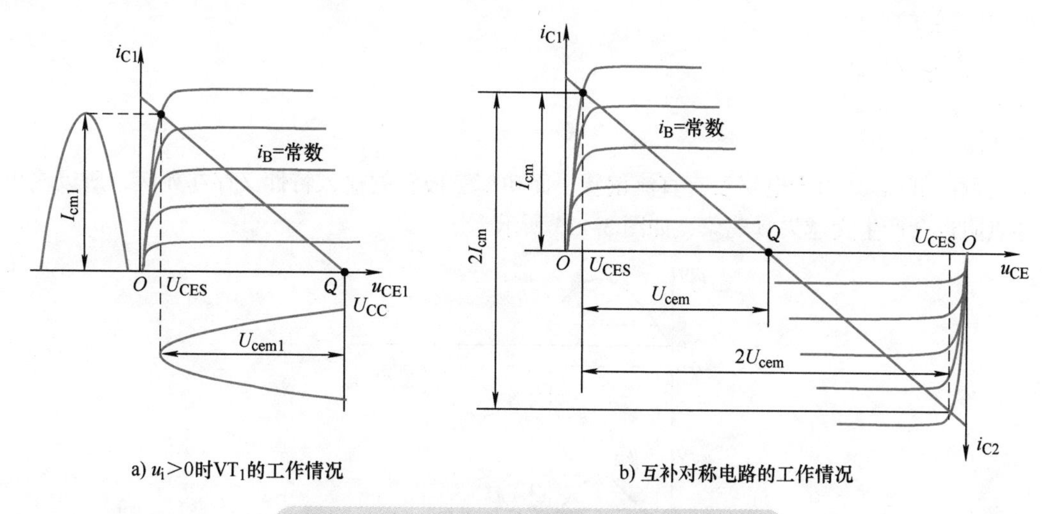

a) $u_i>0$时VT_1的工作情况　　b) 互补对称电路的工作情况

图 3-122　乙类无输出电容器电路的工作原理

3）电路的性能分析。

① 输出功率 P_o。

$$P_o=U_oU_o=\frac{1}{2}\times\frac{U_{om}^2}{R_L}$$

最大输出功率为

$$P_{om} \approx \frac{1}{2} \times \frac{U_{CC}^2}{R_L}$$

② 晶体管管耗 P_T。

$$P_T = P_{T1} + P_{T2} = \frac{2}{R_L}\left(\frac{U_{CC}U_{om}}{\pi} - \frac{U_{om}^2}{4}\right)$$

当 $U_{om} \approx 0.6U_{CC}$ 时，具有最大管耗，单管的最大管耗 P_{T1M} 为

$$P_{T1M} \approx 0.2P_{om}$$

③ 直流电源供给的功率 P_V。

$$P_V = P_o + P_T = \frac{2U_{CC}U_{om}}{\pi R_L}$$

电源供给的最大输出功率为

$$P_{Vm} = \frac{2U_{CC}^2}{\pi R_L}$$

④ 效率 η。

$$\eta = \frac{P_o}{P_V} = \pi \frac{U_{om}}{4U_{CC}}$$

当 $U_{om} \approx U_{CC}$ 时，效率最高，最大效率为

$$\eta = \frac{P_o}{P_V} = \frac{\pi}{4} \approx 78.5\%$$

4）功率管的选择。

① $P_{CM} \geqslant 0.2P_{om}$；

② $U_{(BR)CEO} \geqslant 2U_{CC}$；

③ $I_{CM} \geqslant U_{CC}/R_L$。

5）存在的问题。由于电路没有直流偏置，而功率三极管的输入特性又存在死区，所以输出信号在零点附近会产生交越失真现象，如图 3-123 所示。

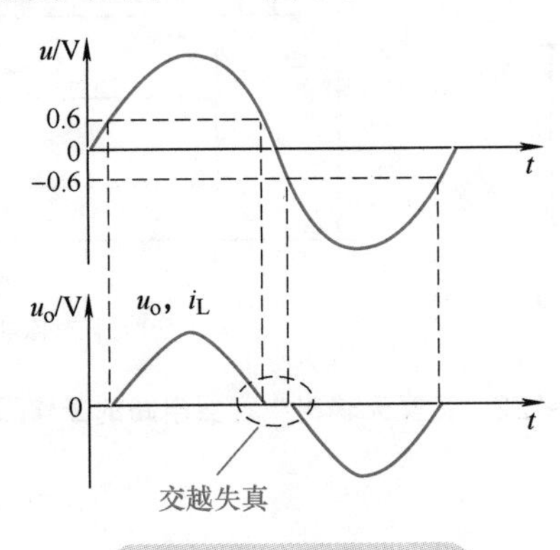

图 3-123 交越失真

4. 甲乙类双电源 OCL 互补对称功率放大电路

为了克服交越失真，在静态时，为输出管 VT_1、VT_2 提供适当的偏置电压，使之处于微导

通，从而使电路工作在甲乙类状态。

1）甲乙类 OCL 电路静态点的设置方案。甲乙类 OCL 电路的静态偏置电路如图 3-124 所示。

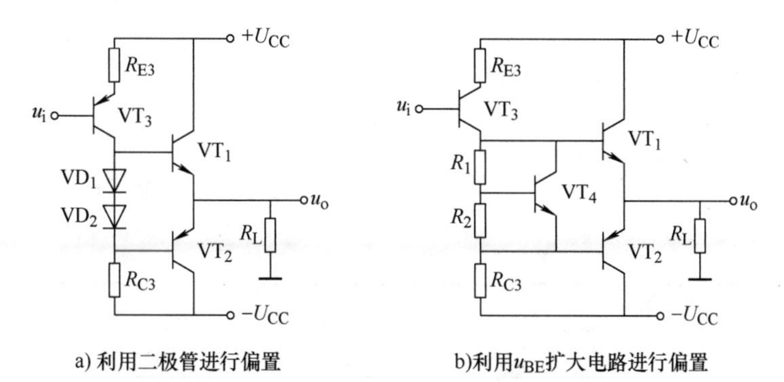

图 3-124　甲乙类 OCL 电路的静态偏置电路

图 3-124b 所示的偏置方法在集成电路中常用到。可以证明：

$$U_{\mathrm{CE4}}=\left(1+\frac{R_1}{R_2}\right)U_{\mathrm{BE4}}$$

适当调节 R_1、R_2 的比值，即可改变 $\mathrm{VT_1}$、$\mathrm{VT_2}$ 的偏压值。

2）电路的性能指标。上述电路的静态工作电流虽不为零，但仍然很小，因此其性能指标仍可用乙类互补对称电路的公式近似进行计算。

5. 单电源无输出变压器互补对称功率放大电路

1）电路原理图。单电源无输出变压器 (Output Transformer Less，以下简称 OTL）互补对称功率放大电路如图 3-125a 所示，图 3-125b 是其等效电路。

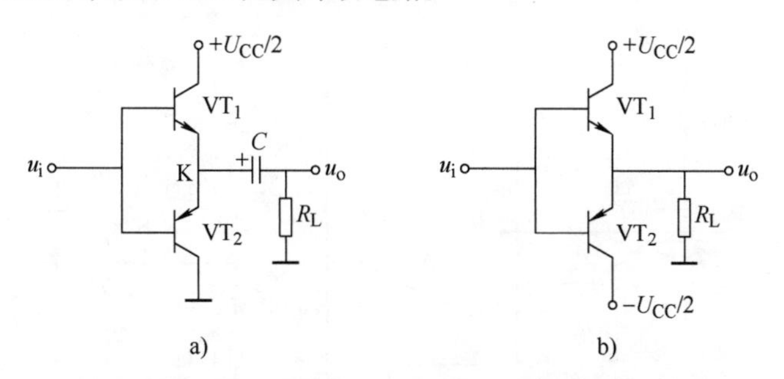

图 3-125　单电源 OTL 互补对称功率放大电路

图 3-125a 所示电路与图 3-121 所示电路的最大区别在于输出端接有大容量的电容 C。当 $u_\mathrm{i}=0$ 时，由于 $\mathrm{VT_1}$、$\mathrm{VT_2}$ 特性相同，即有 $U_\mathrm{K}=U_\mathrm{CC}/2$，电容 C 被充电到 $U_\mathrm{CC}/2$。设电容 C 的充放电时间常数远大于输入信号 u_i 的周期，则电容 C 上的电压可视为固定不变，电容 C 对交流信号而言可看做短路。因此，用单电源和电容 C 就可代替 OCL 电路的双电源。

2）电路的性能指标。OTL 电路的工作情况与 OCL 电路完全相同，偏置电路也可采用类似的方法处理。估算其性能指标时，用 $U_\mathrm{CC}/2$ 代替。CL 电路计算公式中的 U_CC 即可。

6. 集成功率放大器

随着线性集成电路的发展，集成功率放大器的应用也日益广泛。OTL、OCL 电路均有各种不同输出功率和不同电压增益的多种型号的集成电路。应当注意，在使用 OTL 集成电路时，需外接输出电容。

TDA2822 是双声道音频功率放大电路，该电路的特点如下。

1）电源电压范围宽（1.8~15V），电源电压可低至 1.8V 仍能工作，因此该电路适合在低电源电压下工作。

2）静态电流小，交越失真也小。

TDA2822 引脚图如图 3-126 所示，引脚功能描述见表 3-2。

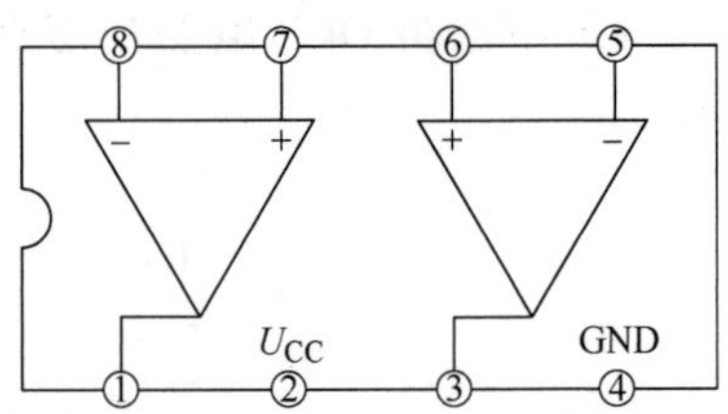

图 3-126　TDA2822 引脚图

表 3-23　TDA2822 引脚功能

引出端序号	符号	功能	引出端序号	符号	功能
1	OUT_1	输出端 1	5	IN2（−）	反向输入端 2
2	U_{CC}	电源	6	IN2（+）	正向输入端 2
3	OUT_2	输出端 2	7	IN1（+）	正向输入端 1
4	GND	地	8	IN1（−）	反向输入端 1

图 3-127 所示为 TDA2822 用于立体声功放的典型电路，其中 R_1、R_2 是输入偏置电阻，C_1、C_2 是负反馈端接地电容，C_6、C_7 是输出耦合电容，R_3、C_4 和 R_4、C_5 构成高次谐波抑制电路，用于防止电路振荡。

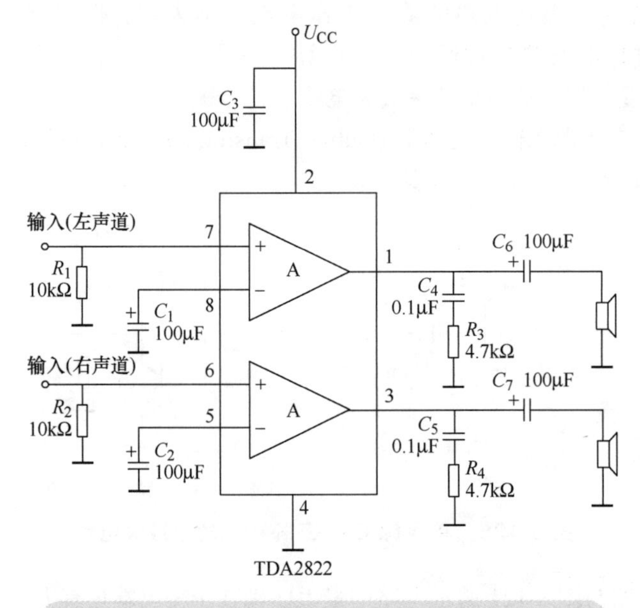

图 3-127　TDA2822 用于立体声功放的典型电路图

练习与拓展

1. 在图 3-128a 所示电路中，设三极管的 $\beta = 100$，$U_{BE} = 0.7V$，$U_{CES} = 0.5V$，$I_{CEO} = 0$，电容 C 对交流可视为短路。输入信号 u_i 为正弦波。

（1）计算电路可能达到的最大不失真输出功率 P_{om}；

（2）此时 R_B 应调节到什么数值？

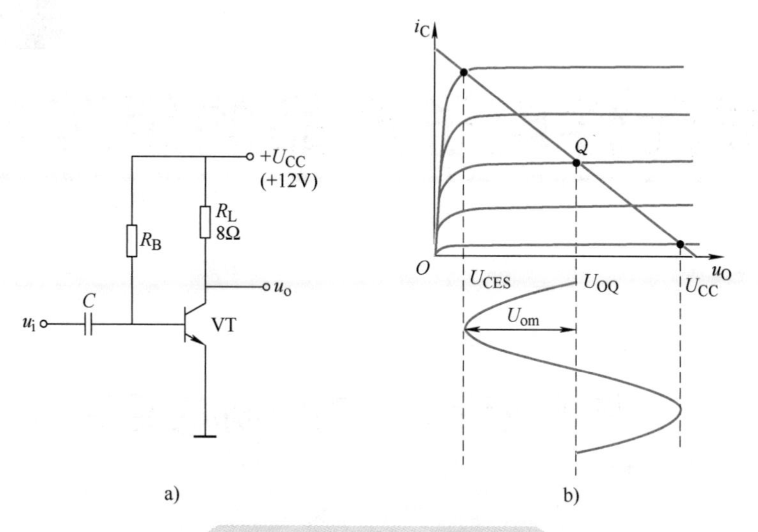

图 3-128　电路（一）练习题

（3）此时电路的效率 $\eta=$？

2. 一双电源互补对称 OCL 电路如图 3-129 所示，已知 $U_{CC}=12V$，$R_L=16\Omega$，u_i 为正弦波。求：

（1）在三极管的饱和压降 U_{CES} 可以忽略不计的条件下，负载上可能得到的最大输出功率 P_{om}。

（2）每个管子允许的管耗 P_{CM} 至少应为多少？

（3）每个管子的耐压 $|U_{(BR)CEO}|$ 至少应大于多少？

3. 某集成电路的输出级如图 3-130 所示，说明：

（1）R_1、R_2 和 VT_3 组成什么电路？在电路中起何作用？

（2）恒流源 I 在电路中起何作用？

（3）电路中引入 VD_1、VD_2 作为过载保护，说明理由。

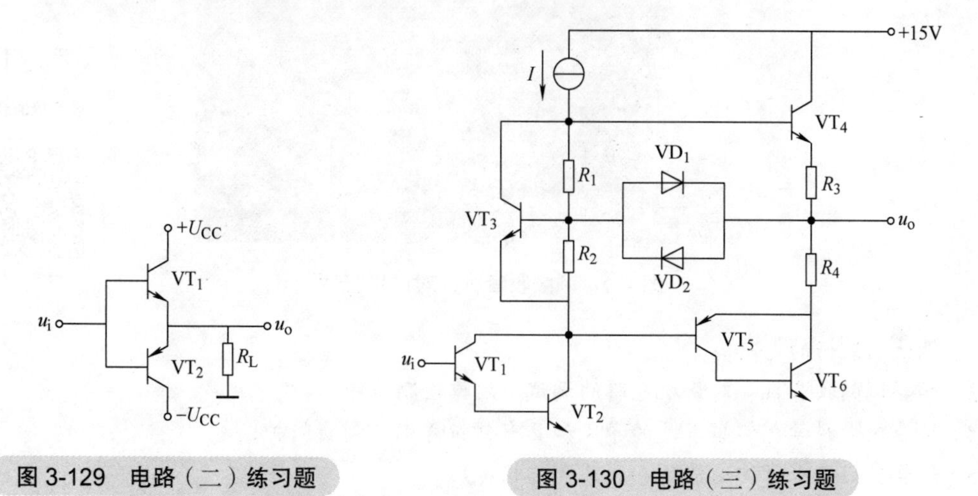

图 3-129　电路（二）练习题

图 3-130　电路（三）练习题

模块四

集成元件电子产品的组装与调试

项目一　调频收音机、对讲机的组装与调试

知识目标

（1）学会检测调频收音机、对讲机电路中的元器件。
（2）能够识读调频收音机、对讲机的电路图、装配图、印制电路板图。
（3）培养学生逻辑思维、分析问题和解决问题能力。

技能目标

（1）组装图 4-1 所示调频收音机、对讲机套件。

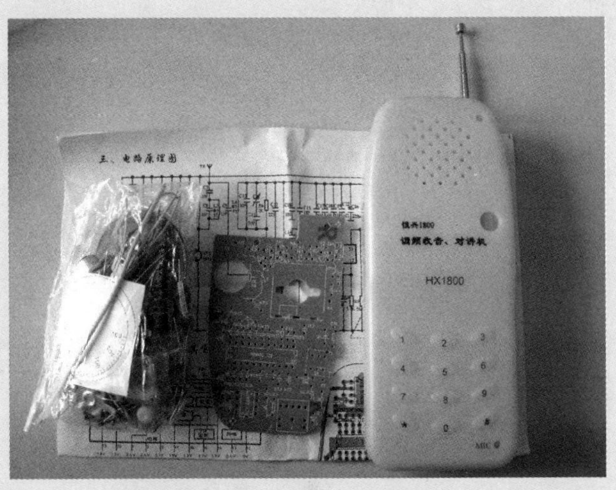

图 4-1　调频收音机、对讲机套件

（2）调试组装好的电路。
（3）学会调频收音机、对讲机电路的调试与故障检测维修。
（4）培养热爱科学、实事求是的学风和具有创新意识、创新精神。
（5）培养良好的人际沟通能力和团队合作精神。

工具与器材

所用的工具包括电烙铁、烙铁架、焊锡丝、助焊剂、吸锡器、镊子、斜口钳、万用表等。工具如图 4-2 所示，仪器如图 4-3 所示。

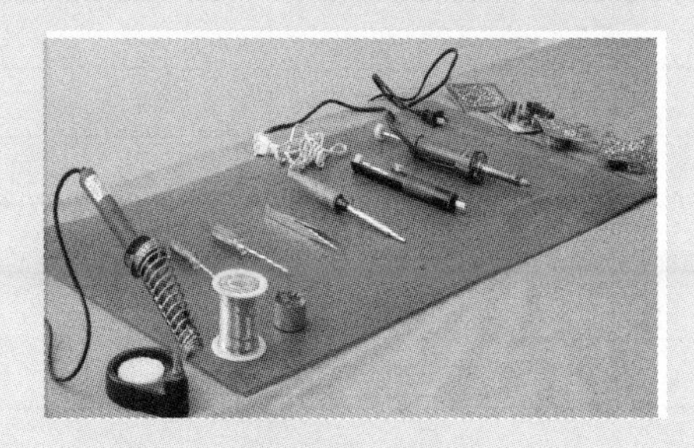

图 4-2　工具

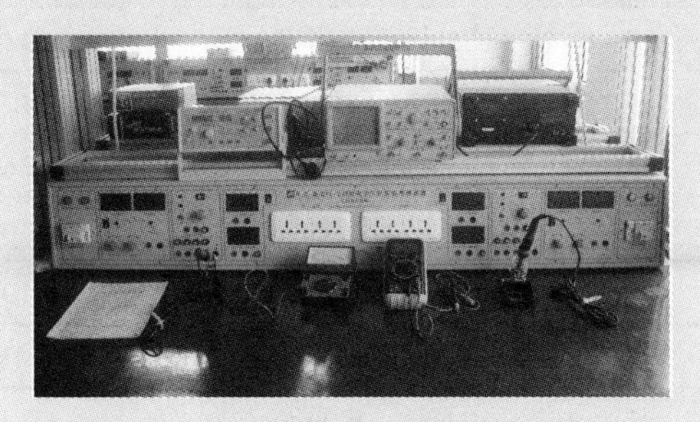

图 4-3　仪器

操作步骤

1. 识读电路原理图和印制电路板图（图 4-4～图 4-6）

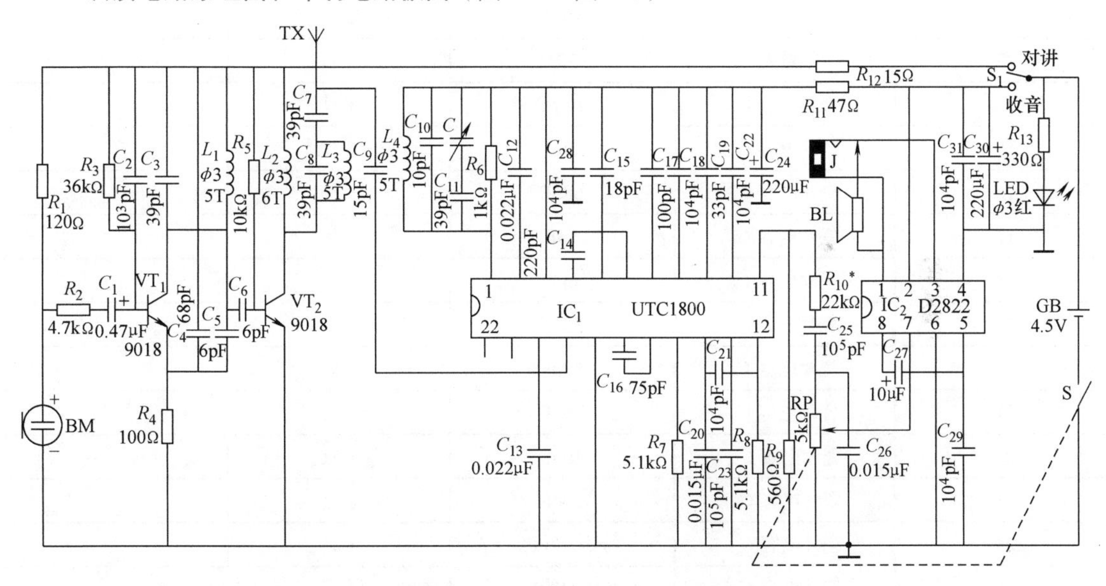

图 4-4　调频收音机、对讲机电路原理图

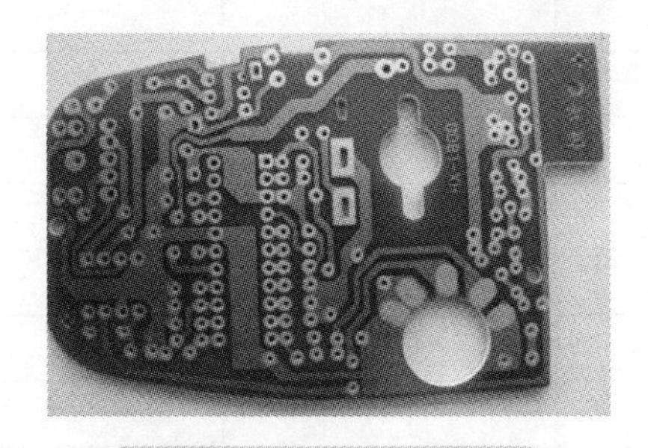

图 4-5　印制电路板图反面

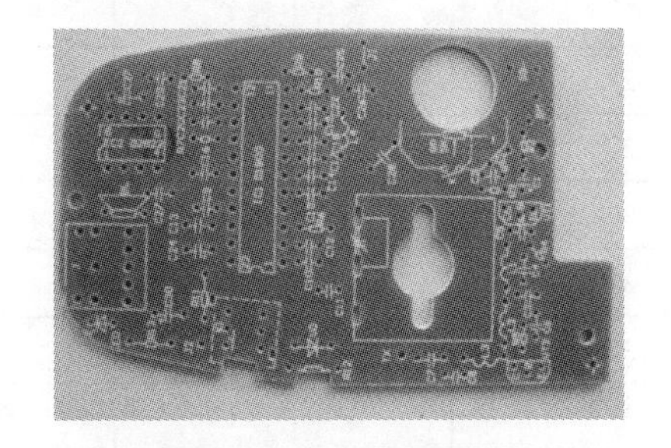

图 4-6　印制电路板图正面

2. 根据电路图安装电路

（1）核对元器件 根据表 4-1 所列内容核对元器件的规格及数量。

表 4-1 元器件清单

序号	名 称	规 格	数 量	备 注
1	电阻 R_1	120Ω	1 只	
2	电阻 R_2	4.7kΩ	1 只	
3	电阻 R_3	36kΩ	1 只	
4	电阻 R_4	100Ω	1 只	
5	电阻 R_5	10kΩ	1 只	
6	电阻 R_6	1kΩ	1 只	
7	电阻 R_7	5.1kΩ	1 只	
8	电阻 R_8	5.1kΩ	1 只	
9	电阻 R_9	560Ω	1 只	
10	电阻 R_{10}^*	2.2kΩ	1 只	
11	电阻 R_{11}	47Ω	1 只	
12	电阻 R_{12}	15Ω	1 只	
13	电阻 R_{13}	330Ω	1 只	
14	瓷片电容 C_2	10^3pF	1 只	
15	瓷片电容 C_3	39pF	1 只	
16	瓷片电容 C_4	68pF	1 只	
17	瓷片电容 C_5	6pF	1 只	
18	瓷片电容 C_6	6pF	1 只	
19	瓷片电容 C_7	39pF	1 只	
20	瓷片电容 C_8	39pF	1 只	
21	瓷片电容 C_9	15pF	1 只	
22	瓷片电容 C_{10}	10pF	1 只	
23	瓷片电容 C_{11}	39pF	1 只	
24	瓷片电容 C_{12}	0.022μF	1 只	
25	瓷片电容 C_{13}	0.022μF	1 只	
26	瓷片电容 C_{14}	220pF	1 只	
27	瓷片电容 C_{15}	18pF	1 只	
28	瓷片电容 C_{16}	75pF	1 只	
29	瓷片电容 C_{17}	100pF	1 只	
30	瓷片电容 C_{18}	10^4pF	1 只	
31	瓷片电容 C_{19}	33pF	1 只	
32	瓷片电容 C_{20}	0.015μF	1 只	
33	瓷片电容 C_{21}	10^4pF	1 只	

（续）

序号	名　称	规　格	数　量	备　注
34	瓷片电容 C_{22}	10^4pF	1只	
35	瓷片电容 C_{23}	10^5pF	1只	
36	瓷片电容 C_{25}	10^5pF	1只	
37	瓷片电容 C_{26}	0.015μF	1只	
38	瓷片电容 C_{28}	10^4pF	1只	
39	瓷片电容 C_{29}	10^4pF	1只	
40	瓷片电容 C_{31}	10^4pF	1只	
41	电解电容 C_1	0.47μF	1只	
42	电解电容 C_{24}	220μF	1只	
43	电解电容 C_{27}	10μF	1只	
44	电解电容 C_{30}	220μF	1只	
45	双联电容 C	CBM-223P	1只	
46	开关 S_1		1只	
47	耳机插座		1只	
48	集成电路插座	8脚、24脚	各1只	
49	细导线	80mm	2根	扬声器
50	细导线	100mm	5根	电源、传声器、J2
51	粗导线	100mm	1根	天线
52	正、负极连体片		各1片	
53	前、后电池盖		各1个	
54	拉杆天线		1根	
55	自攻螺钉	$\phi 2\times 5$	4粒	电路板、天线、电池盖
56	自攻螺钉	$\phi 2\times 8$	1粒	后盖上端
57	平机螺钉	$\phi 2.5\times 4$	2粒	双联
58	平机螺钉	$\phi 2.5\times 5$	1粒	双联拨盘
59	元机螺钉	$\phi 1.6\times 5$	1粒	电位器拨盘
60	小焊片	$\phi 3.2$	1片	
61	塑料按钮		1个	
62	大、小拨盘		各1个	
63	集成块 IC_1	UTC1800	1块	
64	集成块 IC_2	D2822	1块	
65	高频晶体管 VT_1	9018	1支	
66	晶体管 VT_2	9018	1支	
67	发光二极管LED	$\phi 3$，红	1支	

（续）

序号	名　称	规　格	数　量	备　注
68	驻极体 BM	50dB	1个	
69	扬声器 BL	ϕ36mm	1个	
70	电感线圈 L_1、L_3、L_4	ϕ3，5T	3个	
71	电感线圈 L_2	ϕ3，6T	1个	

（2）检测元器件（表4-2）

表4-2　元器件检测标准

元器件名称	检测标准	使用工具	备　注
电阻 R_1～R_{13}		万用表	合适档位
瓷片电容	两端电阻值为∞	万用表	$R\times10$k档
电解电容	指针到达最右端后缓慢向左偏转至无穷大处	万用表	$R\times1$k档
电位器 RP	电阻值在0～5kΩ之间变化	万用表	$R\times10$k档
晶体管	B-C之间的电阻值较小 B-E之间的电阻值较小 C-E之间的电阻值为∞	万用表	$R\times1$k档或$R\times100$档
发光二极管 LED	反向电阻值为∞ 正向电阻值小	万用表	$R\times1$k档或$R\times100$档
按钮	断开时电阻值为∞ 闭合时电阻值为0	万用表	$R\times1$档
扬声器	电阻值略小于标称电阻值，且有“咯咯”声	万用表	$R\times1$档

（3）安装电路元器件

1）安装电阻。根据焊点的间距，将电阻的引脚折弯成形，如图4-7所示。

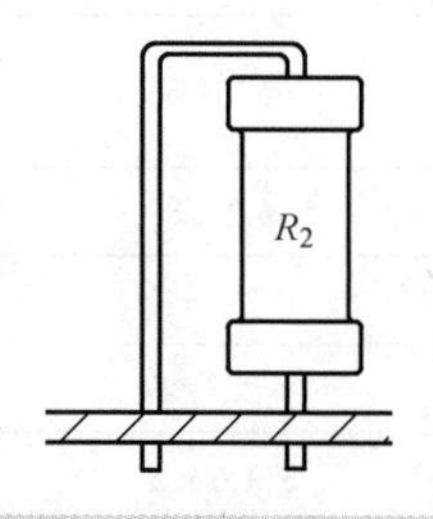

图4-7　电阻引脚的折弯

按照电路原理图将电阻插装到印制电路板上，如图4-8所示（R_1: 120Ω，R_2: 4.7kΩ，R_3: 36kΩ，R_4: 100Ω，R_5: 10kΩ，R_6: 1kΩ，R_7: 5.1kΩ，R_8: 5.1kΩ，R_9: 560Ω，R_{10}^*: 2.2kΩ，R_{11}: 47Ω，R_{12}: 15Ω，R_{13}: 330Ω，共13只）。根据焊接工艺要求将引脚焊接到印制电路板上，剪断剩余引线，距离板面大约1mm为宜。

2）焊接电位器（1只）和短接线J1。

电位器（1只）和短接线J1的安装如图4-9所示。

3）安装、焊接瓷片电容。瓷片电容全部采用立式安装，高度不要太高，否则会最终影响装机。

图 4-8　电阻的安装

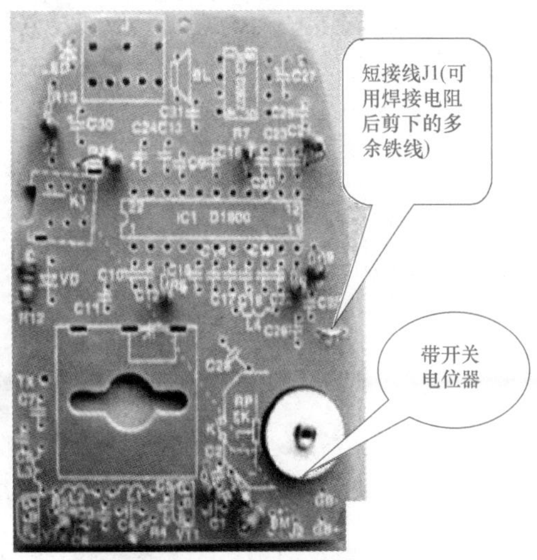

图 4-9　电位器和短接线 J1 的安装

瓷片电容的安装（C_2: 10^3pF，C_3: 39pF，C_4: 68pF，C_5: 6pF，C_6: 6pF，C_7: 39pF，C_8: 39pF，C_9: 15pF，C_{10}: 10pF，C_{11}: 39pF，C_{12}: 0.022μF，C_{13}: 0.022μF，C_{14}: 220pF，C_{15}: 18pF，C_{16}: 75pF，C_{17}: 100pF，C_{18}: 10^4pF，C_{19}: 33pF，C_{20}: 0.015μF，C_{21}: 10^4pF，C_{22}: 10^4pF，C_{23}: 10^5pF，C_{25}: 10^5pF，C_{26}: 0.015μF，C_{28}: 10^4pF，C_{29}: 10^4pF，C_{31}: 10^4pF，共 27 只）如图 4-10 所示。

图 4-10　瓷片电容的安装

4）焊接电解电容。电解电容（C_1: 0.47μF，C_{24}: 220μF，C_{27}: 10μF，C_{30}: 220μF，共 4 只）的安装如图 4-11 所示。

5）焊接电感线圈。电感线圈（L_1:5 圈，L_2:6 圈，L_3:5 圈，L_4: 5 圈，共 4 只）的安装如图 4-12 所示。

图 4-11　电解电容的安装

图 4-12　电感线圈的安装

6）安装发光二极管。注意发光二极管要安装在印制电路板的覆铜面，高度要根据机壳上电源指示灯的孔来确定，如图 4-13 所示。

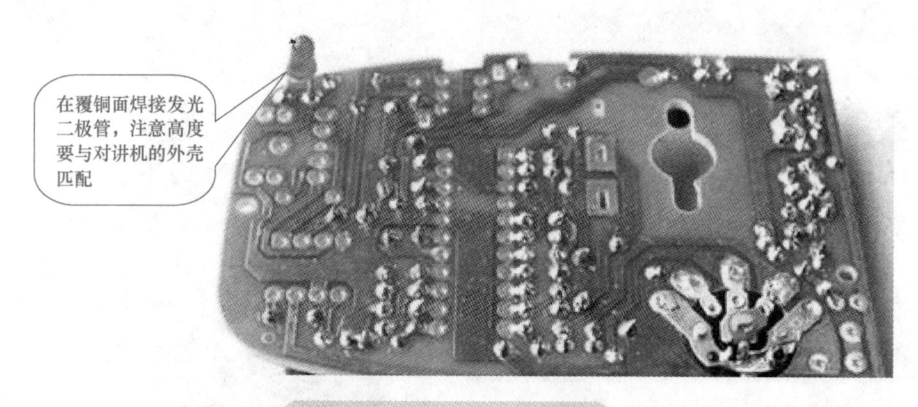

图 4-13　发光二极管的安装

7）安装 IC 底座，由于集成电路容易受温度等因素的影响，所以在安装时最好配有底座，安装方法如图 4-14 所示。

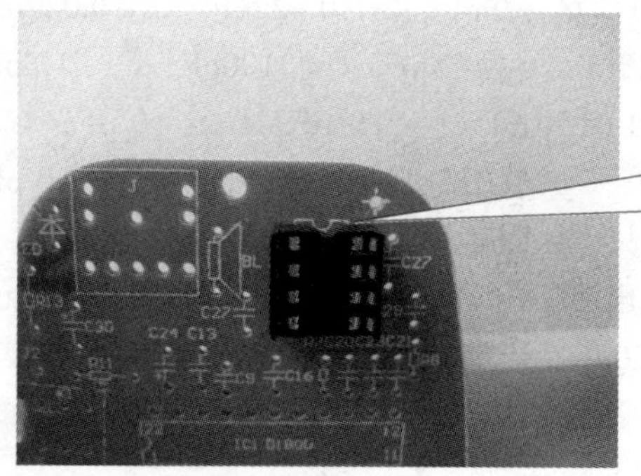

图 4-14　IC 底座的安装方法

8）安装耳机，如图 4-15 所示。

图 4-15　耳机的安装

9）安装晶体管，如图 4-16 所示。

10）焊接耳机插座、开关、可变电容等。安装集成芯片 IC（UTC1800、D2822），焊接耳机插座、开关、可变电容，焊接短接线 J2、二极管、粗导线（天线），如图 4-17 所示。电路安装的侧视图如图 4-18 所示。

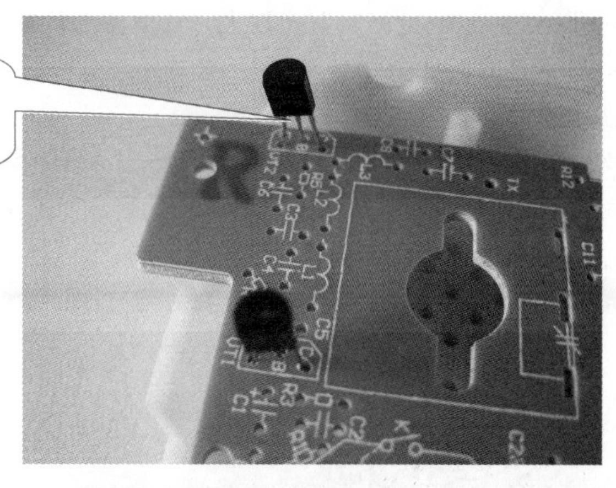

图 4-16　晶体管的安装

图 4-17　天线、二极管的安装

图 4-18　电路安装的侧视图

11）扬声器的处理。

检测：用万用表 $R\times1$ 档测量直流电阻，正常时比标称电阻值稍小，约为7.4Ω。

灵敏度：用万用表 $R\times1$ 档，“咯咯”声较大，扬声器正常且灵敏度高。安装时，注意将导线焊接到标有“+”“-”的地方，如图4-19所示。

12）传声器的处理。

检测灵敏度：用万用表 $R\times1$ 档，黑表笔接漏极D，红表笔接地。用嘴巴对准传声器轻轻吹气，同时观察万用表指针的摆动幅度，幅度越大，灵敏度越高，如图4-20所示。

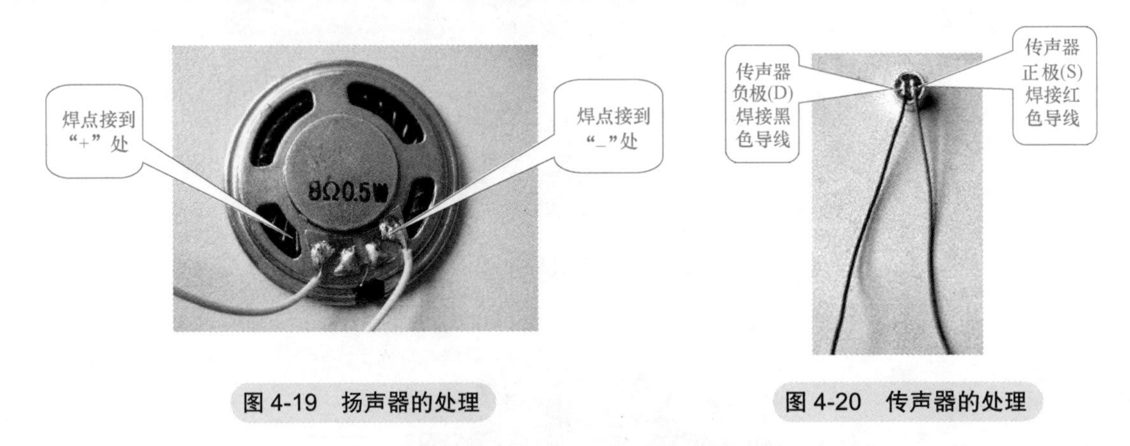

图4-19 扬声器的处理

图4-20 传声器的处理

13）整机装配。将扬声器和传声器用导线连接到电路板上，将天线与拉杆天线连接，并将拉杆天线固定到机壳上，用导线将电路板上的电源与电池盒相连，用螺钉将电位器及调台旋钮的盖固定到电路板上，如图4-21所示。在电路连接过程中若是用两种不同颜色的线连接传声器的正负极和电源的正负极，更有利于装配。

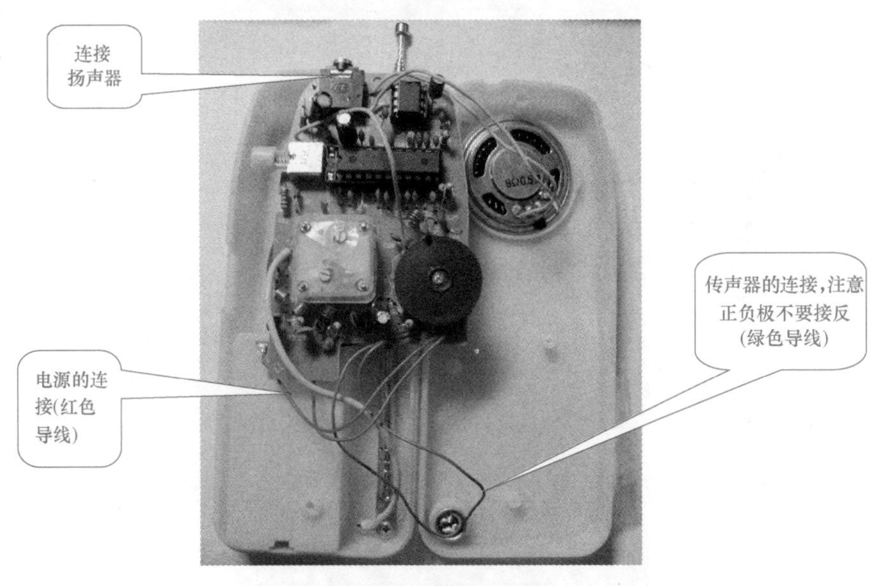

图4-21 整机装配

3. 调试电路

元器件以及连接导线全部焊接完后，经过认真仔细检查后方可通电调试（注意最好不要用充电电池，因为电压太低会使发射距离缩短）。

（1）收音（或接收）部分的调整　首先用万用表 100mA 电流档（也可用其他档，只要 ≥ 50mA 档即可）的正负表笔分别跨接在地和 S 的 GB- 之间，这时的读数应在 10 ～ 15mA，这时打开电源开关 S，并将音量开至最大，再细调双联，这时应可接收广播电台，若还收不到，应检查有没有元器件装错，印制电路板有没有短路或开路，有没有焊接质量不高，而导致短路或开路等，还可以试换一下 IC_1，本机只要装配无误就可实现一装即响。排除故障后找一台标准的调频收音机，分别在低端和高端接收一个电台，并调整被调收音机 L_4 的松紧度，使被调收音机也能接收到这两个电台，那么这台被调收音机的频率覆盖就调好了。如果在低端接收不到这个电台，说明应增加 L_4 的匝数，在高端接收不到这个电台，说明应减少 L_4 的匝数，直至这两个电台都能收到为止。调整时注意请用无感螺钉旋具或牙签、牙刷柄（处理后）拨动 L_4 调整其松紧度。当 L_4 拨松时，这时的频率就增高，反之则降低，注意调整前请将频率指示标牌贴好，使整个圆弧数值都能在前盖的小孔内看得见（旋转调台拨盘）。

（2）发射（或对讲）部分的调整　首先将一台标准的调频收音机的频率指示调在 100MHz 左右，然后将被调的发射部分的开关 S_1 按下，并调节 L_1 的松紧度，使标准收音机有啸叫，若没有啸叫则可将距离拉开 0.2 ～ 0.5m，直到有啸叫声为止，再拉开距离对着驻极体讲话，若有失真，则可调整标准收音机的调台旋钮，直到消除失真，还可以调整 L_2 和 L_3 的松紧度，使距离拉得更开，信号更稳定。若要实现对讲，请再装一台本套件并按同样的方法进行调整，对讲频率可以自己设定，如 88MHz、98MHz、108MHz…这样可以实现互相保密也不会相互干扰。

评定考核

调频收音机、对讲机电路的组装与调试成绩评分标准见表 4-3。

表 4-3　调频收音机、对讲机电路的组装与调试成绩评分标准

序号	项　目		考核要求	配分	评 分 标 准	检测结果	得分
1	仪器仪表的使用及元器件的测量	电阻	识别并检测电阻、电解电容、二极管、晶体管、扬声器、传声器	5	万用表档位选择正确、电阻值测试正确，5 分		
		电解电容		4	电解电容性能测试，4 分		
		二极管		3	极性判断正确，2 分；导通压降测试正确，1 分		
		晶体管		10	极性判断正确，4 分；类型判断正确，4 分；放大倍数测试正确，2 分		
		扬声器		3	扬声器性能测试，3 分		
		传声器		5	极性判断正确，5 分		
2	布局	元器件及结构布局	美观、合理	8	美观、合理满分，否则酌情扣分		
3	焊接	焊接装配质量	无虚焊、连焊，焊点规范、美观	22	无缺陷，满分；每 5 个缺陷点扣 1 分		
4	调试		正确使用仪器测试所要求的波形及参数	35	工作正常，测试的波形及参数正确，满分		
5	性能		整体工作稳定	5	性能良好满分，否则酌情扣分		

（续）

序号	项　目	考核要求	配分	评分标准	检测结果	得分
6	安全文明操作			违反安全文明操作规定扣5～20分		
备注		合计				
		教师签字		年　月　日		

相关知识

1. 电感线圈

（1）电感线圈的工作原理和特性　电感是利用电磁感应的原理进行工作的。当有电流流过一根导线时，就会在这根导线的周围产生一定的电磁场，而这个电磁场的导线本身又会对处在这个电磁场范围内的导线发生感应作用。对产生电磁场的导线本身发生的作用，称为自感；对处在这个电磁场范围的其他导线产生的作用，称为互感。

电感线圈的电特性和电容相反，“阻高频，通低频”。即高频信号通过电感线圈时会遇到很大的阻力，很难通过；而对低频信号通过它时所呈现的阻力则比较小，即低频信号可以较容易地通过它，电感线圈对直流电的电阻几乎为零。

电阻、电容和电感对于电路中电信号的流动都会呈现一定的阻力，这种阻力称为阻抗。电感线圈对电流信号所呈现的阻抗利用的是线圈的自感。电感线圈简称电感或线圈，用字母“L”表示，单位为亨利（H）、毫亨利（mH）、微亨利（μH），$1\text{H} = 10^3\text{mH} = 10^6\mu\text{H}$。绕制电感线圈时，所绕线圈的圈数称为线圈的匝数。

电感线圈的性能指标主要就是电感量的大小。另外，绕制电感线圈的导线一般来说总具有一定的电阻，通常这个电阻是很小的，可以忽略不计。但当在一些电路中流过的电流很大时，线圈的这个很小的电阻就不能忽略了，因为很大的线圈会在这个线圈上消耗功率，引起线圈发热甚至烧坏，所以有些时候还要考虑线圈能承受的电功率。电感线圈是由导线一圈圈地绕在绝缘管上，导线彼此互相绝缘，而绝缘管可以是空心的，也可以包含铁心或磁粉心。

（2）电感的分类

1）按电感形式分类：固定电感、可变电感。

2）按导磁体性质分类：空心线圈、铁氧体线圈、铁心线圈、铜心线圈。

3）按工作性质分类：天线线圈、振荡线圈、扼流线圈、陷波线圈、偏转线圈。

4）按绕线结构分类：单层线圈、多层线圈、蜂房式线圈。

（3）电感线圈的主要特性参数

1）电感量 L。电感量 L 表示线圈本身的固有特性，与电流大小无关。除专门的电感线圈（色码电感）外，电感量一般不专门标记在线圈上，而以特定的名称标记。

2）感抗 X_L。电感线圈对交流电流阻碍作用的大小称为感抗 X_L，单位为欧姆（Ω）。它与电感量 L 和交流电频率 f 的关系为 $X_L = 2\pi fL$。

3）品质因素 Q。品质因素 Q 是表示线圈质量的一个物理量，Q 为感抗 X_L 与其等效电阻的比值，即 $Q = X_L/R$。线圈的 Q 值越高，回路的损耗越小。线圈的 Q 值与导线的直流电阻、骨架的介质损耗、屏蔽罩或铁心引起的损耗、高频趋肤效应的影响等因素有关。线圈的 Q 值通常为几十到几百。

4）分布电容。线圈的匝与匝间、线圈与屏蔽罩间、线圈与底板间存在的电容称为分布电容。

分布电容使线圈的 Q 值减小，稳定性变差，因而线圈的分布电容越小越好。

（4）电感线圈的作用

1）电感线圈的阻流作用。电感线圈中的自感电动势总是阻止线圈中的电流变化的。电感线圈主要可分为高频阻流线圈及低频阻流线圈。

2）调谐与选频作用。电感线圈与电容并联可组成 LC 调谐电路，即电路的固有振荡频率 f_0 与非交流信号的频率 f 相等，则回路的感抗与容抗也相等，于是电磁能量就在电感、电容间来回振荡，这就是 LC 回路的谐振现象。谐振时电路的感抗与容抗等值又反向，回路总电流的感抗最小，电流量最大（指 $f=f_0$ 的交流信号），LC 谐振电路具有选择频率的作用，能将某一频率 f 的交流信号选择出来。

2. 双联电容

同轴双联可变电容的作用是选台和本振跟踪。

高频消振电容：用在高频消振电路中的电容称为高频消振电容，在音频负反馈放大器中，为了消振可能出现的高频自激，采用这种电容电路，以消除放大器可能出现的高频啸叫。

谐振电容：用在 LC 谐振电路中的电容称为谐振电容，LC 并联和串联谐振电路中都需这种电容电路。

3. 调频对讲机、收音机的电路工作原理

（1）收音机（或接收）部分的原理　调频信号由 TX 接收，经 C_9 耦合到 IC_1 的 19 脚内的混频电路，IC_1 第 1 脚内部为本机振荡电路，1 脚为本振信号输入端，L_4、C、C_{10}、C_{11} 等元件构成本振的调谐回路。在 IC_1 内部混频后的信号经低通滤波器后得到 10.7MHz 的中频信号，中频信号由 IC_1 的 7、8、9 脚内电路进行中频放大、检波，7、8、9 脚外接的电容为高频滤波电容，此时中频信号频率仍然是变化的，经过鉴频后变成变化的电压。10 脚外接电容为鉴频电路的滤波电容。这个变化的电压就是音频信号，经过静噪的音频信号从 14 脚输出耦合至 12 脚内的功放电路，第一次功率放大后的音频信号从 11 脚输出 s，经过 R_{10}^*、C_{25}、RP，耦合至 IC_2 进行第二次功率放大，推动扬声器发出声音。电路原理图如图 4-4 所示。

（2）对讲（或发射）部分的原理　变化着的声波被驻极体转换为变化着的电信号，经过 R_1、R_2、C_1 阻抗均衡后，由 VT_1 进行调制放大。C_2、C_3、C_4、C_5、L_1 以及 VT_1 集电极与发射极之间的结电容 C_{CE} 构成一个 LC 振荡电路，在调频电路中，很小的电容变化也会引起很大的频率变化。当电信号变化时，相应的 C_{CE} 也会有变化，这样频率就会有变化，即达到了调频的目的。经过 VT_1 调制放大的信号经 C_6 耦合至发射管 VT_2，通过 TX、C_7 向外发射调频信号。VT_1、VT_2 用 9018 超高频晶体管作为振荡和发射专用管。

4. 负反馈

若反馈信号使净输入信号减弱，则为负反馈；负反馈多用于改善放大器的功能，具体如下。

1）提高增益的稳定性。

2）扩展通频带。

3）对输入、输出电阻的影响。

① 串联负反馈使输入电阻增大。

② 并联负反馈使输入电阻减小。

③ 电压负反馈使输出电阻减小。

④ 电流负反馈使输出电阻增大。

4）负反馈可以减小非线性失真。因为引入负反馈后，输出端的失真波形反馈到输入端，与输入波形叠加，所以净输入信号成为正半周小、负半周大的波形，此波形放大后，使其输出端正、负半周波形之间的差异减小，从而减小了放大电路输出波形的非线性失真。但负反馈只能减小放大器自身产生的非线性失真，而对输入信号的非线性失真，负反馈是无能为力的。

练习与拓展

一、填空题

1. 滤波器按照元器件的构成分为________、________和________三种。

2. ______是晶体滤波器的核心，其具有______效应，具有______电路的某些特性。

3. 模拟式万用表由________、________、________等构成。

4. 用万用表测量直流电压时，两表笔应________接在被测电路两端，且________表笔接高电位端，________表笔接低电位端。

5. 用模拟式万用表欧姆档交换表笔测量二极管电阻两次，其中电阻值小的一次黑表笔接的是二极管的________极。

6. 放大器必须要有合适、稳定的________，才能不失真地放大交流信号。

二、选择题

1. 通电线圈插入铁心后，它的磁场将（　　）。

A. 增强　　B. 减弱　　C. 不变

2. 判断电流磁场的方向是用（　　）。

A. 右手定则　　B. 左手定则　　C. 安培定则

3. 能抑制低频传输的滤波器是（　　）。

A. 低通滤波器　　B. 高通滤波器

C. 带通滤波器　　D. 带阻滤波器

4. 调整调谐放大器的 LC 回路参数不会使（　　）发生改变。

A. 整机灵敏度　　B. 抗干扰能力

C. 信号传输　　D. 电路工作电压

5. 以下说法中，不属于本振要求的是（　　）。

A. 容易受控　　B. 容易起振

C. 输出波形好　　D. 稳定可靠

6. 收录机中的频率均衡电路是为了改善录放过程中的频率响应；在起始低频段，输出随频率的增高而（　　），在高频段，输出反而随频率的增高而（　　）。

A. 增大、不变　　B. 减小、不变

C. 增大、减小　　D. 减小、增大

7. 单声道调频接收机听到的只是（　　）信号。

A. 和　　B. 差　　C. 副信道　　D. 导频

8. 用万用表测量交直流电流或电压时，应尽量使指针工作在满刻度值（　　）以上区域，以保证测量结果的准确度。

A.2/3　　B.1/3　　C.3/4　　D.1/4

9. 稳压二极管稳压时，其工作在（　　），发光二极管在发光时，其工作在（　　）。

A. 正向导通区　　B. 反向截止区

C. 反向击穿区　　D. 正向饱和区

三、判断题

1. 二极管导通时的电流主要由多子的扩散运动形成。（　）
2. 发光二极管正常工作时应加正向电压。（　）
3. 发射结加反向电压时晶体管进入饱和区。（　）
4. 集电极电流 I_C 不受基极电流 I_B 的控制。（　）
5. 调幅是用低频信号控制载波的幅度。（　）
6. 差分放大器的输出电压与两个输入电压之差成正比。（　）
7. 直流负反馈常用于改善放大电路的动态特性。（　）
8. 基本运算电路开环增益很高，通常均加入深度负反馈。（　）
9. 用低频信号去改变载波的幅度称为调频。（　）
10. 振荡器一般情况下不用外加信号也可以正常工作。（　）

项目二　数字万年历电路的组装与调试

知识目标

（1）学会检测数字万年历电路中的元器件。

（2）能够识读数字万年历电路图、装配图、印制电路板图。

（3）学会数字万年历电路的调试与故障检测维修。

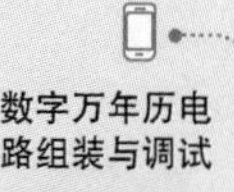

技能目标

（1）组装数字万年历套件。

（2）调试组装好的电路。

（3）培养学生的职业道德意识、安全操作规范意识。

（4）培养学生逻辑思维、分析问题和解决问题能力。

工具与器材

所用工具包括电烙铁、烙铁架、焊锡丝、助焊剂、吸锡器、镊子、斜口钳、万用表等。工具如图 4-22 所示，仪器如图 4-23 所示。

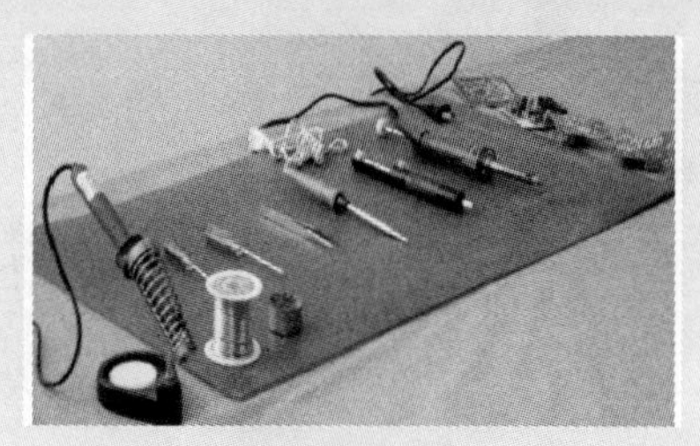

图 4-22　工具

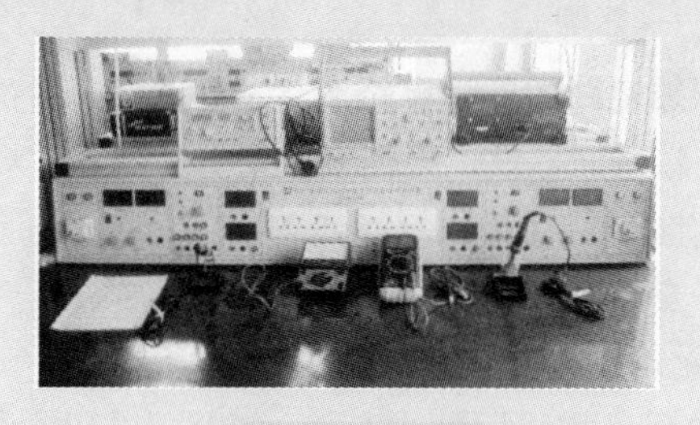

图 4-23　仪器

操作步骤

1. 识读电路原理图和印制电路板图（图 4-24～图 4-26）

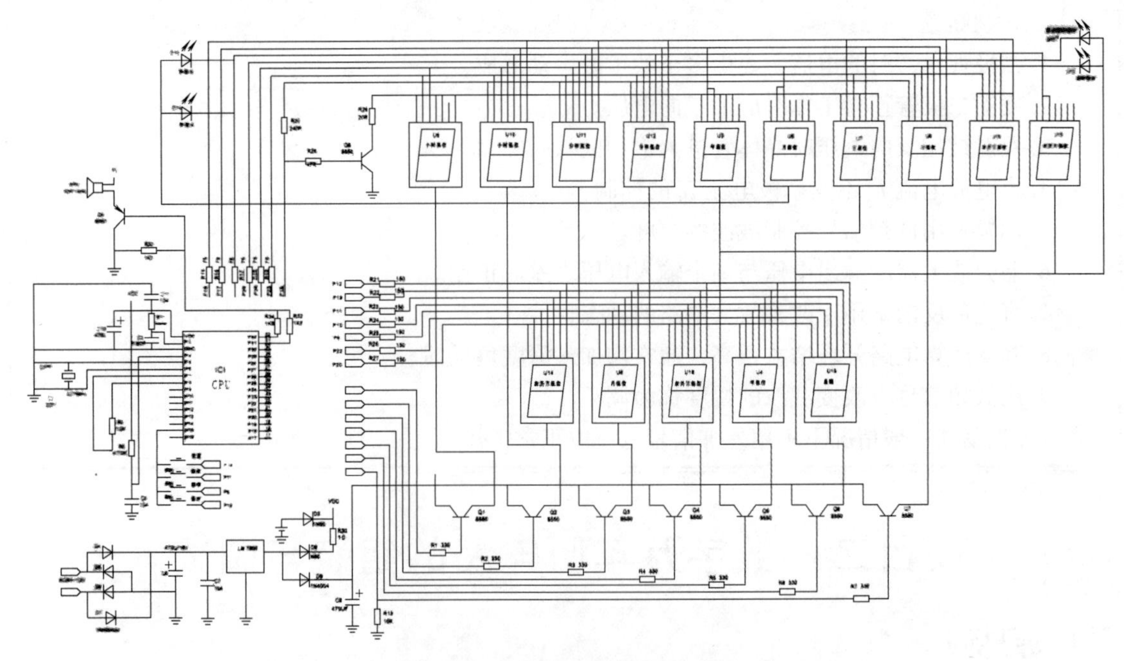

图 4-24 数字万年历电路原理图

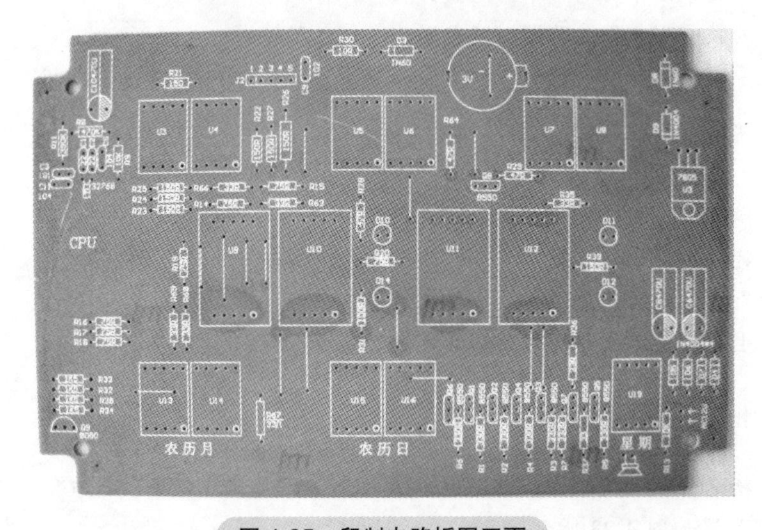

图 4-25 印制电路板图正面

2. 根据电路图安装电路

（1）核对元器件 根据表 4-4 所列内容核对元器件的规格及数量。

（2）检测元器件 （表 4-5）

（3）安装电路

1）元器件的安装。

① 电阻：均采用卧式安装，如图 4-27 所示。

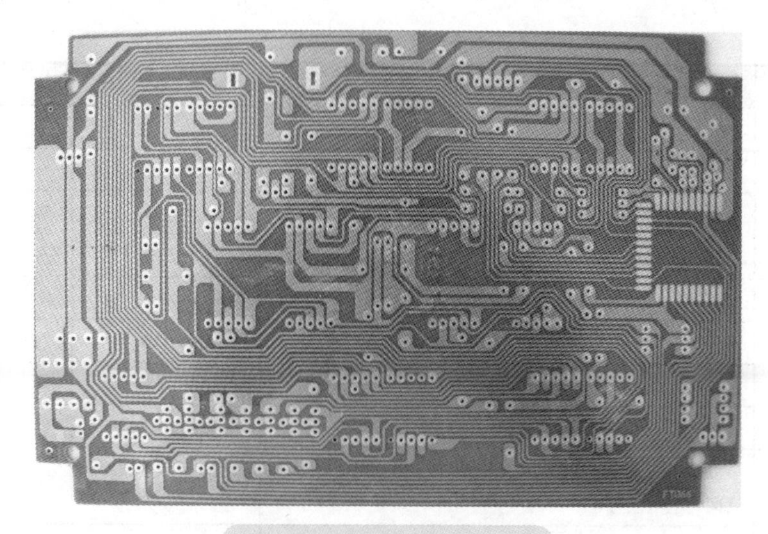

图 4-26　印制电路板图反面

表 4-4　元器件清单

序号	名　称	规　格	数　量	备　注
1	电阻	10Ω	1只	
2	电阻	33Ω	8只	
3	电阻	47Ω	3只	
4	电阻	75Ω	7只	
5	电阻	100Ω	1只	
6	电阻	150Ω	8只	
7	电阻	330Ω	7只	
8	电阻	1.5kΩ	4只	
9	电阻	10kΩ	2只	
10	电阻	390kΩ	1只	
11	电阻	470kΩ	1只	
12	电解电容 C_1，C_2，C_3	470μF，47μF，100μF	3只	
13	二极管 VD_1 ~ VD_4	1N4007	4只	
14	二极管 VD_5、VD_6	1N4148	2只	
15	电位器 RP	1kΩ	1只	开关电位器
16	晶体管	9013	2只	
17	晶体管	9014	1只	
18	变压器	220V，50Hz	1只	9V
19	熔断器		1只	
20	电源线		1根	

表 4-5　元器件检测标准

元器件名称	检测标准	使用工具	备　注
电阻	10kΩ，允许偏差 ±5%	万用表	$R\times1$k 档
电阻	1.5kΩ，允许偏差 ±5%	万用表	$R\times100$ 档
电阻	390kΩ、470kΩ，允许偏差 ±5%	万用表	$R\times10$k 档
电阻	10Ω、33Ω、47Ω、75Ω，允许偏差 ±5%	万用表	$R\times1$ 档
电阻	100Ω、150Ω、330Ω，允许偏差 ±5%	万用表	$R\times10$ 档
电容 C	22μF，允许偏差 ±5%	万用表	电容档位
二极管 $VD_1\sim VD_4$	反向电阻值为∞，正向电阻值为 300～500Ω	万用表	$R\times1$k 档或 $R\times100$ 档
电位器 RP	0～470kΩ	万用表	$R\times10$k 档
晶闸管 VS	G-K 之间的电阻值较小，A-K 之间的电阻值为∞，G-A 之间的电阻值为∞	万用表	
单结晶体管 VT	B_1-B_2 之间的电阻值为 2～10kΩ	万用表	

② 跨接线：可用剪下的电阻的引脚作为跨接线，如图 4-27 所示。

图 4-27　印制电路板图正面安装元器件

③ 圆片电容、电解电容：电解电容采用卧式安装，如图 4-27 所示。

④ 二极管、晶体管、发光二极管：二极管要注意区分 1N4007 和 1N60；晶体管要注意区分 8050 和 8550，如图 4-27 所示。

⑤ 晶振、三端稳压器 7805、数码管：晶振、三端稳压器 7805 均采用卧式安装，如图 4-27 所示。

2）电路组装。将扬声器、控制电路板以及电源连接到印制电路板上的相应位置，如图 4-28 所示。

3）整机装配。将变压器、扬声器、印制电路板固定到机壳上，安装后的效果图如图 4-29 所示。

3. 调试电路

1）通电前对印制电路板进行安全检测。

① 根据安装图检查是否有漏装的元器件或连接导线。

② 根据安装图或原理图检查晶体管、耦合电容的极性是否安装正确。

③ 检测信号源、12V 直流电源是否正常。

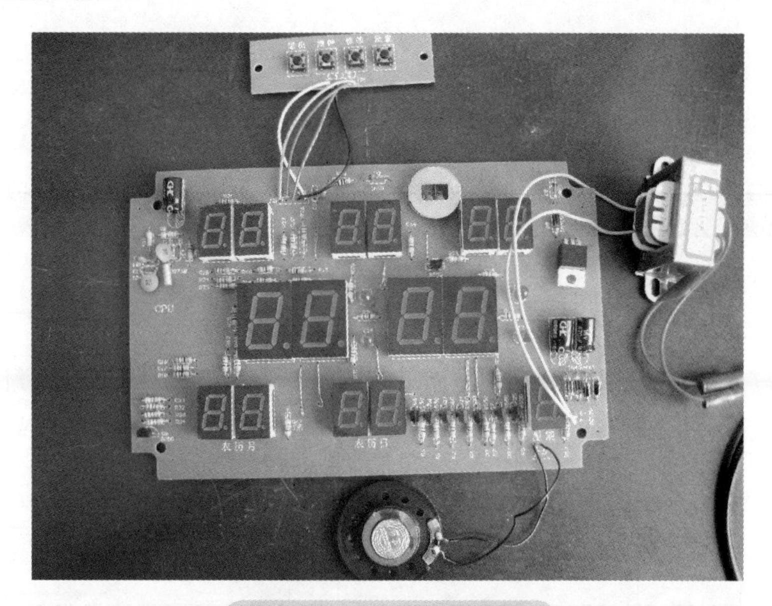

图 4-28　印制电路板的组装

图 4-29　安装后的效果图

④ 断开 12V 直流电源，检测直流稳压电源电路 12V 直流电源连接点之间的电阻值。若电阻值太小或为 0（短路），应进一步检查电路。

⑤ 完成以上检查后，接好信号源、12V 直流电源即可进行测试。连接时应注意直流电源的极性。

2）电路故障的检测与分析：按信号流程顺序检测各个功能单元电路的输入信号、输出信号。若输入信号正常、输出信号不正常，说明该单元有故障。（检测信号电压或波形）

3）示波器检测：首先检测直流电源、信号源工作是否正常。按信号流程顺序依次检测各功能单元输入点、输出点的波形，如果有输入信号、没有输出信号，说明该单元不工作。例如：耦合电容输入端有信号、输出端无信号，说明该电容内部开路或引脚开焊。

放大电路输入端有信号、输出端无信号，说明放大电路不工作。

4）万用表检测：用万用表检测晶体管发射极、基极、集电极的电位值，检测基极、集电极与发射极之间的电压，检测集电极电流。

评定考核

万年历电路的组装与调试成绩评分标准见表4-6。

表4-6　万年历电路的组装与调试成绩评分标准

序号	项目		考核要求	配分	评分标准	检测结果	得分
1	仪器仪表的使用及元器件的测量	电阻	识别并检测电阻、电解电容、数码管、晶振、扬声器、三端稳压器	4	万用表档位选择正确、电阻值测试正确，4分		
		电解电容		4	电解电容性能测试，4分		
		数码管		6	引脚判断正确，6分		
		晶振		5	万用表档位选择正确、电阻值测试正确，5分		
		扬声器		5	扬声器性能测试，5分		
		三端稳压器		6	输入、输出判断正确，6分		
2	布局	元器件及结构布局	美观、合理	8	美观、合理满分，否则酌情扣分		
3	焊接	焊接装配质量	无虚焊、连焊，焊点规范、美观	22	无缺陷满分；每5个缺陷点扣1分		
4	调试		正确使用仪器测试所要求的波形及参数	35	工作正常，测试的波形及参数正确，满分		
5	性能		整体工作稳定	5	性能良好满分，否则酌情扣分		
6	安全文明操作			100	违反安全文明操作规定扣5～20分		
备注				合计			
				教师签字	年　月　日		

相关知识

1. 数码管

数码管按段数分为七段数码管和八段数码管，八段数码管比七段数码管多一个发光二极管单元（多一个小数点显示）；按能显示多少个“8”可分为1位、2位、4位等数码管；按发光二极管的单元连接方式分为共阳极数码管和共阴极数码管。共阳极数码管是指将所有发光二极管的阳极接到一起形成公共阳极（COM）的数码管。共阳极数码管在应用时应将公共极COM接到5V，当某一字段发光二极管的阴极为低电平时，相应字段就点亮。当某一字段的阴极为高电平时，相应字段就不亮。共阴极数码管是指将所有发光二极管的阴极接到一起形成公共阴极（COM）的数码管。共阴极数码管在应用时应将公共极COM接到地线GND上，当某一字段发光二极管的阳极为高电平时，相应字段就点亮。当某一字段的阳极为低电平时，相应字段就不亮。

检测时，用数字万用表的二极管档位，用黑表笔接公共端，红表笔接其余引脚，如图4-30所示。

1）判定结构形式：将万用表的功能旋钮置于$R\times10$档，在红表笔插孔上串上一节1.5V电池，⑨脚连电池负极，再将黑表笔固定于①脚，红表笔依次碰各引脚，只有碰到⑨脚时，a段发光。因此判定被测数码管采用共阴极结构，⑨脚是公共阴极，①脚为 a 段的引出端。

2）识别各引脚，将红表笔固定于⑨脚，黑表笔依次接②、③、④、⑤、⑧、⑩脚时，数码管 f、g、e、d、c、b 段分别发光，由此确定对应引脚。唯独黑表笔测⑥、⑦脚时小数点 DP 都不亮，红表笔接⑥脚，小数点发光，证明⑦、⑥脚分别为 DP+、DP-。

3）检查全亮笔段。把 a ～ g 段和 DP+ 全短接后与黑表笔相连，公共电极与 DP- 端一同接红表笔，显示全亮笔段“8”，无笔段残缺现象。

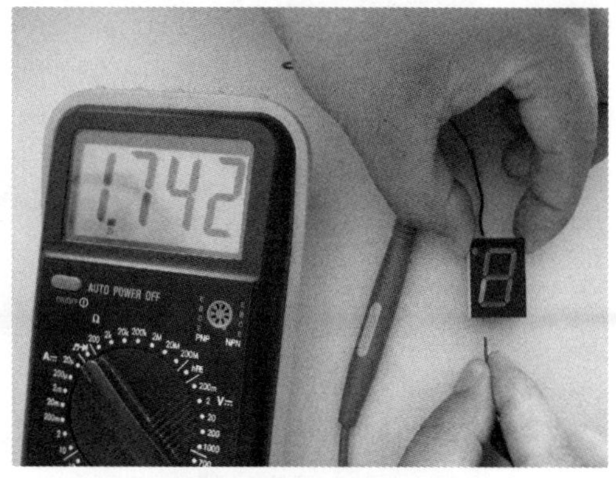

图 4-30　数码管的检测

思考：怎样测量数码管引脚，分共阴极和共阳极？

用红表笔接任一引脚，黑表笔依次接其他各引脚，若均不发光，则将红表笔接另一引脚，黑表笔依次接其他各引脚，仍不发光，则继续，直至某一线发光，为共阳极，则发光时红表笔所接的引脚为电源。如用红表笔接任一引脚，黑表笔依次接其他各引脚，若均不发光，将红表笔接另一引脚，黑表笔依次接其他各引脚，只有两个引脚发光，此时为共阴极，此两引脚为地。

2. 按钮

按钮是用来切断和接通控制电路的低压开关电器。按钮的触头的额定电流为 5A。所以，操作按钮所控制的电路属于小电流电路。

按钮有单极双位开关或双极双位开关，它按功能与用途又分为起动按钮、复位按钮、检查按钮、控制按钮、限位按钮等多种。

按钮有动合（常开）和动断（常闭）之分。

微型按钮用导电橡胶或金属片等作为导体，可作为状态选择开关，用于小型半导体收音机、遥控器、验钞器等产品中。本项目中采用的是微型按钮。

3. 三端稳压器

三端稳压器主要有两种：一种输出电压是固定的，称为固定输出三端稳压器；另一种输出电压是可调的，称为可调输出三端稳压器。两者的基本原理相同，均采用串联型稳压电路。在线性集成稳压器中，由于三端稳压器只有三个引出端子，具有外接元器件少、使用方便、性能稳定、价格低廉等优点，因而得到了广泛应用。

三端稳压器的通用产品有 78 系列（正电源输出）和 79 系列（负电源输出），输出电压由具体型号中的后面两个数字代表，有 5V、6V、8V、9V、12V、15V、18V、24V 等。输出电流以 78（或 79）后面加字母来区分：L 表示 0.1A，AM 表示 0.5A，无字母表示 1.5A，如 78L05 表示 5V、0.1A。

在使用时注意：（V_1）和（V_o）之间的关系，以 7805 为例，该三端稳压器的固定输出电压是 5V，而输入电压至少大于 7V，这样输入、输出之间有 2 ～ 3V 及以上的压差，使调整管保证工作在放大区。但压差取得大时，又会增加集成块的功耗，因此两者应兼顾，既保证在最大负载电流时调整管不进入饱和，又不至于功耗偏大。

另外，一般在三端稳压器的输入、输出端接一个二极管，用来防止输入端短路时，输出端存储的电荷通过稳压器而损坏器件。

三端稳压器一般用于控制板电路的稳压，以防止电压过高而烧毁电路。

三端稳压器的检测如图 4-31 所示，可使用万用表的 $R\times1\text{k}$ 档或 $R\times100$ 档，输入端的电阻为几十千欧到几百千欧，输出端的电阻为几千欧。

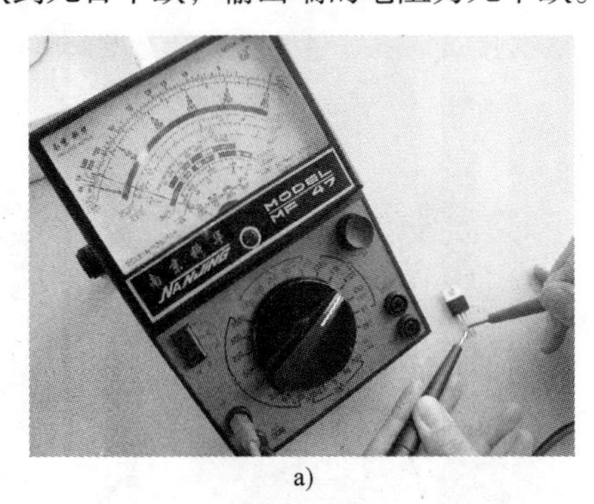

a)

b)

图 4-31　三端稳压器的检测

4. 晶振

晶体振荡器简称晶振，其作用在于产生原始的时钟频率，这个频率经过频率发生器的倍频或分频后就成了计算机中各种不同的总线频率。以声卡为例，要实现对模拟信号 44.1kHz 或 48kHz 的采样，频率发生器就必须提供一个 44.1kHz 或 48kHz 的时钟频率。如果需要对这两种音频同时支持，声卡就需要有两颗晶振。但是现在的娱乐级声卡为了降低成本，通常都采用 SRC 将输出的采样频率固定在 48kHz，但是 SRC 会对音质带来损害，而且现在的娱乐级声卡都没有很好地解决这个问题。晶振外形如图 4-32 所示。

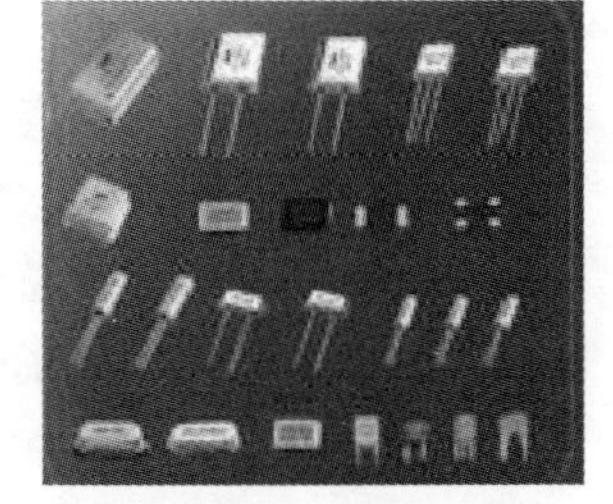

图 4-32　晶振外形

石英晶体振荡器分为非温度补偿式晶体振荡器、温度补偿式晶体振荡器（TCXO）、电压控制式晶体振荡器（VCXO）、恒温控制式晶体振荡器（OCXO）和数字化 / μp 补偿式晶体振荡器（DCXO/MCXO）等几种类型。其中，非温度补偿式晶体振荡器是最简单的一种，在日本工业标准（JIS）中，称其为标准封装晶体振荡器（SPXO）。现以 SPXO 为例，简要介绍石英晶体振荡器的结构与工作原理。

石英晶体有天然的也有人造的，是一种重要的压电晶体材料。石英晶体本身并非振荡器，它只有借助于有源激励和无源电抗网络方可产生振荡。SPXO 主要是由品质因数（Q）很高的晶体谐振器（晶体振子）与反馈式振荡电路组成的。石英晶体振子是振荡器中的重要元件，晶体的频率（基频或 n 次谐波频率）及其温度特性在很大程度上取决于其切割取向。

只要在晶体振子极板上施加交变电压，就会使晶片产生机械变形振动，此现象即逆压电效应。当外加电压频率等于晶体谐振器的固有频率时，就会发生压电谐振，从而导致机械变形的振幅突然增大。

温度补偿式晶体振荡器（TCXO）：TCXO 是通过附加的温度补偿电路使由周围温度变化产生的振荡频率变化量削减的一种石英晶体振荡器。

晶振分为有源晶振和无源晶振。无源晶振只有 2 个引脚，没有所谓的正负极。有源晶振需要接电源才能工作，一般有 4 个引脚，其中有 2 个电源输入引脚，有正负极之分。本项目中用到的是无源晶振。

晶振的检测：先用万用表（$R\times10$k 档）检测晶振两端的电阻，若阻值为无穷大，则说明晶振无短路或漏电。还可用数字式万用表的电容档位（2000pF）检测晶振的电容值，直观又准确，不失为检测晶振最简洁的一种行之有效的方法。

练习与拓展

一、填空题

1. 半导体二极管最重要的性能是________性，其主要参数有________和________。

2. 滤波的目的是把________中的________成分滤掉。电容滤波时，电容与负载________，电感滤波时，电感与负载串联。

3. 射极输出器具有________、________、________和________等特点。

4. 三端集成稳压器 CW7912 的输出电压为________，最大输出电流为________。

5. 整流输出直流电压不稳定的原因是________和________。

6. 在差动放大电路中，两边输入端所获得________、________的信号电压，称为差模信号，两边输入端所获得________、________的信号电压称为共模信号。

7. 射极输出器具有________、________和________等特点。

8. 晶体管电流由________载流子组成；而场效应晶体管的电流由________载流子组成。因此，晶体管电流受温度的影响比场效应晶体管________。

9. 晶体管有放大作用的外部条件是：发射结________和集电结________。

10. 从控制作用来看，晶体管是________控制器件；场效应晶体管是________控制器件。

11. 多级放大电路的耦合方式有：________、________和变压器耦合，________耦合可以放大缓慢信号和直流信号，________耦合仅能放大交流信号。

12. 正常情况下稳压管工作在________区，具有稳压作用。

13. P 型半导体中的多数载流子是________。

14. P 型半导体中的少数载流子是________。

15. 晶体管放大电路有输入信号作用时的状态称________，此时电路中既有________分量，又有________分量，________分量叠加在________分量上。

16. 开关稳压电源的控制方式有________和________两种。

二、判断题

1. 放大器的静态是指输入交流信号为 0 时的工作状态。（　　）

2. 放大器的输出电阻大小与所接负载大小有关。（　　）

3. 同硅管相比，锗管的参数更易受温度的影响。（　　）

4. 差动放大器的共模抑制比 K_{CMR} 越大，则输出电压中的共模信号成分越大。（　　）

5. 放大器的电压放大倍数 A_u 为负，表示输入、输出电压反相。（　　）

6. 放大器的增益 $A_{u(dB)}$ 为负，表示输入、输出电压反相。（　　）

7. 晶体管放大器的静态是指输入交流信号有效值不变时的工作状态。（　　）

8. 通常半导体晶体管在集电极和发射极互换使用时，仍有较大的电流放大作用。（　　）

9. 漂移电流是少数载流子在内电场的作用下形成的。（　　）

10. 由于晶体管的输入电阻 r_{be} 是一个动态电阻，故它与静态工作点无关。（　　）

项目三 双声道立体声有源音箱的组装与调试

知识目标

（1）学会检测双声道立体声有源音箱电路中的元器件。
（2）能够识读双声道立体声有源音箱电路图、装配图、印制电路板图。
（3）学会双声道立体声有源音箱电路的调试与故障检测维修。

技能目标

（1）能熟练组装图4-33所示双声道立体声有源音箱套件。

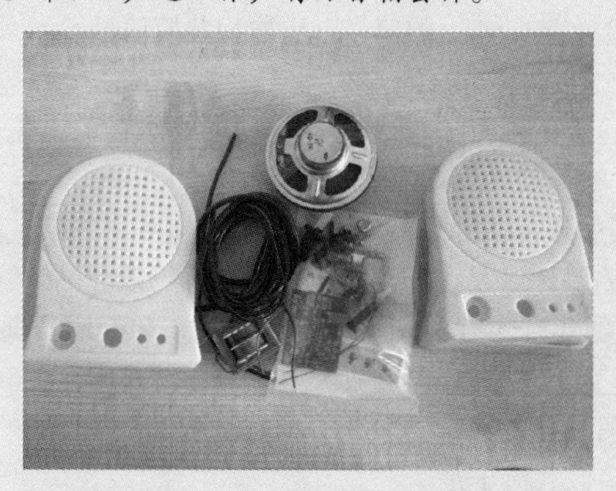

图4-33 双声道立体声有源音箱套件

（2）能熟练用万用表调试组装好的电路。
（3）培养良好的人际沟通能力和团队合作精神。
（4）打造特色课堂，传播“工匠精神”。

工具与器材

所需工具包括电烙铁、烙铁架、焊锡丝、助焊剂、吸锡器、镊子、斜口钳、万用表等。工具如图4-34所示，仪器如图4-35所示。

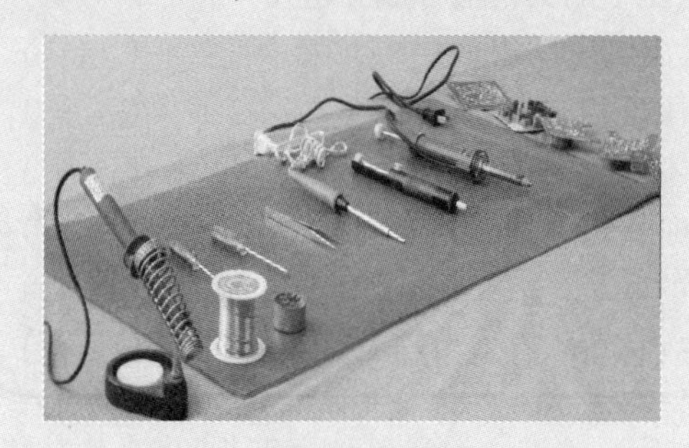

图4-34 工具

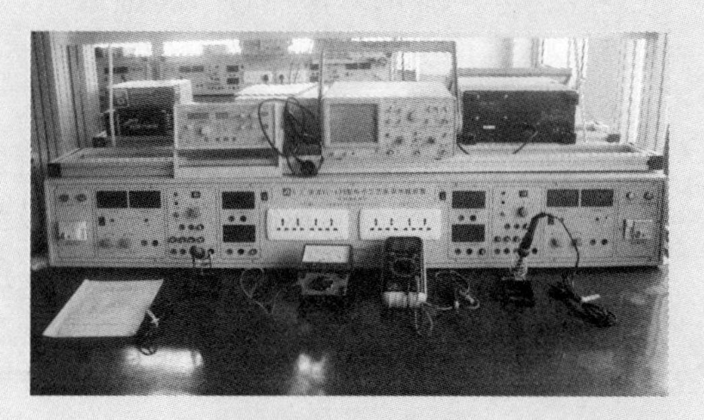

图4-35 仪器

操作步骤

1. 识读电路原理图和安装电路图（图 4-36 和图 4-37）

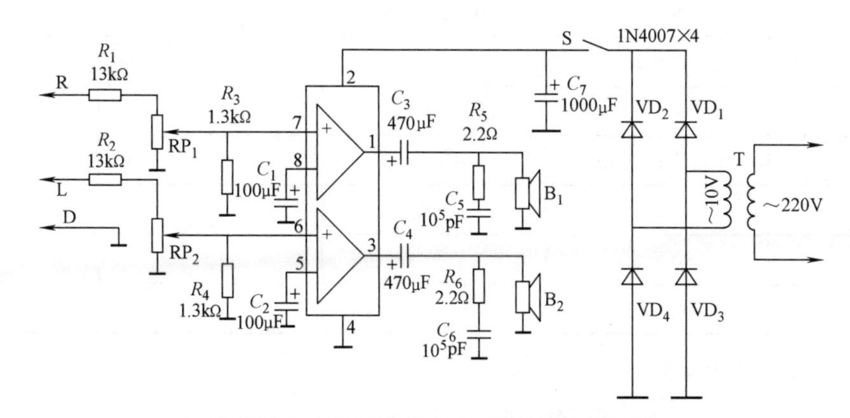

图 4-36　双声道立体声有源音箱电路原理图

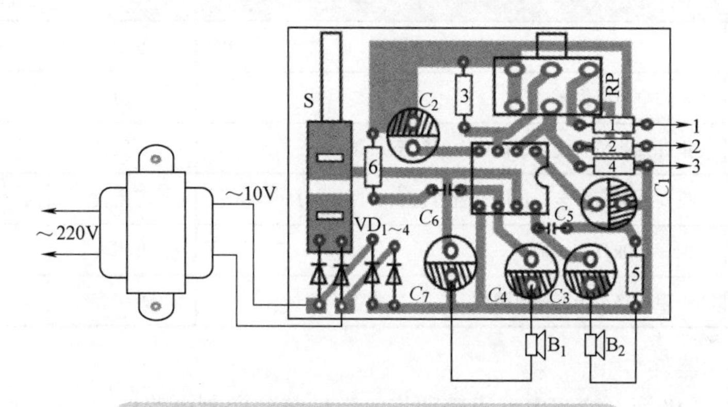

图 4-37　双声道立体声有源音箱安装电路图

2. 根据电路图安装电路

（1）核对元器件　根据表 4-7 所列内容核对元器件的规格及数量。

表 4-7　元器件清单

序　号	名　称	规　格	数　量	备　注
1	电阻 R_1、R_2	13kΩ	2 只	
2	电阻 R_3、R_4	1.3kΩ	2 只	
3	电阻 R_5、R_6	2.2Ω	2 只	
4	二极管 VD_1 ~ VD_4	1N4007	4 只	
5	电解电容 C_1、C_2	100μF	2 只	
6	电解电容 C_3、C_4	470μF	2 只	
7	电容 C_5、C_6	10^5pF	2 只	
8	电解电容 C_7	1000μF	1 只	
9	扬声器	4Ω，5W	2 只	

（续）

序　号	名　称	规　格	数　量	备　注
10	变压器	AC 220V/10V	1 只	
11	开关 S		1 只	
12	立体声插头	蓝白红	1 个	
13	电位器 RP_1、RP_2	470kΩ	2 只	
14	集成芯片	2822	1 只	
15	电源线		1 根	
16	粗导线		1 根	

（2）检测元器件（表 4-8）

表 4-8　元器件检测标准

元器件名称	检测标准	使用工具	备　注
电阻 R_1 ~ R_6		万用表	合适档位
瓷片电容	两端电阻值为∞	万用表	$R\times10$k 档
电解电容	指针到达最右端后缓慢向左偏转至无穷大处	万用表	$R\times1$k 档
二极管	反向电阻值为∞　正向电阻值为 300 ~ 500Ω	万用表	$R\times1$k 档或 $R\times100$ 档
电位器 RP_1、RP_2	0 ~ 470kΩ	万用表	$R\times10$k 档
扬声器	电阻值略小于标称电阻值，且有“咯咯”声	万用表	$R\times1$ 档

（3）安装电路元器件

1）安装电阻、二极管。按照电路原理图将电阻插装到印制电路板上，根据焊接工艺要求将引脚焊接到印制电路板上，剪断剩余引线，距离板面大约 1mm，如图 4-38 所示。

图 4-38　电阻、二极管的安装

2）安装电容、IC。根据印制电路板上的标记安装电容，本电路中共有 7 个电容，其中 2 个为瓷片电容，5 个为电解电容，一般情况下，电解电容引脚长的一端为正极，引脚短的一端为负极，观察电解电容的外表，标记“-”的一端为负极，如图 4-39 所示。

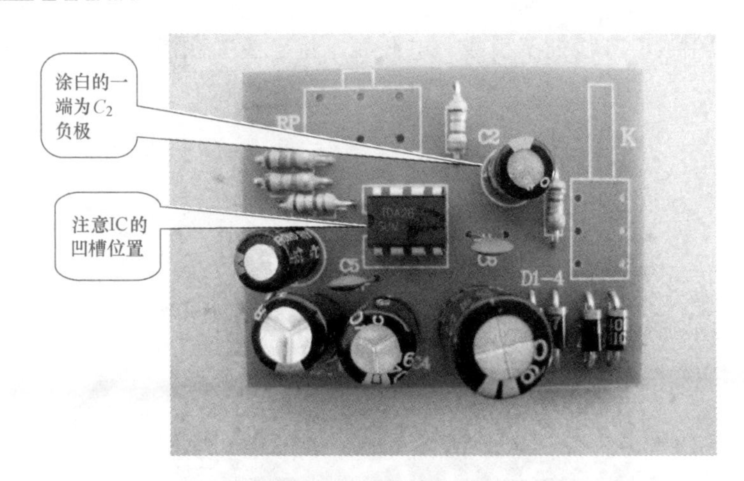

图 4-39　电容、IC 的安装

3）安装开关等器件。安装电位器、开关，如图 4-40 所示。

图 4-40　电位器、开关等器件的安装

4）扬声器的处理。将扬声器引线焊接到印制电路板上相应的位置，如图 4-41 所示。

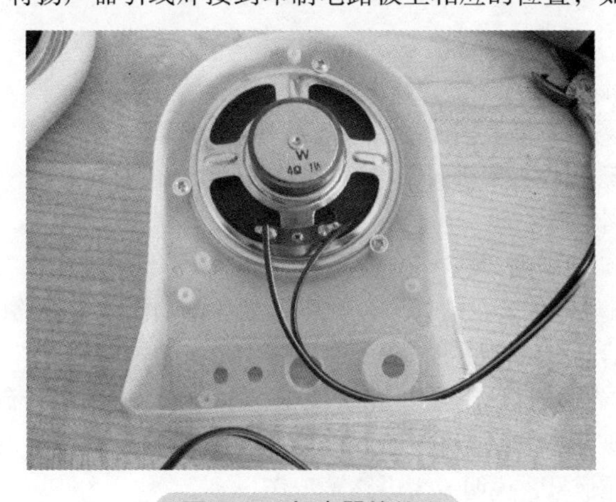

图 4-41　扬声器的处理

5）焊接扬声器引线、耳机插头引线、电源线。将导线头焊接到印制电路板的覆铜面，如图4-42所示。

图4-42　焊接引线电源线

6）组装印制电路板和外壳，如图4-43所示。

7）整机装配。安装后的效果图如图4-44所示。

图4-43　组装印制电路板和外壳

图4-44　安装后的效果图

3. 调试电路

1）通电前对印制电路板进行安全检测。

① 根据安装图检查是否有漏装的元器件或连接导线。

② 根据安装图或原理图检查二极管、电解电容的极性是否安装正确。

③ 检测电源是否正常。

④ 完成以上检查后，接好电源和声道即可进行测试。

2）电路故障的检测与分析。按信号流程顺序检测各个功能单元电路的输入信号、输出信号。若输入信号正常、输出信号不正常说明该单元有故障。

3）示波器检测。首先检测直流电源、信号源工作是否正常。按信号流程顺序依次检测各功能单元输入点、输出点的波形，如果有输入信号、没有输出信号，则说明该单元不工作。放大电路输入端有信号、输出端无信号，说明放大电路不工作。

评定考核

双声道立体声有源音箱的组装与调试成绩评分标准见表4-9。

表4-9　双声道立体声有源音箱的组装与调试成绩评分标准

序号	项　目		考核要求	配分	评分标准	检测结果	得分
1	仪器仪表的使用及元器件的测量	电阻	识别并检测电阻、电解电容、二极管、电位器、扬声器、耳机插头	5	万用表档位选择正确、电阻值测试正确，5分		
		电解电容		5	电解电容性能测试，5分		
		二极管		5	极性判断正确，3分；导通压降测试正确，2分		
		电位器		5	万用表档位选择正确、电阻值测试正确，5分		
		扬声器		5	扬声器性能测试，5分		
		耳机插头		5	声道判断正确，5分		
2	布局	元器件及结构布局	美观、合理	8	美观、合理满分，否则酌情扣分		
3	焊接	焊接装配质量	无虚焊、连焊，焊点规范、美观	22	无缺陷，满分；每5个缺陷点扣1分		
4	调试		正确使用仪器测试所要求的波形及参数	35	工作正常，测试的波形及参数正确，满分		
5	性能		整体工作稳定	5	性能良好满分，否则酌情扣分		
6	安全文明操作			100	违反安全文明操作规定，扣5～20分		
备注				合计			
				教师签字		年　月　日	

相关知识

1. 立体声耳机插头

立体声耳机插头如图4-45所示。

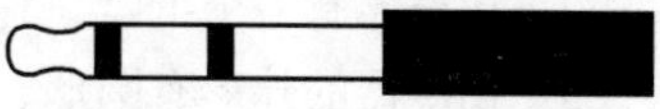

图4-45　立体声耳机插头

2. 耳机插座

将耳机插座头背向自己，焊接端朝下，一般右侧的金属焊接端子为右声道，左侧（或者后侧）为左声道。立体声耳机插座如图4-46所示。

3. 扬声器

扬声器又称“喇叭”，是一种十分常用的电声换能器件。对于音响效果而言，扬声器是一个最重要的部件。音频电能通过电磁、压电或静电效应，使其纸盆或膜片振动并与周围的空气产生共振（共鸣）而发出声音。

扬声器按换能机理和结构分为动圈式（电动式）、电容式（静电式）、压电式（晶体或陶瓷）、电磁式（压簧式）、电离子式和气动式扬声器等，动圈式扬声器具有电声性能好、结构牢固、成本低等优点，应用广泛；按声辐射材料分为纸盆式、号筒式、膜片式扬声器；按纸盆形状分为圆形、椭圆形、双纸盆和橡皮折环扬声器；按工作频率分为低音、中音、高音扬声器，有的还分成录音机专用、电视机专用、普通和高保真扬声器等；按音圈阻抗分为低阻抗和高阻抗扬声器；按效果分为直辐和环境声扬声器等。扬声器外形如图 4-47 所示。

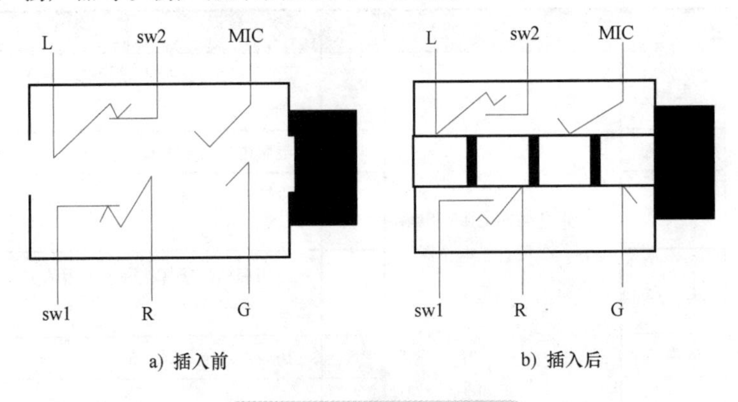

a) 插入前　　b) 插入后

图 4-46　立体声耳机插座

图 4-47　扬声器外形

(1) 扬声器的特征

1) 扬声器有两个接线柱（两根引线），当单只扬声器使用时两个引脚不分正负极性，多只扬声器同时使用时两个引脚有极性之分。

2) 扬声器有一个纸盆，它的颜色通常为黑色，也有白色。

3) 扬声器的外形有圆形、方形和椭圆形等几类。

4) 扬声器纸盆背面是磁铁，对于外磁式扬声器，用金属螺钉旋具去接触磁铁时会感觉到磁性的存在，内磁式扬声器中没有这种感觉，但是外壳内部还是有磁铁。

5) 扬声器装在机器面板上或音箱内。

(2) 扬声器的极性　扬声器的引脚极性是相对的，只要在同一室中使用的各扬声器极性规定一致即可。

使用多只扬声器时，需要分清各扬声器的引脚极性：两只扬声器不是同极性相串联或并联时，流过两只扬声器的电流方向不同，一只从音圈的头流入，一只从音圈的尾流入，这样当一只扬声器的纸盆向前振动时，另一只扬声器的纸盆向后振动，两只扬声器纸盆振动的相位相反，有一部分空气振动的能量被抵消。因此，要求多只扬声器在同一室内使用时，同极性应相串联或并联，以使各扬声器纸盆振动的方向一致。

一些扬声器背面的接线支架上已经用“+”“-”符号标记两根引线的正负极性，可以直接识别出来。在扬声器的修理组装中，可以从音圈的绕线方向来判断其极性，如图 4-48 所示。沿顺时针方向绕，头为“+”极，尾为“-”极。沿逆时针方向绕，头为“-”极，尾为”+”极。

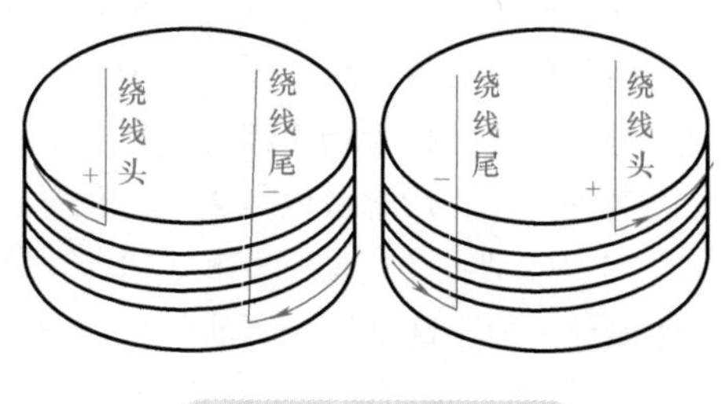

图 4-48　扬声器极性

扬声器的引脚极性可以采用视听判别法，两只扬声器的两根引脚任意并联起来，接在功率放大器输出端，给两只扬声器馈入电信号，两只扬声器可同时发出声音。

将两只扬声器口对口接近，如果声音越来越小，说明两只扬声器反极性并联，即一只扬声器的正极与另一只扬声器的负极相并联。

上述识别方法的原理是：两只扬声器反极性并联时，一只扬声器的纸盆向里运动，另一只扬声器的纸盆向外运动，这时两只扬声器口与口之间的声压减小，因此声音低。当两只扬声器相互接近后，两只扬声器口与口之间的声压更小，因此声音更小。

利用万用表的直流电流档识别出扬声器引脚极性的办法是：万用表的功能旋钮置于最小的直流电流档（微安档），两只表笔任意接扬声器的两根引脚，用手指轻轻而快速地将纸盆向里推动，此时指针有一个向左或向右的偏转。当指针向右偏转时（如果向左偏转，将红黑表笔互相反接一次），红表笔所接的引脚为正极，黑表笔所接的引脚为负极。用同样的方法和极性规定，检测其他扬声器，这样各扬声器的引脚极性就一致了。

这一方法能够识别扬声器引脚极性的原理：按下纸盆时，由于音圈有了移动，音圈切割永磁铁产生的磁场，在音圈两端产生感应电动势，这一电动势虽然很小，但是万用表的功能旋钮处于量程很小的电流档，电动势产生的电流流过万用表，指针产生偏转。根据指针偏转的方向与红黑表笔接音圈的头还是尾有关，来确定扬声器引脚的极性。

识别扬声器的引脚极性过程中要注意以下两点。

1）直接观察扬声器背面引线架时，对于同一个厂家生产的扬声器，它的正负引脚极性规定是一致的；对于不同厂家生产的扬声器，则不能保证一致，最好用其他方法加以识别。

2）采用万用表识别高声扬声器的引脚极性过程中，由于高声扬声器的音圈匝数较少，指针偏转角度小，不容易看出来，此时可以快速按下纸盆，使指针偏转角度大些。注意，按下纸盆时要小心，切不可损坏纸盆。

（3）扬声器的主要故障及检测方法

1）开路故障：两根引脚之间的电阻为无穷大，在电路中表现为无声，扬声器中没有任何响声。

2）纸盆破裂故障：直接检查可以发现这一故障，这种故障的扬声器要更换。

3）音质差故障：这是扬声器的软故障，通常不能发现明显的故障特征，只是声音不悦耳，这种故障的扬声器要更换处理。

业余条件下对扬声器的检测只能采用试听检查法和万用表检测法。具体如下。

1）试听检查法是将扬声器接在功率放大器的输出端，通过听声音来主观评价它的质量好坏。

2）采用万用表检测扬声器也是粗略的。具体有以下两种。

① 测量直流电阻：用 $R\times1$ 档测量扬声器两引脚之间的直流电阻，正常时应比铭牌扬声器阻抗略小。例如：8Ω 的扬声器测量的电阻值正常为 7Ω 左右。测量阻值为无穷大或远大于它的标称阻抗值，说明扬声器已经损坏。

② 听“喀喇喀喇”响声：测量直流电阻时，将一只表笔断续接触引脚，应该能听到扬声器发出“喀喇喀喇”响声，响声越大越好，无此响声说明扬声器音圈被卡死。

检测扬声器故障时，还可以采用直观检查和检查磁性法。

直观检查：检查扬声器有无纸盆破裂的现象。

检查磁性：用螺钉旋具去试磁铁的磁性，磁性越强越好。

（4）电动式扬声器的结构和工作原理　电动式扬声器应用最广泛，它又分为纸盆式、号筒式和球顶形三种。这里只介绍前两种。

1）纸盆式扬声器。纸盆式扬声器又称动圈式扬声器。

它由以下三部分组成：

①振动系统，包括锥形纸盆、音圈和定心支片等。

②磁路系统，包括永磁铁、导磁板和场心柱等。

③辅助系统，包括盆架、接线板、压边和防尘盖等。

当处于磁场中的音圈有音频电流通过时，就产生随音频电流变化的磁场，这一磁场和永磁铁的磁场发生相互作用，使音圈产生轴向振动。这种扬声器结构简单、低音丰满、音质柔和、频带宽，但效率较低。

2）号筒式扬声器。号筒式扬声器由振动系统（高音头）和号筒两部分构成。振动系统与纸盆式扬声器相似，不同的是它的振膜不是纸盆，而是一球顶形膜片。振膜的振动通过号筒（经过两次反射）向空气中辐射声波。它的频率高、音量大，常用于室外及广场扩声。

练习与拓展

一、选择题

1. 有关电流表的使用描述中正确的是（　　）。

A. 电流表并联在被测电路两端，其内阻远小于被测电路的阻抗

B. 电流表并联在被测电路两端，其内阻远大于被测电路的阻抗

C. 电流表串联在被测电路中，其内阻远小于被测电路的阻抗

D. 电流表串联在被测电路中，其内阻远大于被测电路的阻抗

2. 有关数字式万用表的描述中错误的是（　　）。

A. 测量前若无法估计测量值，应先使用最高量程进行测量

B. 数字式万用表无读数误差，模拟式万用表有读数误差

C. 数字式万用表测量准确度一般高于模拟式万用表

D. 使用数字式万用表可以在电路带电的情况下测电阻，使用模拟式万用表时禁止这样做

3. 低频信号发生器的频率范围是（　　）。

A.0.001Hz ～ 1kHz　　B.1Hz ～ 1MHz

C.20Hz ～ 10MHz　　D.100kHz ～ 30MHz

4. 高频信号发生器的频率范围是（　　）。

A.20Hz ～ 10MHz　　B.100kHz ～ 30MHz

C.4 ～ 300MHz　　D. 大于 300MHz

5. 用来测量周期性变化的电压、电流信号频率的仪表是（　　），也可以用它测量周期、时间间隔和脉冲个数等参数。

A. 功率表　　B. 频率表　　C. 信号发生器　　D. 分频计

6. 数字式万用表主要由数字电压表、量程转换开关和（　　）三部分组成。

A. 测量电路　　B. 表笔　　C. 振荡电路　　D. 计算电路

7. 某放大电路在负载开路时的输出电压为 4V，接入 3kΩ 的负载电阻后输出电压降为 3V，这说明放大电路的输出电阻为（　　）。

A.10kΩ　　B.3kΩ　　C.1kΩ　　D.0.5kΩ

8. 放大电路中某晶体管三个引脚测得的对地电压分别为 −8V、−3V、−3.2V，该晶体管的类型是（　　）。

A.PNP 型硅管　　B.NPN 型硅管

C.PNP 型锗管　　D.NPN 型锗管

9. 为提高功率放大器的输出功率和效率，同时又保证波形不失真，晶体管应工作在（　　）状态。

A. 甲类　　B. 甲乙类　　C. 乙类

10. 万用表每次使用完毕后，应将转换开关置于（　　）。

A. 电阻最高档　　B. 任意位置

C. 直流电压最高档　　D. 交流电压最高档

二、判断题

1. 直接耦合放大电路只能放大直流信号，不能放大交流信号。（　　）

2. 乙类互补对称功率放大电路的输出功率最大时，管子消耗的功率最大。（　　）

3. 晶体管放大器的静态是指输入交流信号有效值不变时的工作状态。（　　）

4. 晶体管是电流控制器件，场效应晶体管是电压控制器件。（　　）

5. 石英晶体振荡器的突出优点是输出电压稳定。（　　）

6. 扬声器是把声音信号转换成电信号的一种装置。（　　）

7. 扬声器内部线圈运动能产生随着声音的变化而变化的电流。（　　）

8. 扬声器与电动机都是将电能转化为动能的设备。（　　）

项目四　单片机套件的组装与调试

知识目标

（1）学会检测单片机套件电路中的元器件。

（2）能够识读单片机套件电路图、装配图、印制电路板图。

技能目标

（1）会组装图 4-49 所示单片机套件。

（2）会进行单片机套件电路的调试与故障检测。

（3）培养学生逻辑思维、分析问题和解决问题能力。

（4）培养学生勤于思考、认真做事的良好作风。

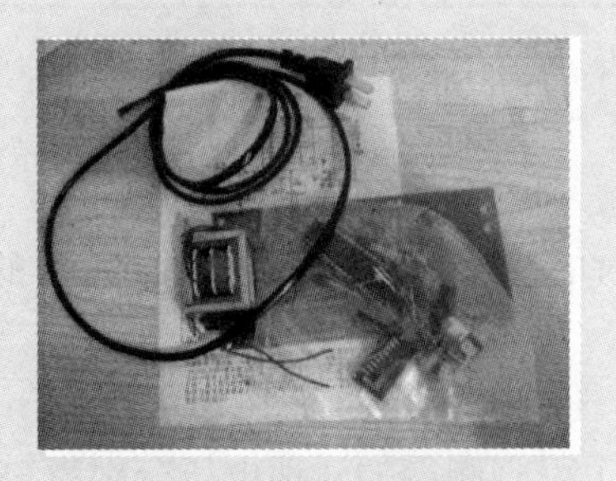

图 4-49　单片机套件

工具与器材

所用工具包括电烙铁、烙铁架、焊锡丝、助焊剂、吸锡器、镊子、斜口钳、万用表等。工具如图 4-50 所示，仪器如图 4-51 所示。

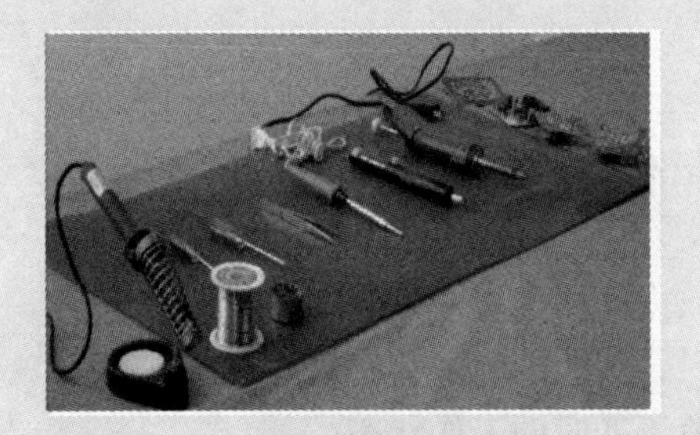

图 4-50　工具

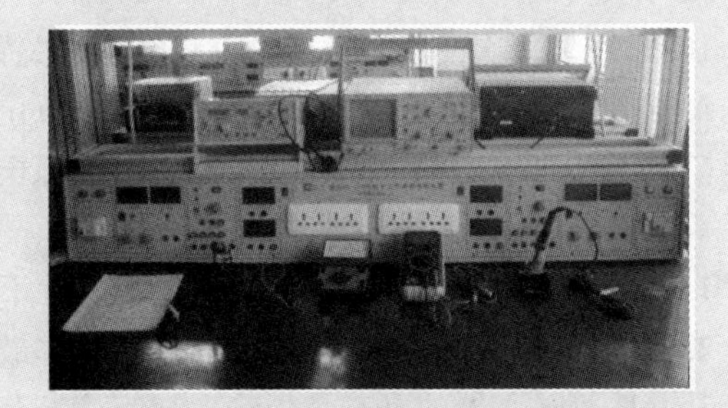

图 4-51　仪器

操作步骤

1. 识读电路原理图、装配图、印制电路板图（图 4-52～图 4-54）

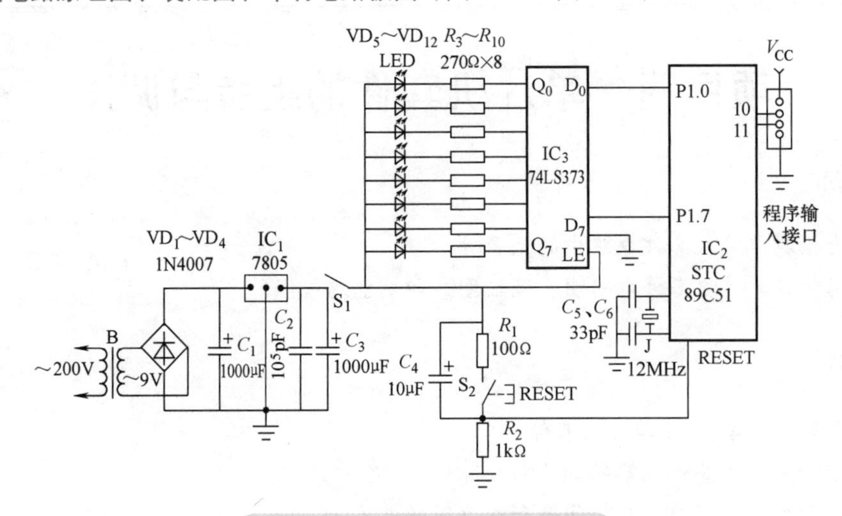

图 4-52　单片机套件电路原理图

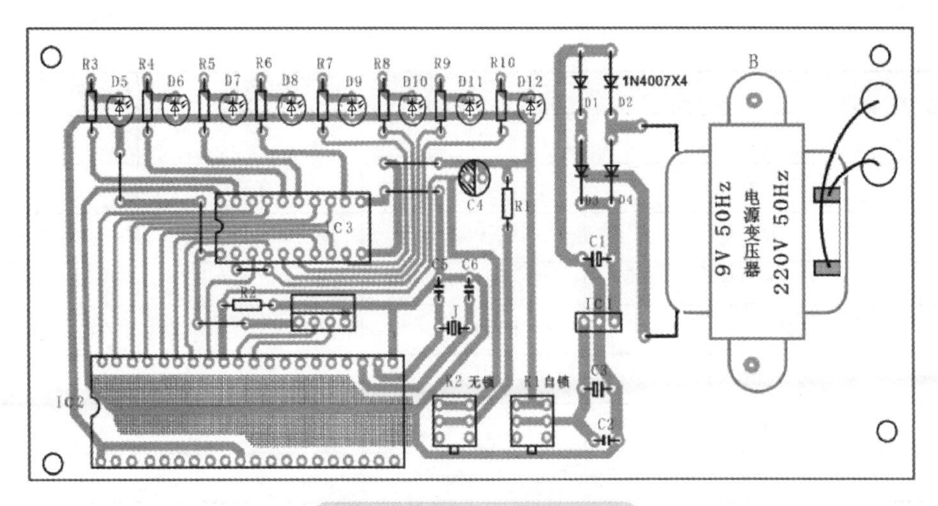

图 4-53　单片机套件装配图

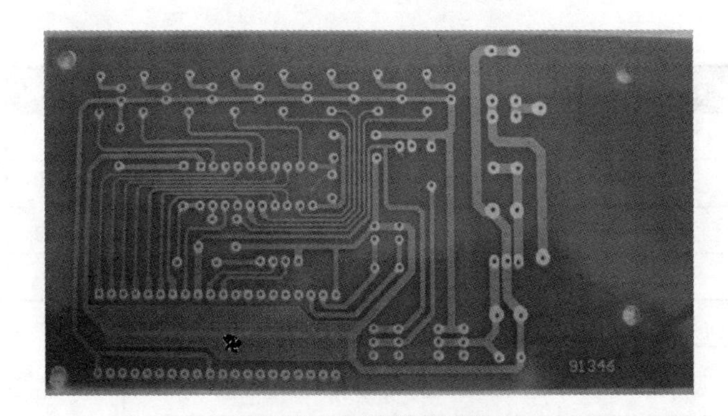

图 4-54　印制电路板图

2. 根据电路图安装电路

（1）核对元器件　根据表 4-10 所列内容核对元器件的规格及数量。

表 4-10　元器件清单

序号	名　称	规　格	数　量	备　注
1	电阻 R_1	100Ω	1 只	
2	电阻 R_2	1kΩ	1 只	
3	电阻 R_3 ～ R_{10}	270Ω	8 只	
4	瓷片电容 C_2	10^5pF	1 只	
5	瓷片电容 C_5、C_6	33pF	2 只	
6	电解电容 C_1、C_3	1000μF	2 只	
7	电解电容 C_4	10μF	1 只	
8	二极管 VD_1 ～ VD_4	1N4007	4 只	
9	发光二极管 VD_5 ～ VD_{12}		8 只	红色
10	三端稳压器 IC_1	7805	1 只	

（续）

序号	名　称	规　格	数　量	备　注
11	晶振	12MHz	1 只	
12	开关 S_1	自锁	1 只	
13	开关 S_2	无锁	1 只	
14	变压器	220V，50Hz	1 只	9V
15	单片机芯片 IC_2	STC89C51	1 只	
16	IC_3	74LS373	1 只	
17	电源线		1 根	
18	下载接口	四针	1 个	

（2）检测元器件（表 4-11）

表 4-11　元器件检测标准

元器件名称	检测标准	使用工具	备　注
电阻 R_1	100Ω，允许偏差 ±5%	万用表	$R\times10$ 档
电阻 R_2	1kΩ，允许偏差 ±5%	万用表	$R\times100$ 档
电阻 $R_3\sim R_{10}$	270Ω，允许偏差 ±5%	万用表	$R\times10$ 档
瓷片电容 C_2	指针到达最右端后缓慢向左偏转至无穷大处	万用表	$R\times10k$ 档
瓷片电容 C_5、C_6	指针到达最右端后缓慢向左偏转至无穷大处	万用表	$R\times10k$ 档
电解电容 C_1、C_3	指针到达最右端后缓慢向左偏转至无穷大处	万用表	$R\times1k$ 档
电解电容 C_4	指针到达最右端后缓慢向左偏转至无穷大处	万用表	$R\times10k$ 档
二极管 $VD_1\sim VD_4$	反向电阻值为∞，正向电阻值为 300 ～ 500Ω	万用表	$R\times1k$ 档或 $R\times100$ 档
发光二极管 $VD_5\sim VD_{12}$	反向电阻值为∞，正向电阻值小	万用表	$R\times1k$ 档或 $R\times100$ 档
三端稳压器	输入端的电阻值为几十千欧到几百千欧输出端的电阻值为几千欧	万用表	$R\times1k$ 档或 $R\times100$ 档
晶振	电阻值无穷大	万用表	$R\times10k$ 档

（3）安装电路元器件

1）电阻：均采用卧式安装，如图 4-55 所示。

2）跨接线、二极管、晶振、IC 底座的安装。跨接线可用剪下电阻的引脚，如图 4-56 所示。

图 4-55　电阻的安装

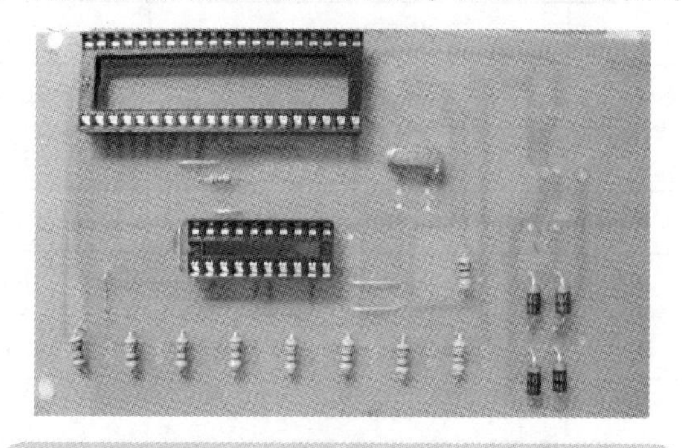

图 4-56　跨接线、二极管、晶振、IC 底座的安装

3）根据安装图安装 LED、电容、开关、接线槽，如图 4-57 所示。

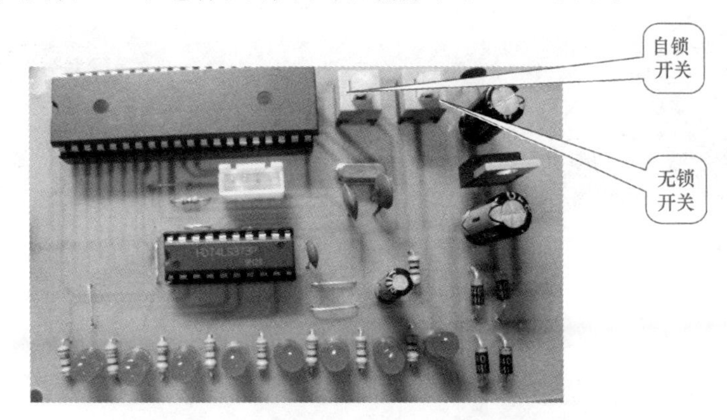

图 4-57　LED、电容、开关、接线槽的安装

4）安装变压器，如图 4-58 所示。

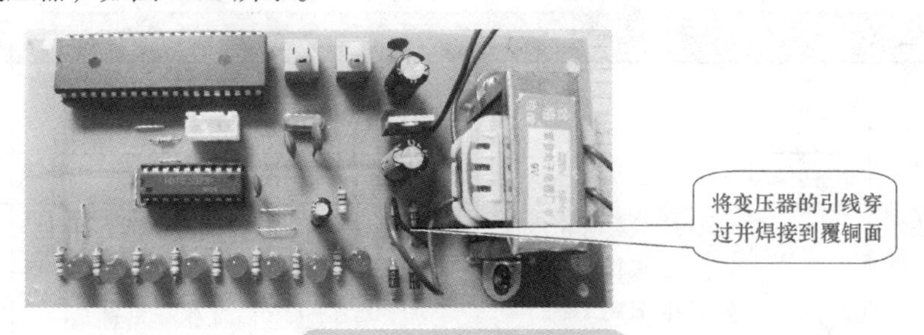

图 4-58　变压器的安装

5）连接电源线，将变压器的另一端与电源线连接，用电烙铁焊牢，并用绝缘胶带封好，如图 4-59 所示。

图 4-59　电源线连接示意图

3. 调试电路

1）通电前对印制电路板进行安全检测。

① 根据安装图检查是否有漏装的元器件或连接导线。

② 根据安装图或原理图检查二极管、电解电容、IC 的极性是否安装正确。

③ 检测 220V 交流电源、9V 交流电源是否正常。

④ 分别断开 220V 交流电源、9V 交流电源，检测电源连接点之间的电阻值、若电阻值太小或为 0（短路），应进一步检查电路。

⑤ 完成以上检查后，接好 220V 交流电源即可进行测试。接通电源后，闭合开关，发光二极管从右向左依次点亮，每次点亮 2 只；复位后，发光二极管从最右边的灯依次点亮，每次点亮 2 只；断开开关后灯灭，流水灯如图 4-60 所示。

2）电路故障的检测与分析。

① 程序装载故障检修：串口与计算机连接是否正确，芯片选择是否合适，端口选择是否正确，注意要先下载，后上电。

② 印制电路板故障检修：电源是否正常，晶振是否完好，9 脚复位电路是否焊好，31 脚是否接高电平。

③ 万用表检测：用万用表测量三端稳压器的输入、输出电压。

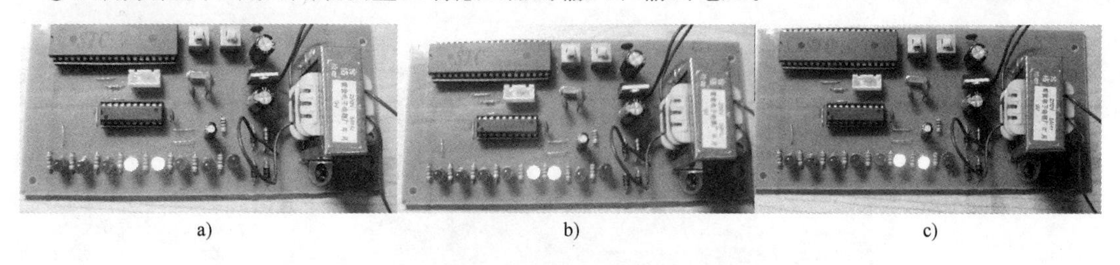

a) b) c)

图 4-60 流水灯

评定考核

单片机套件电路的组装与调试成绩评分标准见表 4-12。

表 4-12 单片机套件电路的组装与调试成绩评分标准

序号	项 目		考核要求	配分	评 分 标 准	检测结果	得分
1	仪器仪表的使用及元器件的测量	电阻	识别并检测电阻、电解电容、二极管、晶体管、变压器同名端测定	5	万用表档位选择正确、电阻值测试正确，5分		
		电解电容		5	电解电容性能测试，5分		
		二极管		5	极性判断正确，3分；导通压降测试正确，2分		
		晶体管		10	极性判断正确，4分；类型判断正确，4分；放大倍数测试正确，2分		
		变压器同名端测定		5	判断正确，3分		
2	布局	元器件及结构布局	美观、合理	8	美观、合理满分，否则酌情扣分		
3	焊接	焊接装配质量	无虚焊、连焊，焊点规范、美观	22	无缺陷，满分；每5个缺陷点扣1分		
4	调试		正确使用仪器测试所要求的波形及参数	35	工作正常，测试的波形及参数正确，满分		
5	性能		整体工作稳定	5	性能良好满分，否则酌情扣分		
6	安全文明操作			100	违反安全文明操作规定，扣5～20分		
备注				合计			
				教师签字		年 月 日	

相关知识

一、数字电路的特点及分析方法

1. 数字信号的特点

数值上不连续，不随时间连续变化的离散的电信号。

2. 数字电路的特点

基本工作信号是二进制的数字信号，只有两种工作状态："0" 和 "1"，即低电平和高电平。其电路简单，易于集成，多用于集成电路。

3. 数字电路的分析方法

数字电路主要研究输出信号与输入信号之间的状态关系，即所谓的逻辑关系。常用的分析方法有逻辑代数、真值表、逻辑图等。

模拟电路和数字电路是电子电路的两个分支，两者常配合使用。

二、常用二极管的开关特性

在模拟电路中，二极管具有单向导电性，可作开关使用。二极管的单向导电性及导通电压分两种情况。

1. 理想的开关特性

接通时，开关电阻为零，电压降为零。

断开时，开关电阻为无穷大，电压降为电源电压。

2. 实际的开关特性

二极管导通时，其正向电阻不为零，正向压降也不为零。

二极管截止时，其反向电阻也不是无穷大。

因此，二极管作为开关使用有一定的局限性。但是，只要它的正向电阻和反向电阻差别很大，二极管就可以作为开关使用。

三、二极管开关的应用

1. 限幅电路

限幅电路又称削波电路，通常由二极管及电阻组成。

（1）串联型上限幅电路（图 4-61）

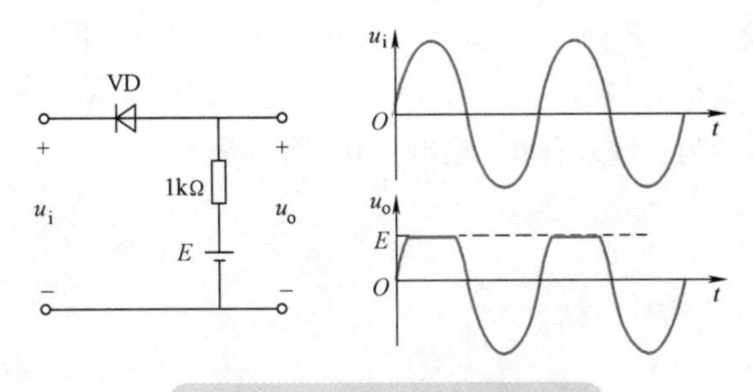

图 4-61　串联型上限幅电路

（2）并联型下限幅电路（图 4-62）

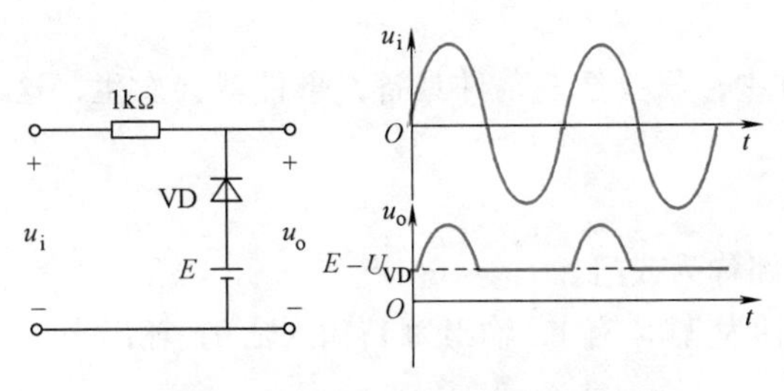

图 4-62　并联型下限幅电路

2. 钳位电路

能把输入信号的顶部或底部钳制在规定电平上的电路称为钳位电路，如图4-63所示。

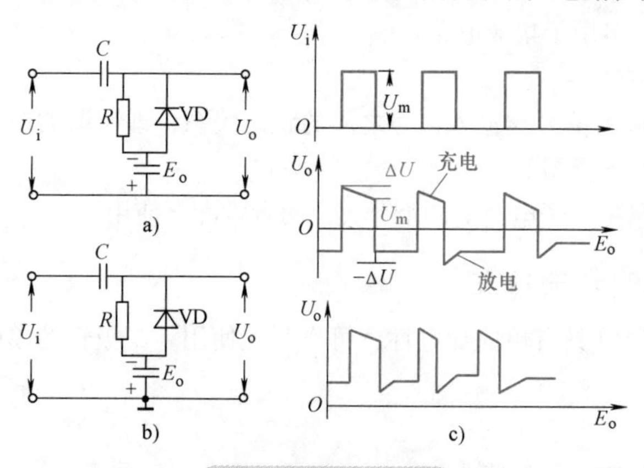

图4-63 钳位电路

假设电路输入一矩形波信号 U_i，当无VD时，U_i 中的直流分量 U 被 C 隔开，只有交流分量传至输出端，使得输出信号失去直流分量而改变了起始电平，用了钳位二极管VD后，当 $U_i = E$ 时，VD截止，C 充电，因时间常数 RC 很大，所以输出电压 U_o 稍微下降了 ΔU；当 U_i 突然变至零时，VD导通；C 经VD很快放电，输出从 $-\Delta U$ 很快趋于零，因此输出信号被VD钳位于零起始电平，即恢复了直流分量。

四、与逻辑和与门电路

1. 与逻辑

当决定一事件结果的所有条件都满足时，结果才发生，这种条件和结果之间的关系称为与逻辑关系。

2. 与门电路（图4-64）

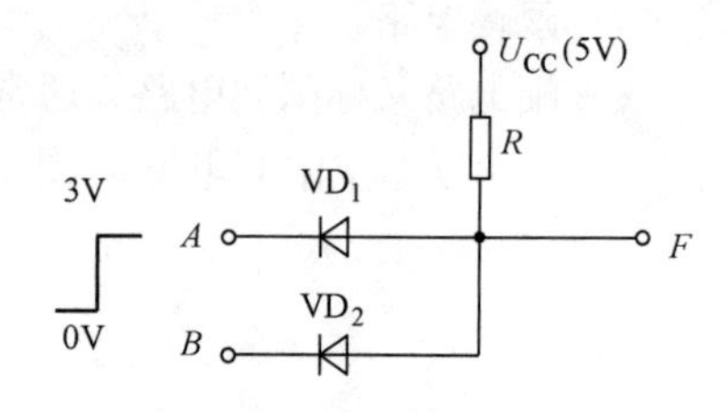

图4-64 与门电路

实现与逻辑关系的电路称为与门。

与门的逻辑功能可概括为：输入有0，输出为0；输入全1，输出为1。

逻辑表达式为

$$F = AB$$

3. 与门电路符号（图4-65）

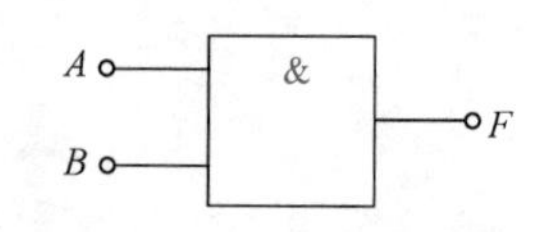

图4-65 与门电路符号

五、或逻辑和或门电路

1. 或逻辑

在决定某事件的条件中，只要任一条件具备，事件就会发生，这种因果关系称为或逻辑。

2. 或门电路（图4-66）

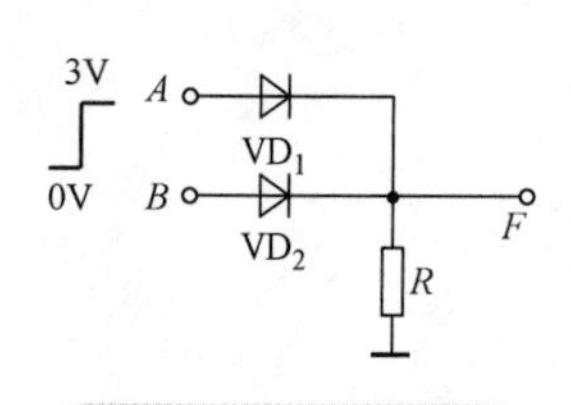

图4-66 或门电路

实现或逻辑关系的电路称为或门。

或门的逻辑功能可概括为:输入有1，输出为1;输入全0，输出为0。

逻辑表达式为

$$F = A + B$$

3. 或门电路符号（图 4-67）

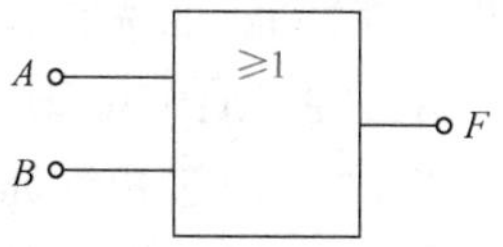

图 4-67　或门电路符号

六、非逻辑和非门电路

1. 非逻辑

决定某事件的条件只有一个，当条件出现时事件不发生，而条件不出现时，事件发生，这种因果关系称为非逻辑。

2. 非门电路（图 4-68）

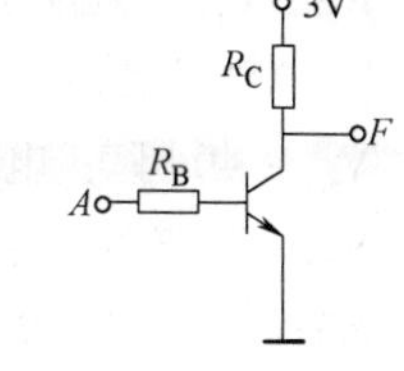

图 4-68　非门电路

实现非逻辑关系的电路称为非门，也称反相器。

输入 A 为高电平 1（3V）时，晶体管饱和导通，输出 F 为低电平 0（0V）；输入 A 为低电平 0（0V）时，晶体管截止，输出 F 为高电平 1（3V）。

运算规则：

$$\bar{0}=1 \qquad \bar{1}=0$$

逻辑表达式为

$$F=\overline{A}$$

3. 非门电路符号（图 4-69）

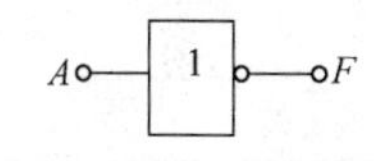

图 4-69　非门电路符号

七、8051 引脚介绍

8051 单片机是标准的 40 引脚集成电路芯片。8051 引脚图如图 4-70 所示。

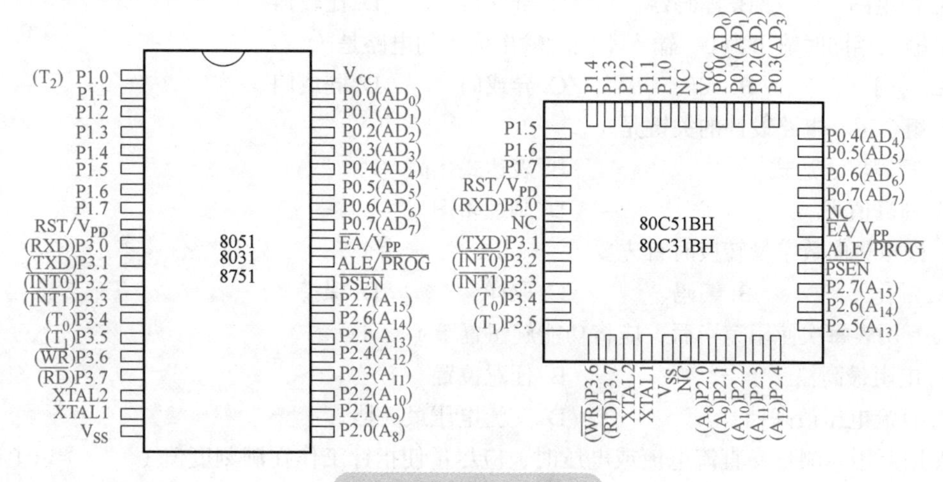

图 4-70　8051 引脚图

各引脚功能简要说明如下。

1. 输入 / 输出引脚（I/O 口线）

P0.0 ～ P0.7：P0 口 8 位双向 I/O 口，占 39 ～ 32 脚；

P1.0 ～ P1.7：P1 口 8 位准双向 I/O 口，占 1 ～ 8 脚；

P2.0 ～ P2.7：P2 口 8 位准双向 I/O 口，占 21 ～ 28 脚；

P3.0 ～ P3.7：P3 口 8 位准双向 I/O 口，占 10 ～ 17 脚。

2. 控制口线

$\overline{\text{PSEN}}$（29 脚）：外部程序存储器读选通信号。在访问外部 ROM 时，$\overline{\text{PSEN}}$ 信号定时输出脉冲，

作为外部ROM的选通信号。

ALE/$\overline{\text{PROG}}$（30脚）：地址锁存允许/编程信号。在访问片外存储器时，该引脚是地址锁存信号；对8751内部EPROM编程时为编程脉冲输入端。

$\overline{\text{EA}}$/V_{PP}（31脚）：外部程序存储器地址允许/固化编程电压输入端。当$\overline{\text{EA}}$为低电平时，CPU直接访问外部ROM;当$\overline{\text{EA}}$为高电平时，则CPU先对内部0～4KB ROM访问，然后自动延至外部超过4KB的ROM。当对8751内部EPROM编程时，则为21V编程电源输入端。

RST/V_{PD}（9脚）：RST是复位信号输入端，V_{PD}是备用电源输入端。

3. 电源及其他

V_{CC}（40脚）：电源端5V。

V_{SS}（20脚）：接地端。

XTAL1、XTAL2（19～18脚）：时钟电路引脚。当使用内部时钟时，这两个引脚端外接石英晶体和微调电容。当使用外部时钟时，用于外接外部时钟源。

练习与拓展

一、选择题

1.8421BCD码00010011表示十进制数的大小为（　　）。

A.10　　B.12　　C.13　　D.17

2. 能完成暂存数据的时序逻辑电路是（　　）。

A. 门电路　　B. 译码器　　C. 寄存器　　D. 比较器

3. 输入相同时输出为0，输入不同时输出为1的电路是（　　）。

A. 与门　　B. 或门　　C. 异或门　　D. 同或门

4. 组合逻辑电路设计的关键是（　　）。

A. 写逻辑表达式　　B. 表达式化简

C. 列真值表　　D. 画逻辑图

5. 模拟量向数字量转换时首先要（　　）。

A. 量化　　B. 编码　　C. 取样　　D. 保持

6. 万用表每次使用完毕后，应将功能旋钮置于（　　）。

A. 电阻最高档　　B. 任意位置

C. 直流电压最高档　　D. 交流电压最高档

7. 用万用表测量交直流电流或电压时，应尽量使指针工作在满刻度值（　　）以上区域，以保证测量结果的准确度。

A.2/3　　B.1/3　　C.3/4　　D.1/4

8. 若仪表的准确度等级是0.5，则该仪表的基本误差是（　　）%。

A. ± 0.1　　B. ± 0.05　　C. ± 5　　D. ± 0.5

9. 绝缘电阻表在工作时，其摇动手柄速度应为（　　）r/min。

A.120　　B.70　　C.50　　D.200

10. 在测量过程中，由于测量设备操作使用不当而引起的这种误差称为（　　）。

A. 系统误差　　B. 偶然误差

C. 粗大误差　　D. 使用误差

二、判断题

1. 二极管导通时的电流主要由多子的扩散运动形成。（　　）
2. 发光二极管正常工作时应加正向电压。（　　）
3. 发射结加反向电压时晶体管进入饱和区。（　　）
4. 集电极电流 I_C 不受基极电流 I_B 的控制。（　　）
5. 场效应晶体管是电压型控制器件。（　　）
6. 差分放大器的输出电压与两个输入电压之差成正比。（　　）
7. 直流负反馈常用于改善放大电路的动态特性。（　　）
8. 基本运算电路开环增益很高，通常均加入深度负反馈。（　　）
9. 用低频信号去改变载波的幅度称为调频。（　　）
10. 振荡器一般情况下不用外加信号也可以正常工作。（　　）

项目五　车载快速充电器的组装与调试

知识目标

（1）学会检测车载快速充电器电路中的元器件。
（2）能够识读车载快速充电器电路图、装配图和印制电路板图。

技能目标

（1）会组装车载充电器电路。
（2）会进行车载充电器电路的调试与故障检测、维修。
（3）培养学生自学能力、探索能力和知识应用能力。
（4）培养学生逻辑思维、分析问题和解决问题能力。
（5）打造特色课堂，传播“工匠精神”。

工具与器材

所用工具包括电烙铁、焊锡丝、吸锡器、斜口钳、万用表、函数信号发生器、电子示波器等。工具如图 4-71 所示，仪器如图 4-72 所示。

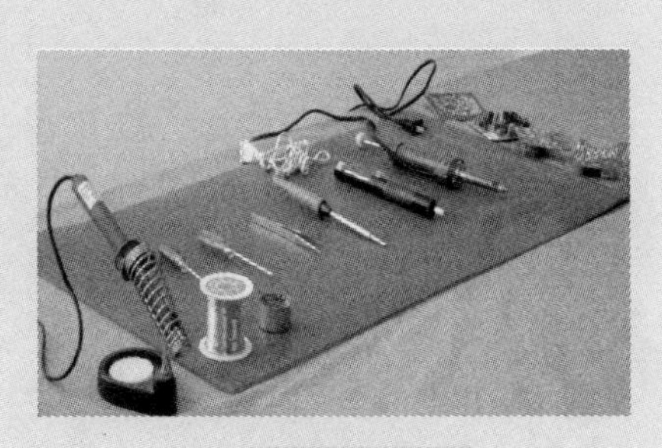

图 4-71　工具

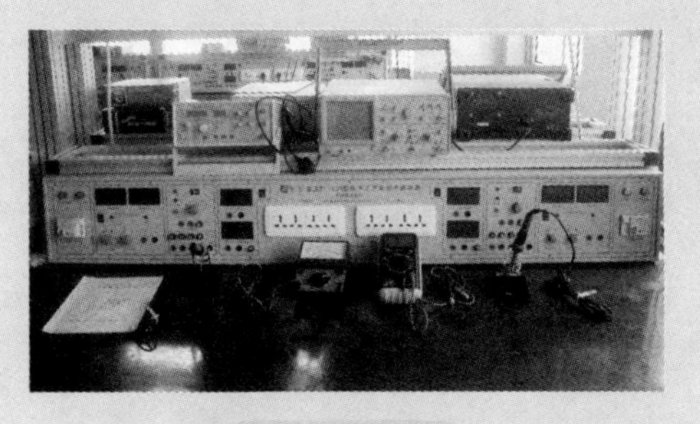

图 4-72　仪器

操作步骤

一、绘制原理图

用 Protel DXP 软件绘制车载快速充电器原理图及 PCB 图，双击桌面快捷方式图标，进入软件界面。

1. 创建一个新的 PCB 项目

在设计窗口的“Pick a task”区中单击“Create a new Board Level Design Project”，如图 4-73 所示。

另外，可以在“Files”面板中的“New”区单击“Blank Project（PCB）”。如果这个面板未显示，选择“File”→“New”命令，或单击设计管理面板底部的“Files”标签。

在“Projects”面板上出现新的项目文件“PCB Project1.PrjPCB”，与“No Documents Added”文件夹一起列出，如图 4-74 所示。

图 4-73　创建新的 PCB 项目

图 4-74　“Projects”面板

通过选择“File”→“Save Project As”命令对新项目进行重命名（扩展名为 *.PrjPCB）。指定这个项目保存在硬盘上的位置，在文件名文本框中输入文件名（车载快速充电器 .PrjPCB）并单击“Save”按钮。

2. 创建一个新的原理图图纸

在“Files”面板的“New”区选择“File”→“New”命令，并单击“Schematic Sheet”，一个名为“Sheet1.SchDoc”的原理图图纸即出现在设计窗口中，并且原理图文件夹也自动地添加（连接）到项目。这个原理图图纸出现在列表中，即在“Projects”标签中的紧挨着项目名下的“Schematic Sheets”文件夹下，如图 4-75 所示。

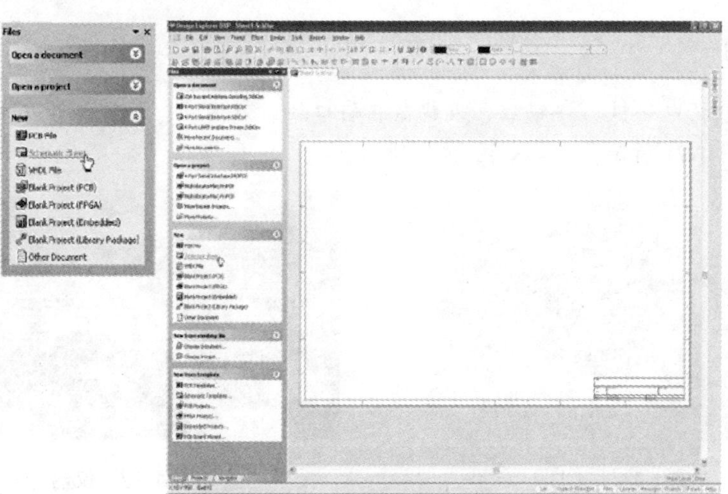

图 4-75　创建新的原理图图纸

通过选择“File”→“Save As”命令对原理图文件进行重命名（扩展名为 *.SchDoc）。指定这个原理图保存在硬盘中的位置，在文件名文本框中输入“车载快速充电器 .SchDoc”，并单击“Save”按钮。

3. 设置原理图选项

在开始绘制电路图之前首先要做的是设置正确的文件夹选项。

从菜单选择“Design”→“Options”命令，打开文件夹选项对话框。本项目需要修改的是将图纸大小（sheet size）设置为标准 A4 格式。在“Sheet Options”标签，找到“Standard Styles”栏。单击文本框旁的箭头将看见一个图纸样式的列表。使用滚动栏向上滚动到 A4 样式并选择。单击“OK”按钮关闭对话框，更新图纸大小。

为将文件再次全部显示在可视区，选择“View”→“Fit Document”命令。

4. 绘制原理图

单击位于工作窗口右侧的“Libraries”标签显示库工作区面板，如图 4-76 所示。

（1）放置元器件

1）在“Libraries”面板中，确认“Miscellaneous Devices.IntLib”库为当前库，如图 4-77 所示。

2）在库名下的过滤器列表框中输入“res2”设置过滤器，如图 4-78 所示。

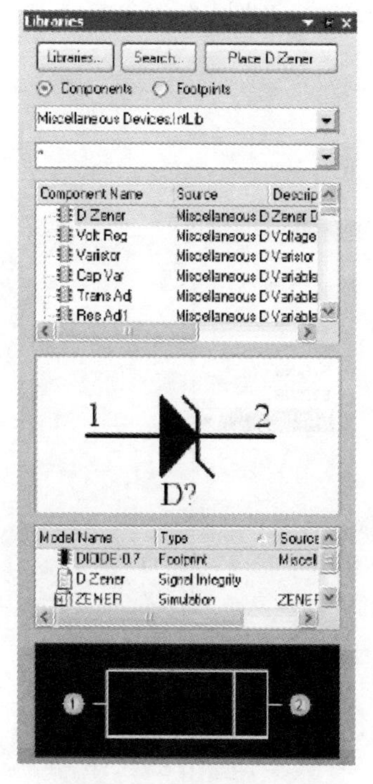

图 4-76　库工作区面板

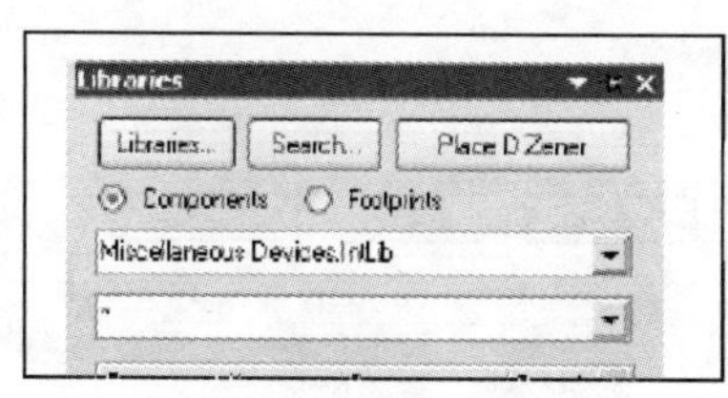

图 4-77　确认当前库

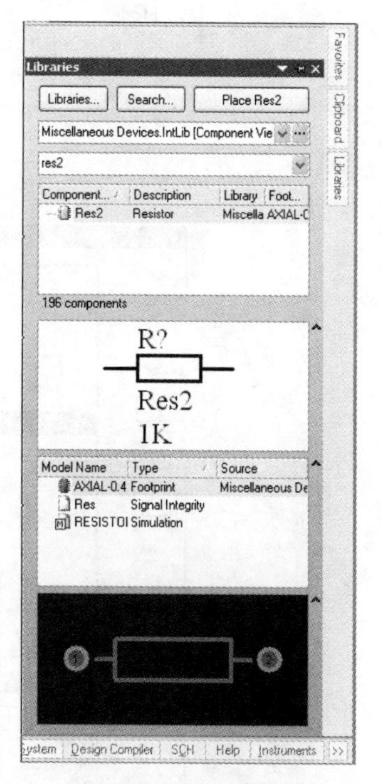

图 4-78　设置过滤器

3）在元件列表中单击“Res2”以选择它，然后单击“Place”按钮，会有一个悬浮在光标上的电阻符号。

4）编辑电阻的属性。在图 4-79 所示对话框的“Properties”选项组的“Designator”文本框中输入“R1”，以将其值作为第一个元器件序号。

5）在“Value”文本框中输入“1.5K”，确认“Value”的“Visible”复选框被勾选。单击右下角的“OK”按钮，元器件属性设置完毕，如图 4-80 所示。

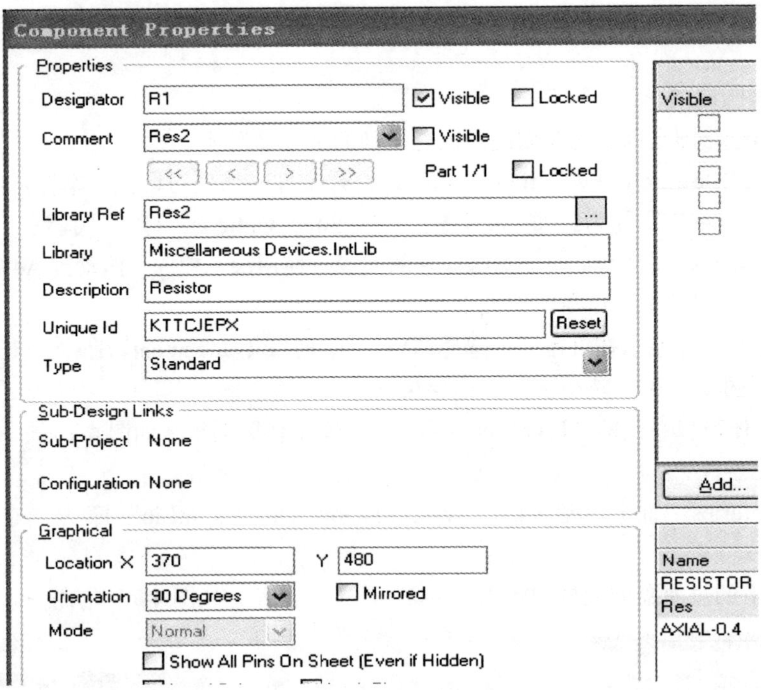

图 4-79　编辑电阻的属性

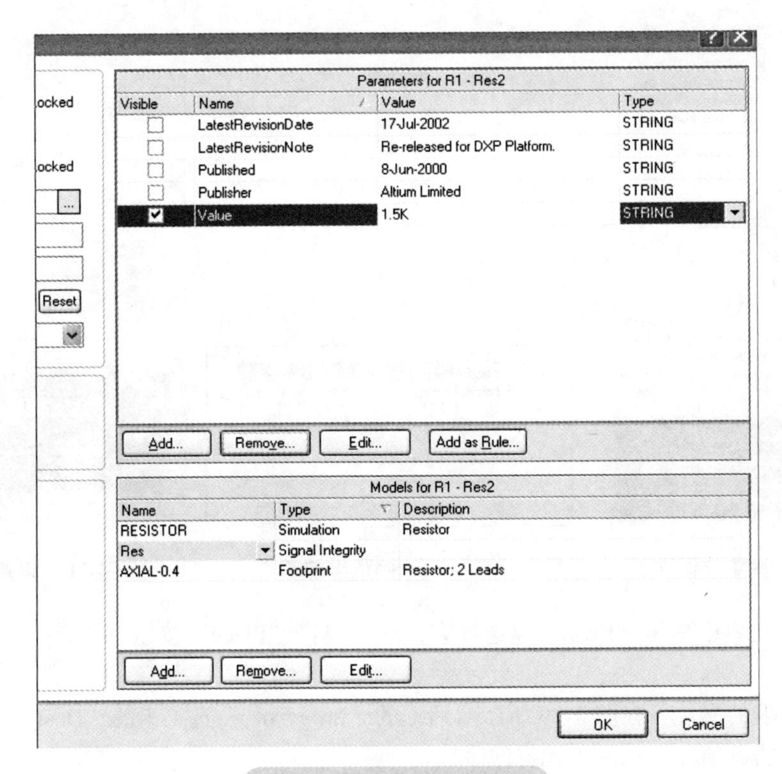

图 4-80　设置元器件属性

6）按 <Space> 键将电阻旋转 90°，之后将电阻放在原理图图纸上适当位置然后单击或按 <Enter> 键放下元器件。

7）接下来依次放置其余元器件，元器件所在库如下。

U1——Maxim Power Mgt Battery.IntLib——MAX712EPE

VT1——Miscellaneous Devices.IntLib——2N3906

VD1、VD2——Miscellaneous Devices.IntLib——Photo Sen

VD3——Miscellaneous Devices.IntLib——Diode 1N4148

R1 ～ R5——Miscellaneous Devices.IntLib——Res2

C1、C4——Miscellaneous Devices.IntLib——Cap Pol2

C2、C3——Miscellaneous Devices.IntLib——Cap

被充电池——Miscellaneous Connectors.IntLib——Header 2

（2）连接电路

1）从菜单选择“Place”→“Wire”命令（快捷键 <P><W>）或从“Wiring Tools”（连线工具）工具栏单击“Wire”工具进入连线模式，光标将变为十字形状，如图 4-81 所示。

2）连接各个元器件引脚，单击或按 <Enter> 键放置导线段，然后右键单击或按 <Esc> 键表示已经完成该导线的放置。

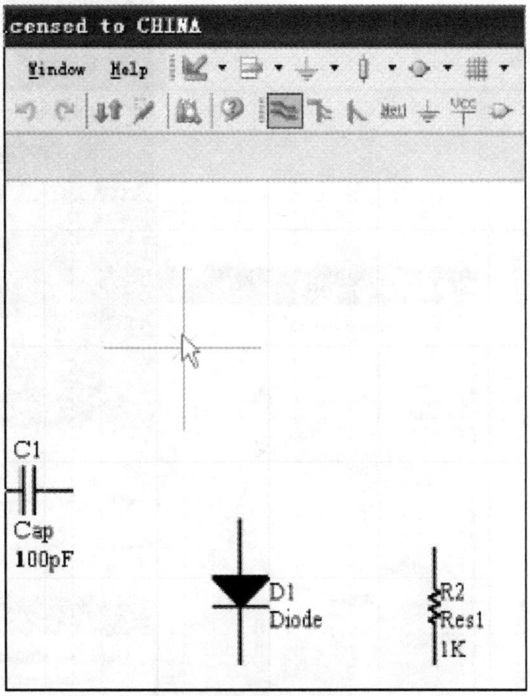

图 4-81　进入连线模式

5. 编辑项目

编辑一个项目就是在设计文档中检查草图和电气规则错误并将其置于一个调试环境。选择“Project”→“Compile PCB Project”命令编辑项目。

当项目被编辑时，任何已经启动的错误均将显示在设计窗口下部的“Messages”面板中。被编辑的文件会与同级的文件、元器件和列出的网络以及一个能浏览的连接模型一起列表显示在 Compiled 面板中。

如果电路绘制正确，“Messages”面板应该是空白的。如果报告给出错误，则检查电路并确认所有的导线和连接是否正确。

6. 创建一个新的 PCB 文件

在“Files”面板底部的“New from Template”区单击“PCB Board Wizard”创建新的 PCB。如果这个选项没有显示在屏幕上，单击向上的箭头关闭上面的一些单元。

1）打开 PCB Board Wizard，首先看见的是介绍页面，单击“Next”按钮继续。设置度量单位为英制（Imperial），注意，1000mils = 1inch。

2）向导的第三页允许选择要使用的板轮廓。在本书中使用自定义的板子尺寸。从板轮廓列表中选择“Custom”，单击“Next”按钮。

3）在下一页，即进入了自定义板选项。选择“Rectangular”并在“Width”和“Height”文本框中输入“2000”。取消选择“Title Block & Scale”“Legend String”“Dimension Lines”“Corner

Cutoff”“Inner Cutoff”复选框，单击“Next”按钮继续。

4）在这一页允许选择板子的层数。这里需要两个“signal layer”，不需要“power planes”，单击“Next”按钮继续。

5）在设计中使用的过孔（via）样式选择“Thru-hole vias only”，单击“Next”按钮。

6）在下一页允许设置元件/导线的技术（布线）选取项。选择“Thru-hole components”选项，将相邻焊盘（pad）间的导线数设为“One Track”，单击“Next”按钮继续。

7）下一页允许设置一些应用到板子上的设计规则，均设为默认值，单击“Next”按钮继续。

8）最后一页允许将自定义的板子保存为模板，允许按输入的规则来创建新的板子。这里若不想将板子保存为模板，确认该选项未被选择，单击“Finish”按钮关闭向导。创建新的PCB向导如图4-82所示。

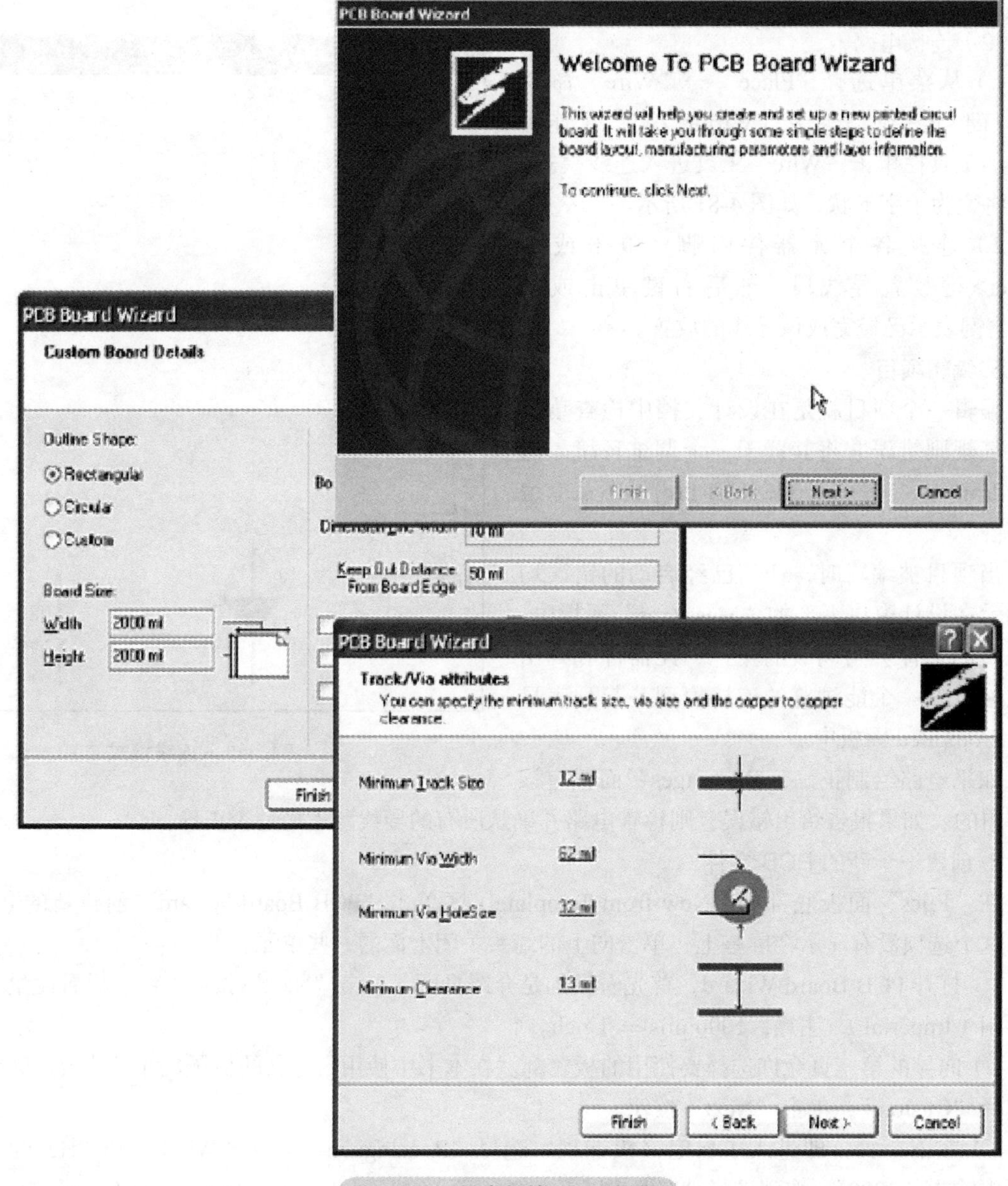

图4-82 创建新的PCB向导

PCB 向导现在收集了它需要的所有信息来创建新板子。PCB 编辑器将显示一个名为“PCB1.PcbDoc”的新的 PCB 文件。

PCB 文档显示的是一个默认尺寸的白色图纸和一个空白的板子形状（带栅格的黑色区域），如图 4-83 所示。要关闭图纸，选择“Design”→“Options”命令，在“Board Options”对话框中取消选择“Design Sheet”复选框。可以使用 Protel DXP 从其他 PCB 模板中添加所需要的板框、栅格特性和标题框。

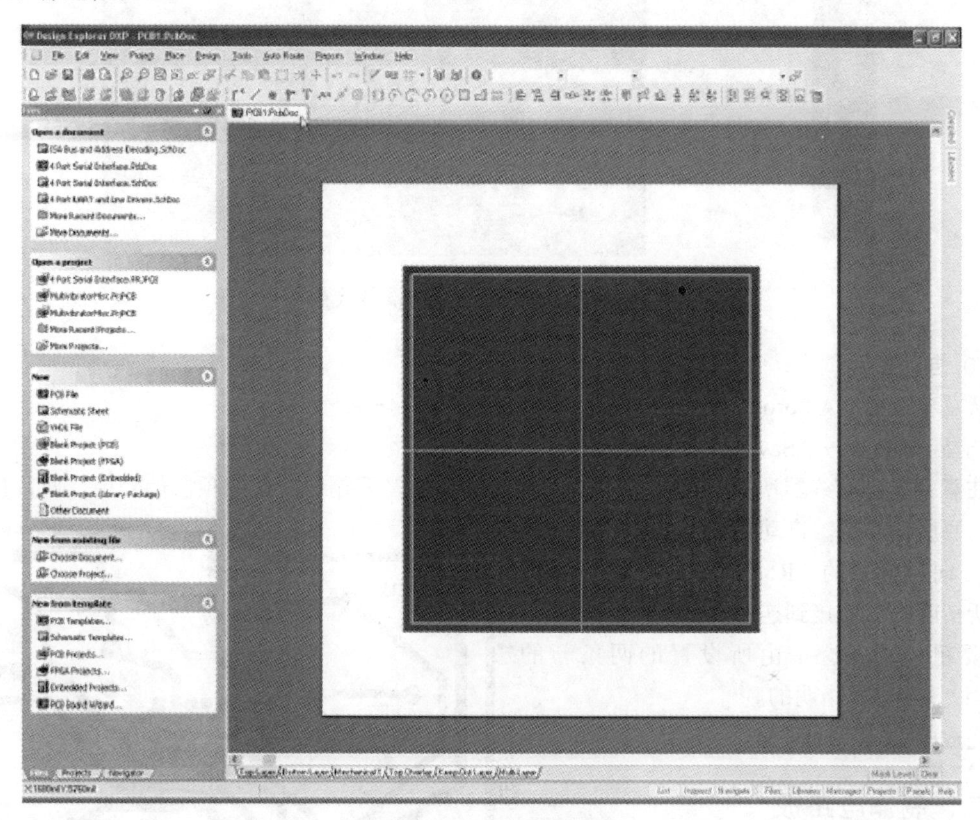

图 4-83　PCB 默认文档

PCB 文档会自动添加（连接）到项目，并列表在“Projects”标签中紧靠项目名称的 PCBs 下面。选择“File”→“Save As”命令将新 PCB 文件重命名（用 *.PcbDoc 扩展名），将这个 PCB 文件保存在硬盘上指定的位置，在文件名文本框中输入文件名“车载快速充电器 .PcbDoc”并单击“Save”按钮。

7. 将新的 PCB 添加到项目

如果想使添加到项目的 PCB 以自由文件打开，可在“Projects”面板的“Free Documents”区右键单击 PCB 文件，选择“Add to Project”选项。

8. 转换设计

在将原理图信息转换到新的空白 PCB 之前，应确认与原理图和 PCB 关联的所有库均可用。使用“Update PCB”命令来启动 ECO 就能将原理图信息转换到目标 PCB。

9. 更新 PCB

将项目中的原理图信息发送到目标 PCB。

1）在原理图编辑器选择“Design”→“Update PCB（Multivibrator.PcbDoc）”命令。修改项

目，出现“Engineering Change Order”对话框。

2）单击“Validate Changes”按钮，如果所有的改变均有效，检查将出现在状态列表中。如果改变无效，关闭对话框，检查“Messages”面板并清除所有错误。

3）单击“Execute Changes”按钮将修改发送到 PCB。完成后，状态变为完成（Done）。

4）单击“Close”按钮，目标 PCB 打开，而元器件也在板子上准备放置，如图 4-84 所示。

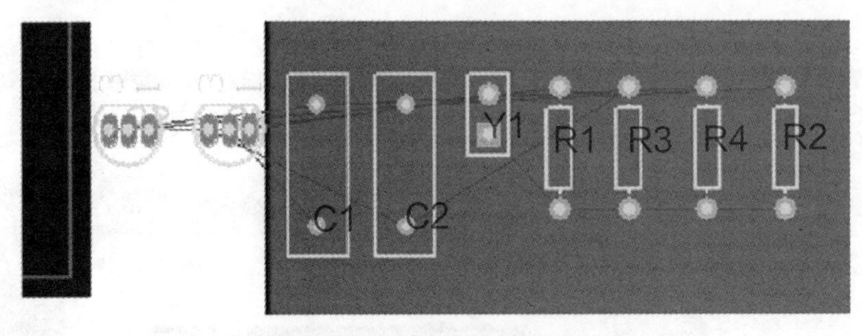

图 4-84　元器件在板子上准备放置

10. 自动布线

从菜单选择“Autoroute”→“All”命令（快捷键 <A><A>）。

选择“File”→“Save”命令（快捷键 <F><S>）保存。

注意：自动布线器所放置的导线有两种颜色，红色表示导线在板的顶层信号层，而蓝色表示在板的底层信号层。自动布线器所使用的层是由 PCB 向导设置的“Routing Layers”设计规则中所指明的。连接到连接器的两条电源网络导线要粗一些，这是由所设置的两条新的 Width 设计规则所指明的。

完成的 PCB 图如图 4-85 所示。

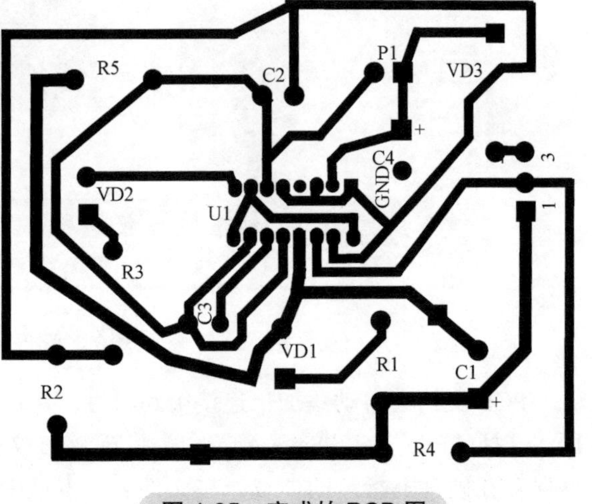

图 4-85　完成的 PCB 图

二、制作电路板

1）先将画好的 PCB 图打印于热转印纸上。

2）截取适当大小的覆铜板，将打印有 PCB 图的热转印纸有图的一面和覆铜板覆铜的一面相对，然后用大功率的电熨斗加热，直到 PCB 图从热转印纸上转印到覆铜板上。

3）将覆铜板冷却后，放入调好的氯化铁溶液中，将多余的铜腐蚀掉后，用清水冲洗覆铜板。

4）用砂纸将印制电路板上焊盘位置的打印墨迹去除。

5）将已经调制好的松香溶液涂抹于焊盘处。

6）用微型电钻给焊盘的位置打孔。

三、元器件焊接

1）检测元器件。

2）插装元器件。

3）焊接元器件，焊好后，剪去多余的元器件引脚，清洁印制电路板。

4）对焊接好的印制电路板进行通电前的安全检测。

5）通电调试观察。在输入端接入 12V 的直流电压，VD1（红色 LED）亮。当接入两节镍氢充电电池后，过一会儿快充指示灯 VD2（绿色 LED）亮。用万用表的直流电压档测试得到的输出端电压为 3V（输出为两节充电电池时）。

评定考核（略）

相关知识

一、项目介绍

车载快速充电器是利用汽车上的 12V 电源为镍氢充电电池快速充电的。许多数码电子产品例如数码相机等使用的都是镍氢充电电池，有了车载快速充电器，驾车出游休闲时就不必再为数码电子设备的电池耗尽而烦恼了，可以在行驶途中为镍氢充电电池快速充电，到达目的地后保证数码电子设备具有充足的电源，满足使用需求。

二、电路原理图及工作原理

1. 电路原理图

车载快速充电器电路原理图如图 4-86 所示。

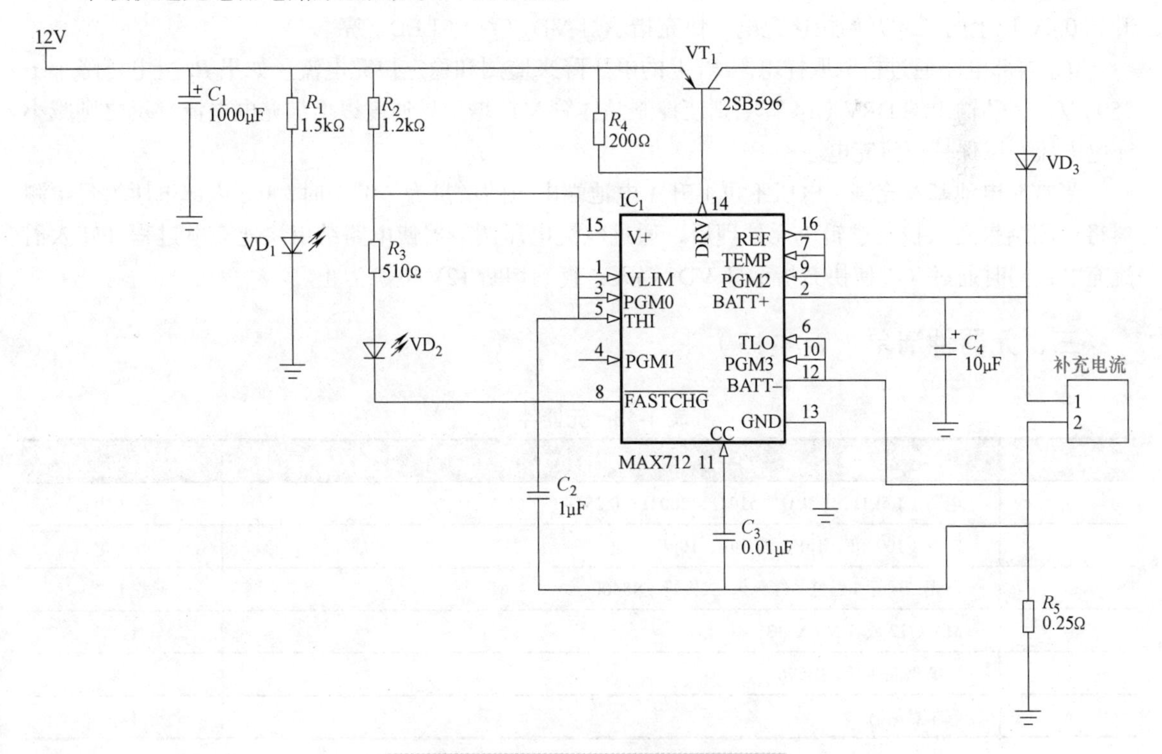

图 4-86　车载快速充电器电路原理图

2. 电路工作原理

电路中 IC_1 采用了镍氢电池快速充电控制集成电路MAX712，可对两节镍氢充电电池进行全自动快速充电。

VT_1 为充电电流控制晶体管。R_5 为取样电阻，R_1 为降压电阻。发光二极管 VD_1 为工作指示灯，VD_2 为快充指示灯。整机输入电源为12V。

1）充电控制集成电路特性。MAX712内部包含定时器、电压增量检测器、温度比较器、欠电压比较器、控制逻辑单元、电流电压调节器、充电状态指示控制电路、基准电压源和并联式稳压器等。

MAX712具有较完备的智能充电控制与检测功能，其特点如下。

① 可以为1～16节镍氢电池（串联）充电。

② 快速充电电流可在 $C/3$～$4C$ 之间选择（C 为镍氢充电电池的额定容量）。

③ 基本充满后自动由快速充电转为 $C/16$ 的涓流充电。

④ 具有充电状态指示功能。

⑤ 具有被充电池电压检测控制功能。

2）电路设定。在电路图中，IC_1（MAX712）连接成对两节镍氢电池串联充电模式，设定镍氢电池容量为2000mA·h，充电时间为180min，快速充电电流为1A（充电率为 $C/2$），涓流充电电流为125mA（$C/16$）。选用电压增量检测法，当被充电池电压的增量为“0”（$\Delta V/\Delta t=0$）时，结束快速充电转为涓流充电。

3）电路工作过程。接通12V电源，VD_1（红色LED）亮。当接入两节镍氢充电电池后，IC_1 首先对被充电池进行检测，如果单节电池的电压低于0.4V，则先用涓流充电，待单节电池电压上升到0.4V以上时，才开始快速充电，快充指示灯 VD_2（绿色LED）亮。

IC_1 内部电路通过检测取样电阻 R_5 上的电压降来监测和稳定快充电流。如果 R_5 上电压降小于250mV，驱动输出端DRV（14脚）则使控制晶体管 VT_1 增加导通度以增加充电电流，反之则减小充电电流，以保持恒流充电。

当被充电池基本充满、电压不再上升（电池端电压的增量为“0”）时，IC_1 内部电压增量检测器将检测结果送入控制逻辑单元处理后，通过电流电压调节器使电路结束快速充电过程并转入涓流充电，同时通过8脚使快充指示灯 VD_2 熄灭，直到切断12V电源为止。

三、元器件清单（表4-13）

表4-13 元器件清单

序号	元器件名称	数 量
1	电阻（1.5kΩ，1.2kΩ，510Ω，200Ω，0.25Ω）	各1个
2	电容（1000μF，1μF，0.01μF，10μF）	各1个
3	发光二极管（红色、绿色）、二极管1N5400	各1个
4	MAX712或者MAX713	1个
5	PNP型晶体管2SB596	1个
6	汽车点烟器	1个

练习与拓展

1. 建立 DDB 文档，建立 SCH 文件，设置 SCH 工作环境

1）在 D 盘上以考号为名称建立一个文件夹。

2）打开“Protel99se”，在上面所建立的文件夹中以你的姓名为文件名建立一个 ddb 文件。

3）打开上面所建立的 ddb 文件，在“document”文件夹中建立一个名为“显示控制电路 .sch”的原理图文件。

4）设置图纸大小为 A4，水平放置，工作区颜色为 216，边框颜色为 3。

5）设置捕获栅格为 10，可视栅格为 50。

6）设置字体为“隶书”，10 号字。

7）用“特殊字符串”在图纸标题栏中填上：“AT89C2051 七段显示电路”，制图者一栏填上你的姓名。这两项字符的大小设置为 10 号，颜色选为棕色（各种棕色均可）。

2. 建立 SCH 库文件，编辑与保存新元件

在上题所建立的原理图中打开“Protel DOS Schematic Libraries.ddb”库。

1）在 ddb 文件中再建立一个名称为“IC.lib”的 SCH 元件库。

2）在 IC.lib 元件库中建立一个新元件，名称为“AT89C2051”。

3）绘制新元件，如图 4-87 所示。

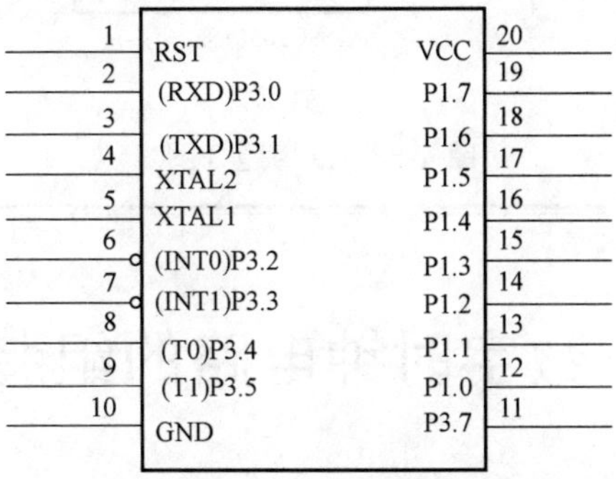

图 4-87　练习题 2 图

4）将绘制完成的新元件封装设置为“DIP20”。

5）存盘保存。

3. 原理图绘制，原理图编辑

按图 4-88 所示绘制原理图，按要求设置好元器件名称及参数，放置好相应的网络标志。图中每个元器件的封装按如下要求设置。

1）VD_1、VD_2、VD_3 设置为 LED。

2）R_1 设置为 AXIAL0.4。

3）R_2 设置为 AXIAL0.6。

4）所有的电解电容设置为 DJ1。

5）电容设置为 RAD0.1。

6）X1 设置为 RAD0.2。

7）DS 设置为 SIP8。

8）集成电路的封装不变。

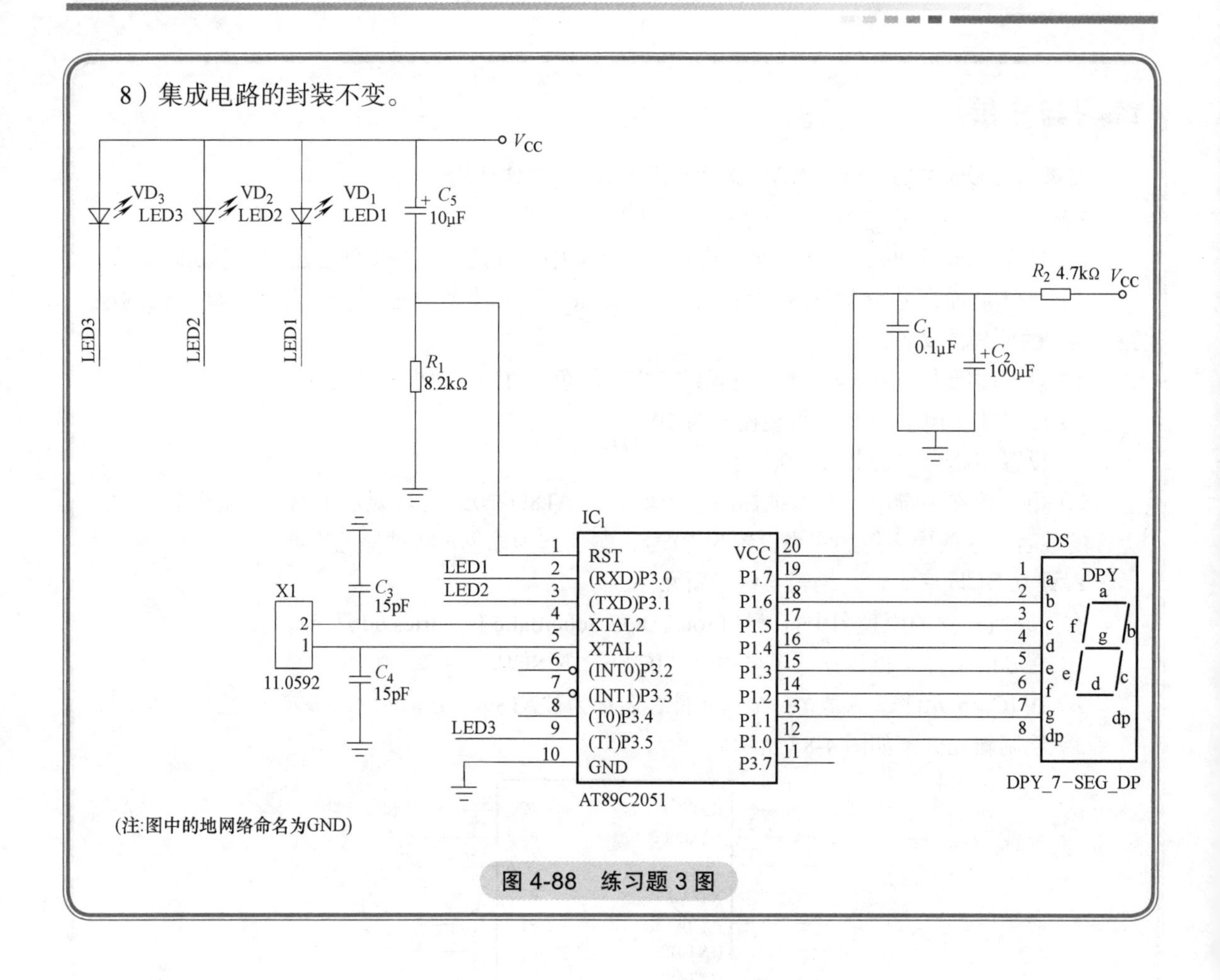

图 4-88 练习题 3 图

项目六 数字时钟电路的组装与调试

知识目标

（1）学会检测数字时钟电路中的元器件。

（2）能够识读数字时钟电路图、装配图、印制电路板图。

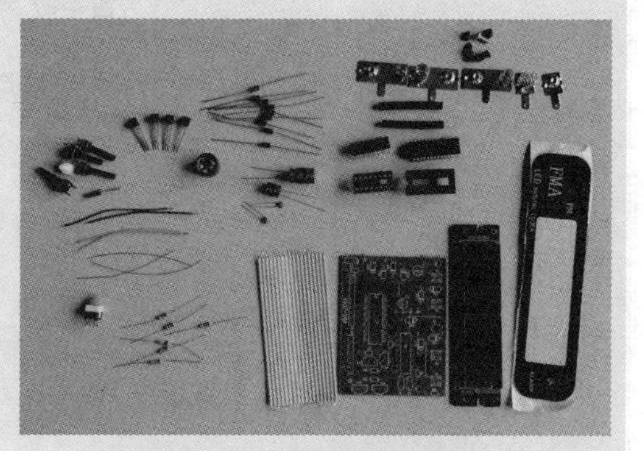

图 4-89 数字时钟套件

技能目标

（1）会组装图 4-89 所示数字时钟套件。

（2）会进行数字时钟电路的调试与故障检测。

工具与器材

所用工具包括：电烙铁、烙铁架、焊锡丝、助焊剂、细导线、烙铁棉、吸锡器、镊子、斜口钳、螺钉旋具（一字、十字各一把）等。

操作步骤

1. 识读电路原理图（图 4-90）

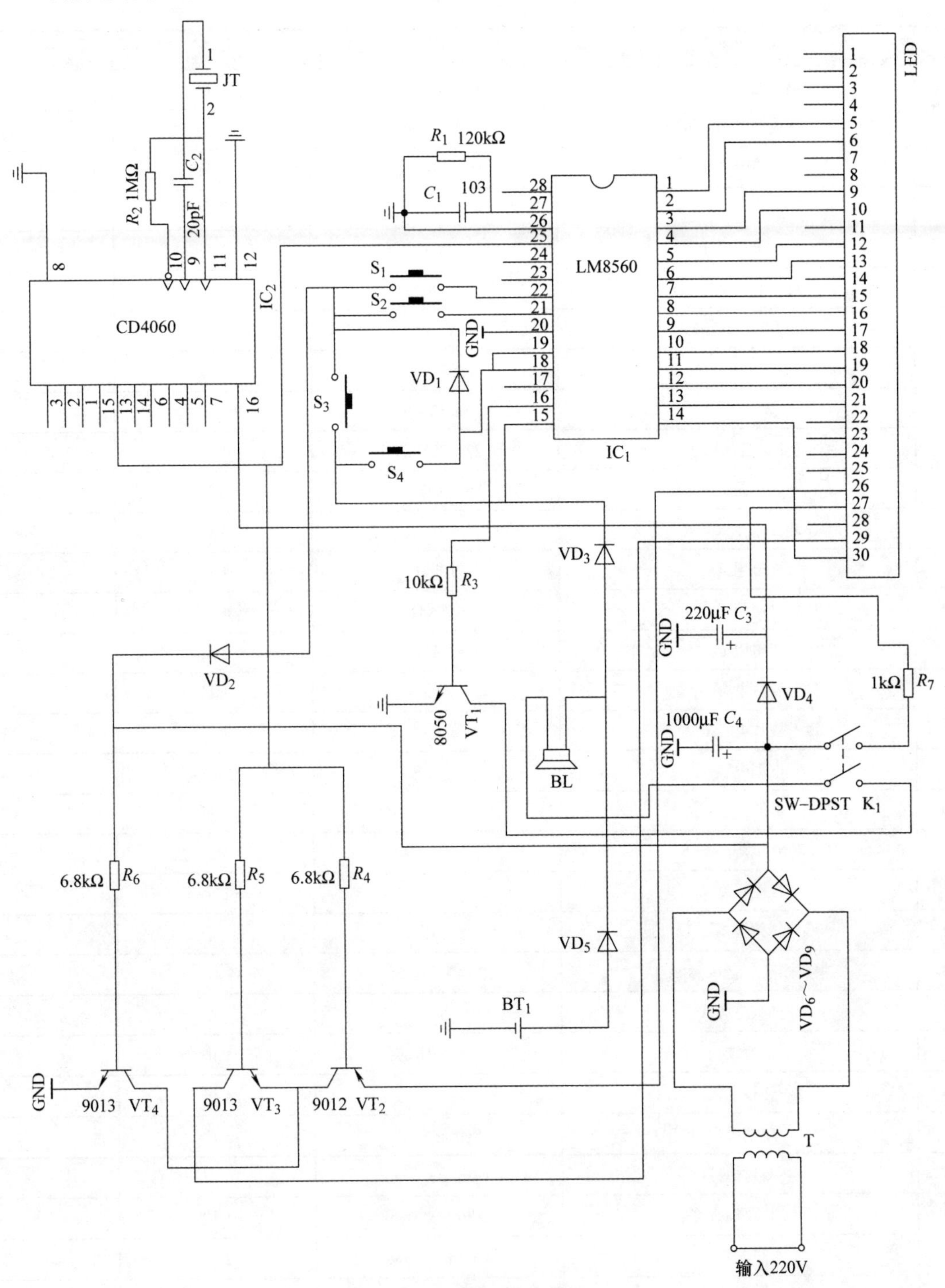

图 4-90 数字时钟电路原理图

2. 根据电路图安装电路

（1）核对元器件　根据表4-14所列内容核对元器件的规格及数量。

表4-14　数字时钟元器件清单

序号	名　称	规　格	数　量	备　注
1	集成电路芯片 IC_1	LM8560	1块	
2	集成电路芯片 IC_2	CD4060	1块	
3	三极管 VT_2	9012	1只	
4	三极管 VT_3、VT_4	9013	2只	
5	三极管 VT_1	8050	1只	
6	二极管 VD_1~VD_9	1N4001	9只	
7	显示屏 LED	FTTL-655G	1只	
8	晶振 JT	30720Hz	1只	
9	蜂鸣器 BL	$\phi 12\times 9$	1只	
10	电源变压器 T	220V/9V/2W	1只	
11	电阻 R_7	1kΩ	1只	
12	电阻 R_4、R_5、R_6	6.8kΩ	3只	
13	电阻 R_3	10kΩ	1只	
14	电阻 R_1	120kΩ	1只	
15	电阻 R_2	1MΩ	1只	
16	瓷片电容 C_2	20pF	1只	
17	瓷片电容 C_1	103	1只	
18	电解电容 C_3	220μF	1只	
19	电解电容 C_4	1000μF	1只	
20	轻触开关 $S_1\sim S_4$		4个	
21	自锁开关 K_1		1个	
22	按键帽	专用	1个	
23	集成插座对应 IC_1 和 IC_2	28脚、16脚	各1个	
24	插头电源线	专用	1根	
25	排线	8cm×18芯	1排	
26	连接导线		4根	
27	电池极片	电池正负极	5片	
28	自攻螺钉	ϕ3mm×6mm	5粒	
29	自攻螺钉	ϕ3mm×8mm	1粒	
30	热缩管	ϕ3mm×20mm	2个	
31	印制电路板		1块	
32	外壳		1套	

（2）检测元器件（略）

（3）识别与检测电路元器件

1）电阻 R。根据色环识读 $R_1 \sim R_7$ 后，再用万用表检测其阻值。

2）二极管 $VD_1 \sim VD_9$。长引脚为正极，短引脚为负极。正、负极不能接错，否则不能正常工作。

3）三极管。用万用表 $R \times 1k$ 档或 $R \times 100$ 档检测三极管的好坏，并判别极性。

4）电解电容。注意分辨电解电容的正负极性，与电容体上带符号色带靠近的一端为负极，若电容极性接错，可能导致电容器损坏。

5）自锁开关。6 脚自锁开关如图 4-91a 所示。开关自锁键未按下时连接的是一边即常闭端；按下自锁键后连接的是另一边即常开端，如图 4-91b、c 所示。可用万用表检测触点之间的通断来判断自锁开关的好坏。

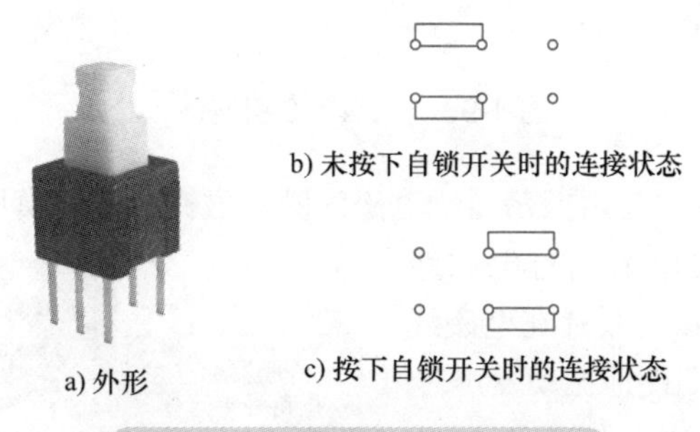

图 4-91　自锁开关供电示意图

6）集成电路芯片 LM8560。本项目采用的是一只 PMOS 大规模集成电路的 LM8560。PMOS 是指 N 型衬底、P 沟道，靠空穴的流动运送电流的 MOS 管。LM8560 集成电路采用 28 脚双列直插式封装，如图 4-92 所示。

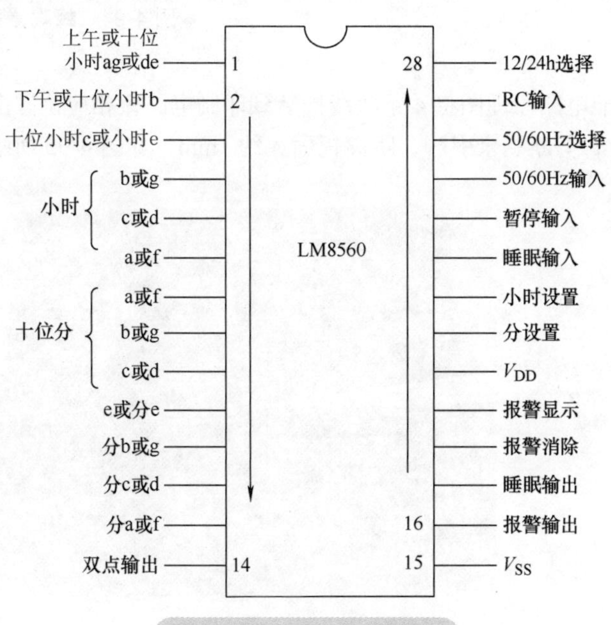

图 4-92　LM8560 引脚图

LM8560 集成电路内含显示译码驱动电路、12/24h 选择电路及报警电路等。它具有较宽的工作电压范围（7.5 ～ 14V）和工作温度范围（−20 ～ 70℃），自身功耗很小，其输出能直接驱动发光二极管显示屏。

7）集成电路芯片 CD4060。CD4060 由一振荡器和 14 极二进制串行计数器组成，振荡器的结构可以是 RC 或晶振电路。CD4060 提供了 16 引线多层陶瓷双列直插、熔封陶瓷双列直插、塑料双列直插和陶瓷片状载体 4 种封装形式，其引脚如图 4-93 所示。

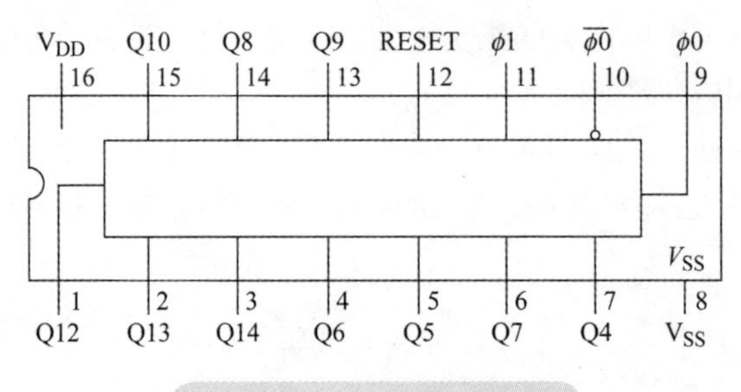

图 4-93　CD4060 引脚图

8）蜂鸣器。电磁式蜂鸣器是由振荡器、电磁线圈、磁铁、振动膜片及外壳等组成。接通电源后，振荡器产生的音频信号电流通过电磁线圈，使电磁线圈产生磁场。振动膜片在电磁线圈和磁铁的相互作用下，周期性地振动发声。

蜂鸣器好坏的检测方法：使用万用表 $R\times10$ 档，将黑表笔接蜂鸣器的正极，红表笔点触蜂鸣器的负极。正常的蜂鸣器应发出较响的“沙沙”声，万用表指针也大幅向左摆动，否则蜂鸣器损坏。图 4-94 所示为蜂鸣器背部示意图。

图 4-94　蜂鸣器背部示意图

（4）安装电路元器件

1）安装跳线。按照电路原理图将 4 条跳线插装到印制电路板相应位置上，根据焊接工艺要求将引脚焊接到电路板上，剪断剩余引脚，距离板面大约 1mm，如图 4-95 所示。

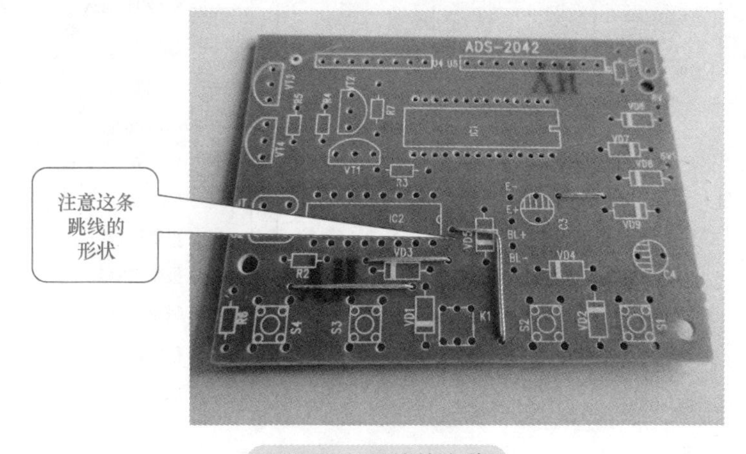

图 4-95　跳线的安装

2）安装电阻、二极管。按照电路原理图，对照元器件清单，将除 R_2 之外的电阻和除 VD_5 之外的二极管卧式安装到相应位置上，根据焊接工艺要求将引脚接到印制电路板上，剪断剩余引线，如图 4-96 所示。

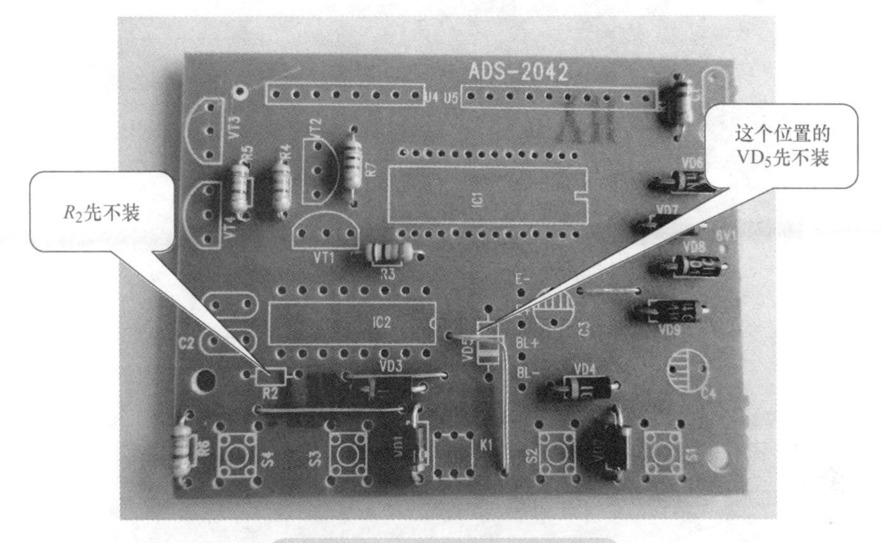

图 4-96　电阻、二极管的安装

3）安装集成芯片插座。将两个芯片插座分别焊接在印制电路板上，如图 4-97 所示。

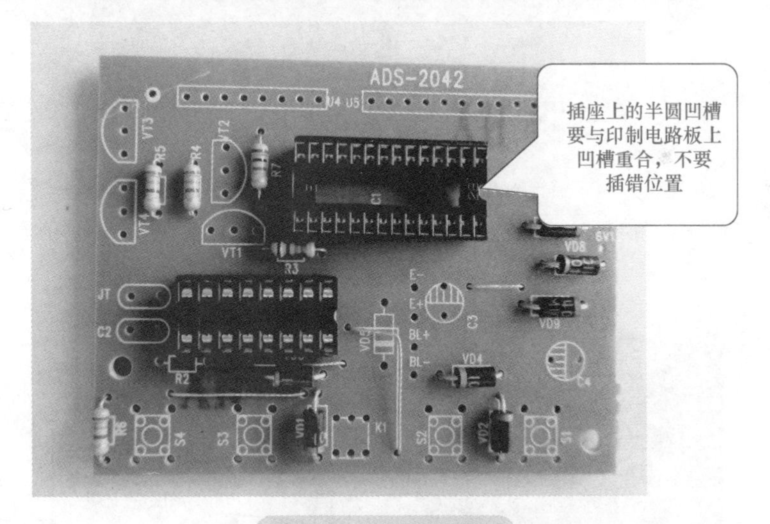

图 4-97　插座的安装

4）安装立式元件与瓷片电容。按照先低后高的工艺要求，接下来将立式安装的 R_2 电阻、VD_5 二极管和瓷片电容依次焊接在印制电路板上，如图 4-98 所示。

5）安装三极管、电解电容与晶振。依次安装三极管、电解电容和晶振，在安装三极管的时候要注意三极管的极性区分，不要装反了，如图 4-99 所示。电解电容的负极要装在印制电路板上有阴影的一端，如图 4-100 所示。晶振不区分正负极，如图 4-101 所示。

6）安装开关与排线。按照先低后高的顺序依次插装自锁开关和轻触开关，安装排线的时候，将排线稍微分开一些再焊接，焊接时间要短，防止排线的绝缘皮烫坏，如图 4-102 所示。

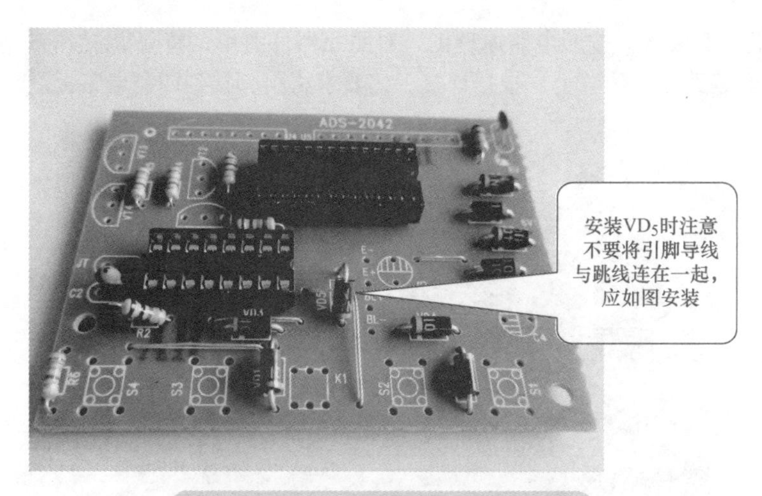

图 4-98　立式元件与瓷片电容的安装

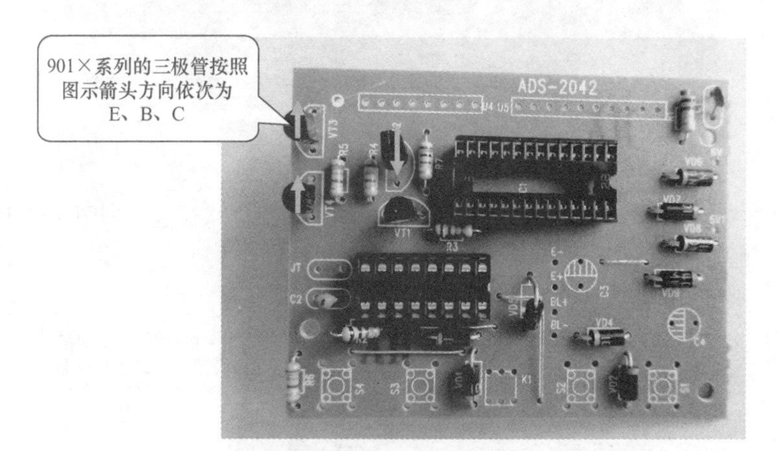

图 4-99　三极管的安装

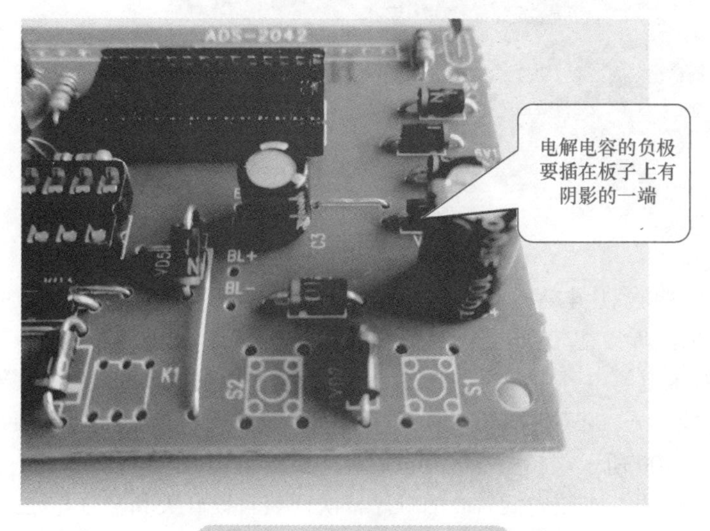

图 4-100　电解电容的安装

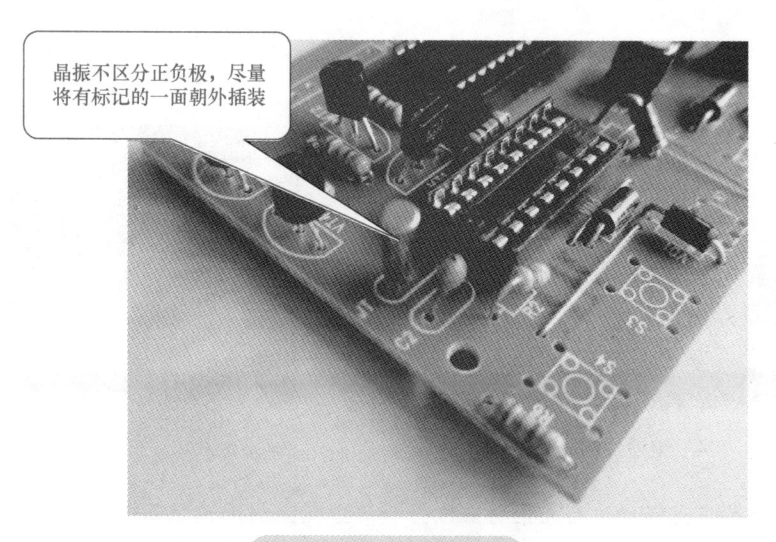

图 4-101　晶振的安装

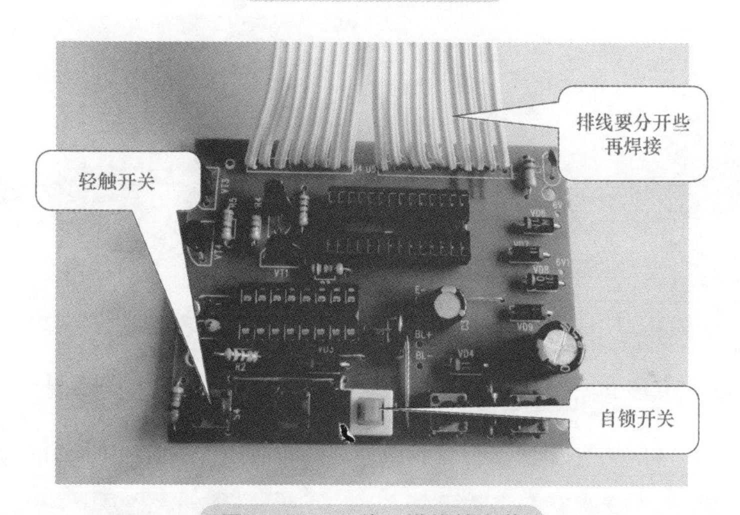

图 4-102　开关、排线的安装

7）焊接数码显示屏。注意显示屏的安装方向以及显示屏的安装引脚，并不是所有的引脚都要连接，如图 4-103 所示。

a) 显示屏正面

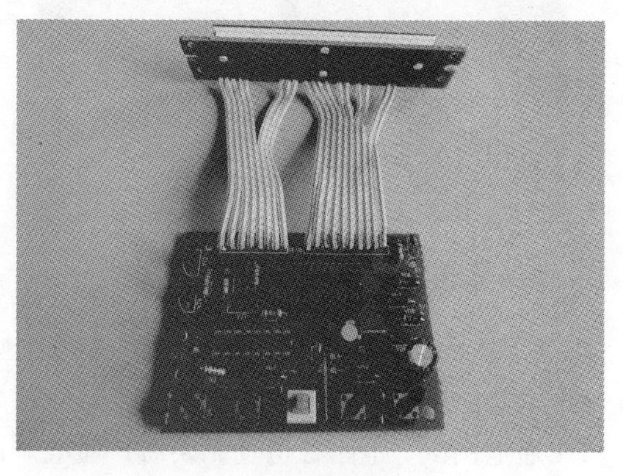

b) 显示屏背面

图 4-103　数码显示屏的焊接

8）安装电池盒。按照图4-104所示方式安装电池片，注意区分电池正负极。然后在背面焊上引出线，如图4-105所示。

图4-104　电池片的安装

图4-105　背面引出线的连接

9）安装蜂鸣器。先将蜂鸣器的正、负极分别焊上两段引出线，如图4-106所示。然后将蜂鸣器的引出线连接到电路板的背面，如图4-107所示，蜂鸣器的安装位置如图4-108所示。

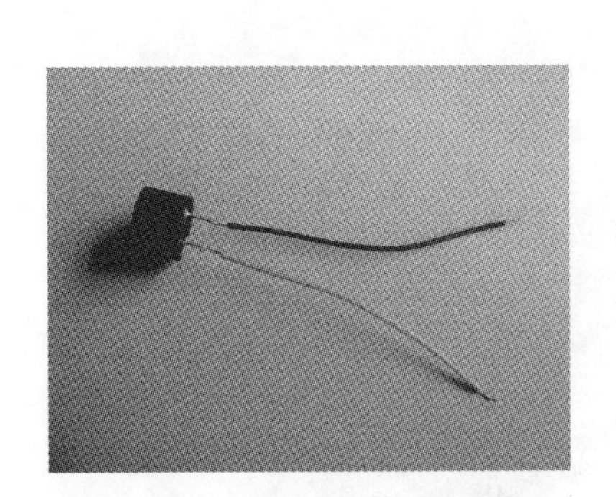

图4-106　焊接蜂鸣器的引出线

图4-107　蜂鸣器的连接

10）安装变压器。将变压器的次端焊接在电路板的相应位置上，如图4-109所示。

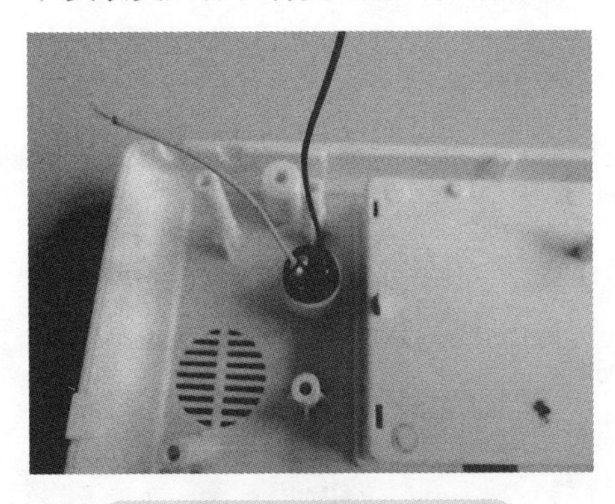

图4-108　蜂鸣器的安装位置

图4-109　变压器的次端焊接

将变压器的初端与电源连接线连起来，用热缩管绝缘，如图4-110所示。

（5）电路调试及整机安装

1）通电调试。电路板检查无误后，通电调试。通电时要注意高压危险，插电源时手一定不要触及电路电源部分。一般只要焊接正确，通电后即可正常工作。

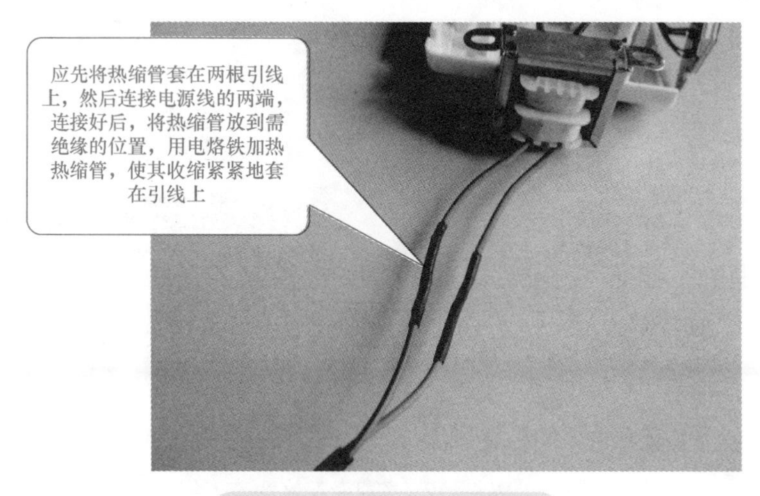

图 4-110　变压器的初端连接

① 调整当前时间的方法。用手指按下调时键 S_3 不动，用另一手指点按小时键 S_1，直到显示当前小时时间。当左上角有红点显示时间是上午，没有红点显示时间是下午。再用手指点按分钟键 S_2，直到显示当前分钟时间。调好后松开调时键，这样时间就调好了。

② 调定时输出闹钟的方法。用手指按下定时键 S_4 不动，其他调整方法同调当前时间一样。当需要定时时，将 K_1 开关按下，不用时可松开，这时显示屏的右下角有相应点的显示，有红点时有闹钟，没有红点时闹钟不可用。

2）整机装配。

①先将印制电路板固定在外壳里，拧上螺钉，如图 4-111 所示。

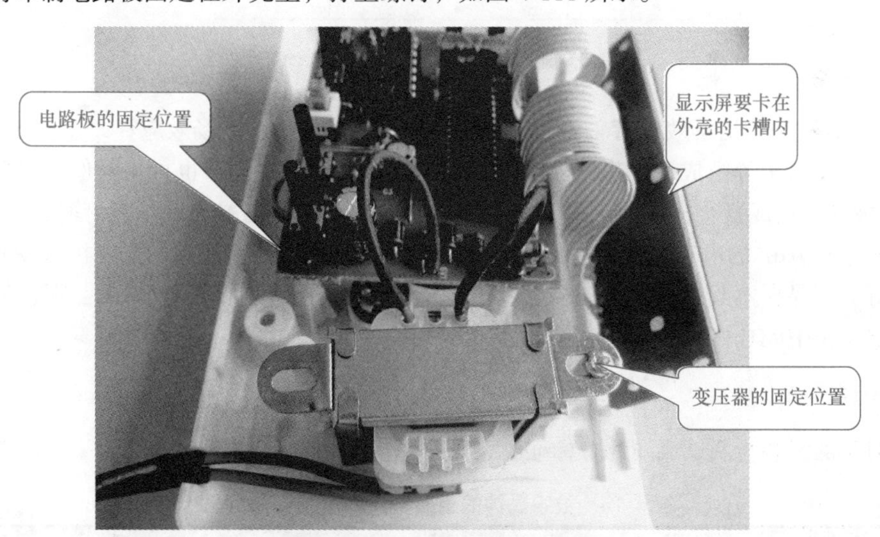

图 4-111　印制电路板的固定

② 扣上外壳，电源通电，查看功能效果，如图 4-112 所示。

注意：用一般的万用表是不能检测出晶振的好坏的，这里提供了一种简单而实用的晶振检验器，它只采用一个 N 沟道结型场效应管（FET）、两个普通 NPN 小功率晶体三极管、一个发光二极管和一些阻容元件，便可有效地检验任何晶振的好坏，如图 4-113 所示。

图 4-112　整机装配效果

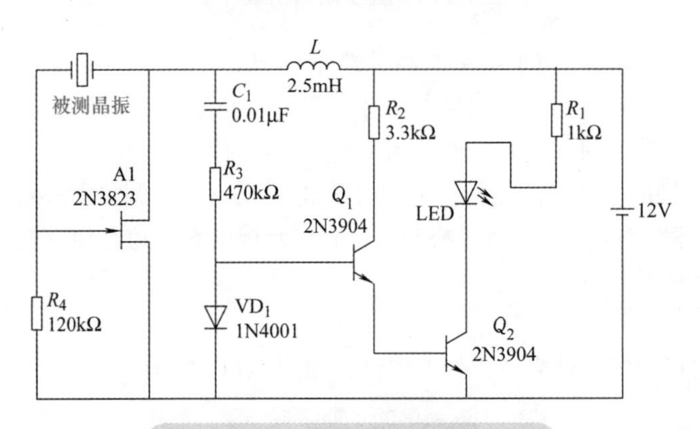

图 4-113　晶振好坏的检测电路图

2N3823 结型 N 沟道场效应管（可用任何其他型号的同类小功率场效应管，如 3DJ6、3DJ7 等）与被测晶体（晶振）等组成一个振荡器，两个 NPN 三极管 2N3904（也可用其他任何型号的小功率 NPN 三极管）接成复合检波放大器，驱动发光二极管 LED。若被测晶振良好时，振荡器起振，其振荡信号经 0.01μF 的电容耦合至检波放大器的输入端，经放大后驱动发光二极管发光。如果被测晶振不好，则晶振不起振，发光二极管就不发光。本电路可检测任何频率的晶振，但其最佳的工作状态是在 3~10MHz 范围内。

评定考核

数字时钟的组装与调试成绩评分标准见表 4-15。

表 4-15　数字时钟的组装与调试成绩评分标准

序号	项目	考核要求	配分	评分标准	检测结果	得分
1	元器件识别与检测	按电路要求对元器件进行识别与检测	20	（1）元件识别错一个，扣 1 分 （2）元件检测错一个，扣 2 分		
2	元器件成型及插装	（1）元件按工艺要求成型 （2）元器件插装符合工艺要求 （3）元器件排列整齐，标记方向一致	20	（1）不符合成型工艺要求，每处扣 1 分 （2）插装位置、极性错误，每处扣 1 分 （3）排列不整齐，表示方向混乱，每处扣 1 分		

（续）

序号	项目	考核要求	配分	评分标准	检测结果	得分
3	测量	（1）能正确使用测量仪表 （2）能正确读数 （3）能正确做好记录	20	（1）测量方法不正确，扣2~6分 （2）不能正确读数，扣2~6分 （3）不会正确做记录，扣3分 （4）损坏测量仪表，扣20分		
4	考勤	（1）不旷课、不早退 （2）态度认真端正 （3）与同学团结合作	30	（1）迟到或早退一次，扣5分 （2）实验室不服从老师安排，扣10分 （3）与同学团结合作，认真完成项目，加5分		
5	测试	能正确按操作指导对电路进行调整	10	调试失败，扣10分		
备注			100	合计		
			教师签字		年　月　日	

相关知识

一、振荡器

1. 振荡器的概念与分类

1）自激振荡现象。当有人把他所使用的话筒靠近扬声器时，会引起一种刺耳的啸叫声，这是因为扩音系统中的电声振荡现象，如图 4-114 所示。这种现象是由于当话筒靠近扬声器时，来自扬声器的声波又开始激励话筒，话筒感应电压并输入放大器进行信号放大，然后扬声器又把放大了的声音送回话筒，形成正反馈。如此反复循环，就形成了声电和电声的自激振荡啸叫声。

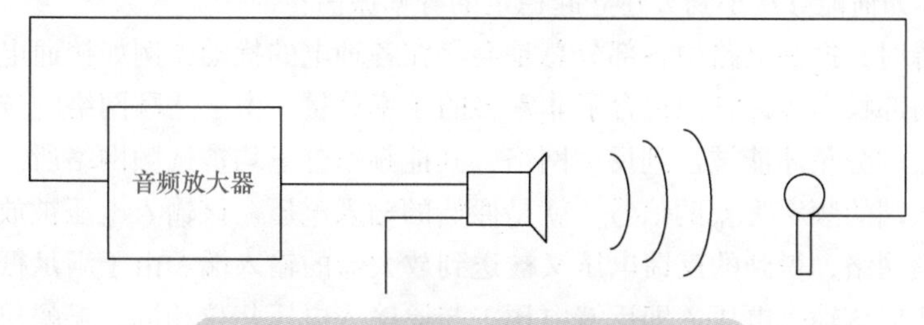

图 4-114　扩音系统中的电声振荡现象

2）振荡器的概念。无须外加输入信号的控制，将直流电能转换为具有特定的频率和一定振幅的交流信号的能量，这一类电路称为振荡器。

放大器与振荡器的区别如下。

放大器是对外加的激励信号进行不失真的放大，而振荡器无须外加激励信号，靠电路本身产生具有一定频率、一定波形和一定幅度的交流信号。

3）振荡器的分类。振荡器种类很多，按振荡激励方式可分为自激振荡器、他激振荡器；按电路结构可分为阻容振荡器、电感电流振荡器、晶体振荡器、音叉振荡器等；按输出波形可分为正弦波、方波、锯齿波振荡器等。振荡器被广泛用于电子工业、医疗、科学研究等领域。

2. 正反馈与起振条件

正反馈放大电路的方框图如图 4-115 所示，在无外加输入信号时就成为图 4-116 所示的振荡器方框图。图中，通常取输入信号 $\dot{X}_{\rm i}=\dot{U}_{\rm i}$，反馈信号 $\dot{X}_{\rm f}=\dot{U}_{\rm f}$，净输入信号 $\dot{X}_{\rm i}'=\dot{U}_{\rm i}'$。

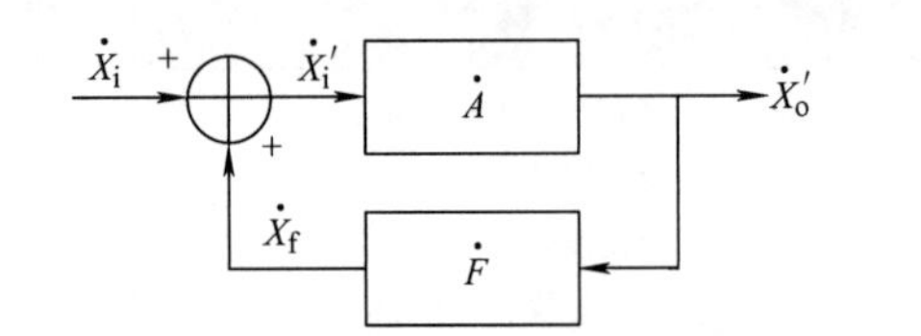

图 4-115　正反馈放大电路方框图

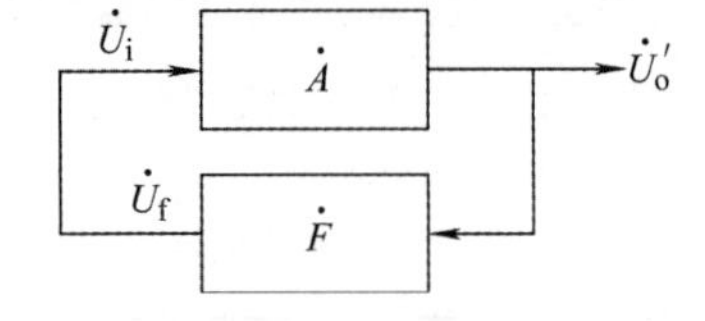

图 4-116　振荡器方框图

在电路进入稳定状态后，要求 $\dot{U}_{\rm f}=\dot{U}_{\rm i}'$，由图 4-116 得 $\dot{U}_{\rm f}=\dot{U}_{\rm i}'\dot{A}\dot{F}$，因此自激振荡形成的条件就是

$$\dot{A}\dot{F}=1$$

由于 $\dot{A}\dot{F}=A\angle\varphi_{\rm a}F\angle\varphi_{\rm f}=AF\angle(\varphi_{\rm a}+\varphi_{\rm f})$，所以 $\dot{A}\dot{F}=1$ 便可分解为幅值和幅角（相位）两个条件。

1）相位平衡条件。

$$\varphi_{\rm a}+\varphi_{\rm f}=2\pi n(n=0,1,2\cdots)$$

2）振幅平衡条件。

$$|\dot{A}\dot{F}|=1$$

3）起振条件。

$$|\dot{A}\dot{F}|>1$$

振荡的上述条件中，关键是相位平衡条件，如果电路不能满足正反馈要求，则肯定不会振荡。至于幅值条件，可以在满足相位条件后，调节电路的参数来达到。判断相位条件，通常采用瞬时极性法。

4）振荡的产生。

振荡总是从无到有、从小到大地建立起来的。那么振荡器刚接通电源时，原始的输入电压是从哪里来的呢？又如何能够从小到大建立起稳定的等幅振荡？

当刚接通电源时，振荡电路中各部分总是会存在各种电的扰动，例如接通电源瞬间引起的电流突变、电路的内部噪声等，它们包含了非常多的频率分量，由于选频网络的选频作用，只有频率等于振荡频率 f_0 的分量才能被送到反馈网络，其他频率分量均被选频网络所滤除。通过反馈网络送到放大器输入端的频率为 f_0 的信号，就是原始的输入电压。该输入电压被放大器放大后，再经选频网络和反馈网络，得到的反馈电压又被送到放大器的输入端。由于满足振荡的相位平衡条件和起振条件，所以该输入电压（即反馈电压）与原输入电压相位相同，振幅更大。这样，经放大、选频和反馈的反复循环，振荡电压振幅就会不断增大。

随着振幅的增大，放大管进入大信号的工作状态。当振幅增大到一定程度后，由于稳幅环节的作用，放大倍数的模 A 将下降（反馈系数的模 F 一般为常数），于是环路增益 AF 逐渐减小，输出振幅 $U_{\rm om}$ 的增大变缓，直至 AF 下降到 1 时，反馈电压振幅与原输入电压振幅相同，电路达到平衡状态，于是振荡器就输出频率为 f_0 且具有一定振幅的等幅振荡电压。图 4-117 所示为正弦振荡的建立过程中输出电压 $U_{\rm o}$ 的波形。这样，一个微弱的电扰动就能使振荡器建立起自激振荡。

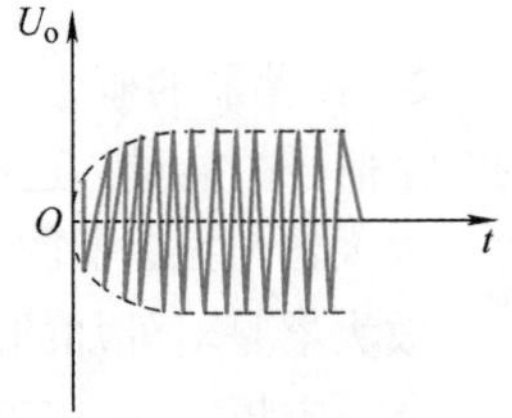

图 4-117　振荡的建立

二、RC 振荡电路

RC 正弦波振荡器分为 RC 串并联电路式（桥式）、移相式和双 T 电路等类型。

图 4-118 所示的电路由 R_1 与 C_1 的串联组合和 R_2 与 C_2 的并联组合串联而成，它在 RC 正弦波振荡器中一般既是反馈网络又是选频网络。

图 4-119 所示曲线画出 $\dot{F}$ 的频率特性。当 $\omega = \omega_0 = 1/RC$ 时，$|\dot{F}|$ 达到最大，其值为 $\frac{1}{3}$；而当 ω 偏离 ω_0 时，$|\dot{F}|$ 急剧下降。因此，RC 串并联电路具有选频特性。其振荡频率为

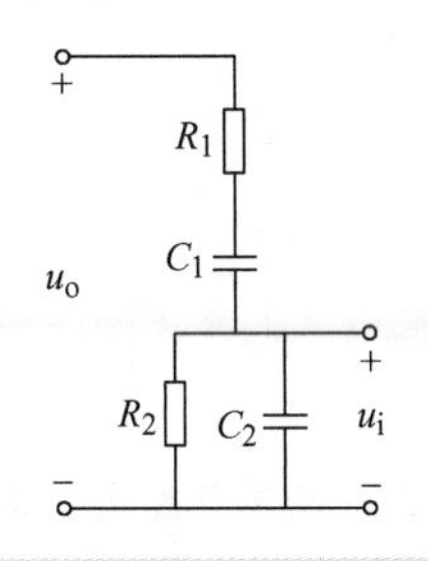

图 4-118　RC 串并联网络

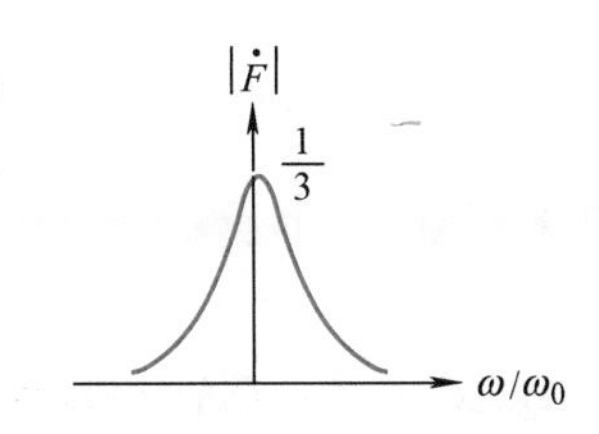

图 4-119　RC 串并联的频率特性

$$f_0 = \frac{1}{2\pi RC}$$

RC 正弦波振荡器的振荡频率取决于 R 和 C 数值，要想得到较高的振荡频率，必须选择较小的 R 值和 C 值。

RC 振荡器只能用作低频振荡器（1Hz ～ 1MHz）。一般在要求振荡频率高于 1MHz 时，都改用 LC 并联回路作为选频网络，组成 LC 正弦波振荡器。

三、LC 振荡电路

选频网络采用 LC 谐振回路的反馈式正弦波振荡器，称为 LC 正弦波振荡器，简称 LC 振荡器。LC 振荡器常用分立元件组成。

1. 变压器反馈式 LC 振荡器

变压器反馈式 LC 振荡器又称互感耦合振荡器，由谐振放大器和反馈网络两大部分组成。在这类振荡器中，LC 并联回路中的电感元件 L 是变压器的一个绕组，变压器的另一个绕组则作为振荡器的反馈网络。

若负载很轻，LC 回路的 Q 值较高，则振荡频率近似等于回路并联谐振频率，即

$$f_0 = \frac{1}{2\pi\sqrt{LC}}$$

对于以 f_0 为中心的通频带以外的其他频率分量，因回路失谐而被抑制掉。变压器反馈式 LC 振荡器的工作频率不宜过低或过高，一般应用于中、短波段（几万赫兹到几十兆赫兹）。

变压器反馈式 LC 振荡电路利用变压器作为正反馈耦合元件，它的优点是便于实现阻抗匹配，因此振荡电路效率高、起振容易。但要注意变压器绕组的主、次级单间的极性同名端不可接错，否则成为负反馈，电路就不起振。

这种电路的另一优点是调频方便，调频范围较宽。

2. 三点式 LC 振荡器

三点式 LC 振荡器的一般形式如图 4-120 所示，振荡管的三个电极分别与振荡回路中的电容 C 或电感 L 的三个点相连接，三点式的名称即由此而来。

（1）电感三点式振荡器

1）电路结构。如图 4-121 所示，振荡管为晶体管，R_{b1}、R_{b2} 是它的偏置电阻；C_e 为交流旁路电容；

C_i 为隔直耦合电容。L_1、L_2、C 组成选频回路。反馈信号从电感 L_2 两端取出送至输入端，因此称为电感反馈式振荡器。因电感的三个抽头分别接晶体管的三个电极，又称电感三点式振荡器。

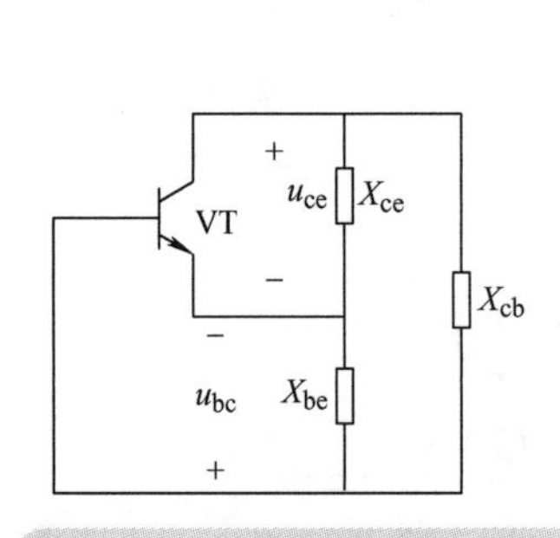

图 4-120 三点式 LC 振荡器的一般形式

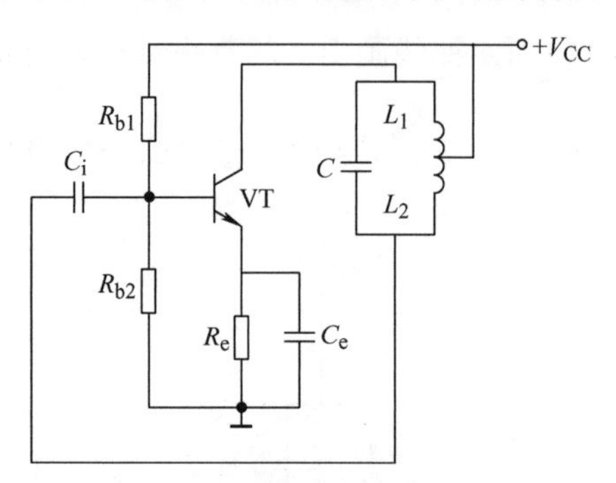

图 4-121 电感三点式振荡器

2）电感三点式振荡器的特点。

① 振荡波形较差。由于反馈电压取自电感，而电感对高次谐波阻抗大，反馈信号较强，使输出量中谐波分量较大，所以波形同标准正弦波相比失真较大。

② 振荡频率较低。由电路结构可见，当考虑电路的分布参数时，晶体管的输入、输出电容并联在 L_1、L_2 两端，频率越高，回路 L、C 的容量要求越小，分布参数的影响也就越严重，使振荡频率的稳定度大大降低而失去意义。因此，一般最高振荡频率只能达几十兆赫兹。

③ 由于起振的相位条件和振幅条件很容易满足，所以容易起振。

④ 调整方便。若将振荡回路中的电容选为可变电容，便可使振荡频率在较大的范围内连续可调。另外，若将线圈 L 中装上可调磁芯，当磁芯旋进时，电感量 L 增大，振荡频率下降；当磁芯旋出时，电感量 L 减小，振荡频率升高，但电感量的变化很小，只能实现振荡频率的微调。

（2）电容三点式振荡器

1）电路结构。如图 4-122 所示，振荡管为晶体管，R_{b1}、R_{b2} 和 R_e 构成稳定偏置电路结构；C_e 为交流旁路电容；C_3、C_4 为隔直耦合电容；L_c 为扼流圈，防止交流分量通过电源短路；C_1、C_2 和 L 组成选频网络。反馈信号从电容 C_2 两端取出，送往输入端，又称电容反馈式振荡器。

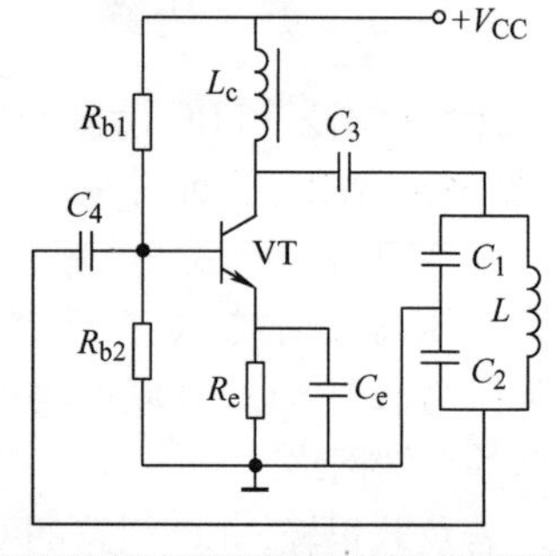

图 4-122 电容三点式振荡器

2）电容三点式振荡器的特点

① 输出波形好。由于反馈信号取自电容两端，而电容对高次谐波阻抗小，相应地反馈量也小，所以输出量中谐波分量也较小，波形较好。

② 加大回路电容可提高振荡频率稳定度。由于晶体管不稳定的输入、输出电容 C_i 和 C_0 与谐振回路的电容 C_1、C_2 相并联，增大 C_1、C_2 的容量，可减小 C_i 和 C_0 对振荡频率稳定度的影响。

③ 振荡频率较高。电容三点式振荡器可利用器件的输入、输出电容作为回路电容（甚至无须外接回路电容），可获得很高的振荡频率，一般可达几百兆赫兹甚至上千兆赫兹。

④ 调整频率不方便。

四、石英晶体振荡电路

石英晶体振荡器是用石英晶体谐振器来控制振荡频率的一种三点式振荡器，其频率稳定度随采用的石英晶体谐振器、电路形式以及稳频措施的不同而不同，一般在 10^{-4}~10^{-11} 量级范围内。

石英晶体的化学成分是二氧化硅（SiO_2），外形呈六角形锥体。石英晶体的导电性与晶体的晶格方向有关，按一定方位把石英晶体切成具有一定几何形状的石英片，两面敷上银层，焊出引线，装在支架上，再用外壳封装，就制成了石英谐振器，其电路符号如图 4-123 所示。

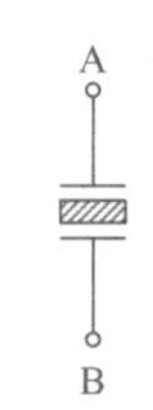

图 4-123　石英晶体振荡电路符号

（1）正反压电效应　当石英晶体两面加机械力时，晶片两面将产生电荷，电荷的多少基本上与机械力所引起的形变成正比，电荷的正负将取决于所加机械力是张力还是压力而异。由机械形变引起石英晶体产生电荷的效应称为正压电效应，交变电场引起石英晶体发生机械形变（压缩或伸展）的效应称为反压电效应。

当石英晶体外加不同频率的交变信号时，其机械形变的大小也不相同，当外加交变信号为某一频率时，机械形变最大，晶片的机械振动最强，相应地晶体表面所产生的电荷量也最大，外电路中的电流也最大，即发生了谐振现象。因此石英晶体具有谐振电路的特性。

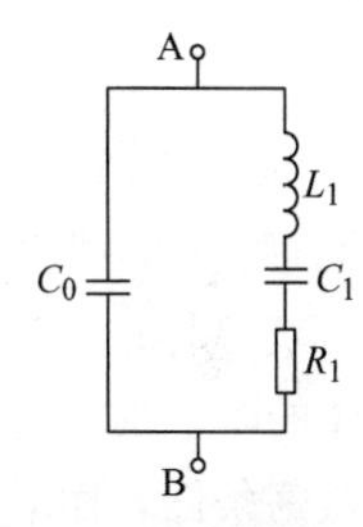

图 4-124　等效电路

（2）石英晶体的等效电路　当石英晶体发生谐振现象时，在外电路可以产生很大的电流，这种情况与电路的谐振现象非常相似。因此，可以采用一组电路参数来模拟这种现象，其等效电路如图 4-124 所示。L_1、C_1、R_1 分别为石英晶体的模拟动态等效电感、等效电容和损耗电阻，C_0 为静态电容，它是以石英为介质在两极板间所形成的电容。一般石英谐振器的参数范围为：$R_1 = 10 \sim 140\Omega$；$L_1 = 0.01 \sim 10\text{H}$；$C_1 = 0.004 \sim 0.1\text{pF}$；$C_0 = 2 \sim 4\text{pF}$。

（3）石英晶体的振荡频率　石英晶体有两个谐振频率。一是由 L_1、C_1 和 R_1 串联支路决定的串联谐振频率 f_1，它就是石英晶体片本身的自然谐振频率，即

$$f_1 = \frac{1}{2\pi\sqrt{L_1C_1}}$$

二是由石英晶片和静态电容 C_0 组成的并联电路所决定的并联谐振频率 f_2，对回路电感 L_1 而言，电容 C_1 和 C_0 为串联关系，则 $f_2>f_1$，所以串联支路等效为电感，与 C_0 并联谐振，则

$$f_2 = \frac{1}{2\pi\sqrt{L_1\dfrac{C_0C_1}{C_0+C_1}}} = f_1\sqrt{1+\frac{C_1}{C_0}}$$

（4）石英晶体振荡电路的分类　石英晶体在电路中可以起三种作用：一是充当等效电感，晶体工作在接近于并联谐振频率 f_2 的狭窄的感性区域内，这类振荡器称为并联谐振型石英晶体振荡器；二是石英晶体充当短路元件，并将它串接在反馈支路内，用以控制反馈系数，它工作在石英晶体的串联谐振频率 f_1 上，称为串联谐振型石英晶体振荡器；三是充当等效电容，使用较少。

1）并联型晶体振荡电路。这类石英晶体振荡的工作原理及振荡电路和一般的三点式 LC 振荡器相同，只是将三点式振荡回路中的电感元件用晶体取代，分析方法也和 LC 三点式振荡器相同。在实际中，常用石英晶体振荡器是将石英晶体接在振荡管的 c−b 间（或场效应管的 D−G 间）或 b−e 间（或场效应管的 G−S 间）。振荡管可以是晶体管，也可以是场效应管，图 4-125 所示为基本电路和等效电路。由等效电路可见其相当于电容三点式振荡电路。

2）串联型晶体振荡电路石英晶体作为短路元件应用的振荡电路就是串联型晶体振荡电路，电路如图 4-126 所示。电路中既可用基频晶体，也可用泛音晶体。在这两种振荡器中，石英晶体的

作用类似于一个容量很大的耦合电容或旁路电容，并且只有使石英晶体基本工作在串联谐振频率上，才能获得这种特性。

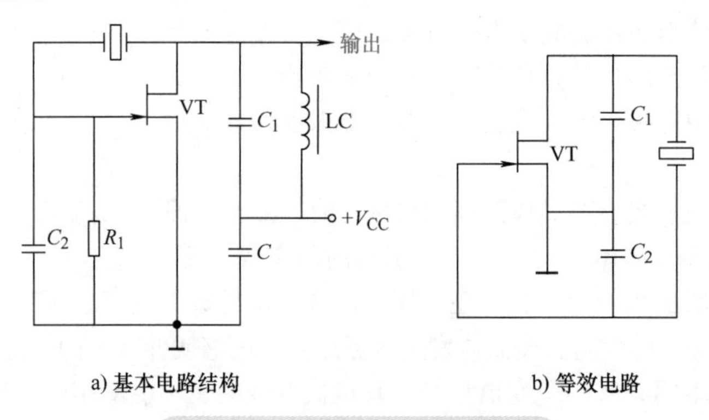

图 4-125　并联型晶体振荡电路

在图 4-126 所示电路中，视石英晶体为短路元件，其等效电路与电容三点式毫无区别。根据这个原理，应将振荡回路的振荡频率调谐到石英晶体的串联谐振频率上，使石英晶体的阻抗最小，电路的正反馈最强，满足振荡条件。而对于其他频率的信号，晶体的阻抗较大，正反馈减弱，电路不能起振。

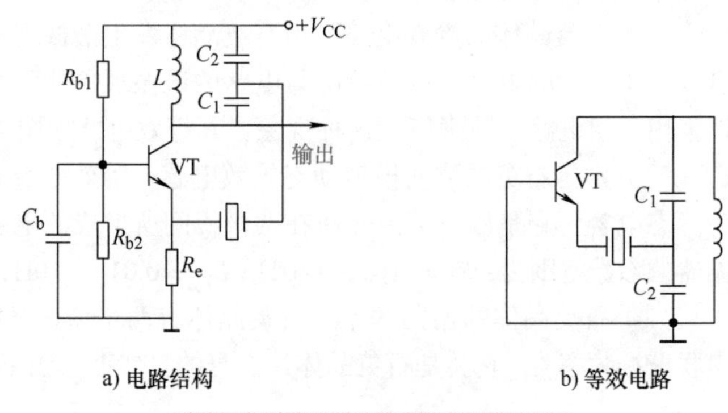

图 4-126　串联型晶体振荡电路

上述两种电路的振荡频率以及频率稳定度，都是由石英谐振器和串联谐振频率所决定的，而不取决于振荡回路。但是，振荡回路的元件也不能随意选用，应该使选用的元件所构成的回路的固有频率与石英谐振器的串联谐振频率相一致。

练习与拓展

1. 正弦波振荡器是由哪几部分组分的？画方框图说明。

2. 振荡器的起振条件是什么？平衡条件是什么？

3. 什么是压电效应和反压电效应？什么是压电谐振？

4. 为什么石英谐振器具有很高的频率稳定性？

5. 已知电视机的本振电路如图 4-127 所示，试画出它的交流等效电路，指出振荡类型。

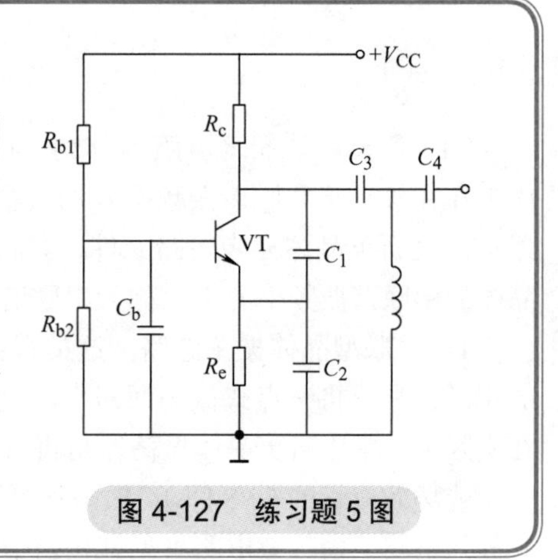

图 4-127　练习题 5 图

模块五

电子产品装配与调试模拟考题

电子产品装配与调试模拟考题（一）

考场______________________工位号_______________成绩_____________

一、元器件识别、筛选、检测（15 分）

准确清点和检查全套装配材料的数量和质量，进行元器件的识别与检测，筛选确定元器件，检测过程中填写表 5-1。

表 5-1　元器件识别与检测评分

标号	识别及检测内容					配分	评分标准	得分
R_{22}	名称	标称值（含误差）		测量值	测量档位	1 分	检测错 1 项，该项不得分	
	名称	标称值（μF）		介质		每只 1 分，共 2 分	每只检测错 1 项，该项不得分	
C_{15}								
C_{19}								
VD_9	名称	正向电阻	反向电阻	材料		2 分	名称 1 分；其他 3 项 1 分，检测错 1 项，不得分	
VT_2	名称	画出外形示意图，标出管脚名称		材料		3 分	名称 1 分；其他每项 0.5 分	
		B-E 结正向电阻		B-C 结反向电阻				
W_1	名称	测量值	标称值	测量档位		1 分	检测错 1 项，该项不得分	
	名称		说明功能			6 分	每项 1 分	
U_4								
Y_1								
M_1								

二、电路板焊接（15 分）

要求电子产品的焊点大小适中，无漏、假、虚、连焊，焊点光滑、圆润、干净，无毛刺；引脚加工尺寸及成形符合工艺要求；导线长度、剥头长度符合工艺要求，芯线完好，捻头镀锡。

疵点：少于5处扣1分，5～10处扣5分，10～20处扣10分，20处以上扣15分。

三、电子产品装配（10分）

要求印制电路板插件位置正确，元器件极性正确，元器件、导线安装及字标方向均应符合工艺要求；接插件、紧固件安装可靠牢固，印制电路板安装对位；无烫伤和划伤处，整机清洁无污物。

装配不符合工艺要求：少于5处扣1分，5～10处扣3分，10～20处扣5分，20处以上扣10分。

四、电子电路的调试（40分）

1. 实现频率测量功能（20分）

当S_5按下即电路复位时，显示“0000”（利用C语言编程）或显示“FA—d”（利用汇编语言编程）；

当S_1（P1.0）按下时，显示测试点TP3的频率；

当S_2（P1.1）按下时，显示测试点TP4的频率；

当S_3（P1.2）按下时，显示测试点TP3与TP4的频率差。

注：每位参赛选手将实现频率测量功能的程序写入“1”号芯片。

2. 编写程序实现电动机控制功能（10分）

当S_4（P1.3）按下时：

1）当TP3频率大于TP4频率且显示TP3与TP4的频率差为100Hz ± 10Hz时，电动机沿顺时针方向转动并且红灯亮，频率差为200Hz ± 10Hz时，电动机沿逆时针方向转动并且绿灯亮；此时S_3（P1.2）按下，电动机停。

2）当TP3频率小于TP4频率时，LED高三位显示“End”。

注：每位参赛选手将实现电动机控制功能的程序写入“2”号芯片。

3. 调试（10分）

利用仪器，检测TP3、TP1的信号，记录波形参数并填写表5-2和表5-3。

表5-2 调试结果（一）

TP3：记录示波器波形	示　波　器	电子计数器
	时间档位： 幅度档位： 峰 - 峰值： 脉冲宽度：	频率读数： 周期读数：

测试条件：当S_1（P1.0）按下，显示测试点TP3的频率为1675Hz时，进行测试并记录波形

参数。（4 分）

测试条件：当 S_2（P1.1）按下，显示测试点 TP4 的频率为 1450Hz，波形为临界不失真状态时，进行测试并记录波形参数。（6 分）

表 5-3 调试结果（二）

TP1：记录示波器波形	示 波 器	电子计数器	毫伏表
	时间档位： 幅度档位： 峰 - 峰值： 有效值：	频率读数： 周期读数：	测量值： 说明测量值参数：

五、原理图与 PCB 图的设计（20 分）

要求如下。

1）考生在 E 盘根目录下建立一个文件夹。文件夹名称为 T+ 工位号。

考生所有的文件均保存在该文件夹下。

各文件的主文件名如下。

设计数据库文件（工程文件）：t+ 工位号；

原理图文件：tsch+ × ×；

原理图元件库文件：tslib+ × ×；

PCB 文件：tpcb+ × ×；

PCB 元件封装库文件：tplib+ × ×。

其中，× × 为考生工位号的后两位，如 tsch96。

2）在自己建的原理图元件库文件中绘制 4LED 元件符号，如图 5-1 所示。（2 分）

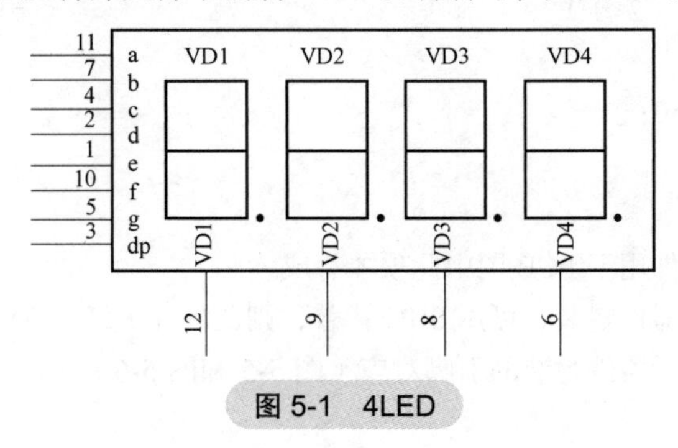

图 5-1 4LED

3）绘制原理图，如图 5-2 所示。（共 8 分，其中总线部分 3 分）

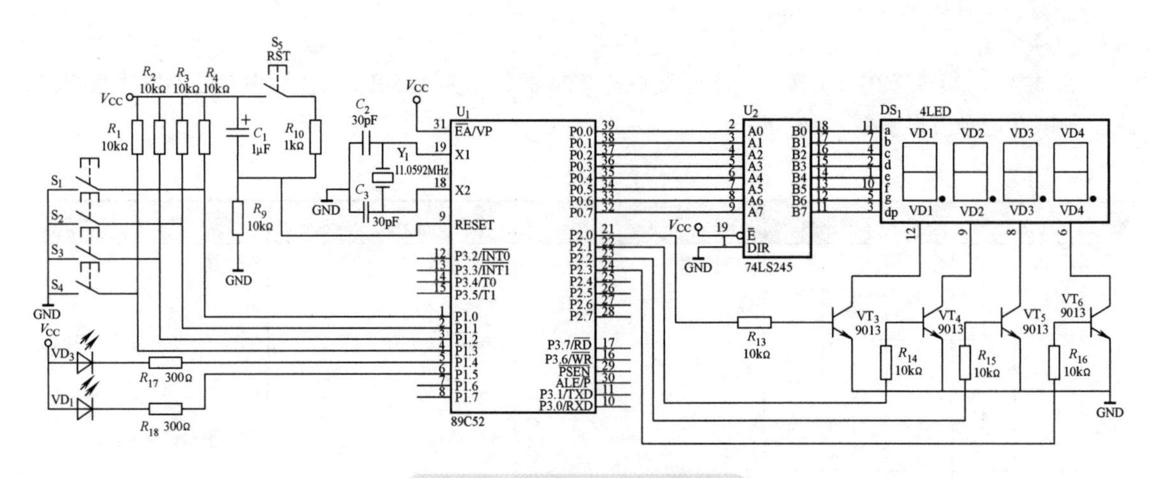

图 5-2 PCB 部分电路原理图

要求如下。

① 将电路图改造为总线结构。

其中，分别将 U_1 的 P1.0 ～ P1.5、P0 口、U_2 的 B0 口与外电路的连接用总线表示。

② 如不将原理图改造为总线结构，可按照原图绘制。

③ 在原理图下方注明自己的工位号。

注：如按照原图绘制，则总线改造部分无成绩。

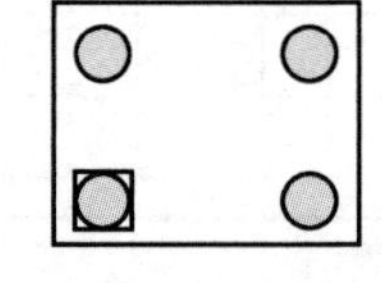
图 5-3 开关元器件封装

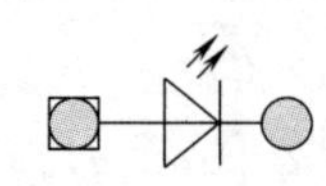
图 5-4 LED 元器件封装

4）在自己建的元器件封装库文件中，绘制图 5-3 和图 5-4 所示的元器件封装。

① 开关元器件封装。（2 分）

要求如下。

焊盘的水平间距：260mil⊖；

焊盘的垂直间距：175mil；

焊盘直径：80mil；

焊盘孔径：45mil。

注：a. 只有将该元器件用于 PCB 图中此项才有成绩。

b. 如不绘制该元器件封装，可用 DIP4 代替，则此项无成绩（DXP 用户可用 DIP4 代替）。

② LED 元器件封装。（2 分）

要求如下。

焊盘之间距离：200mil；

焊盘直径：60mil；

焊盘孔径：32mil。

注：a. 只有将该元器件用于 PCB 图中此项才有成绩。

b. 如不绘制该元器件封装，可用 SIP2 代替，则此项无成绩（DXP 用户可用 BAT2 代替）。

c. 元器件符号与元器件封装的引脚对应（图 5-5 和图 5-6）。

⊖ 密耳，$1\text{mil} = 25.4 \times 10^{-6}\text{m}$。

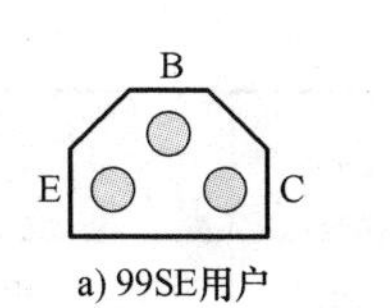

a) 99SE用户

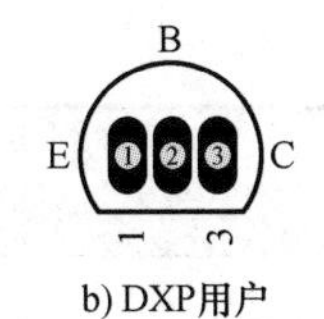

b) DXP用户

图 5-5　晶体管元器件引脚对应

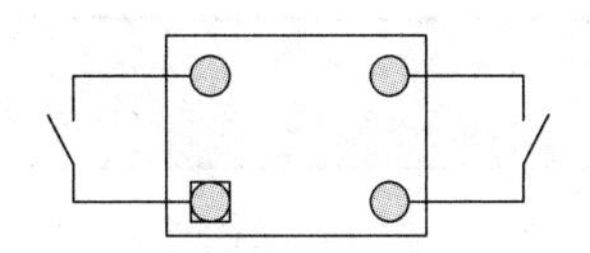

图 5-6　开关元器件引脚对应

5）绘制双面印制电路板图。（6 分）

要求如下。

① 在机械层绘制印制电路板的物理边界，尺寸为：不大于 5400mil × 3400mil。

② 信号线宽为 10mil，V_{CC} 线宽为 30mil，接地线宽为 40mil。

③ 在印制电路板边界外侧注明自己的工位号。

表 5-4 和表 5-5 供本模拟考题参考。

表 5-4　电路图元器件属性列表（99SE 用户）

元器件名（Lib Ref）	元器件标号（Designator）	元器件标注（Part Type）	元器件封装（Footprint）	备　注
RES2	$R_1 \sim R_4$、R_9、R_{10}、$R_{13} \sim R_{18}$		AXIAL0.4	
CAP	C_2、C_3		RAD0.1	
ELECTRO1	C_1	1μF	SIP2	
SW-PB	$S_1 \sim S_5$		自制	
LED	VD_1、VD_3		自制	
CRYSTAL	Y_1	11.0592MHz	RAD0.2	
大赛提供	U_1	89C52	DIP40	
74LS245	U_2	74LS245	DIP20	
NPN 型晶体管	$VT_3 \sim VT_6$		TO-92A	
自制	DS_1	4LED	大赛提供	

注：1. 原理图元器件库：Miscellaneous Devices.ddb

Protel DOS Schematic Libraries.ddb

2. 大赛提供的原理图元器件库：E:\大赛提供资料\Tschlib.Lib

3. 元器件封装库：Advpcb.ddb

4. 大赛提供的元器件封装库：E:\大赛提供资料\Tpcblib.Lib

表 5-5　电路图元器件属性列表（DXP 2004 用户）

元器件名（Lib Ref）	元器件标号（Designator）	元器件标注（Part Type）	元器件封装（Footprint）	元器件库
RES2	$R_1 \sim R_4$、R_9、R_{10}、$R_{13} \sim R_{18}$		AXIAL0.4	Miscellaneous Devices.IntLib
CAP	C_2、C_3		RAD0.3	
Cap Pol1	C_1	1μF	SPST-2	
SW-PB	$S_1 \sim S_5$		自制	
LED1	VD_1、VD_3		自制	
XTAL	Y_1	11.0592MHz	RAD0.2	

（续）

元器件名（Lib Ref）	元器件标号（Designator）	元器件标注（Part Type）	元器件封装（Footprint）	元器件库
大赛提供	U_1	89C52	DIP40	Texas Instruments\TI Digital Signal Processor16-Bit.IntLib
SN74CBT3245N 第 10 引脚接 GND 第 20 引脚接 VCC	U_2	74LS245	DIP20/25	Texas Instruments \ TI Logic Switch.IntLib
NPN	VT_3 ～ VT_6		BCY-W3	
自制	DS_1	4LED	大赛提供	

注：1. 大赛提供的原理图元器件库：E:\大赛提供资料\Tschlib.Lib

2. 大赛提供的元器件封装库：E:\大赛提供资料\Tpcblib.Lib

六、安全文明（工具设备的使用、维护、安全及文明生产）

选手有下列情形，须从参赛成绩中扣分。

1）违反比赛规定，提前进行操作的，由现场评委负责记录，扣 5 ～ 10 分。

2）选手应在规定时间内完成比赛内容。在赛程中，均有评委记录每位参赛选手违规操作，依据情节扣 5 ～ 10 分。

3）现场操作过失未造成严重后果的，由现场评委负责记录，扣 10 分。

4）发生严重违规操作或作弊，经确认后，由主评委宣布终止该选手的比赛，以 0 分计算。

电子产品装配与调试模拟考题（二）

考场________________工位号____________成绩__________

一、元器件识别、筛选、检测（15 分）

准确清点和检查全套装配材料的数量和质量，进行元器件的识别与检测，筛选确定元器件，检测过程中填写表 5-6 中。

表 5-6 元器件识别与检测评分表

元器件	识别及检测内容					配分	评分标准	得分
电阻		标称值（含误差）		测量值	测量档位	1 分	电阻检测错 1 项，该项不得分	
	R_{17}							
电容		标称值（μF）		介质		每只 1 分，共 2 分	每只电容检测错 1 项，该项不得分	
	C_1							
	C_6							
二极管		正向电阻	反向电阻	材料		每只 1 分，共 2 分	每只二极管检测错 1 项，该二极管不得分	
	LED01							
	VD_1							

（续）

<table>
<tr><th>元器件</th><th colspan="3">识别及检测内容</th><th>配分</th><th>评分标准</th><th>得分</th></tr>
<tr><td rowspan="4">晶体管</td><td></td><td>面对平面，管脚向下，画出外形示意图，标出管脚名称</td><td>材料</td><td rowspan="4">2 分</td><td rowspan="4">每项 0.5 分</td><td rowspan="4"></td></tr>
<tr><td rowspan="3">VT_2</td><td></td><td></td></tr>
<tr><td>B-E 结正向电阻</td><td>B-C 结反向电阻</td></tr>
<tr><td></td><td></td></tr>
<tr><td rowspan="2">继电器</td><td colspan="2">面对引脚，画出外形示意图，标出公共端和常开、常闭引脚</td><td>线圈电阻值</td><td rowspan="2">2 分</td><td rowspan="2">每项 1 分</td><td rowspan="2"></td></tr>
<tr><td colspan="2"></td><td></td></tr>
<tr><td rowspan="2">光耦合器</td><td rowspan="2">GD01</td><td colspan="2">面对引脚，画出外形示意图，标出输入、输出引脚</td><td rowspan="2">2 分</td><td rowspan="2"></td><td rowspan="2"></td></tr>
<tr><td colspan="2"></td></tr>
<tr><td rowspan="3">热敏电阻</td><td></td><td>常温下阻值</td><td>如何判断温度系数</td><td rowspan="3">4 分</td><td rowspan="3">每项 1 分，判断温度系数 2 分，共 4 分</td><td rowspan="3"></td></tr>
<tr><td>R_{T+}</td><td></td><td rowspan="2"></td></tr>
<tr><td>R_{T-}</td><td></td></tr>
</table>

二、电路板焊接（15 分）

要求电子产品的焊点大小适中，无漏、假、虚、连焊，焊点光滑、圆润、干净，无毛刺；引脚加工尺寸及成形符合工艺要求；导线长度、剥头长度符合工艺要求，芯线完好，捻头镀锡。

疵点：少于 5 处扣 1 分，5 ～ 10 处扣 5 分，10 ～ 20 处扣 10 分，20 处以上扣 15 分。

三、电子产品装配（15 分）

要求印制电路板插件位置正确，元器件极性正确，元器件、导线安装及字标方向均应符合工艺要求；接插件、紧固件安装可靠牢固，印制电路板安装对位；无烫伤和划伤处，整机清洁无污物。

装配不符合工艺要求：少于 5 处扣 1 分，5 ～ 10 处扣 5 分，10 ～ 20 处扣 10 分，20 处以上扣 15 分。

四、电子电路的调试（40 分）

1. 实现温控及简易频率测量基本功能（20 分）

1）实现温度控制功能。（4 分）

2）实现温度报警功能。（4 分）

3）555 振荡器和光耦合放大电路正常工作。（4 分）

4）文氏电桥振荡器正常工作。（4 分）

5）带通滤波器和放大电路正常工作。（4 分）

2. 调试

1）当温度控制电路正常工作，测试点 TP1 = 8.25V 时，测量并记录测试点 TP2 和 TP3 的值填入表 5-7 中。（每空 1 分，共 4 分）

表 5-7　调试结果（一）

项　　目	TP2	TP3
LED1 亮，LED2 熄灭		
LED2 亮，LED1 熄灭		

注：记录三位有效数字。

2）利用仪器检测测试点 TP6 的信号，记录波形参数并填入表 5-8 中。（9 分）

表 5-8　调试结果（二）

TP6：记录示波器波形	示　波　器	电子计数器	毫伏表
	时间档位： 幅度档位： 峰 - 峰值：	频率读数： 周期读数：	测量值： 说明测量值参数：

3）当 R_{25}、R_{29} 接入电路时，调节电路参数，使得 TP8 输出最大不失真正弦波，此时，测量并记录信号的峰 - 峰值=______________。（1 分）

若在测试点 TP8 产生频率为 2×（1±10%）kHz 的信号，计算 R_x =__________、R_y =__________ $\left(RC=\frac{1}{2\pi f}\right)$，选用 R_x 为__________、R_y 为__________。（2 分）

将经计算后选用的 R_x、R_y 接入印制电路板，此时，测量测试点 TP11 的波形，该测试点的波形为________波；若波形有失真，调谐________，消除波形失真，当波形处于最大不失真状态时，信号幅度（利用毫伏表测量）________；信号频率（利用频率计测量）________。（4 分）

五、原理图与 PCB 图的设计（15 分）

要求如下。

1）考生在 E 盘根目录下建立一个文件夹。文件夹名称为“s+ 工位号”。

考生所有的文件均保存在该文件夹下。

各文件的主文件名如下。

设计数据库文件（工程文件）：s+ 工位号；

原理图文件：ssch+××；

原理图元器件库文件：sslib+××；

PCB 文件：spcb+××；

PCB 元器件封装库文件：splib+××。

其中，××为考生工位号的后两位，如 ssch96。

2）在自己建的原理图元器件库文件中绘制热敏电阻 R_T、继电器 KJ_1 元器件符号，如图 5-7 所示。（2 分）

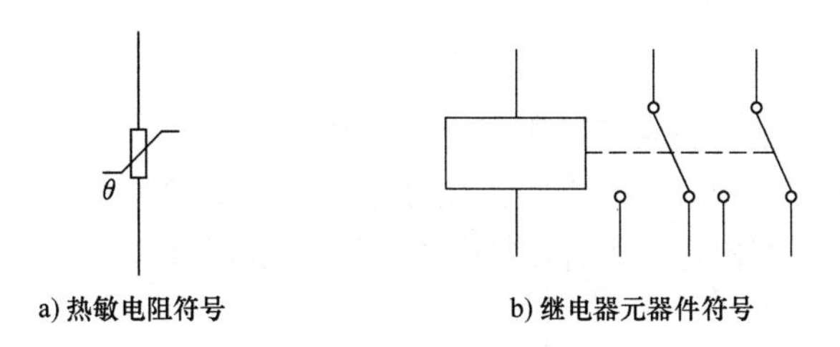

图 5-7　元器件符号的绘制

3）绘制原理图，如图 5-8 所示。（3 分）

要求：在原理图下方注明自己的工位号。

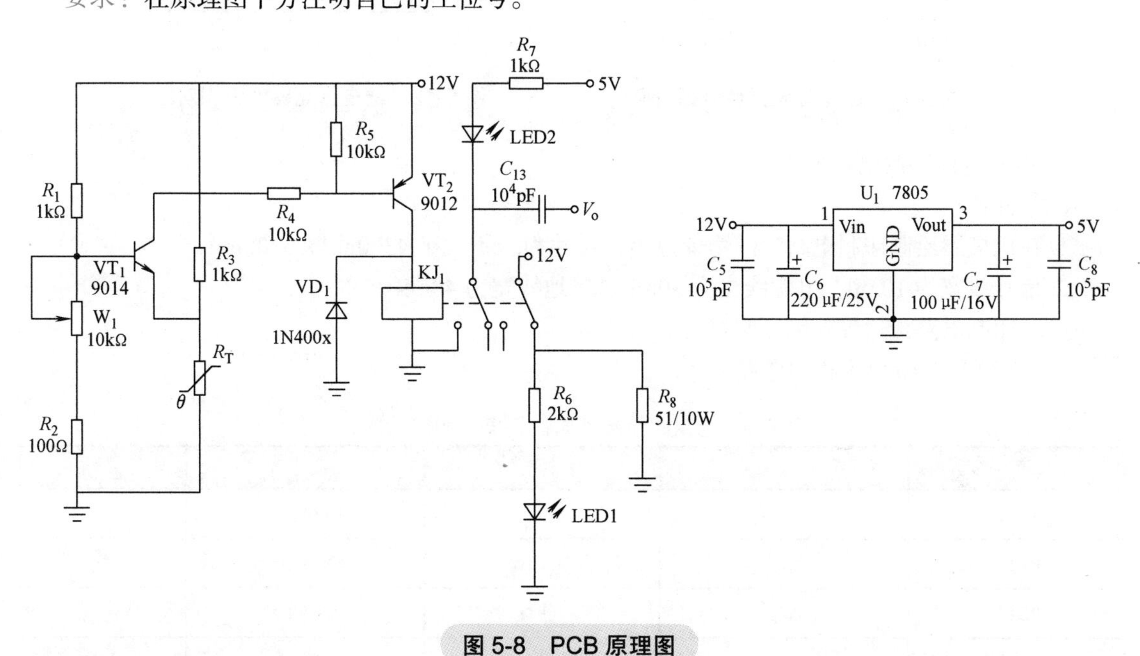

图 5-8　PCB 原理图

4）在自己建的元器件封装库文件中，绘制图 5-9 和图 5-10 所示的元器件封装。（2 分）

① LED 元器件封装。

要求如下。

焊盘之间距离：200mil；

焊盘直径：60mil；

焊盘孔径：32mil。

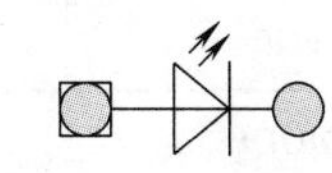

图 5-9　LED 元器件封装

注：a. 只有将该元器件用于 PCB 图中此项才有成绩。

b. 如不绘制该元器件封装，可用 SIP2 代替，则此项无成绩（DXP 用户可用 BAT2 代替）。

② 继电器元器件封装。

要求如下。

焊盘之间距离：

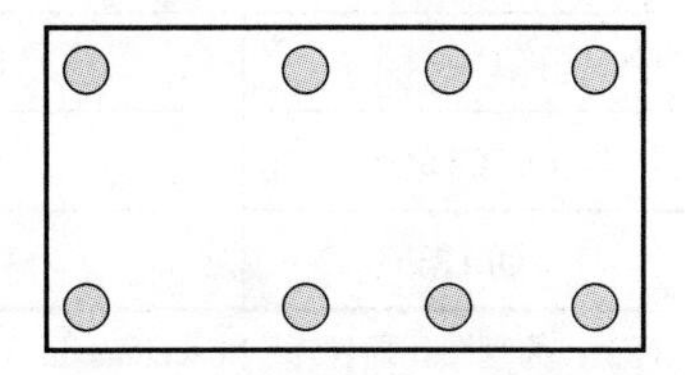

图 5-10　继电器元器件封装

X方向：依次为300mil、200mil；

Y方向：300mil；

焊盘直径：80mil；

焊盘孔径：40mil。

注：a. 只有将该元器件用于PCB图中此项才有成绩。

b. 如不绘制该元器件封装，可用DIP8代替，则此项无成绩（DXP用户可用DIP8代替）。

c. 元器件符号与元器件封装的引脚对应（见图5-11和图5-12）。

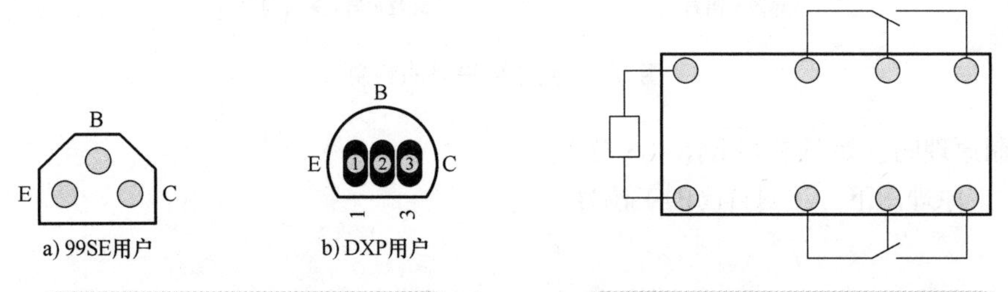

图5-11　晶体管元器件引脚对应

图5-12　继电器元器件引脚对应

5）绘制双面印制电路板图。（8分）

要求如下。

① 在机械层绘制印制电路板的物理边界，尺寸为：不大于4300mil×3100mil。

② 信号线宽为10mil，电源线宽为30mil，接地线宽为40mil。

③ 在印制电路板边界外侧注明自己的工位号。

表5-9和表5-10供本模拟考题参考。

表5-9　电路图元器件属性列表（99SE用户）

元器件名（Lib Ref）	元器件标号（Designator）	元器件标注（Part Type）	元器件封装（Footprint）	备　注
RES2	$R_1 \sim R_7$		AXIAL0.4	
RES2	R_8	51/10W	AXIAL1.0	
POT2	W_1	10kΩ	VR4	
自制	R_T		AXIAL0.4	
NPN	VT_1	9014	TO-92A	
PNP	VT_2	9012	TO-92A	
DIODE	VD_1	1N400x	DIODE0.4	
自制	KJ_1		自制	
LED	LED1、2		自制	
CAP	C_{13}、C_5、C_8		RAD0.2	
ELECTRO1	C_6、C_7		RB.2/.4	
VOLTREG	U_1	7805	TO-220	

注：1. 原理图元器件库：Miscellaneous Devices.ddb。

2. 元器件封装库：Advpcb.ddb。

表 5-10　电路图元器件属性列表（DXP 用户）

元器件名（Lib Ref）	元器件标号（Designator）	元器件标注（Part Type）	元器件封装（Footprint）	元器件库
RES2	$R_1 \sim R_7$		AXIAL0.4	Miscellaneous Devices.IntLib
RES2	R_8	51/10W	AXIAL1.0	
RPot2	W_1	10kΩ	VR4	
自制	R_T		AXIAL0.4	
NPN	VT_1	9014	BCY-W3	
PNP	VT_2	9012	BCY-W3	
DIODE	VD_1	1N400x	DIODE-0.4	
自制	KJ_1		自制	
LED1	LED1、2		自制	
CAP	C_{13}、C_5、C_8		RAD0.3	
Cap Pol1	C_6、C_7		RB7.6-15	
Volt Reg	U_1	7805	SFM-F3/Y2.3	

六、安全文明（工具设备的使用、维护、安全及文明生产）

选手有下列情形，须从参赛成绩中扣分。

1）违反比赛规定，提前进行操作的，由现场评委负责记录，扣 5 ～ 10 分。

2）选手应在规定时间内完成比赛内容。在赛程中，均有评委记录每位参赛选手违规操作，依据情节扣 5 ～ 10 分。

3）现场操作过失未造成严重后果的，由现场评委负责记录，扣 10 分。

4）发生严重违规操作或作弊，经确认后，由主评委宣布终止该选手的比赛，以 0 分计算。

电子产品装配与调试模拟考题（三）

考场________________工位号____________成绩____________

一、元器件识别、筛选、检测（10 分）

准确清点和检查全套装配材料的数量和质量，进行元器件的识别与检测，筛选确定元器件，检测过程中填写表 5-11。

表 5-11　元器件识别与检测评分表

元器件	识别及检测内容		配分	评分标准	得分
电阻 2 只	色环（最后一位为误差）	标称值（含误差）	每只 1 分，共 2 分	检测错不得分	
	红橙红橙棕				
	绿蓝黑黑银				

（续）

<table>
<tr><th>元器件</th><th colspan="3">识别及检测内容</th><th>配分</th><th>评分标准</th><th>得分</th></tr>
<tr><td rowspan="2">电容
1只</td><td>数码标志</td><td colspan="2">容量值（μF）</td><td rowspan="2">1分</td><td rowspan="2">检测错不得分</td><td rowspan="2"></td></tr>
<tr><td>223</td><td colspan="2"></td></tr>
<tr><td rowspan="2">接收管
1只</td><td></td><td colspan="2">C、E间电阻值（红表笔接C，黑表笔接E，在所用测量表型中打√）</td><td rowspan="2">1分</td><td rowspan="2">检测错不得分</td><td rowspan="2"></td></tr>
<tr><td>L1</td><td></td><td>数字表□ 指针表□</td></tr>
<tr><td rowspan="3">晶体管
2只</td><td></td><td colspan="2">面对标注面，管脚向下，画出管外形示意图，标出管脚名称</td><td rowspan="3">每只1分
共计2分</td><td rowspan="3">检测错不得分</td><td rowspan="3"></td></tr>
<tr><td>VT_1</td><td colspan="2"></td></tr>
<tr><td>VT_6</td><td colspan="2"></td></tr>
<tr><td rowspan="2">晶体振荡器1只</td><td></td><td>测量阻值</td><td>测量档位</td><td rowspan="2">1分</td><td rowspan="2">检测错1项，不得分</td><td rowspan="2"></td></tr>
<tr><td>Y1</td><td></td><td></td></tr>
<tr><td rowspan="2">继电器
1个</td><td></td><td colspan="2">画出继电器外形俯视示意图，标出公共端、线圈和常开、常闭引脚</td><td rowspan="2">每项1分
共计3分</td><td rowspan="2">检测错不得分</td><td rowspan="2"></td></tr>
<tr><td>J1</td><td colspan="2"></td></tr>
</table>

二、电路板焊接（25分）

要求电子产品的焊点大小适中，无漏、假、虚、连焊，焊点光滑、圆润、干净，无毛刺；引脚加工尺寸及成形符合工艺要求；导线长度、剥头长度符合工艺要求，芯线完好，捻头镀锡。

疵点：少于5处扣1分，5～10处扣5分，10～15处扣10分，15～20处扣15分，20～25处扣20分，25处以上扣25分。

三、电子产品装配（10分）

要求印制电路板插件位置正确，元器件极性正确，元器件、导线安装及字标方向均应符合工艺要求；接插件、紧固件安装可靠牢固，印制电路板安装对位；无烫伤和划伤处，整机清洁无污物。

装配不符合工艺要求：少于5处扣1分，5～10处扣3分，10～20处扣5分；20处以上扣10分。

四、电子电路的调试（40分）

1. 调试并实现模拟烘手机基本功能（20分）

1）电源及充电电路工作正常。（4分）

2）单片机控制、键盘及显示电路工作正常。（2分）

3）红外感应检测电路工作正常。（5分）

4）热释检测电路工作正常。（5分）

5）风扇及加热电路工作正常。（4分）

2. 检测（10分）

1）检查电路无误后，接通电源，测量红外感应检测电路在下列情况下VT_2的C、E间的电压。

① 感应到红外发射信号时，VT_2的C、E间的电压为＿＿＿＿＿＿；

② 未感应到红外发射信号时，VT_2的C、E间的电压为＿＿＿＿＿＿。

2）在风扇及加热电路中，DY1 接实验台交流 15V 档，风扇 FS1 工作在风速档 2，且风扇回路中的电流约为 170mA 时，此时，R_{21} 取__________（12kΩ、470Ω、5kΩ、8kΩ），R_{23} 取__________（10Ω、50Ω、90Ω、300Ω）；当灯泡（JRS1）亮，且灯泡回路中的电流约为 120mA 时，此时，R_{22} 取__________（200Ω、10Ω、500Ω、1kΩ），R_{24} 取__________（91Ω、120Ω、150Ω、750Ω）。

3）在充电电路中，断开 S_2，若保持 T9 测试点的电压恒定，假设 R_2 由 10kΩ 变为 51kΩ，则 T8 测试点的电压变____________（大 / 小）；若断开 S_1，接通 S2，T8 测试点的电压能否稳定？____________（能 / 否）。

4）在热释红外检测电路中，U6D（LM324）作为__________（差分放大器 / 同相放大器 / 反相放大器 / 比较器）使用；若要提高热释灵敏度，RW2 的 2 脚与 W 脚间的阻值应变______（大 / 小）。

3. 调试（10 分）

利用仪器检测 T3、T4、T11、T22 的信号，记录波形参数并填写表 5-12、表 5-13 和表 5-14。

1）当手接近热释红外传感器时，记录 T3 的波形，并估计 T4 的频率。（2 分）

表 5-12　调试结果（一）

T3：记录示波器波形	T4：频率
	频率：

2）当依次按下 S_1（P1.0）、S_5（P1.4）、S_6（确认）时，测试并记录测试点 T11 的波形参数。（4 分）

表 5-13　调试结果（二）

T11：记录示波器波形	示　波　器	电子计数器
	时间档位： 幅度档位： 峰 - 峰值： 有效值：	频率读数： 周期读数： 占空比：

3）测试 T22 的波形并记录参数。（4 分）

表 5-14　调试结果（三）

T22：记录示波器波形	示　波　器	电子计数器	毫伏表
	时间档位： 幅度档位： 峰 - 峰值：	频率读数：	测量档位： 测量值：

五、原理图与 PCB 图的设计（15 分）

要求如下。

1）考生在 E 盘根目录下建立一个文件夹。文件夹名称为 T+ 工位号。

考生的所有文件均保存在该文件夹下。

各文件的主文件名如下。

工程文件：工位号；

原理图文件：sch+ × ×；

原理图元器件库文件：slib+ × ×；

PCB 文件：pcb+ × ×；

PCB 元器件封装库文件：plib+ × ×。

其中，× × 为考生工位号的后两位，如 sch96。

注：如果保存文件的路径不对，则无成绩。

2）在自己建的原理图元器件库文件中绘制图 5-13 和图 5-14 所示的元器件符号。

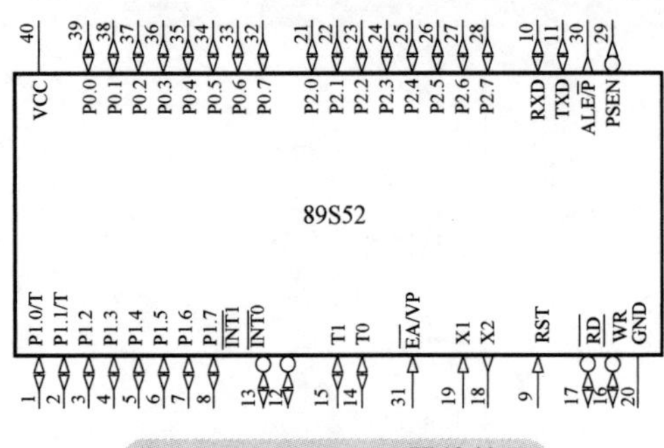

图 5-13　89S52 元器件符号

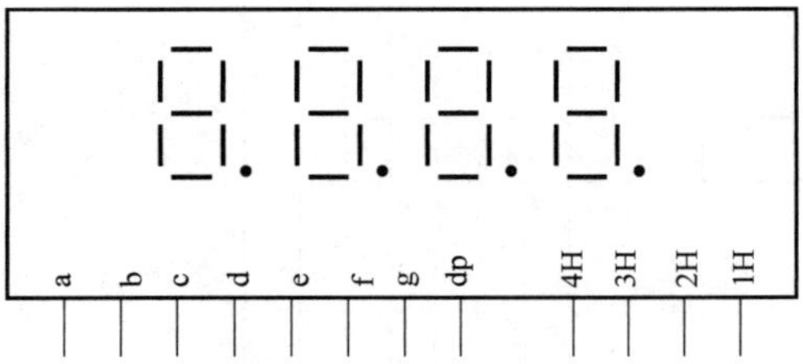

图 5-14　数码管符号

3）绘制原理图，如图 5-15 所示。（4 分）

要求：分别将以下三部分之间的连线改为总线形式。

① U_2 的 P0.0 ～ P0.7 与 U_3 的 A0 ～ A7；

② U_3 的 B0 ～ B7 与 DS_1 的 a ～ dp；

③ U_4 的 4 个输出端与 R_4 ～ R_7 以及 DS_1 的 1H ～ 4H。

在原理图下方注明自己的工位号。

注：图中的 U_3（74LS245）可直接使用元器件库中的符号。

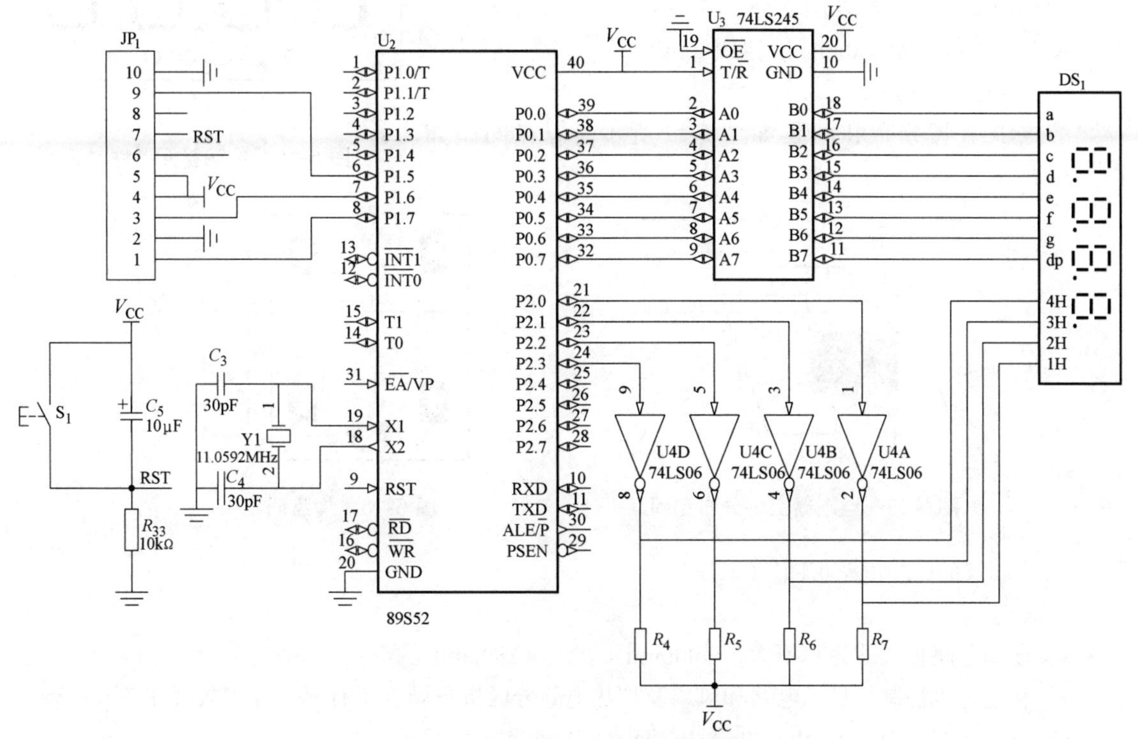

a) 单片机控制与显示电路

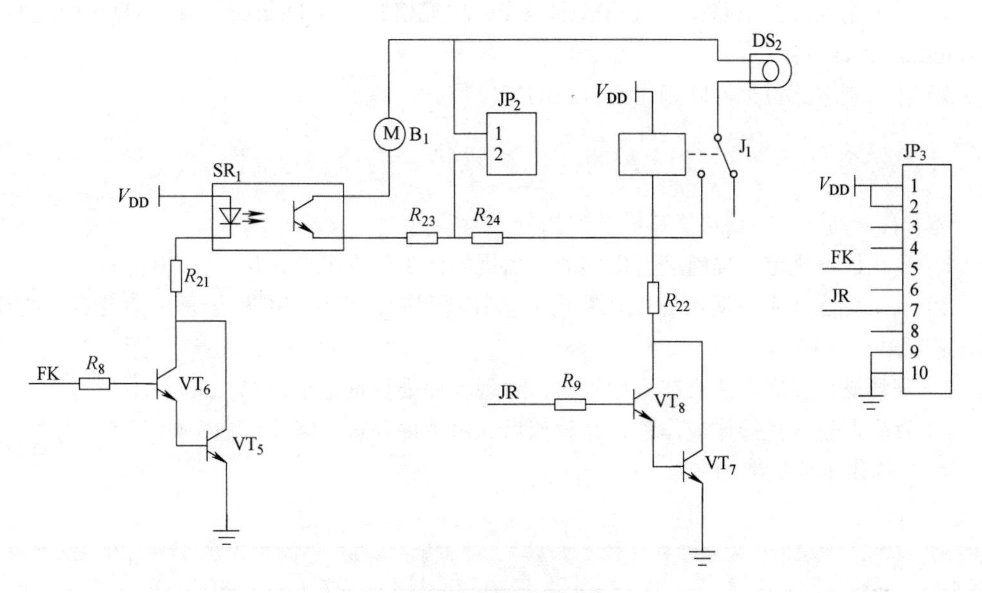

b) 风扇及加热电路

图 5-15　电路原理图

4）在自己建的元器件封装库文件中，绘制图5-16和图5-17所示的元器件封装。

要求如下。

① 数码管元器件封装。（2分）

焊盘的水平间距：100mil；

焊盘的垂直间距：430mil。

② 继电器元器件封装。（2分）

焊盘尺寸：长为150mil；宽为100mil；

焊盘孔径：60mil；

继电器引脚分布和间距如图5-17所示，焊盘间距如图5-18所示。

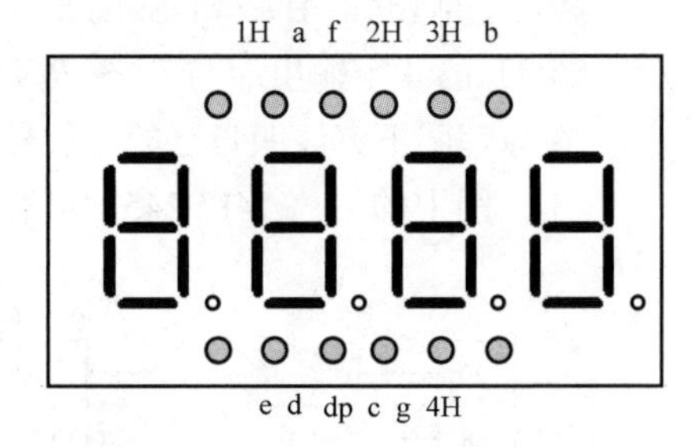

图5-16 数码管元器件封装

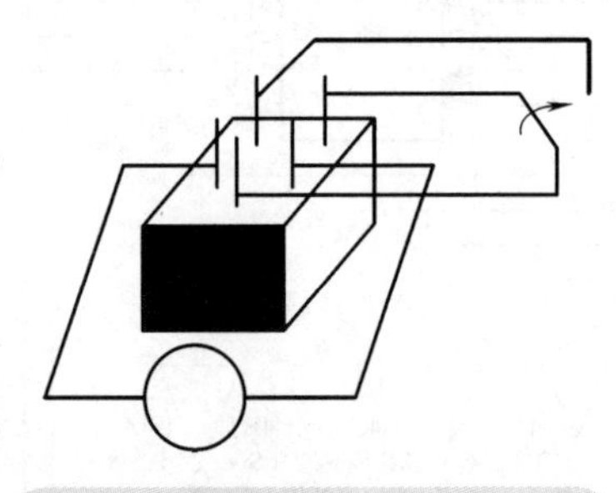

图5-17 继电器引脚分布和间距

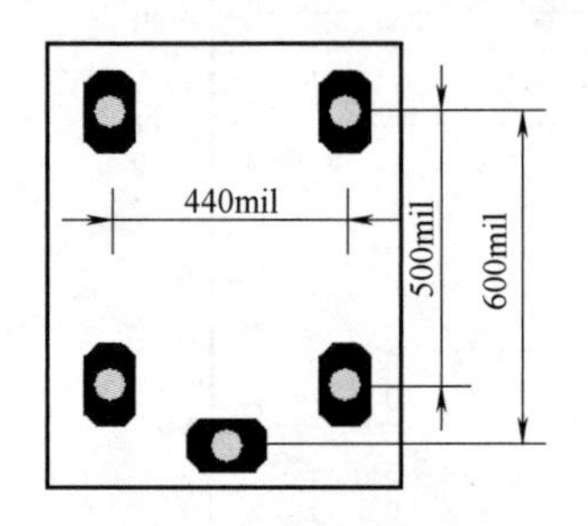

图5-18 焊盘间距

5）绘制双面印制电路板图。（4分）

要求如下。

1）印制电路板尺寸为：不大于4000mil（宽）×3800mil（高）。

2）将单片机控制与显示电路和风扇及加热电路分区域布局；所有元器件均放置在Top Layer。

3）信号线宽为10mil，电源线宽为20mil，接地线宽为30mil。

4）对风扇及加热电路区域进行敷铜操作，填充格式为45Degree，与GND网络连接，工作层为Bottom Layer。

5）在印制电路板边界外侧注明自己的工位号。

六、安全文明（工具设备的使用、维护、安全及文明生产）

选手有下列情形，须从参赛成绩中扣分。

1）违反比赛规定，提前进行操作的，由现场评委负责记录，扣5～10分。

2）选手应在规定时间内完成比赛内容。在赛程中，均有评委记录每位参赛选手的违规操作，依据情节扣5～10分。

3）现场操作过失未造成严重后果的，由现场评委负责记录，扣10分。

4）发生严重违规操作或作弊，经确认后，由主评委宣布终止该选手的比赛，以0分计算。

表5-15供本模拟考题参考。

表5-15 电路图元器件属性列表

元器件名（Lib Ref）	元器件标号（Designator）	元器件标注	元器件封装（Footprint）	元器件库（Library）
Motor	B_1		RAD0.2	Miscellaneous Devices.IntLib
Cap	C_3	30pF	CR2012-0805	Miscellaneous Devices.IntLib

（续）

元器件名（Lib Ref）	元器件标号（Designator）	元器件标注	元器件封装（Footprint）	元器件库（Library）
Cap	C_4	30pF	CR2012-0805	Miscellaneous Devices.IntLib
Cap Pol2	C_5	10μF	CC2012-0805	Miscellaneous Devices.IntLib
自制	DS_1		自制	
自制	J_1		Relay-SPDT	Miscellaneous Devices.IntLib
Header 10H	JP_1		HDR2X5	Miscellaneous Connectors.IntLib
Header 2	JP_2		HDR1X2	Miscellaneous Connectors.IntLib
Header 10H	JP_3		HDR2X5	Miscellaneous Connectors.IntLib
Lamp	DS_2		PIN2	Miscellaneous Devices.IntLib
2N3904	VT_5		BCY-W3/E4	Miscellaneous Devices.IntLib
2N3904	VT_6		BCY-W3/E4	Miscellaneous Devices.IntLib
2N3904	VT_7		BCY-W3/E4	Miscellaneous Devices.IntLib
2N3904	VT_8		BCY-W3/E4	Miscellaneous Devices.IntLib
Res2	R_4		CR2012-0805	Miscellaneous Devices.IntLib
Res2	R_5		CR2012-0805	Miscellaneous Devices.IntLib
Res2	R_6		CR2012-0805	Miscellaneous Devices.IntLib
Res2	R_7		CR2012-0805	Miscellaneous Devices.IntLib
Res2	R_8		CR2012-0805	Miscellaneous Devices.IntLib
Res2	R_9		CR2012-0805	Miscellaneous Devices.IntLib
Res2	R_{21}		CR2012-0805	Miscellaneous Devices.IntLib
Res2	R_{22}		CR2012-0805	Miscellaneous Devices.IntLib
Res2	R_{23}		CR2012-0805	Miscellaneous Devices.IntLib
Res2	R_{24}		CR2012-0805	Miscellaneous Devices.IntLib
Res2	R_{33}	10kΩ	CR2012-0805	Miscellaneous Devices.IntLib
SW-PB	S_1		SPST-2	Miscellaneous Devices.IntLib
Optoisolator1	SR_1		DIP4	Miscellaneous Devices.IntLib
自制	U2	89S52	DIP40/53	
DS87C520-MCL	U_2的参考元器件			Dallas Microcontroller 8-Bit.IntLib
74AC245MTC	U_3	74LS245	J0-20	FSC Interface Line Transceiver.IntLib
SN54ALS04BJ	U_4	74LS06	J0-14	TI Logic Gate 1.IntLib
XTAL	Y_1	11.0592MHz	BCY-W2/D3.1	Miscellaneous Devices.IntLib

参考文献

［1］ 崔陵 . 电子产品安装与调试［M］. 2 版 . 北京：高等教育出版社，2018.

［2］ 刘建清 . 从零开始学电子元器件识别与检测技术［M］. 北京：国防工业出版社，2007.

［3］ 牛百齐，万云，常淑英 . 电子产品装配与调试项目教程［M］. 北京：机械工业出版社，2016.

［4］ 杨清学 . 电子产品组装工艺与设备［M］. 北京：人民邮电出版社，2007.